온실가스 배출과 통계

대표저자 **전의찬** (사)한국기후변화학회 회장
세종대학교

저자 **김 익** 스마트에코(주)
김대근 서울과학기술대학교
김래현 국립산림과학원
박규현 강원대학교
박성규 (주)KF
박정훈 동국대학교
박종호 한국화학융합시험연구원
사재환 세종대학교
원희철 TUV SUD
이남훈 안양대학교
이화수 동의과학대학교
임철수 국립환경과학원
정현철 국립농업과학원
최상진 (주)KF

도서출판 동화기술

머리말

2013년 발표된 IPCC 제5차 과학보고서는 현재와 같이 온실가스를 배출할 경우 2100년 이산화탄소 농도는 936 ppm에 도달하고, 지구 평균 온도는 3.7℃ 오르며, 해수면은 63 cm 상승할 것이라고 발표했다. 2014년 발표된 제5차 기후변화 완화 및 적응보고서에서는 기후변화가 생태계에 미치는 영향이 더 크게 나타나고 있으며, 그 피해는 천문학적인 숫자에 달할 것이라고 경고하였다. 이어서 발표된 제5차 기후변화 완화보고서는 폭발적인 기온 상승을 저지할 마지노선인 '2℃ 상승 이하'로 기온 상승을 막기 위해서 전 세계의 에너지 최종소비를 2030년까지 베이스라인 대비 최대 20%, 2050년까지 최대 30%를 감축해야 한다고 발표하였다.

온실가스 배출량 세계 7위를 기록하고 있는 우리나라의 현실도 한가하지 않다. 정부에서도 2020년까지 BAU 대비 30%의 감축목표를 설정하고, 온실가스·에너지 목표관리제를 실시하는 등 노력하고 있으나, 온실가스 배출량 증가 추세는 멈추지 않고 있다. 정부에서는 온실가스를 보다 적극적으로 감축하기 위하여 2015년 온실가스 배출권거래제를 시행하기로 결정하였다. 그런데, 이러한 정책을 뒷받침하고 실질적인 감축을 담보하기 위해서는 이러한 정책 추진에 필요한 전문인력 양성이 뒤따라야 한다. 국가차원에서 전문인력의 필수 전문영역과 전문성을 정의하고, 전문인력 양성을 활성화하기 위하여 온실가스 관리 기사 및 산업기사 국가자격증 제도가 2014년 하반기에 처음으로 도입되었다.

기후변화 전문가들의 학술단체인 '한국기후변화학회'에서는 기후변화 대응과 온실가스 감축을 위한 국가적인 노력에 동참하고, 새로운 국가자격증에도 대비하기 위하여 온실가스 관리에 필요한 대학 및 대학원 수준의 전문 교재 2권을 발간하게 되었다. 「온실가스 관리」는 '기후변화 개론', '온실가스 감축 관리', '온실가스 관련 법규'를 중심으로, 「온실가스 배출과 통계」는 '온실가스 배출의 이해와 배출량 산정'과 '온실가스 데이터 품질관리'를 중심으로 구성되었다.

본 교재 개발을 위하여 지난 1년간 「온실가스 관리」에는 14명의 저자가, 「온실가스 배출과 통계」에는 15명의 전문가가 저자로 참여하였으며, 5명의 중견학자가 감수자로 참여하였다. 온실가스 관리의 중요성을 고려하여, 본 교재 개발에 기꺼이 참여해 준 전문가들께 깊이 감사드리며, 본 교재 개발을 총괄한 박성규 사업이사께 모든 공을 돌리고자 한다.

2014년 11월

(사)한국기후변화학회 회장 전 의 찬

목 차

PART 1
온실가스 배출의 이해

Chapter 1 | 고정연소 · 16

1. 고정연소의 특성 ······ 16
   1.1 고정연소의 특성 / 16
2. 배출시설별 고정연소 특성 ······ 19
   2.1 배출시설 종류 / 19
3. 고정연소의 종류 ······ 23
   3.1 고체 연료의 연소 / 23
   3.2 액체 연료의 연소 / 23
   3.3 기체 연료의 연소 / 24
4. 고정연소의 배출특성 및 공정분석 ······ 26
   4.1 온실가스 배출특성 / 26
5. 고정연소의 활동자료 수집 ······ 28
6. 고정연소의 배출량 산정 ······ 28
   6.1 고체 연료 / 28
   6.2 기체 및 액체 연료 / 29

Chapter 2 | 이동연소 · 31

1. 이동연소의 특성 ······ 31
2. 육상 이동연소의 종류 ······ 32
   2.1 도로이동 / 32
   2.2 철도 / 34

3. 해상 이동연소의 종류 ······ 35
4. 항공 이동연소의 종류 ······ 37
5. 기타 이동연소의 종류 ······ 39
6. 이동연소의 활동자료 수집 ······ 40
7. 이동연소의 배출량 산정 ······ 41
7.1 도로이동 / 41
7.2 철도 / 45
7.3 해상 이동연소의 종류 / 46
7.4 항공 이동연소의 종류 / 48

Chapter 3 | 철강 및 금속 · 53

1. 주요 공정의 이해 ······ 53
1.1 제선공정 / 53
1.2 제강공정 / 54
1.3 연주공정 / 54
1.4 압연공정 / 54

2. 주요 배출시설의 이해 ······ 55
2.1 코크스로 / 56
2.2 소결로 / 56
2.3 용선로 / 57
2.4 전로 / 57

3. 물질, 에너지 수지 이해 ······ 58
3.1 코크스로 공정 / 58
3.2 소결공정 / 59
3.3 고로공정 / 61
3.4 전로 / 62

4. 온실가스 배출 이해 ······ 64

5. 최적 실용화 기술의 이해 ······ 65
5.1 코크스 오븐 / 65
5.2 소결로 / 65
5.3 고로공정 / 65
5.4 전기아크로 / 66

6. 배출특성 및 공정분석 ······ 66
6.1 코크스공정 / 67
6.2 소결공정 / 67
6.3 고로공정 / 67
6.4 제강공정 / 67

7. 활동자료 수집 68
7.1 Tier 1 / 68
7.2 Tier 2 / 68
7.3 Tier 3 / 68

8. 배출량 산정 69
8.1 코크스로 / 70
8.2 소결로 / 71
8.3 고로 / 72
8.4 전로 / 73
8.5 전기로 / 74

Chapter 4 | 전기 · 전자 • 78

1. 주요 공정의 이해 78
1.1 웨이퍼 제조공정 / 79
1.2 웨이퍼 가공공정 / 81
1.3 조립 및 검사 / 83

2. 주요 배출시설의 이해 84
2.1 식각공정 시설 / 84
2.2 화학기상증착 시설 / 85

3. 물질, 에너지 수지 이해 86
3.1 식각공정 / 86
3.2 화학기상증착 공정 / 87

4. 온실가스 배출의 이해 88
4.1 보고 대상 배출 시설 / 88
4.2 배출량 산정 방법론 / 89
4.3 매개변수별 관리 기준 / 93

5. 최적 실용화 기술의 이해 98
5.1 일반적 과불화탄소 저감 방안 / 98

6. 배출특성 및 공정분석 100
6.1 온실가스 배출활동 / 100
6.2 온실가스 배출 특성 / 103

7. 활동자료 수집 ······ 104

8. 배출량 산정 ······ 106

8.1 반도체/LCD/PV 생산 / 106
8.2 열전도유체 / 116

Chapter 5 | 화학산업 • 119

1. 주요 공정의 이해 ······ 119

1.1 석유산업 / 121
1.2 석유화학산업 / 121
1.3 가공산업 / 122

2. 주요 배출시설의 이해 ······ 124

2.1 직접 온실가스 배출원 / 125

3. 물질, 에너지 수지의 이해 ······ 125

3.1 고정연소 / 125
3.2 공정배출 / 126

4. 온실가스 배출의 이해 ······ 127

4.1 Utility(공통 설비) / 127
4.2 공정 배출 보유 공정 / 128

5. 최적 실용화 기술의 이해 ······ 131

5.1 청정연료시스템 / 131
5.2 Non-CO_2 처리시스템 / 133

6. 배출특성 및 공정분석 ······ 135

6.1 배출시설의 조직경계 / 135
6.2 배출시설의 운영경계 / 136

7. 활동자료 수집 ······ 141

8. 배출량 산정 ······ 144

8.1직접 온실가스 배출량 산정 / 144

Chapter 6 | 광 물 · 151

1. 주요 공정의 이해 ········· 151

1.1 채광 공정 / 152
1.2 원료 분쇄공정(원분공정) / 153
1.3 소성 공정 / 154
1.4 제품화 공정 / 156

2. 주요 배출시설의 이해 ········· 157

2.1 예열기 / 158
2.2 소성로 / 159
2.3 냉각기 / 159

3. 물질, 에너지 수지의 이해 ········· 160

3.1 물질수지 / 160
3.2 에너지 수지 / 161

4. 온실가스 배출의 이해 ········· 162

4.1 고정연소 배출원 / 164
4.2 이동연소 배출원 / 164
4.3 공정 배출원 / 165
4.4 탈루 배출원 / 165
4.5 간접 온실가스 배출원 / 165

5. 최적 실용화 기술의 이해 ········· 166

5.1 대체연료 / 166
5.2 열효율 및 에너지 효율 / 167
5.3 클링커 대체 / 167

6. 배출특성 및 공정분석 ········· 168

7. 활동자료 수집 ········· 169

7.1 활동도 자료의 선정 / 169

8. 배출량 산정 ········· 172

8.1 공정 부문 / 172
8.2 연료연소 부문 / 178

Chapter 7 | 농 · 축산 · 임업 · 183

1. 주요 공정의 이해 ··· 183
   1.1 농업 / 183
   1.2 축산업 / 184
   1.3 임업 / 185
2. 주요 배출시설의 이해 ··· 186
   2.1 농업 / 186
   2.2 축산업 / 186
   2.3 임업 / 188
3. 물질, 에너지 수지의 이해 ··· 189
   3.1 농업 / 189
   3.2 축산업 / 189
   3.3 임업 / 190
4. 온실가스 배출의 이해 ··· 191
   4.1 농업 / 191
   4.2 축산업 / 195
   4.3 임업 / 197
5. 활동자료 수집 ··· 199
   5.1 농업 / 199
   5.2 임업 / 199
6. 배출량 산정 ··· 200
   6.1 농업 / 200
   6.2 축산업 / 204
   6.3 임업 / 209

Chapter 8 | 폐기물 · 217

1. 주요 공정의 이해 ··· 217
   1.1 고형폐기물의 매립 / 218
   1.2 고형폐기물의 생물학적 처리 / 220
   1.3 하·폐수 처리 및 배출 / 224
   1.4 폐기물의 소각 / 225
2. 주요 배출시설의 이해 ··· 227

2.1 고형폐기물의 매립 / 227
2.2 고형폐기물의 생물학적 처리 / 228
2.3 하·폐수 처리 및 배출 / 229
2.4 폐기물의 소각 / 230

3. 물질, 에너지 수지 이해 ········· 231
3.1 고형폐기물의 매립 / 231
3.2 고형폐기물의 생물학적 처리 / 232
3.3 하·폐수 처리 및 배출 / 233
3.4 폐기물의 소각 / 234

4. 온실가스 배출의 이해 ········· 235
4.1 고형폐기물의 매립 / 235
4.2 고형폐기물의 생물학적 처리 / 236
4.3 하·폐수 처리 및 배출 / 237
4.4 폐기물의 소각 / 237

5. 최적 실용화 기술 이해 ········· 238

6. 배출특성 및 공정분석 ········· 242
6.1 고형폐기물의 매립 / 242
6.2 고형폐기물의 생물학적 처리 / 242
6.3 하·폐수 처리 및 배출 / 243
6.4 폐기물의 소각 / 243

7. 활동자료 수집 ········· 244
7.1 산업분야별 활동자료의 정의 / 244
7.2 배출시설/배출원별 활동자료 수집 / 246

8. 배출량 산정 ········· 249
8.1 단위환산 및 매개변수 확인 / 249
8.2 폐기물 분야 온실가스 배출원 / 258
8.3 폐기물 분야별 온실가스 배출량 산정 / 261

Chapter 9 | 간접배출(전기, 열, 스팀) · 272

1. 주요 공정의 이해 ········· 272

2. 주요 배출시설의 이해 ········· 273
2.1 외부로부터 공급된 전기 사용 / 275
2.2 송전 · 배전과 관련된 간접배출 / 276

2.3 외부로부터 공급된 열(스팀) 사용 / 277

3. 물질 에너지 수지 이해 ······ 278

4. 온실가스 배출 이해 ······ 279

5. 최적 실용화 기술 이해 ······ 280

5.1 배출권 거래제도 도입 / 280
5.2 온실가스 저감을 위한 고려사항 / 281

6. 활동자료 수집 ······ 281

6.1 전력사용량 자료 수집 - Tier 2 / 281
7.2 열(스팀) 사용량 자료 수집 - Tier 2 / 282

7. 배출량 산정 ······ 282

7.1 전기 사용에 의한 온실가스 배출량 산정 / 282
7.2 열 사용에 의한 온실가스 배출량 산정 / 283
7.3 전력소비 배출계수 산정 방법 - Tier 2 / 285
7.4 열(스팀)소비 배출계수 산정 방법 - Tier 3 / 285

PART 2 온실가스 데이터 품질관리

Chapter 1 | 모니터링 계획 수립 · 288

1. 경계범위 일반 ······ 288

1.1 경계범위의 이해 / 288
1.2 경계범위의 적용 / 289

2. 조직경계 설정 ······ 290

2.1 조직경계의 정의 / 290
2.2 조직규모의 구분 / 291

2.3 시설 구분 / 292
2.4 소량배출 확인 / 295

3. 운영경계 설정 295

3.1 운영경계의 정의 / 295
3.2 이동연소 시설 파악 / 297
3.3 탈루성 배출원 파악 / 298
3.4 조직의 제품·생산 공정 및 제품사용에 따른 배출원 파악 / 299
3.5 폐기물 처리과정에 따른 배출원 파악 / 313
3.6 간접 배출원 파악 / 318

4. 모니터링 방법 및 유형의 결정 320

4.1 모니터링 유형 및 방법 정의 / 320
4.2 배출시설 및 배출량의 산정 등급 / 322
4.3 활동자료의 계측 및 수집 방법 / 327

5. 모니터링 계획서 작성 333

5.1 모니터링 계획 중요성 및 요구사항 / 333
5.2 모니터링 계획 세부 항목 / 334
5.3 모니터링 계획 작성 / 336

Chapter 2 | 온실가스 산정 방법론 수립 · 339

1. 매개변수 파악 339

1.1 매개변수의 이해 / 339
1.2 산정 방법에 따른 매개변수 파악 및 관리 / 339

2. 배출계수 개발 및 관리 346

2.1 배출계수 개발 방법에 대한 이해 / 346
2.2 발열량 개발을 위한 자료 파악 / 348

3. 산정 방법론 적용 357

3.1 산정 방법론 이해 / 357
3.2 산정 방법론 적용기준 / 358

Chapter 3 | 품질관리 및 품질보증 • 362

1. 배출량 산정의 품질관리 ····· 362
   1.1 품질관리/품질보증 개요 / 362
   1.2 품질관리 의미 / 363
   1.3 품질보증의 의미 / 363
2. 품질관리/품질보증 활동내용 ····· 364
   2.1 품질관리(Quality Control) 활동내용 / 364
   2.2 품질보증(Quality Assurance) / 365
3. 품질관리/품질보증 절차 및 활동체계 ····· 366
   3.1 QC/QA 활동의 목표 / 366
   3.2 QC/QA 활동시 고려사항 / 366
   3.3 배출량 산정 구조의 파악 / 367
   3.4 QA/QC 활동체계 구축 / 368
   3.5 QC/QA 실시계획의 수립 / 369
   3.6 품질수준 확인 / 370
   3.7 자료의 품질관리 / 370
   3.8 품질보증 활동 / 370
4. 불확도의 산정 및 관리 ····· 371
   4.1 불확도 개요 / 371
   4.2 불확도 산정절차 / 374

Chapter 4 | 온실가스 보고 및 검증 • 380

1. 온실가스 보고 및 검증하기 ····· 380
   1.1 온실가스 에너지 명세서 작성 및 내부검증 / 380
   1.2 제 3자 검증절차 및 방법 / 384
2. 내부 검증하기 ····· 393
   2.1 리스크 분석 및 샘플링계획에 대한 이해 / 393
   2.2 내부 검증 수행 계획 / 393
   2.3 내부 검증 수행 방법 / 394
   2.4 시정조치 및 재발 방지대책 / 394

PART 01

온실가스 배출의 이해

1. 고정연소
2. 이동연소
3. 철강 및 금속
4. 전기 · 전자
5. 화학산업
6. 광물
7. 농 · 축산 · 임업
8. 폐기물
9. 간접배출

Chapter 1

고정연소

세종대학교 전의찬

1 고정연소의 특성

1.1 고정연소의 특성

고정연소 공정은 특정 시설에 열에너지를 제공하기 위한 목적 또는 특정 공정에 열에너지 혹은 다른 형태의 에너지(예 : Mechanical Work)로 전환 제공하기 위해 설계된 연소장치로서 에너지원인 화석연료 등의 연소가 이루어지는 공정이다. 고정연소 설비로는 보일러, 소성로, 소각로, 비상발전기 등이 있다.

1) 유연탄 연소

석탄을 연소하는 데에는 유동상 연소와 화격자 연소의 2가지 방법이 있다. 유동상 연소는 미분탄 연소와 사이클론식로에서 주로 적용하고, 화격자 연소는 상하부급탄식 스토카에서 주로 적용되고 있다. 미분탄로는 유틸리티나 산업용 보일러에 주로 사용된다.

이 공정에서는 석탄은 분쇄기에 활석가루처럼 고운 가루로 만들어져서 유동상 연소가 일어나는 연소실로 주입된다. 미분탄 연소로는 회분의 제거방법에 따라서 건식바닥과 습식바닥으로 구분된다. 미분탄 연소로는 버너의 연소 위치에 따라 단벽형, 마주보는 수평형, 수직형, 접선형, 터보형 또는 아치형 연소로 구분된다.

사이클론형 연소로는 분쇄한 회분의 융점이 낮은 석탄을 태울 때 사용한다. 석탄은 1차 공기에 의해서 수평의 원통형의 연소시설로 접선방향으로 공급된다. 이 연소실에서는 미세분말탄이 유동상태로 연소되며, 큰 입자는 외벽쪽으로 모이게 된다. 비교적 작은 용적의 연소로에서는 고온이 되고, 회분의 융점이 낮기 때문에 다량의 연소재가 액상의 슬래그로 형성되어 하부로 배출된다. 사이클론식로는 주로 유틸리티 생산이나 큰 규모의 산업설비에 쓰인다.

2) 무연탄 연소

무연탄은 유연탄이나 갈탄에 비하여 고정탄소가 많고, 휘발성분이 적은 고급탄이며, 높은 점화온도와 높은 회분의 용해온도를 갖는다. 휘발성분이 적고, 클링커 형성이 미미함으로 중소규모의 이동격자식 스토카로나 소형 수동식 연소설비에 많이 사용하고 있다. 몇 가지 무연탄은(때때로 석유코크스와 함께) 미분탄 연소 보일러에 사용된다. 또한, 유연탄과 혼합해서 사용하기도 한다. 분산식 스토카에는 무연탄은 사용되지 않는다. 유황 함량이 적고, 연기가 적어 무연탄은 이용이 가능한 곳에서는 상대적으로 이상적인 고체 연료이다. 무연탄의 가장 큰 용도는 난방용이고, 그 외 스팀, 전기의 생산, 코크스 제조, 소결 및 펠릿화 그리고 기타 산업용으로 일부 사용된다.

3) 갈탄 연소

갈탄은 생성연륜이 비교적 짧은 석탄으로서 유연탄과 토탄의 중간성질을 가지고 있다. 갈탄은 높은 수분함량(35～45 wt%)을 가지며, 저위발열량도 낮고(900～1,500 kcal), 산업용이나 상업용에 소량 사용되며, 발전소에서 전기와 스팀을 생산하는데 주로 사용된다. 갈탄은 유연탄에 비하여 단위발전량 당 더 많은 연료가 필요하고, 더 큰 장치를 필요로 한다.

4) 액체 연료 연소

액체 연료는 증류유와 잔사유의 2가지로 크게 분류된다. 증류유는 주로 연소를 손쉽게 행하여야 하는 가정이나 소규모 상업용 설비에 사용된다. 또한, 증류유는 잔사유에 비하여 훨씬 휘발성이 크고, 점성이 작으며, 회분과 질소분은 무시할 정도이며, 황성분이 0.3 wt% 이하인 것이 보통이다.
반면에 잔사유는 유틸리티, 산업시설 그리고 대형 상업용의 정교한 연소설비가 있는 곳에 주로 사용한다. 중질의 잔사유는 증류유보다 점성도가 더 크고, 휘발성이 적기 때문에 취급을 용이하게 하고, 적절한 분사를 하기 위하여 가열하지 않으면 안된다. 잔사유는 원유에서 경질유분(휘발유, 등유, 기타 증류유)을 제거한 후에 만들기 때문에 상당량의 회분과 질소 그리고 유황을 함유하고 있다,

5) 천연가스 연소

천연가스는 전국적으로 사용되는 주요 연료 중의 하나이다. 이것은 주로 발전소용, 산업공정의 스팀과 열 생산용, 가정이나 상업용 난방 등에 주로 쓰인다. 천연가스의 주성분은 주로 메탄이며, 그 외 소량의 에탄과 질소, 헬륨, 이산화탄소도 포함되어 있다. 가스를 사용하기 전에 액화성 성분을 회수하며, 황화수소를 제거하는 가스처리공장을 필요로 한다.

6) 액화석유가스(LPG) 연소

액화석유가스(LPG)는 부탄, 프로판 혹은 두 가지 가스의 혼합물과 미량의 프로필렌과 부틸렌으로 구성되어 있다. 이 가스는 유정이나 가스정에서 가솔린 정제 부산물로 얻고, 고압력 하에 금속의 실린더 속에 액체 상태로 충전하여 판매한다. LPG는 최대증기압에 따라 등급을 정하는데, 등급 A는 주로 부탄이, 등급 F는 주로 프로판이, 그리고 등급 B 또는 E는 부탄과 프로판의 혼합정도에 따라 결정된다. LPG의 주용도는 가정 및 상업용이고, 그 다음으로 화학공업용 내연기관이다.

2 배출시설별 고정연소 특성

2.1 배출시설 종류

1) 화력발전시설

석탄, 유류 등을 연소시켜 발생된 열로 물을 끓이고, 이때 발생된 고온·고압의 증기를 압축시켜 터빈을 돌려 전기를 생산하다. 이 때 전기를 생산하면서 CO_2와 같은 온실가스가 발생하게 된다. 터빈이라 함은 유체를 동익에 부딪히게 하여 그 운동에너지를 회전운용으로 바꾸어 동력을 얻게 하는 회전식원동기를 말한다. 수력 터빈, 증기 터빈, 가스 터빈 등이 있다. 여기서는 주로 증기터빈을 말한다.

2) 열병합 발전시설

압축증기터빈을 이용하는 화력발전소는 보통 연료의 에너지 함량의 35%정도만 전력화 되며, 나머지 65%는 냉각·낭비되는데 이러한 냉각 낭비되는 에너지를 모아 별도의 시스켐을 통해 공정에 재이용되거나 발전소 인근 지역의 난방 등에 사용될 수 있는 시스템으로 설계된 발전소를 말한다.

3) 발전용 내연기관

발전용(도서지방용, 비상용 및 수송용은 제외한다) 내연기관을 실린더 내에서 공기와 혼합된 연료를 폭발적으로 연소시켜 피스톤의 왕복운동에 의해 전기를 생산하는 시설을 말한다. 이때 실린더(Cylinder)라 함은 유체를 밀폐한 원통형의 용기로서 피스톤링, 피스톤, 연접봉, 크랭크, 점화 플라그, 흡·배기 밸브 등으로 구성되어 있으며, 이러한 실린더를 여러 개 함께 묶어 하나의 몸으로 만든 것을 실린더 블록이라 한다.

① 도서지방용 : 섬, 산간벽지 등 전기의 공급이 불가능한 지역에서 자체적으로 설치되어 운영되는 내연용 발전시설을 말한다.

② 비상용 : 외부로부터 전기의 공급이 중단된 경우에 한하여 자체사업용으로 가동하는 발전시설을 말한다.

③ 수송용 : 기차, 선박 등 수송 차량 등에서 자체소비를 목적으로 전기를 생산하거나 트레일러 등에 발전시설이 설치되어 장소를 이동하면서 전기를 생산하는 시설을 말한다.

4) 일반 보일러시설

연료의 연소열을 이용하여 터빈이 필요로 하는 증기를 발생시키는 시설을 말한다. 증기 발생장치에는 과열기, 재열기 및 절탄기를 포함하는 보일러 본체와 연료를 저장 공급하고, 이를 연소시켜 열을 발생시키는 연료 연소설비, 연료의 연소에 소요되는 공기를 공급하고, 연소 후 생성된 배기 가스를 배출시키는 통풍설비, 보일러에 물을 공급하기 위한 급수설비, 보일러 부하 변동에 따른 연료공기 및 급수를 자동적으로 조정하는 자동제어 장치 및 기타의 부속설비로 구성된다.

① 원통형 보일러는 구멍이 큰 원통을 본체로 하여 그 내부에 노통화로, 연관 등을 설치한 것으로 구조가 간단하고 일반적으로 널리 쓰리고 있으나, 고압용이나 대용량에는 적합지 않다. 종류에는 입식보일러, 노통보일러, 연관보일러, 노통연관보일러 등이 있다.

② 수관식 보일러는 작은 직경의 드럼과 여러 개의 수관으로 나누어져 있으며, 수관내에서 증발이 일어나도록 되어 있다. 고압, 대용량으로 적합하다. 종류에는 자연순환식, 강제순환식, 관류식 등이 있다.

③ 주철형 보일러는 주물계의 섹션을 몇 개 전후로 짜 맞춘 보일러로서 하부는 연소실, 상부는 굴뚝으로 되어있다. 주로 난방용의 저압증기 발생용 또는 온수보일러로 사용되고 있다.

5) 공정 연소시설

공정 연소시설이란 상기 제시된 화력발전시설, 열병합 발전시설, 내연기관 및 일반 보일러를 제외하고, 제품 등의 생산공정에 사용되는 특정시설에 열을 제공하거나 장치로부터 멀리 떨어져 이용하기 위해 연료를 의도적으로 연소시키는 시설을 말한다. 공정연소시설의 세부 종류는 다음과 같다.

① 건조시설

전기나 연료, 기타 열풍 등을 이용하여 제품을 말리는 시설을 말한다. 일반적으로 습윤 상태에 있는 물질은 수송이나 저장이 불편하고, 제품의 응집이나 고형화가 쉽게 일어날 수 있다. 이러한 상태를 예방하고, 제품이 요구하는 수준의 수분을 함유하기 위해 건조작업이 행하여진다.

건조시설은 건조에 필요한 열을 전하는 방식에 따라 열풍수열식과 전도수열식으로 대별되며, 열풍수열식은 열풍과 피건조 재료가 직접 접촉함으로서 열의 전달이 이루어지며, 열풍이 재료 이동 방향과 같은 경우에는 병류식, 역방향인 경우에는 향류식이라 한다.

전도수열식은 일반적으로 금속벽을 통해 열원으로부터 피건조재료에 간접적으로 열의 전달이 이루어지면, 열손실이 적고, 건조의 효율이 높으나 금속벽의 열용량이 크므로 효과적으로 건조하는 데는 약간의 문제점이 있다. 그 외의 분류법으로 재료의 이동방법에 의한 본체회전식, 교반기식, 공기수송식, 유동층식, 벨트이동식 등이 있다. 또 이 이동 방식을 2가지 이상 조합하여 하나의 건조시설로 하는 방식도 있다.

② 가열시설

가열시설(열매체 가열을 포함한다)이란 어떤 방법으로 물체의 온도를 상승시키는데 사용되는 시설을 말한다. 보일러도 일종의 가열시설로 볼 수 있으나, 일반적으로 석유화학 및 유기화학공업 등의 각종 공정에 쓰이는 관식가열로(Tubular Heater) 등을 말한다. 이는 Pipe Still Heater라고도 불리우며, 피가열물체가 기체 또는 액체 등의 유체에 한정되며, 거의 연속운전인 점 그리고 열원으로서 가스 또는 액체 연료를 사용하며, 가열방법이 모두 직화방식인 특징이 있다.

외관형상으로는 직립 원통형, 캐빈형, 상자형으로 구분되며, 직립 원통형은 전복사형(헬리킬코일 및 수직관식) 복사대류 일체형, 복사대류 분리형(수직관식, 대류부수평관식) 등이 있으며, 상자형에는 수평관식 – 수직연소식, 수직관식 – 수평연소식, 수직관식 – 특수연소식, 수평관식 – 특수연소식 등으로 구별된다. 이들은 다시 스트레이트업형, 업드레프트 또는 캐빈형, 멀티챔버형, 후두트형, 바켓형, 각주형, 다운콤벡숀형, 테라스형, 다운파이어형, 레이디언트월형 등 다양하게 분류된다.

한편, 열매체라 함은 장치를 일정한 조작온도로 유지하기 위하여 가열 또는 냉각에 사용되는 각종 유체를 말한다. 열매체는 조작온도 내에서는 유체로서 취급될 수가 있어야 하며, 열적으로 안정되고, 단위체적당 열용량이 크며, 사용압력 범위도 적당하고, 전달계수가 높아야 할 필요성이 있으며, 또한 장치에 대한 부식이 적고, 불연성이며, 값싸고 무독인 특성을 가져야 한다. 대표적으로 이용되는 열매체는 유기열매체(디페닐에트드, 디페닐 등의 혼합물), 수은, 열유, 온수유기열매체, HTS($NaOH + NaNO_3 + KNO_3$) 등의 액상열매체와 과열수증기, 굴뚝가스, 공기 등의 기체성 열매체가 있다.

③ 용융·융해시설

고체 상태의 물질을 가열하여 액체 상태로 만드는 시설을 용융시설이라 하며, 기체, 액체, 또는 고체 물질을 다른 기체, 액체 또는 고체 물질과 혼합시켜, 균일한 상태의 혼합물 즉, 용체를 만드는 시설을 용해시설이라 한다. 이때 용체라 함은 균일한 상을 만들고 있는 혼합물로서 액체 상태인 경우에는 용액, 고체 상태인 경우에는 고용체, 기체 상태일 때는 혼합 기체라 한다. 여기서는 동일상태의 서로 다른 물질을 혼합시켜 원래 상태의 물질이 물리·화학적 성질 변화를 일으키는 경우의 시설에 적용되며, 그렇지 아니하고 원래 상태의 물질이 물질·화학적 성질의 변화가 없이 단순히 혼재되어 있는 경우의 시설은 혼합시설로 구분한다.

④ 소둔로

열처리시설의 일종이다. 강재의 기계적 성질 또는 물질적 성질을 변화시켜서 강재의 결정조직을 조정하여 내부 응력을 제거하거나 가스를 제거할 목적으로 가열냉각 등의 조작을 하는 로를 말하여 보통 내부 응력의 제거와 연화를 목적으로 사용한다. 내부 응력의 제거 또는 연화를 목적으로 할 경우에는 적당한 온도로 가열 후 서냉하며, 결정 조직의 조정을 목적으로 할 경우에는 Ac3 변태점(가열중에 페라이트 또는 페라이트와 시멘타이트에서 오오스티나이트 형태로 변태가 완료하는 온도)보다 약 50℃ 정도 높은 온도로 가열한 후 노냉 또는 탄냉한다.

⑤ 기타로

상기 공정 연소시설에 제시되지 않는 기타 연소시설을 말한다.

3 고정연소의 종류

3.1 고체 연료의 연소

고체 연료의 연소는 비균일연소로서 고체 연료에 열이 가해지면 열분해에 의해 휘발성 가연가스를 방출하고, 이것이 기상연소를 한다. 그리고 기화하지 않은 가연성분인 고정탄소가 표면연소를 계속한다.

고체 연료의 연소형태에는 증발연소, 분해연소, 표면연소, 그을음연소가 있다. 증발연소는 비교적 융점이 낮은 고체 연료가 연소하기 전에 용융하여 액체 연료와 같이 증발해서 연소하는 현상을 말한다. 분해연소는 분해온도가 증발온도보다 낮은 경우에 가열에 의하여 열분해가 일어나 휘발하기 쉬운 성분이 표면에서 약간 떨어져 기상 연소하는 현상을 말한다. 표면연소는 휘발분을 거의 포함하지 않는 목탄 및 코크스, 분해연소 후의 고정탄소에서 볼 수 있는 연소현상으로 산소 또는 산화성 가스(CO_2, H_2O 등)가 고체 표면 및 내부의 기공으로 확산하여 표면반응을 한다. 그을음연소는 열분해온도가 낮은 종이, 목재와 같은 물질이 방출된 휘발분이 점화되지 않을 때 많은 연기를 동반하는 열분해 발열반응을 일으키는 것을 말한다.

고체 연료의 연소 방법으로는 화격자연소, 유동층연소, 미분탄연소가 있다. 화격자연소는 화격자라는 격자 위에 고체 연료를 쌓고, 여기에 공기를 공급하여 연소시키는 고정층 연소방법이다. 이에 반하여 유동층연소는 모래 등과 같은 내화성 분체와 소량의 고체 연료를 섞어 만든 혼합입자층을 분산판 위에 쌓고, 아래로부터 공기를 강하기 불어 넣음으로써 비등 상태와 유사한 운동을 하는 유동층을 형성시켜 700～900℃ 정도의 낮은 온도에서 연소시키는 방법이다. 미분탄연소는 분쇄기에서 분쇄된 미립자를 1차 공기와 혼합하여 버너로부터 분출시켜 부유 상태에서 연소시키는 방법이다.

3.2 액체 연료의 연소

액체 연료는 일부 예외를 제외하고는 액상 그대로 반응하지 않고, 일단 증발한 후 연료

증기가 산소와 반응하여 연소한다. 따라서 증발과정과 반응과정은 밀접하게 결부되어 있다. 액체 연료의 연소는 연료의 휘발성에 따라 다르며, 가솔린과 같이 휘발성이 높은 것은 증발부와 연소부를 분리하여 기체 연료와 다름없이 연소시킨다. 한편, 중유 및 초중질유에서는 액상에서 열분해가 일어나 고정탄소가 생성되며, 이것이 고체 연료와 유사한 연소를 한다. 액체 연료의 연소 형태는 액면연소, 등심연소, 증발연소, 분무연소가 있다.

3.2.1 액체연소 보일러

액체연소 보일러의 대표적인 공정은 디젤화력발전이다. 디젤화력발전이란 디젤엔진(Diesel engine)을 이용하여 터빈을 돌리는 방식이다. 디젤엔진은 독일의 루돌프 디젤(Rudolf Diesel)이 1892년에 발명한 내연기관으로 1893년 2월 23일에 특허(1893-02-23)를 받았다. 주로 대형 자동차, 철도 차량, 건설 기계, 농업용 기계, 선박 등의 엔진에 이용되며, 가솔린 엔진에 비해 연료소비 효율이 더 높아 약 40% 정도에 달하는 것으로 알려져 있다.

이러한 디젤엔진을 구분할 때 일반적으로 4사이클 디젤기관과 2사이클 디젤기관으로 구분되며, 대부분의 디젤엔진의 경우는 4사이클 디젤기관이 사용되나, 일부 대형기관의 경우 2사이클 디젤기관을 사용한다.

3.3 기체 연료의 연소

기체 연료의 연소는 모든 연소현상의 기본이 된다. 고체 연료의 표면반응을 제외하면, 액체 연료의 증기, 고체 연료의 휘발분 등 통상의 연소 반응이 모두 기체 상태에서 일어난다.

기체 연료의 연소 형태는 연속연소와 간헐연소로 대별된다. 연속연소는 버너를 사용하여 공급 유동면에 정지된 화염을 형성시켜 가능한 한 변동이 적은 정상연소를 일으킨다. 간헐연소는 가솔린엔진과 같이 용기 내에 분사한 가연혼합기체에 점화하던가 혹은 디젤엔진과 같이 밀폐된 용기내의 고온 공기 중에 연료를 분사·착화시킴으로써 간헐적으로 연소를 일으킨다.

3.3.1 가스터빈 복합화력발전

가스터빈 복합화력발전이란 열효율 향상을 위해 두 종류의 열사이클을 조합하여 발전하는 것을 말한다. 1차적으로 가스터빈 사이클인 Brayton Cycle을 이용하여 발전을 하고, 2차적으로 가스터빈으로부터 대기 중으로 배출되는 배가스(500℃ 이상)를 배열회수보일러(HRSG : Heat Recovery Steam Generator)로 보내 증기를 생산하여 증기터빈(Rankine Cycle)을 돌려 발전하는 방식이다.

복합화력의 구성은 일반적으로 가스터빈과 배열회수보일러, 증기터빈으로 나뉜다. 위 발전형태는 기존의 가스터빈과 증기터빈을 복합적으로 사용하는 형태이기 때문에 가스터빈과 증기터빈, 그리고 배열회수보일러에 대한 공정을 이해하는 것이 중요하다.

3.3.2 가스터빈[1)]

가스터빈이란 연료의 연소시 팽창하는 연소가스를 이용하여 직접 터빈 날개와 터빈축을 회전시키는 기관이다. 가스터빈은 다시 일반 가스터빈과 배기 가스터빈으로 구분된다.

그림 1-1에서 보는 바와 같이 가스터빈은 기본적으로 압축기, 연소실 및 터빈 등 3가지 주요 구성부분을 갖으며 그밖에 시동장치, 연료장치, 윤활장치, 조속장치, 피구동장치(프로펠러) 등으로 구성되어 있다.

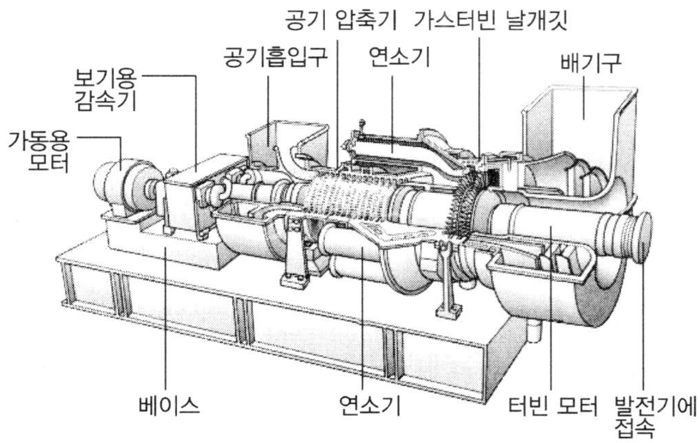

◎ **그림 1-1** 가스터빈의 구조

1) 윤춘식 저. 내연기관 공학개론, 연경문화사, 2007

압축기는 대기 중 공기를 흡입하여 필요한 압력까지 압축하는 장치이다. 대부분의 압축기는 흡입된 공기가 통과하는 관경을 점점 줄임으로써 토출압력을 높이며, 압축된 공기는 연소실에 투입된다.

연소실은 압축기에서 압축된 공기에 연료를 분사하여 연소시킴으로써 고온 고압의 가스를 발생시키는 장치이다. 연소실은 점화장치인 점화기와 연료를 연소실에 분무하여 연소시키는 버너로 구성된다. 그리고 연소실 내부에는 2차 기공이 뚫려 있는데, 이 기공은 연소실을 냉각하는 2차 공기가 흐르도록 마련된 것으로 연소가스의 온도를 터빈 입구 온도에 적합한 온도(580～980℃)까지 냉각시킨다. 연소실은 낮은 압력손실, 높은 연소효율, 화염에 대한 안전도 등의 조건을 갖추어야 한다. 그리고 터빈은 연소실에서 배출되는 연소가스의 운동에너지를 전기에너지로 전환시키는 장치이다. 배기되는 연소가스는 터빈 날개에 부딪쳐 터빈을 회전시켜 전기를 생산한다. 터빈은 연소가스의 작동측면으로 보아 충동터빈, 반동터빈, 혼합터빈 등으로 분류된다.

4 고정연소의 배출특성 및 공정분석

4.1 온실가스 배출특성

온실가스 배출공정은 크게 연료저장 및 전처리, 연소시설, 에너지 회수, 대기오염물질 처리시설(SCR) 과정으로 나누어지며, 이 중에서 연소시설과 대기오염물질 처리시설(SCR)의 과정에서 온실가스(CO_2, CH_4, N_2O)가 배출된다.

먼저 연소시설에서의 온실가스 배출을 보면, 연소시설은 화력발전시설, 열병합발전시설, 발전용 내연기관, 일반보일러시설, 고정연소시설이 있고, 이 시설들은 공통적으로 CO_2, CH_4, N_2O의 온실가스를 배출한다. 연소시설의 온실가스 배출 원인은 모두 화석연료의 연소에 의한 의도적인 배출로서 CO_2는 연료 중 탄소성분의 산화에 의한 배출로 생성되고, CH_4는 탄소성분의 불완전연소에 의해 배출된다. 또한 N_2O의 경우는 질소성분의 불완전연소에 의해 배출된다.

대기오염물질(NOx) 처리시설(SCR)에서의 온실가스 배출은 연소시설에서의 온실가스 배출과 마찬가지로 CO_2, CH_4, N_2O의 온실가스를 배출한다. 그리고 대기오염물질 처리시설의 온실가스 배출 원인은 고정연소 배출과 공정 배출로 나누어지는데, 여기서 고정연소에 의한 온실가스 배출은 대기오염물질의 처리를 위하여 추가적인 연료 연소 활동을 할 때 발생하는 온실가스 배출로 이는 연소시설에서의 온실가스 배출(고정연소 배출)과 같다.

공정 배출은 연소 과정에서의 배출 이외에 SCR 공정에서 NOx를 환원 처리하는 과정 등을 통해 중간 생성물로 N_2O가 생성되어 배출되는 것 등 주로 공정과정 중에 온실가스가 배출되는 것을 말한다.

고정연소에서 온실가스 배출 시설은 화력발전시설, 열병합발전시설, 발전용 내연기관, 일반 보일러시설, 공정연소시설 등이 있다. 각 배출시설의 배출 원인은 아래에서 보는 것과 같이 정리할 수 있다.

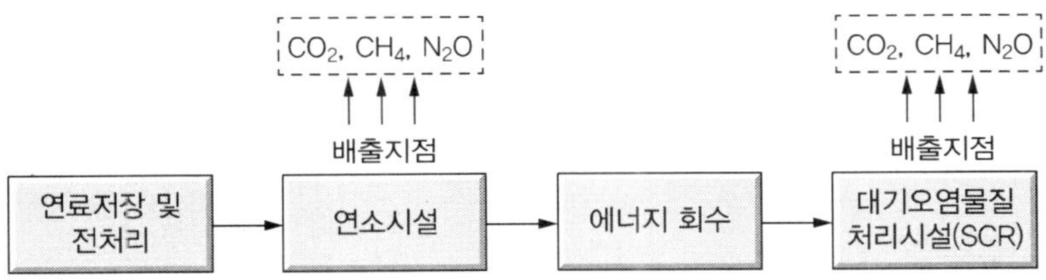

그림 1-2 온실가스 배출공정
(출처 : 국립환경과학원)

표 1-1 고정연소 배출공정과 온실가스 배출 원인

배출공정	온실가스	배출 원인
화력발전시설	CO_2, CH_4, N_2O	• 화석연료의 의도적 연소에 의한 온실가스 배출로서 CO_2는 화석연료 중의 탄소성분의 산화에 의한 배출이고, CH_4는 탄소성분의 불완전연소에 의한 배출, N_2O는 질소성분의 불완전연소에 의한 배출임.
열병합 발전시설		
발전용 내연기관		
일반 보일러시설		
공정연소시설		
대기오염물질(NOx) 처리시설(SCR)		• 고정연소 배출 : 대기오염물질 처리를 위한 추가적인 에너지(연료 연소 활동)에 의한 온실가스 배출로서 그 배출 원인은 연소시설과 동일함. • 공정배출 : N_2O는 연소 과정에서 배출 이외에도 SCR 공정에서 NOx를 환원 처리하는 과정에서 중간생성물로 N_2O가 발생 배출될 개연성이 있음.

출처 : 온실가스전문인력양성 교재

5 고정연소의 활동자료 수집

활동자료는 연료사용량을 의미한다. 산정등급은 4개의 등급으로 구분된다. 먼저, Tier 1등급은 사업자 또는 연료공급자에 의해 측정된 측정 불확도 ±7.5% 이내의 연료 사용량 자료를 활용한다. Tier 2 등급은 사업자 또는 연료공급자에 의해 측정된 측정불확도 ±5.0% 이내의 연료 사용량 자료를 활용한다. Tier 3은 사업자 또는 연료공급자에 의해 측정된 측정불확도 ±2.5% 이내의 연료 사용량 자료를 활용한다. 마지막으로 Tier 4등급은 연속측정방식(CEM)을 사용한다.

표 1-2 활동자료 관리기준

산정등급	측정불확도
Tier 1	측정불확도 ±7.5%
Tier 2	측정불확도 ±5.0%
Tier 3	측정불확도 ±2.5%
Tier 4	연속측정방법(CEM)을 사용

6 고정연소의 배출량 산정

6.1 고체 연료

고체 연료에 의한 온실가스 배출량 산정은 다음과 같다.

$$E_{i,j} = Q_i \times EC_i \times EF_{i,j} \times f_i \times F_{eq,j} \times 10^{-6}$$

$E_{i,j}$: 연료(i) 연소에 따른 온실가스(j)별 배출량(tCO_2eq)

Q_i : 연료(i) 사용량(측정값, ton-고체 연료(i))

EC_i : 연료(i)별 열량계수(연료 순발열량, MJ/kg-고체 연료(i))

$EF_{i,j}$: 연료(i)별 온실가스(j)의 배출계수(kg-GHG/TJ-연료)

f_i : 연료(i)별 산화계수

$F_{eq,i}$: 온실가스(CO_2, CH_4, N_2O)별 CO_2 등가계수($CO_2=1$, $CH_4=21$, $N_2O=310$)

6.2 기체 및 액체 연료

기체 및 액제 연료에 의한 온실가스 배출량 산정은 다음과 같다.

$$E_{i,j} = Q_i \times EC_i \times EF_{i,j} \times f_i \times F_{eq,j} \times 10^{-9}$$

$E_{i,j}$: 연료(i) 연소에 따른 온실가스(j)별 배출량(tCO_2eq)

Q_i : 연료(i) 사용량(측정값으로 기체 연료(i) : m^3-기체 연료(i), 액체 연료(i):ℓ)

EC_i : 연료(i)별 열량계수(연료 순발열량, MJ/m^3-기체 연료(i), MJ/-액체 연료(i))

$EF_{i,j}$: 연료(i)별 온실가스(j)의 배출계수(kg-GHG/TJ-연료)

f_i : 연료(i)별 산화계수

$F_{eq,i}$: 온실가스(CO_2, CH_4, N_2O)별 CO_2등가계수($CO_2=1$, $CH_4=21$, $N_2O=310$)

참고문헌

- 환경부. 2012. 온실가스·에너지 목표관리 운영 등에 관한 지침
- 환경공단. 온실가스전문인력양성 교재
- 에너지 고정연소분야 온실가스 배출계수 검증평가 기술개발
- 에너지관리공단. 시멘트 업종 온실가스 배출량 산정 Good Practice 가이드라인
- 시멘트산업의 기후변화협약 대응방안 연구
- 세종대학교 환경에너지융합과. 산업분야 온실가스 배출량 산정 방법 연구 발표자료
- 윤춘식. 2007, 내연기관 공학개론, 연경문화사

Chapter 2

이동연소

(주)KF 최상진

1 이동연소의 특성

이동연소의 배출시설은 수송용 내연기관을 말한다, 이는 기차, 선박, 항공기, 도로 등 수송차량에서 자체 소비를 목적으로 동력이나 전기를 생산하는 시설을 말한다. 수송용 내연기관은 이동수단의 종류에 따라 세부적으로 구분할 수 있다.

표 2-1 이동연료시설 구분

배출시설	세부시설
도로수송	승용자동차, 승합자동차, 화물자동차, 특수자동차, 이륜자동차
철도수송	고속차량, 전기기관차, 전기동차, 디젤기관차, 디젤동차, 특수차량
선박수송	수상항해, 국내항해, 어선, 기타선박
항공수송	국내항공(여객용, 화물용, 농업용)

출처 : 온실가스에너지 목표관리 운영 등에 관한 지침(환경부, 2012)

표 2-2 이동연소에서의 온실가스 배출 특성

구 분	온실가스	배출 특성
항공	CO_2 CH_4 N_2O	항공기 엔진의 연소가스는 대략 CO_2 70%, H_2O 30% 이하, 기타 대기오염물질 1% 미만으로 구성 최신기술이 적용된 항공기에서는 CH_4, N_2O는 거의 배출되지 않음 온실가스 배출량은 항공기의 운항횟수, 운전조건, 엔진효율, 비행거리, 비행단계별 운항시간, 연료 종류 및 배출고도 등에 따라 달라짐 공기에서 배출되는 오염물질의 약 10%j는 공항 내에서의 운행과 이착륙 중에 발생하고, 90% 가량이 순항과정의 높은 고도에서 발생함 국제선 운항(국제벙커링)j에 따른 온실가스 배출량 등은 산정 및 보고에서 제외함
도로		자동차는 내연기관에서의 화석연료에 의해 CO_2, CH_4, N_2O 등 온실가스가 배출됨 건설기계, 농기계 등 비도로 차량에 의한 온실가스 배출도 별도 구분없이 도로수송에 포함시켜 배출량을 산정함
철도		철도부문은 일반적으로 디젤, 전기, 증기 세 가지 중 하나를 사용하여 구동하는 철도 기관에서 배출되는 온실가스 배출량을 산정
선박		국제수상운송(국제벙커링)에 의한 온실가스 배출량은 산정 및 보고에서 제외

출처 : 온실가스 관리 전문인력 양성과정(환경부, 2013)

2 육상 이동연소의 종류

2.1 도로이동

도로 차량의 종류는 표 2-3과 같이 승용자동차, 승합자동차, 화물자동차, 특수자동차, 이륜자동차, 비도로 기타로 구분되며, 각 종류별 크기에 따라 경·소·중·대형으로 구분된다.

배출량 산정을 위한 활동자료 수집방법은 구매량 기반의 데이터 수집 및 근사법의 데이터 수집방법이 있으며, 방법은 다음과 같다.

표 2-3 도로차량의 종류

구분	경형	소형	중형	대형
승용 자동차	배기량이 100 cc 미만으로서 길이 3.6미터, 너비 1.6미터, 높이 2.0미터 이하인 것	배기량이 1,600 cc 미만으로서 길이 4.7미터, 너비 1.7미터, 높이 2.0미터 이하인 것	배기량이 1,600 cc 이상 2,000 cc 미만이거나 길이, 너비, 높이 중 어느 하나라도 소형을 초과하는 것	배기량이 2,000 cc 이상이거나, 길이, 너비, 높이 모두 소형을 초과하는 것
승합 자동차	배기량이 1,000 cc 미만으로서 길이 3.6미터, 너비 1.6미터, 높이 2.0미터 이하인 것	승차정원이 15인 이하인 것으로서 길이 4.7미터, 너비 1.7미터, 높이 2.0미터 이하인 것	승차정원이 16인 이상 35인 이하이거나, 길이, 너비, 높이 이 중 어느 하나라도 소형을 초과하여 길이가 9미터 미만인 것	승차정원이 36인 이상 이거나, 길이, 너비, 높이 모두가 소형을 초과하여 길이가 9미터 이상인 것
화물 자동차	배기량이 1,000 cc 미만으로서 길이 3.6미터, 너비 1.6미터, 높이 2.0미터 이하인 것	최대적재량이 1톤 이하인 것으로서, 총중량이 3.5톤 이하인 것	최대적재량이 1톤 초과 5톤 미만이거나 총중량이 3.5톤 초과 10톤 미만인 것	최대적재량이 5톤 이상이거나, 총중량이 10톤 이상인 것
특수 자동차	배기량이 1,000 cc 미만으로서 길이 3.6미터 너비 1.6미터 높이 2.0미터 이하인 것	총중량이 3.5톤 이하인 것	총중량이 3.5톤 초과 10톤 미만인 것	총중량이 10톤 이상인 것
이륜 자동차		배기량이 100 cc 이하(정격출력 1킬로와트 이하)인 적재량(기타 형에 한한다)이 60 킬로그램 이하인 것	배기량이 100 cc 초과(정격출력 1킬로와트 초과 1.5킬로와트 이하)인 적재량(기타 형에 한한다)이 60킬로그램 초과 100킬로그램 이하인 것	배기량이 260 cc 이하(정격출력 1.5킬로와트)를 초과하는 것
비도로 기타	건설기계, 농기계 등 비도로 차량 및 위에서 규정되니 않은 기타 차량			

출처 : 온실가스에너지 목표관리 운영 등에 관한 지침(환경부, 2012)

1) 주행거리 산정 - 근사법의 데이터 수집

주행거리 산정 방법은 운행기록에 대한 자료가 있을 경우 운송에 따른 주행거리를 적용하여 총 주행거리를 산정한다. 운행기록 자료가 없고, 차량 등록번호가 있는 경우 자동차검사관리시스템(VIMS)을 통해 총주행거리를 산정하며, 등록번호 자료가 없는 경우 중량별 차량 대수와 평균주행거리 조사를 통하여 총주행거리를 산정한다. 중량별 차량 대수의 자료만 있는 경우 일평균주행거리를 적용하여 총 주행거리를 산정한다.

2) 연간 연료 사용량 산정 - 구매량 기반의 데이터 수집

연간 연료 사용량 산정 방법은 월 평균 연료 사용량 자료가 있을 경우 12개월을 적용하여 연간 연료사용량을 산정하며, 월 평균 연료 사용량 자료가 없는 경우 중량별 차량의 운행평균연비와 주행거리 자료를 통하여 연간 연료 사용량을 산정한다. 또한, 개별 차량의 소유자의 개인정보 동의하에 국토교통부의 "유류카드 통합관리시스템"의 연료 사용량 자료를 수집하여 산정할 수 있다.

2.2 철도

철도차량은 고속차량, 전기기관차, 전기동차, 디젤기관차, 디젤동차, 특수차량 등 6종류가 있으며, 이중 디젤유를 사용하는 철도차량으로는 디젤유를 연료로 사용하는 내연기관에 의해 발전한 전기동력을 이용하여 모터를 돌려 열차를 견인하는 디젤기관차와 디젤유를 연료로 하는 내연기관에 의해 철도차량을 움직이는 디젤동차, 특수차량 등이 있다. 이들 철도차량은 수행 역할에 따라 일반(디젤)기관차, 입환기관차, 장비차량으로 나뉘기도 한다. 발전소에서 생산된 전기를 동력원으로 하는 철도차량으로는 고속차량, 전기기관차, 전기동차 등이 이에 해당된다. 증기기관차는 일반적으로 관광용 같은 국한된 용도로만 사용하고 있으며, 발생되는 온실가스는 상대적으로 적다.

표 2-4 철도부문 배출원

구 분		차종개요
간접 배출원	고속차량	선로를 시속 200 km/h 이상의 최고운행속도로 주행할 수 있는 철도차량
	전기기관차	전기 동력장치가 집중되어 있는 철도차량
	전기동차	전기 동력장치가 분산되어 있는 철도차량, 일반적으로 전동차(지하철)라 하며, 인버터제어방식, 저항제어방식 등으로 운영
직접 배출원	디젤기관차	디젤동력장치가 집중되어 있는 철도차량
	특수차량	특수사용을 목적으로 제작된 사고복수용차 · 작업차 · 시험차 등으로서 동력차와 객차 및 화차에 속하지 아니하는 철도차량

출처 : 2012년도 교통물류 온실가스 배출량 조사(교통안전공단, 2012)

1) 철도 운행정보를 이용 - 근사법의 데이터 수집

철도 운영기관의 등록자료를 이용하여 운행댓수 및 제원을 파악할 수 있다. 또한 철도는 운행노선 및 스케쥴이 정해져 있기 때문에 철도 운영기관의 운행기록을 이용하여 연간 운행시간을 추정하여 산정한다.

$$E_{k,j} = \sum(N_k \times H_k \times P_k \times LF_k \times EF_k \times F_{eq,j} \times 10^{-6})$$

$E_{k,j}$: (CO_2-e ton)

N_k : 기관차(k)의 수

H_k : 기관차(k)의 연간 운행시간(h)

P_k : 기관차(k)의 평균 정격 출력(kW)

LF_k : 기관차(k)의 전형적인 부하율(0에서 1사이의 소수)

EF_k : 기관차(k)의 배출계수(g/kWh)

$F_{eq,j}$: 온실가스(j)의 CO_2 등가계수(CO_2=1, CH_4=21, N_2O=310)

2) 연료 사용량 산정 - 구매량 기반의 데이터 수집

연간 연료 사용량 산정 방법은 월 평균 연료 사용량 자료가 있을 경우 12개월을 적용하여 연간 연료사용량을 산정한다.

3 해상 이동연소의 종류

휴양용 선박에서 대형 화물 선박까지 주로 디젤 엔진 또는 증기나 가스터빈에 의해 운항되는 모든 수상 교통(선박)에 의해 배출되는 온실가스가 포함되며, 선박의 운항에 의해 CO_2, CH_4, N_2O 등 온실가스와 기타 대기오염물질이 배출된다. 국제 수상 운송(국제 벙커링)에 의한 온실가스 배출량은 산정·보고에서 제외한다. 해상 이동연소는 크게 국내해운과 국제 해운으로 구분되며, 기준은 표 2-5와 같다.

표 2-5 해상 이동연소 배출원 구분

구분	정의
국내 해운	국적과 상관없이 동일 국가에서 입출항을 하는 선박
국제 해운	국적과 상관없이 입항 및 출항국가가 다른 국가간 이동을 하는 선박

출처 : IIPCC GL(2006)

1) 선박 운항정보를 이용 - 근사법의 데이터 수집

선박운항을 정박, 접안, 운항단계로 구분하고, 선박엔진에 대한 제원, 연료특성, 운행주기 등 선박 운항 자료들을 이용하여 산정한다.

$$E_{\text{voyage}} = E_{\text{Hotellin}} + E_{\text{Manoeuvrng}} + E_{\text{Cruise}}$$

$$E_{\text{Phase}} = \text{Time}_{\text{Phase}}(\text{hours})/24 \times \text{Fuel\_Consumption}_{\text{Phase}}(\text{ton/day}) \times EF_{\text{pollutant}}(\text{kg/tonne})$$

$$\text{Time}_{\text{cruising}}(\text{hours}) = \Sigma \frac{\text{Distance Cruised(km)}}{\text{Average Cruising Speed(km/hr)}}$$

$$E_{b,m,j,y,z} = N_{b,m,j,y,z} \cdot HRS_{b,m,j,y,z} \cdot P_{b,m,j,y,z} \cdot LF_{b,m,j,y,z} \cdot EF_{b,m,j,y,z}$$

E : 연료소모량 or 배출량

N : 척수

P : 선박 출력(kWh)

LF : 부하율(load factor)

HRS : 연간가동시간(annual sailing hours)

y : 기관용량 종류

EF : (SFOC or 배출계수-g/kWh)

b : 선박 종류

m : 연료 종류

j : 기관 종류

z : 기술적용 종류

*SFOC : 연료소비율(Specific Fuel Oil Consumption)

2) 연료 사용량 산정 - 구매량 기반의 데이터 수집

연간 연료 사용량 산정 방법은 월 평균 연료 사용량 자료가 있을 경우 12개월을 적용하여 연간 연료사용량을 산정한다.

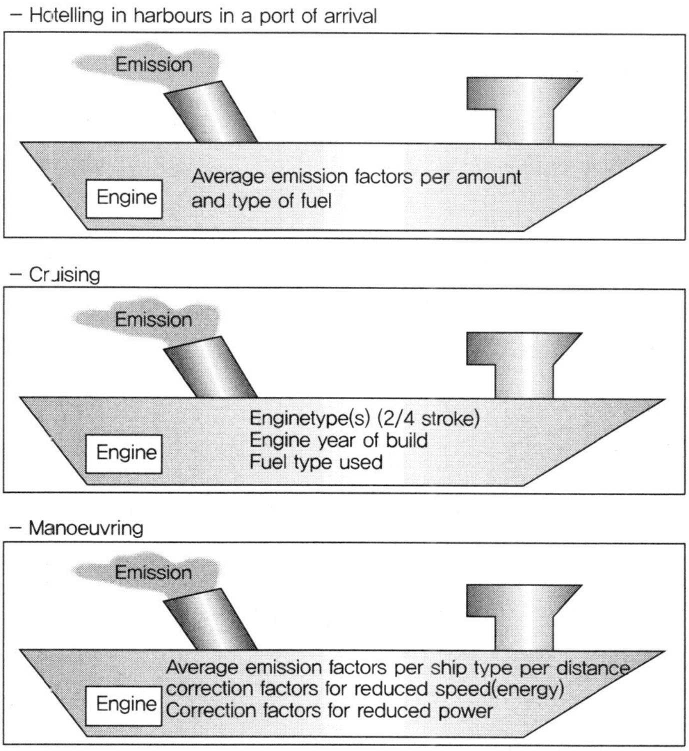

그림 2-1 선박 운항 구분

(출처 : C. Torozzi., R. Vaccro, 1998)

4 항공 이동연소의 종류

항공은 이착륙을 포함하는 국내 및 국제 항공에 의한 배출이며, 국내 항공과 국제 항공의 구분은 표 2-6과 같다.

표 2-6 국내 항공 및 국제 항공의 구분

구 분	정의
국내 항공	동일 국가에서의 출발 및 도착
국제 항공	한나라에서 출발 후 다른 나라에서 도착

출처 : IIPCC GL(2006)

항공기 내연기관에서 제트연료(Jet Kerosene)나 항공 휘발유(Aviation Gasoline) 등의 연소에 의해 온실가스가 발생하는 배출활동으로, 항공기 엔진의 연소가스는 대략 CO_2 70%, H_2O 30% 이하, 기타 대기오염물질 1% 미만으로 구성되어 있다. 최신 기술이 적용된 항공기에서는 CH_4와 N_2O는 거의 배출되지 않는다. 온실가스 배출량은 항공기의 운항 횟수, 운전 조건, 엔진 효율, 비행 거리, 비행단계별 운항시간, 연료 종류 및 배출 고도 등에 따라 달라진다. 항공기 운항은 이착륙단계(LTO, Landing/Take-off)와 순항단계(Cruise)로 구분되고, 항공기에서 배출되는 오염물질의 약 10%는 공항 내에서의 운행과 이착륙 중에 발생하고, 90%가량이 높은 고도에서 발생한다.

1) 항공 운항정보를 이용 - 근사법의 데이터 수집

항공기 운항을 이·착륙 단계와 순항 단계로 구분하고 기종별 특성을 고려하여 배출량을 산정한다. 제트연료를 사용하는 항공기에 적용되며, 이·착륙과정(LTO 모드)와 순항과정(Cruise 모드)을 구분하여 산정한다. 배출량 산정 과정은 「총 연료소비량 산정 → 이·착륙과정 연료소비량 산정 → 순항과정의 연료소비량 산정 → 이·착륙과 순항과정에서의 온실가스 배출량 산정」 순으로 진행한다.

$$E_{i,j} = \sum((E_{i,j,LTO} + E_{i,j,cruise}) \times F_{eq,j})$$

$$\underline{E_{i,j,cruise} = \sum((Q_i - Q_{i,LTO}) \times EC_i \times EF_j) \times 10^{-9}}$$

$$E_{i,j,cruise} = \sum((Q_i - Q_{i,LTO}) \times EF_j) \times 10^{-9}$$

$E_{i,j}$: 연료 (i) 사용에 따른 온실가스 (j) 배출량(CO_2-e ton)

$E_{i,j,LTO}$: 연료 (i) 사용에 따른 온실가스 (j)의 LTO 배출량(ton)
(=LTO 횟수 × LTO 배출계수)

$E_{i,j,cruise}$: 연료 (i) 사용에 따른 온실가스 (j)의 순항과정 배출량 (ton)

Q_i : 연료 (i)의 사용량(측정값, ℓ－연료)

$Q_{i,LTO}$: 연료 (i)의 LTO 사용량(ℓ－연료)=LTO 횟수×(연료소비량/LTO), ℓ－연료)

EC_i : 연료 (i)의 열량계수(연료 순발열량, MJ/ℓ－연료)

$EF_{i,j}$: 연료 (i)에 대한 온실가스 (j)의 배출계수(kg-GHG/TJ Ton-연료)

$F_{eq,j}$: 온실가스 (j)의 CO_2 등가계수(CO_2=1, CH_4=21, N_2O=310)

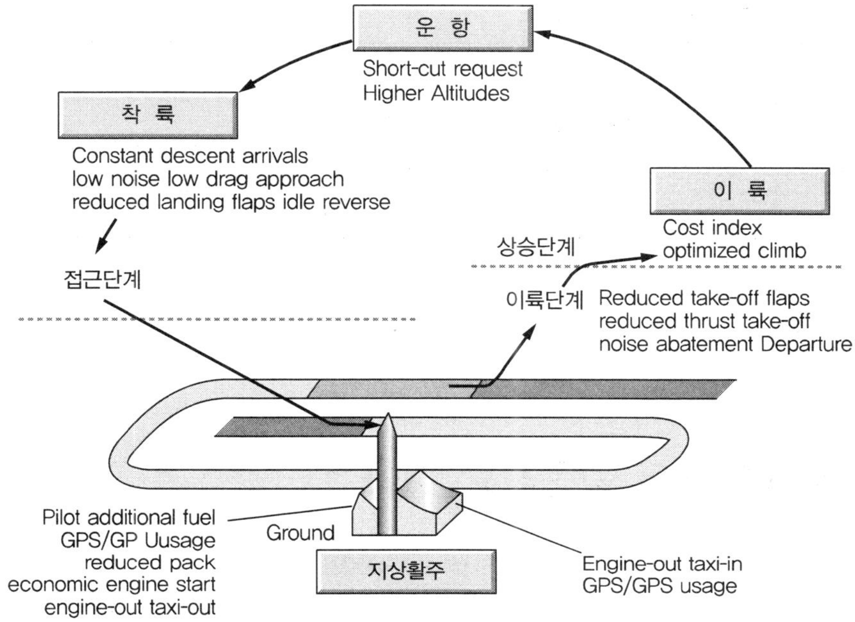

그림 2-2 항공기 운항 표준 사이클
(출처 : 교통안전공단)

2) 연료 사용량 산정 - 구매량 기반의 데이터 수집

연간 연료 사용량 산정 방법은 월 평균 연료 사용량 자료가 있을 경우 12개월을 적용하여 연간 연료사용량을 산정한다.

5 기타 이동연소의 종류

도로, 철도, 항공, 해운부문에 포함되지 않는, 파이프라인 수송, 공항과 항만에서의 육상 활동, 비도로 활동을 포함하는 나머지 수송 활동은 기타 이동연소에 포함된다.

◎ **표 2-7** 국내 항공 및 국제 항공의 구분

구 분	정 의
파이프라인 수송	펌프 동력에 의한 파이프라인 수송
비도로	파이프 라인 수송을 제외한 기타 비도로 수송
어선	내륙, 연근해, 원양어선을 포함한 모든 어선

출처 : IIPCC GL(2006)

6 이동연소의 활동자료 수집

활동자료 수집방법은 크게 연료 등 구매량 기반의 모니터링 방법과 연료 등의 직접 계량에 따른 모니터링 방법, 그리고 근사법에 따른 모니터링 방법이 있으며, 각각의 관련자료는 표 2-8과 같다.

◎ **표 2-8** 이동연소의 활동자료 수집

<table>
<tr><th rowspan="2">구 분</th><th colspan="2">활동자료</th><th rowspan="2">비고</th></tr>
<tr><th>구매량 기반 및 직접 계량에 따른 모니터링 방법</th><th>근사법에 따른 모니터링 방법</th></tr>
<tr><td>도로</td><td rowspan="4">• 판매/공급자가 발행하고 구입량이 기입된 요금청구서 및 인보이스
• 내부 모니터링 기기(계량기 등)의 데이터 기록 일지
• 판매자와 연료구매자가 합의하는 측정방식에 따른 계측값</td><td>• 운행거리, 운행시간을 기록한 차량운행 일지
• 차량 연비자료</td><td></td></tr>
<tr><td>철도</td><td>• 운행일지(운행거리, 운행시간)
• 운행스케쥴(운행노선, 횟수)
• 철도 제원(엔진출력, 종류 등)</td><td></td></tr>
<tr><td>선박</td><td>• 운항일지(운항거리, 운행시간)
• 운항스케쥴(운항노선, 횟수)
• 선박 제원(엔진출력, 종류 등)</td><td></td></tr>
<tr><td>항공</td><td>• 운항일지(운항거리, 운행시간)
• 운항스케쥴(운항노선, 횟수)
• 항공기 제원(엔진출력, 종류 등)</td><td></td></tr>
</table>

7 이동연소의 배출량 산정

도로이동 연소 배출량 산정을 위한 활동자료 수집방법은 구매량 기반의 데이터 수집 및 근사법의 데이터 수집방법이 있으며, 배출량 산정 방법은 다음과 같다.

7.1 도로이동

1) 주행거리 산정 - 근사법의 데이터 수집

주행거리 산정 방법은 운행기록에 대한 자료가 있을 경우 운송에 따른 주행거리를 적용하여 총 주행거리를 산정한다. 화물차의 경우 운행기록 자료가 없고, 차량 등록번호가 있는 경우 자동차검사관리시스템(VIMS)을 통해 총주행거리를 산정하며, 등록번호 자료가 없는 경우 중량별 차량 대수와 평균주행거리 조사를 통하여 총 주행거리를 산정한다. 중량별 차량 대수의 자료만 있는 경우 일평균주행거리를 적용하여 총 주행거리를 산정한다.

$$\text{연료 사용량}(\ell) = \Sigma \frac{\text{연료별 이동연소 주행거리(km)}}{\text{연료별 이동연소 연비}(\text{km}/\ell)}$$

$$E_{i,j} = \sum (Q_i \times EC_i \times EF_{i,j} \times f_i \times F_{eq,j} \times 10^{-9})$$

$E_{i,j}$: 연료 (i) 사용에 따른 온실가스 (j) 배출량(CO_2-eq ton)

Q_i : 연료 (i)의 사용량(측정값, ℓ-연료)

EC_i : 연료 (i)의 열량계수(연료 순발열량, MJ/ℓ-연료)

$EF_{i,j}$: 연료 (i)에 대한 온실가스 (j)의 배출계수(kg-GHG/TJ-연료)

f_i : 연료 (i)의 산화계수(=1.0을 적용한다)

$F_{eq,j}$: 온실가스 (j)의 CO_2 등가계수(CO_2=1, CH_4=21, N_2O=310)

2) 연료 사용량 산정(구매량 기반의 자료 이용)

계측기에 표시되는 연료 소모량을 이용하거나, 구매량 기반의 데이터(연료구매 영수증 및 연료거래 장부)을 연료 소비량을 추정 후 배출량을 산정한다. 화물차의 경우 연료 사용량 자료가 없는 경우 중량별 차량의 운행 평균 연비와 주행거리 자료를 통하여 연간 연료 사용량을 산정한다. 또한, 개별 차량의 소유자의 개인정보 동의하에 국토교통부의 "유류카드통합관리시스템"의 연료 사용량 자료를 수집하여 산정할 수 있다.

$$\text{연료 사용량}(\ell) = \Sigma \frac{\text{연료별 이동연소 연료구매 비용(원)}}{\text{연료별 이동연소 구매단가(원}/\ell\text{)}}$$

$$E_{i,j} = \sum (Q_i \times EC_i \times EF_{i,j} \times f_i \times F_{eq,j} \times 10^{-9})$$

$E_{i,j}$: 연료 (*i*) 사용에 따른 온실가스 (*j*) 배출량(CO_2-eq ton)
Q_i : 연료 (*i*)의 사용량(측정값, ℓ-연료)
EC_i : 연료 (*i*)의 열량계수(연료 순발열량, MJ/ℓ-연료)
$EF_{i,j}$: 연료 (*i*)에 대한 온실가스 (*j*)의 배출계수(kg-GHG/TJ-연료)
f_i : 연료 (*i*)의 산화계수(=1.0을 적용한다)
$F_{eq,j}$: 온실가스 (*j*)의 CO_2 등가계수(CO_2=1, CH_4=21, N_2O=310)

3) 배출계수

도로 이동연소에 의한 배출계수는 다음과 같다.

표 2-9 도로이동부문 연료별 온실가스별 기본 배출계수

구분	배출계수(kg/TJ)		
	CO_2	CH_4	N_2O
휘발유	69,300	25	8.0
경유	74,100	3.9	3.9
LPG	63,100	62	0.2
등유	71,900	-	-
윤활유	73,300	-	-
CNG	56,100	92	3
LNG	56,100	92	3

출처 : 온실가스에너지 목표관리 운영 등에 관한 지침(환경부, 2012)

표 2-10 자동차의 CH_4 배출계수 산출식

<table>
<tr><th colspan="2">차 종</th><th>연 료</th><th>연식구분</th><th>배출계수 산출식</th></tr>
<tr><td colspan="2" rowspan="8">승 용</td><td rowspan="4">휘발유</td><td>2000년 이전</td><td>y = 0.3561x − 0.7619</td></tr>
<tr><td>2000∼02.6년</td><td>y = 0.2625x − 0.817</td></tr>
<tr><td>2002.7∼05년</td><td>y = 0.0859x − 0.7655</td></tr>
<tr><td>2006∼2008년</td><td>y = 0.0351x − 0.7754</td></tr>
<tr><td rowspan="3">LPG</td><td>2002.6년 이전</td><td>y = 0.2324x − 0.704</td></tr>
<tr><td>2002.7∼05년</td><td>y = 0.1282x − 0.7798</td></tr>
<tr><td>2006∼2008년</td><td>y = 0.0913x − 0.956</td></tr>
<tr><td>경유</td><td>2006∼2008년</td><td>y = 0.052x − 0.8767</td></tr>
<tr><td colspan="2" rowspan="2">택 시</td><td rowspan="2">LPG</td><td>2002.6년 이전</td><td>y = 0.6813x − 0.8049</td></tr>
<tr><td>2002.7∼05년</td><td>y = 0.3267x − 0.7956</td></tr>
<tr><td rowspan="14">승 합</td><td>경형</td><td>LPG</td><td>2006∼2008년</td><td>y = 0.0305x − 0.5298</td></tr>
<tr><td rowspan="5">소형</td><td rowspan="3">경유</td><td>2000∼02.6년</td><td>y = 0.0650x − 0.8969</td></tr>
<tr><td>2002.7∼05년</td><td>y = 0.1004x − 1.0693</td></tr>
<tr><td>2006∼2008년</td><td>y = 0.0248x − 0.6378</td></tr>
<tr><td rowspan="2">LPG</td><td>2000∼02.6년</td><td>y = 0.6372x − 0.8366</td></tr>
<tr><td>2002.7∼05년</td><td>y = 0.1794x − 0.9135</td></tr>
<tr><td>중형</td><td>경유</td><td>2002.7∼05년</td><td>y = 14.669x − 1.9562</td></tr>
<tr><td rowspan="3">전세
버스</td><td rowspan="3">경유</td><td>2000년 이전</td><td>y = 0.173x − 0.734</td></tr>
<tr><td>2000∼02.6년</td><td>y = 2.9097x − 1.3937</td></tr>
<tr><td>2002.7∼05년</td><td>y = 1.34x − 1.748</td></tr>
<tr><td rowspan="4">시내
버스</td><td rowspan="2">경유</td><td>2002.7 이전</td><td>y = 0.173x − 0.734</td></tr>
<tr><td>2002.7∼05년</td><td>y = 0.1744x − 1.0596</td></tr>
<tr><td rowspan="2">CNG</td><td>∼2005년</td><td>y = 46.139x − 0.6851</td></tr>
<tr><td>2006∼2008년</td><td>y = 117.64x − 1.0596</td></tr>
<tr><td rowspan="4">화 물</td><td rowspan="2">소형</td><td rowspan="2">경유</td><td>2000∼02.6년</td><td>y = 0.0185x − 0.3837</td></tr>
<tr><td>2002.7∼05년</td><td>y = 0.0328x − 0.5697</td></tr>
<tr><td>중형</td><td>경유</td><td>−</td><td>y = 0.4064x − 0.6487</td></tr>
<tr><td>대형</td><td>경유</td><td>−</td><td>y = 0.402x − 0.6197</td></tr>
</table>

* (주1) : 배출계수 산출식의 Y=배출량(g/km), X=차속(km/hr)

* (주2) : 배출계수가 제시되지 않은 차종에 대해서는 차종 및 연식 등을 고려하여 유사 항목의 값을 활용한다.
(출처 : 환경부, 2012)

◎ **표 2-11** 자동차의 N_2O 배출계수 산출식

차 종		연 료	연식구분	배출계수 산출식
승 용		휘발유	2000년 이전	y = 0.6459x − 0.741
			2000～02.6년	y = 0.9191x − 0.9485
			2002.7～05년	y = 0.1262x − 0.8382
			2006～2008년	y = 0.0307x − 0.8718
		LPG	2002.6년 이전	y = 2.0024x − 1.2053
			2002.7～05년	y = 0.191x − 0.9666
			2006～2008년	y = 0.1162x − 1.1582
		경유	2006～2008년	y = 0.1479x − 0.9224
택 시		LPG	2002.6년 이전	y = 0.4397x − 0.7735
			2002.7～05년	y = 0.6240x − 1.0010
승 합	경형	LPG	2006～2008년	y = 0.12x − 1.1688
	소형	경유	2000～02.6년	y = 0.0991x − 0.672
			2002.7～05년	y = 0.1088x − 0.8582
			2006～2008년	y = 0.2225x − 1.0293
		LPG	LPG	2000～02.6년
			2002.7～05년	2002.7～05년
	중형	경유	경유	2002.7～05년
	전세 버스	경유	2000～02.6년	y = 2.08x − 0.8055
			2002.7～05년	y = 1.2359x − 0.785
	시내 버스	경유	2002.7～05년	y = 0.5268x − 0.4932
		CNG	～2005년	y = 0.5438x − 0.556
			2006～2008년	y = 0.1248x − 0.5754
화 물	소형	경유	2002.7～05년	y = 0.0984x − 0.7969
	중형	경유	-	y = 0.0522x − 0.5206
	대형	경유	-	y = 2.0311x − 0.8501

* (주1) : 배출계수 산출식의 Y=배출량(g/km), X=차속(km/hr)
(출처 : 환경부, 2012)

7.2 철도

1) 철도 운행정보를 이용 - 근사법의 데이터 수집

철도 운영기관의 등록자료를 이용하여 운행댓수 및 제원을 파악할 수 있다. 또한 철도는 운행노선 및 스케줄이 정해져 있기 때문에 철도 운영기관의 운행기록을 이용하여 연간 운행시간을 추정하여 산정한다.

$$E_{k,j} = \sum(N_k \times H_k \times P_k \times LF_k \times EF_k \times F_{eq,j} \times 10^{-6})$$

$E_{k,j}$: (CO_2-eq ton)
N_k : 기관차 (k)의 수
H_k : 기관차 (k)의 연간 운행시간(h)
P_k : 기관차 (k)의 평균 정격 출력(kW)
LF_k : 기관차 (k)의 전형적인 부하율(0에서 1사이의 소수)
EF_k : 기관차 (k)의 배출계수(g/kWh)
$F_{eq,j}$: 온실가스 (j)의 CO_2 등가계수(CO_2=1, CH_4=21, N_2O=310)

2) 연료 사용량 산정(구매량 기반의 자료 이용)

계측기에 표시되는 연료 소모량을 이용하거나, 구매량 기반의 데이터(연료구매 영수증 및 연료거래 장부)을 연료 소비량을 추정 후 배출량을 산정한다,

$$E_{i,j} = \sum(Q_i \times EC_i \times EF_{i,j} \times f_i \times F_{eq,j} \times 10^{-9})$$

$E_{i,j}$: 연료 (i) 사용에 따른 온실가스 (j) 배출량(CO_2-eq ton)
Q_i : 연료 (i)의 사용량(측정값, ℓ-연료)
EC_i : 연료 (i)의 열량계수(연료 순발열량, MJ/ℓ-연료)
$EF_{i,j}$: 연료 (i)에 대한 온실가스 (j)의 배출계수(kg-GHG/TJ-연료)
f_i : 연료 (i)의 산화계수(=1.0을 적용한다)
$F_{eq,j}$: 온실가스 (j)의 CO_2 등가계수(CO_2=1, CH_4=21, N_2O=310)

3) 배출계수

철도 이동연소에 의한 배출계수는 표 2-12와 같다.

표 2-12 철도 이동부문 연료별 온실가스별 기본 배출계수

구분	배출계수(kg/TJ)		
	CO_2	CH_4	N_2O
디젤	74,100	4.15	28.8
아역청탄	96,100	2	1.5

(출처 : 환경부, 2012)

7.3 해상 이동연소의 종류

1) 선박 운항정보를 이용 - 근사법의 데이터 수집

선박운항을 정박, 접안, 운항단계로 구분하고, 선박엔진에 대한 제원, 연료특성, 운행주기 등 선박 운항 자료들을 이용하여 산정한다.

$$E_{\text{voyage}} = E_{\text{Hotellin}} + E_{\text{Manoeuvrng}} + E_{\text{Cruise}}$$

$$E_{\text{Phase}} = \text{Time}_{\text{Phase}}(\text{hours})/24 \times \text{Fuel\_Consumption}_{\text{Phase}}(\text{ton/day}) \times EF_{\text{pollutant}}(\text{kg/tonne})$$

$$\text{Time}_{\text{cruising}}(\text{hours}) = \sum \frac{\text{Distance Cruised(km)}}{\text{Average Cruising Speed(km/hr)}}$$

$$E_{b,m,j,y,z} = N_{b,m,j,y,z} \cdot HRS_{b,m,j,y,z} \cdot P_{b,m,j,y,z} \cdot LF_{b,m,j,y,z} \cdot EF_{b,m,j,y,z}$$

E : 연료소모량 or 배출량
P : 선박 출력(kWh)
HRS : 연간가동시간(annual sailing hours)
EF : (SFOC or 배출계수-g/kWh)
m : 연료 종류
z : 기술적용 종류
N : 척수
LF : 부하율(load factor)
y : 기관용량 종류
b : 선박 종류
j : 기관 종류

*SFOC : 연료소비율(Specific Fuel Oil Consumption)

2) 연료 사용량 산정(구매량 기반의 자료 이용)

계측기에 표시되는 연료 소모량을 이용하거나, 구매량 기반의 데이터(연료구매 영수증 및 연료거래 장부)를 연료 소비량을 추정 후 배출량을 산정한다,

$$E_{i,j} = \sum(Q_i \times EC_i \times EF_{i,j} \times f_i \times F_{eq,j} \times 10^{-9})$$

$E_{i,j}$: 연료 (*i*) 사용에 따른 온실가스 (*j*) 배출량(CO_2-eq ton)
Q_i : 연료 (*i*)의 사용량(측정값, ℓ-연료)
EC_i : 연료 (*i*)의 열량계수(연료 순발열량, MJ/ℓ-연료)
$EF_{i,j}$: 연료 (*i*)에 대한 온실가스 (*j*)의 배출계수(kg-GHG/TJ-연료)
f_i : 연료 (*i*)의 산화계수(=1.0을 적용한다)
$F_{eq,j}$: 온실가스 (*j*)의 CO_2 등가계수(CO_2=1, CH_4=21, N_2O=310)

3) 배출계수

해상 이동연소에 의한 배출계수는 표 2-13과 같다.

표 2-13 해상 이동부문 연료별 온실가스별 기본 배출계수

구분		배출계수(kg/TJ)		
		CO_2	CH_4	N_2O
휘발유		69,300	7	2
등유		71,900		
경유		74,100		
중질유		77,400		
LPG		63,100		
기타유	정제가스	57,600		
	파라핀왁스	73,300		
	백유	73,300		
	기타석유제품	73,300		
천연가스		56,100		

(출처 : 환경부, 2012)

7.4 항공 이동연소의 종류

1) 항공 운항정보를 이용 - 근사법의 데이터 수집

항공기 운항을 이·착륙 단계와 순항 단계로 구분하고, 기종별 특성을 고려하여 배출량을 산정한다. 제트연료를 사용하는 항공기에 적용되며, 이·착륙과정(LTO 모드)와 순항과정(Cruise 모드)을 구분하여 산정한다. 배출량 산정 과정은 「총 연료소비량 산정 → 이·착륙과정 연료소비량 산정 → 순항과정의 연료소비량 산정 → 이·착륙과 순항과정에서의 온실가스 배출량 산정」 순으로 진행한다.

$$E_{i,j} = \sum((E_{i,j,LTO} + E_{i,j,cruise}) \times F_{eq,j})$$
$$E_{i,j,cruise} = \sum((Q_i - Q_{i,LTO}) \times EC_i \times EF_j) \times 10^{-9}$$

$E_{i,j}$: 연료(i) 사용에 따른 온실가스 (j) 배출량(CO_2-eq ton)

$E_{i,j,LTO}$: 연료(i) 사용에 따른 온실가스 (j)의 LTO 배출량(ton)
(=LTO 횟수 × LTO 배출계수)

$E_{i,j,cruise}$: 연료(i) 사용에 따른 온실가스 (j)의 순항과정 배출량 (ton)

Q_i : 연료(i)의 사용량(측정값, ℓ-연료)

$Q_{i,LTO}$: 연료(i)의 LTO 사용량(ℓ-연료)=LTO 횟수×(연료소비량/LTO), ℓ-연료)

EC_i : 연료(i)의 열량계수(연료 순발열량, MJ/ℓ-연료)

$EF_{i,j}$: 연료(i)에 대한 온실가스 (j)의 배출계수(kg-GHG / TJ-연료)

$F_{eq,j}$: 온실가스 (j)의 CO_2 등가계수(CO_2=1, CH_4=21, N_2O=310)

2) 연료 사용량 산정(구매량 기반의 자료 이용)

계측기에 표시되는 연료 소모량을 이용하거나, 구매량 기반의 데이터(연료구매 영수증 및 연료거래 장부)을 연료 소비량을 추정 후 배출량을 산정한다,

$$E_{i,j} = \sum(Q_i \times EC_i \times EF_{i,j} \times f_i \times F_{eq,j} \times 10^{-9})$$

$E_{i,j}$: 연료 (i) 사용에 따른 온실가스 (j) 배출량(CO_2-eq ton)

Q_i : 연료 (i)의 사용량(측정값, ℓ-연료)

EC_i : 연료 (i)의 열량계수(연료 순발열량, MJ/ℓ-연료)
$EF_{i,j}$: 연료 (i)에 대한 온실가스 (j)의 배출계수(kg-GHG/TJ-연료)
f_i : 연료 (i)의 산화계수(=1.0을 적용한다)
$F_{eq,j}$: 온실가스 (j)의 CO_2 등가계수(CO_2=1, CH_4=21, N_2O=310)

3) 배출계수

항공 이동연소에 의한 배출계수는 다음과 같다.

표 2-14 항공이동부문 연료별 온실가스별 기본 배출계수

구분	배출계수(kg/TJ)		
	CO_2	CH_4	N_2O
항공휘발유(Aviation Gasoline)	70,000	-	-
항공유(Jet Kerosen)	71,500	-	-
모든 연료	-	0.5	2

(출처 : 환경부, 2012)

표 2-15 항공 순항모드 배출계수(국내선 운항)

구분	배출계수(kg/t fuel)						
	CO_2	CH_4	N_2O	NOx	CO	NMVOC	SO_2
순항모드(Cruise)	3,150	0	0.1	11	7	0.7	1.0

(출처 : 환경부, 2012)

표 2-16 항공 기종별 이착륙(LTO) 당 배출계수

항공기		LTO 배출계수(kg/LTO)			LTO 연료소비 (kg/LTO)
		CO_2	CH_4	N_2O	
대형 상업 항공기	A300	5,450	0.12	0.2	1,720
	A310	4,760	0.63	0.2	1,510
	A319	2,310	0.06	0.1	730
	A320	2,440	0.06	0.1	770
	A321	3,020	0.14	0.1	960

항공기		LTO 배출계수(kg/LTO)			LTO 연료소비 (kg/LTO)
		CO_2	CH_4	N_2O	
	A330-200/300	7,050	0.13	0.2	2,230
	A340-200	5,890	0.42	0.2	1860
	A340-300	6,380	0.39	0.2	2,020
	A340-500/600	10,600	0.01	0.3	3,370
	707	5,890	9.75	0.2	1,860
	717	2,140	0.01	0.1	680
	727-100	3,970	0.69	0.1	1,260
	727-200	4,610	0.81	0.1	460
	737-100/200	2,740	0.45	0.1	870
	737- 300/400/500	2,480	0.08	0.1	780
	737-600	2,280	0.10	0.1	720
	737-700	2,460	0.09	0.1	780
	737-800/900	2,780	0.07	0.1	880
	747-100	10,401	4.84	0.3	3,210
	747-200	11,370	1.82	0.1	3,600
	747-300	11,080	0.27	0.1	3,510
	747-400	10,240	0.22	0.3	3,240
	757-200	4,320	0.02	0.1	1,370
	757-300	4,630	0.01	0.1	1,460
	767-200	4,620	0.33	0.1	1,460
	767-300	5,610	0.12	0.2	1,780
	767-400	5,520	0.10	0.2	1,750
	777-200/300	8,100	0.07	0.3	2,560
	DC-10	7,290	0.24	0.2	2,310
대형 상업 항공기	DC8-50/60/70	5,360	0.15	0.2	1,700
	DC-9	2,650	0.46	0.1	840
	L-1011	7,300	7.40	0.2	2,310
	MD-11	7,290	0.24	0.2	2,310
	MD-80	3,180	0.19	0.1	1,010
	MD-90	2,760	0.01	0.1	870
	TU-134	2,930	1.80	0.1	930
	TU-154-M	5,960	1.32	0.2	4,890

항공기		LTO 배출계수(kg/LTO)			LTO 연료소비 (kg/LTO)
		CO_2	CH_4	N_2O	
	TU-154-B	7,030	11.90	0.2	2,230
단거리 제트기	RJ-RJ85	1,910	0.13	0.1	600
	BAE 146	1,800	0.14	0.1	570
	CRJ-100ER	1,060	0.06	0.03	330
	ERJ-145	990	0.06	0.03	310
	Fokker100/70/28	2,390	0.14	0.1	760
	BAC111	2,520	0.15	0.1	800
	Dornier 328 Jet	870	0.06	0.03	280
	Gulfstream IV	2,160	0.14	0.1	680
	Gulfstream V	1,890	0.03	0.1	600
	YAK-42M	2,880	0.25	0.1	910
제트기	Cessna 525/560	1,070	0.33	0.03	340
터보 프로펠러기	Beech King Air	230	0.06	0.01	70
	DHC8-100	640	0.00	0.02	200
	ATR72-500	620	0.03	0.02	200

(출처 : 환경부, 2012)

참고문헌

- 교통안전공단. 2012. 「2012년도 교통물류 온실가스 배출량 조사」
- 에너지관리공단. 2010. 「업종별 온실가스 배출량 산정 Good Practice 가이드라인」
- 환경부. 2013. 「온실가스관리 전문인력 양성과정」
- 환경부. 2012. 「온실가스 · 에너지 목표관리 운영 등에 관한 지침」
- 환경부. 2012. 「온실가스 · 에너지 목표관리 운영 등에 관한 지침 · 해설서」

Chapter 3

철강 및 금속

세종대학교 전의찬

1 주요 공정의 이해

국내 철강산업에는 광석을 제련하여 철강을 만드는 일관제철소에서부터 고철을 녹여 철강을 생산하는 전기로 제강, 일관제철 및 전기로에서 생산된 철강을 가공하여 다양한 산업의 기초 소재 및 제품을 생산하는 가공공정에 이르기까지 다양한 공정의 제품이 포함되어 있다. 철강 제조공정은 크게 제선공정, 제강공정, 연주공정, 압연공정으로 구분한다.

1.1 제선공정

제선공정은 철광석에서 선철을 만드는 과정으로 원료공정, 소결공정, 고로공정, 코크스로 공정으로 구성된다. 원료공정은 철광석, 유연탄, 석회석 등의 원료를 보관하고, 저장하는 공정이다. 소결공정은 입자가 미세한 철광석을 고로에서 처리가 가능한 입자 크기로 고형화하는 열처리 공정이다. 고로공정은 코크스와 반응하면서 연소에 의해 생성된 CO에 의해 환원되어 선철을 생성하는 공정으로 정의하고 있고, 고로(용광로)는 제철소의 핵심이다. 철강생산 공정에서는 환원과정이 필수적이어서 환원제로 활용되는 코크스의 수요는 엄청난 수준이므로 저렴한 석탄을 활용하여 코크스를 제조하게 되었다. 코크스 제조공정에서는 코크스 이외에도 기체 및 액체 부산물이 생성되고, 기체 부산물은 소위 코크스 오븐가스로서 H_2, CH_4, C_2H_4, CO, CO_2, H_2S, NH_3 및 N_2로 이루어져 있다.

1.2 제강공정

제강공정은 선철을 이용하여 강을 제조하는 전로공정과 철스크랩을 이용하여 강을 제조하는 전기로 공정으로 나눌 수 있다. 전로공정은 70~90%의 용선(Pig iron)과 10~30%의 철스크랩(Steel scrap)을 함께 넣은 후 산소를 불어넣는다. 이 과정을 통해 쇳물의 불순물인 탄소, 인, 황 등을 제거한다. 전로는 보통 용량이 300톤 정도 규모이며, 고압의 순수산소를 불어넣는다. 이 과정에서 철의 불순물은 제거되고, 용강이 된다. 전기로는 전열을 이용하여 강을 제조하는 노(Furnace)로서 제강공정 시, 철스크랩(Steel scrap) 용해 시 막대한 전력이 소요된다는 것이 특징이다. 전기로에서 용해된 쇳물은 커다란 그릇에 담겨 옮겨지며, 이러한 그릇을 래들(Ladle)이라 한다. 그릇에 담긴 쇳물은 LF(Ladle Furnace)라는 설비에 옮겨진다. 이 설비는 쇳물의 화학성분을 더욱 세밀하게 조절해 주며, 불순원소(유황, 가스)를 제거하여(정련) 고순도의 쇳물을 생산하기 위한 것이다.

1.3 연주공정

연주공정은 액체 상태의 철이 고체로 전환되는 공정으로 액체 상태의 용강을 주형에 주입하고, 연속주조기를 통과하면서 물로 냉각, 응고되어 연속적으로 슬래브, 빌릿, 블룸 등의 중간소재를 제조한다.

1.4 압연공정

압연공정은 연주공정에서 생산된 슬래브, 빌릿, 블룸 등을 압연하기 위해 적정 온도인 1,100~1,300℃로 가열한 다음 회전하는 여러 개의 롤러 사이를 통과시켜 늘리거나 얇게 만드는 과정이다.

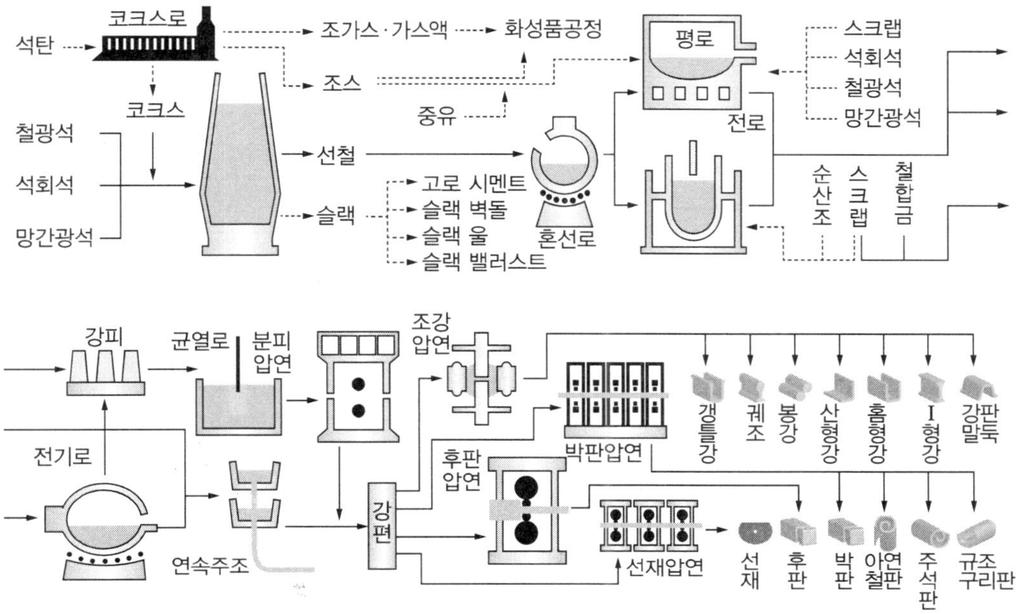

그림 3-1 철강제조공정 전체 흐름도
(출처 : 환경부, 2012)

2 주요 배출시설의 이해

철광석을 이용한 제철공정은 철광석과 코크스를 고로에 장입하여 열풍으로 가열해 용선을 만드는 제선공정, 용선의 탄소함량을 조정하고, 불순물을 제거하기 위해 정련하는 제강공정, 불순물이 제거된 강을 틀에 부어 고체 상태의 슬라브, 빌렛, 블룸 등의 형태로 제조하는 연주공정으로 나눌 수 있으며, 이를 통틀어서 일관제철이라고 부른다. 일관제철소 내에는 코크스로, 소결로, 용광로, 전로로 세분화할 수 있다. 그림 3-2는 제철소의 건물이나 시설에서 발생하는 배출영역 및 온실가스 종류를 나타내고 있다.

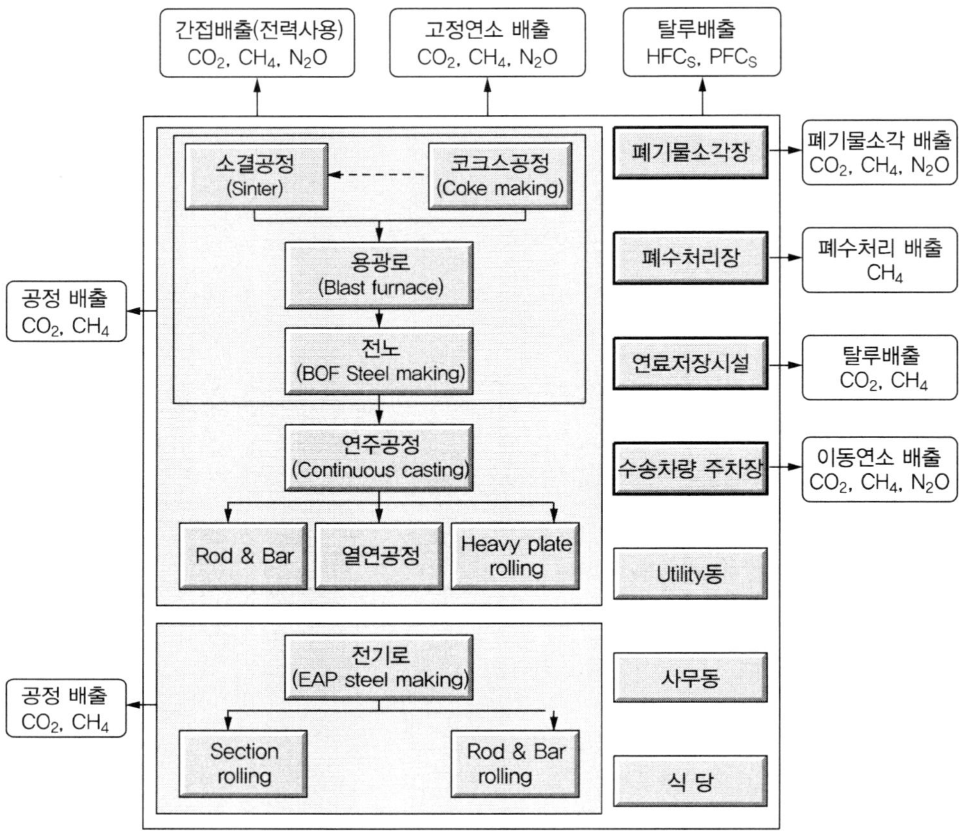

그림 3-2 제철소 운영경계 모식도

2.1 코크스로

코크스로는 제철산업에 필요한 원료탄(석탄)을 고온으로 건류시켜 휘발분을 제거하고, 탄소가 주성분이 되는 코크스를 생산하는 설비이다. 주요 설비는 코크스 오븐이며, 코크스 오븐에 주원료로 석탄을 투입하고, 간접 가열하여 코크스를 생산하게 된다.

2.2 소결로

분체를 융점 이하 또는 그 일부에서 액상이 생길 정도로 가열하여 구우면서 단단하게 하여 어느 정도의 강도를 가진 고체로 만드는 로를 말한다. 여기에서는 주로 금속정련, 특히 용광로에서 널리 사용되는 분광괴성법으로서 미세한 분 철광석을 부분 용융에 의하여 괴성광으로 만드는 데 사용되는 로를 말한다. 세계적으로 연속식인 DL이 많이 사용되고 있다. 그 과정은 철광석, 석회석, 코크스 등 각종 원료를 일정한 비율로 혼합기에서 혼합시켜 조립한 다음 이것을 로 내에 장입하고 점화로에서 그 표면에 착화시키면 원료중의 코크스가 연소되면서 1,300~1,480℃의 온도에서 소결이 진행되고, 다시 냉각, 파쇄, 체질을 하여 용광로에 투입하기에 적당한 소결광으로 만들어 용광로에 보내진다. 연소용 공기는 공기 속에 포함된 각종 먼지 등 이물질을 제거시킨 후에 소결로 옆에 붙어 있는 Wind box를 통해 공급된다.

2.3 용선로

철광석을 용해하여 선철을 생산하는 로로서 일반적으로 고로 또는 용광로라고 한다. 코크스 공정에서 생산된 코크스와 소결공정에서 만들어진 소결광을 고로 내부에 쌓아 올리고 고온의 열풍으로 가열하여 용선을 생산한다. 본체는 원탑형으로 되어 있으며, 외체는 두꺼운 철판으로 되어 있고 내부는 내화벽돌로 두껍게 쌓여져 있다. 원료로는 철광석, 코크스 이외에 미분탄, BFG나 COG 등의 제철 부생가스, 기체/액체 연료, 전기, 스팀 등이 투입된다. 이들 원료는 운송장치에 의하여 자동으로 로상부에 운반되어 장입된다. 로내의 온도는 상부 200~300℃이고, 하부로 내려갈수록 고온이 되어 송풍구 부분에서는 1,500~2,000℃에 달한다. 철광석은 하부에서 올라오는 고온의 코크스 연소가스에 의하여 가열되며, 가스 중의 CO에 의해 간접 환원되면서 하강한다. 그 후에는 코크스의 탄소에 의하여 직접 환원되어 선철로 용해되면서 최하부의 탕류에 부분에 모이게 된다. 한편 장입원료 중 맥석 등 불순물은 대부분 용해되어 석회석과 화합하여 광재가 되고, 이것은 비중이 가벼우므로 탕류부분 용선의 상층으로 부상하게 된다.

2.4 전로

전로는 제강공정의 주요설비 중 하나로써, 고로에서 생산된 쇳물(용선)에서 불순물을 제거하여 강철로 만드는 공정을 말한다. 용선은 탄소(C) 함유량이 많고 인(P), 유황(S)과 같은 불순물이 포함되어 있어 이를 철스크랩과 함께 전로에 넣고 랜스를 통해 순수한 산소를 불어 넣어 불순물을 걸러내고 깨끗한 쇳물인 용강을 만든다. 전로에서 불순불이 제거된 용강은 노외정련(LF, laddle furnace)을 포함한 2차 정련 과정을 통해 고객의 요구에 맞게 화학성분을 조절한 고순도의 쇳물로 만들어진다. 전로에서 용선을 정련하는 과정에서는 부생가스인 LDG(Linz Donawitz Gas)가 발생하게 되는데 발생된 양의 대부분이 발전소에서 전력생산에 이용되며, 소내 수급 밸런스에 따라 발전소에서 수용 불가능한 LDG는 소각되어 방산 처리된다.

3 물질, 에너지 수지 이해

3.1 코크스로 공정

3.1.1 물질 · 에너지 수지 개요

코크스로 공정의 물질 · 에너지 수지 개요는 다음과 같다.

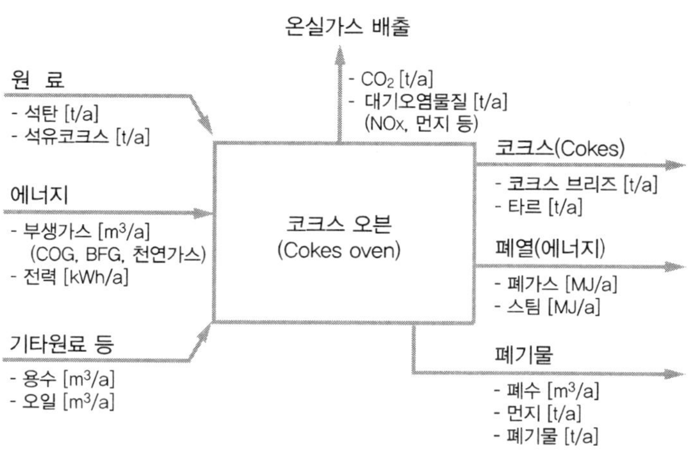

3.1.2 물질 · 에너지 수지표

코크스로 공정의 물질 · 에너지 수지표는 표 3-1과 같다.

표 3-1 코크스 오븐의 물질수지표

Input	단위	값(value)	Output	단위	값(value)
원료			제품		
석탄(dry)	kg/t coke		코크스(dry)	kg/t coke	1,000
석유코크스	kg/t coke		코크스브리즈	kg/t coke	
			타르	kg/t coke	
에너지			에너지		
천연가스	m^3/t coke		COG	MJ/t coke	175～200
COG	m^3/t coke		폐가스	MJ/t coke	2500～3200
BFG	m^3/t coke		스팀	MJ/t coke	3～90/500
전력	kWh/t coke				
스팀	MJ/t coke		온실가스 배출		
			CO_2	kg/t coke	
기타 원료			기타 부산물		
공기	Nm^3/t coke		폐수	m^3/t coke	0.3～0.4
용수	Nm^3/t coke				

3.2 소결공정

3.2.1 물질 · 에너지 수지 개요

소결공정의 물질 · 에너지 수지 개요는 다음과 같다.

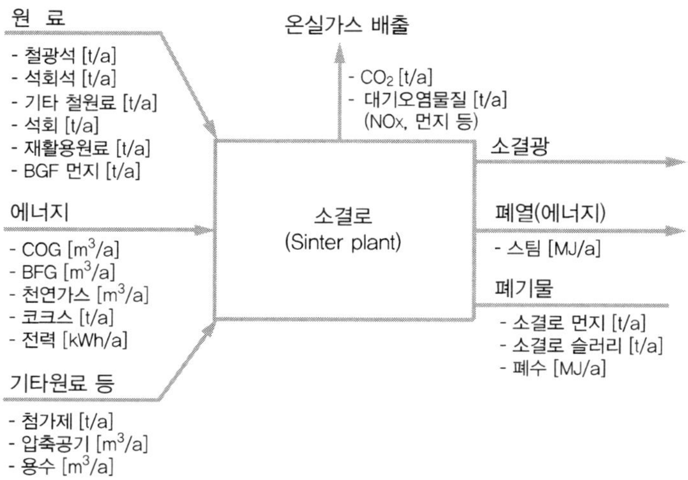

3.2.2 물질 · 에너지 수지표

소결로 공정의 물질 · 에너지 수지표는 표 3-2와 같다.

표 3-2 소결로의 물질수지표

Input	단위	값(value)	Output	단위	값(value)
원료			제품		
철광석	kg/t sinter		소결광(sinter)	kg/t sinter	1,000
기타 철원료	kg/t sinter				
석회	kg/t sinter				
석회석	kg/t sinter				
BFG 먼지	kg/t sinter		에너지		
재활용원료	kg/t sinter		스팀	MJ/t sinter	
에너지			온실가스배출		
COG/BFG/천연가스 등	MJ/t sinter		CO_2	g/t sinter	
코크스	MJ/t sinter				
전력	MJ/t sinter				
기타			기타 부산물		
압축공기	Nm^3/t sinter		먼지	kg/t sinter	
용수	m^3/t sinter		슬러지	kg/t sinter	
첨가제	kg/t sinter		폐수	m^3/t sinter	

3.3 고로공정

3.3.1 물질 · 에너지 수지 개요

고로공정의 물질 · 에너지 수지 개요는 다음과 같다.

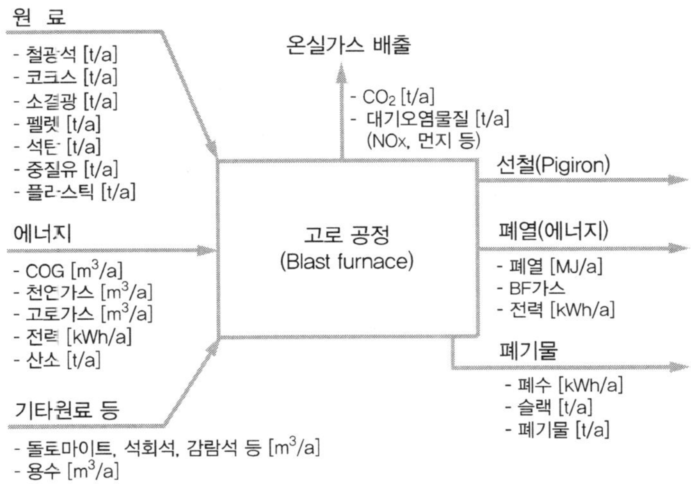

3.3.2 물질 · 에너지 수지표

고로공정의 물질 · 에너지 수지표는 표 3-3과 같다.

표 3-3 고로의 물질수지표

Input	단위	값(value)	Output	단위	값(value)
원료			제품		
소결광	kg/t 용선		용선(pig iron)	kg/t 용선	1,000
철광석	kg/t 용선				
펠렛	kg/t 용선		에너지		
코크스	kg/t 용선		BF 가스	MJ/t 용선	
석탄	kg/t 용선		전력	MJ/t 용선	
중유	kg/t 용선		폐열	MJ/t 용선	
석회	kg/t 용선				

Input	단위	값(value)	Output	단위	값(value)
재순환물질	kg/t 용선				
플라스틱	kg/t 용선				
에너지			온실가스배출		
BF가스	MJ/t 용선		CO_2	kg/t 용선	
COG	MJ/t 용선				
천연가스	MJ/t 용선				
전력	MJ/t 용선				
기타			기타 부산물		
압축공기	m^3/t 용선		슬랙	kg/t 용선	
용수	m^3/t 용선		폐수	m^3/t 용선	
스팀	MJ/t 용선		폐기물	kg/t 용선	
산소	m^3/t 용선				

3.4 전로

3.4.1 물질 · 에너지 수지 개요

전로의 물질 · 에너지 수지 개요는 다음과 같다.

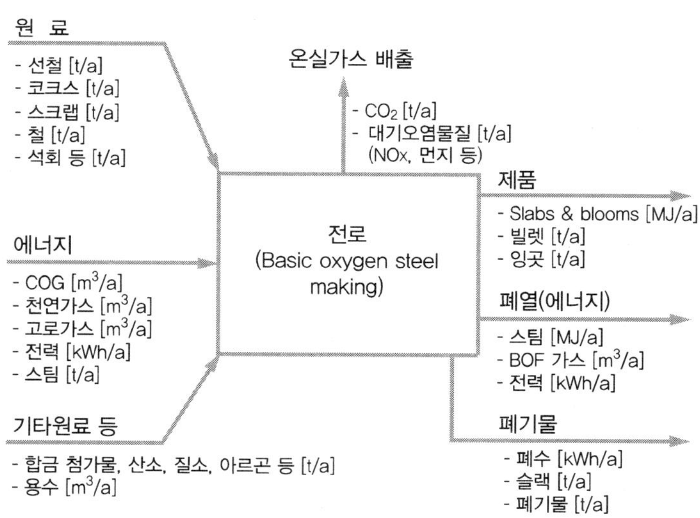

3.4.2 물질 · 에너지 수지표

전로의 물질 · 에너지 수지표는 표 3-4와 같다.

표 3-4 전로의 물질수지표

Input	단위	값(value)	Output	단위	값(value)
원료			제품		
선철	kg/t LS		용강(liquid steel)	kg/t LS	1,000
스크랩	kg/t LS				
철광석	kg/t LS				
기타 철 원료	kg/t LS				
코크스	kg/t LS				
석회	kg/t LS		에너지		
돌로마이트	kg/t LS		BOF 가스	MJ/t LS	
합금철	kg/t LS		스팀	MJ/t LS	
에너지			온실가스배출		
천연가스	MJ/t LS		CO_2	kg/t LS	
전력	MJ/t LS				
기타			기타 부산물		
압축공기	Nm^3/t LS		BOF 슬랙	kg/t LS	
용수	m^3/t LS		폐수	m^3/t LS	
스팀	MJ/t LS		폐기물	kg/t	
산소	m^3/t LS				

4 온실가스 배출 이해

공정 배출원은 제품 생산 공정에서 화석연료의 연소에 의한 배출이 아닌 물리적 또는 화학적 반응에 의해 온실가스가 배출되는 것이다. 철강 공정은 크게 BF Route(Blast Furnace)와 EAF Route(Electric Arc Furnace)의 두 가지 방법으로 나뉠 수 있다. BF Route의 공정 배출은 소성공정, 코크스 공정, 고로, 전로에서 주요 온실가스가 다량 배출된다. 소성공정과 코크스 공정은 고로로 주입되는 원재료인 코크스와 철광석의 적절한 크기의 형성 역할을 하는 공정이며, 이 과정에서 CO_2와 CH_4가 배출된다. 또한 고로에서는 코크스와 소성된 철광석을 고온, 고압에서 용융시켜 용선을 만들게 되며, 고로에서 만들어진 용선은 전로로 유입되어 용선 내의 불순물을 고압의 산소를 불어 넣어주는 과정을 통해 제거하게 된다. 고로와 전로의 이러한 과정에서 CO_2와 CH_4가 다량 발생하게 된다. 철강 공정의 또 하나의 방법인 EAF Route는 전기로에서 고철을 고전압을 이용해 용융시키는 공정으로 원재료가 아닌 고철을 녹임으로서 용선을 생산해 전로로 유입되어 BF Route의 하부 공정의 과정을 거치게 된다. 이 과정에서도 CO_2와 CH_4가 배출된다.

표 3-5 철강공정의 배출원

배출원분류			배출온실가스종류			세부내용
대분류	중분류	소분류	CO_2	CH_4	N_2O	
직접	공정배출원	소결공정	○	○		고로로 주입되는 철광석의 적정크기로 만들기 위한 과정에서 발생하는 온실가스의 배출
		코크스공정	○	○		코크스를 고로에서 사용하기 적합하도록 건류하는 과정에서 발생하는 온실가스의 배출
		고로	○	○		주입 원료를 통해 고온, 고압의 고로에서 용선을 만드는 과정에서의 온실가스 배출
		전로	○	○		고로에서 만들어진 용선에 산소를 주입하는 과정에서 발생하는 온실가스 배출
		전기로	○	○		철스크랩으로 조강하는 과정에서 탄소전극봉의 반응에 의해 온실가스 배출

5 최적 실용화 기술의 이해

5.1 코크스 오븐

코크스 건식 켄칭(CDQ, Coke dry quenching) 공정은 습식 켄칭공정에 비해 에너지 회수를 높일 수 있는 장점을 갖고 있으며, 코크스 오븐에 대한 지속적인 유지관리를 통하여 COG 누출을 최소화하여 결과적으로 연료 소비량 절감할 수 있다.

5.2 소결로

소성 및 소결광 냉각과정에서의 열을 다음의 방법에 의해 회수하여 이용함으로써 에너지를 줄일 수 있고, 배출가스중의 열을 열교환기를 이용하여 회수하거나 폐가스를 소결로 등으로 재순환한다. 소결광 냉각기의 뜨거운 공기를 폐열보일러를 이용한 스팀생산, 연소용공기의 예열 등에 사용할 수 있다.

5.3 고로공정(Blast Furnace)

코크스의 일부를 중질연료유, 오일잔사, 입상 또는 분말 석탄, 천연가스 또는 폐플라스틱 등 탄화수소원으로 대체하여 환원제로서 노(furnace)의 송풍구 수준(tuyere level)에서 직접 주입함으로써 에너지 소비량을 절감할 수 있다. 두 번째, 고로가스(BF gas)로부터 에너지를 회수할 수 있다. 고로의 상층 가스(top gas) 자체만으로는 에너지 함량이 낮으므로 고로가스를 가스탱크에 저장 후 코크스 오븐 가스 또는 천연가스와 혼합하여 연료로서 사용한다. 고압의 상층 고로가스는 가스정제 시설 후단에 설치된 확장 터빈(expansion turbine)을 통하여 에너지를 회수한다. 이때 얻어지는 에너지 회수 정도는 상층 가스의 양, 압력 경사, 유입 온도의 영향을 받게 되며, 고로가스 정제시설과 분배 네트워크에서 압력 강하가 낮아야 실행이 가능하다. 마지막으로 다양한 방법을 통하여 핫스토브(hot stove)의 에너지 효율을 최적화할 수 있다. 핫스토브의 자동제어, 냉각 송풍라인과 폐가스의 보온과 함께 연료의 예열, 보다 적정한 버너를 사용하여 연소율 개선, 그리고 신속한 산소농도 측정에 따른 연소조건을 조절할 수 있다.

5.4 전기아크로(Electric Arc Furnace)

EAF 공정을 최적화함으로써 생산성을 향상시키고 단위 에너지 소비량을 줄일 수 있다. 초고압의 로를 사용함으로써, 생산성 향상, 단위 전극 소모량 감소, 단위 폐가스 발생량을 감소시킬 수 있다. 또한, 순산소 버너(oxy-fuel burner)와 산소창 절단(oxygen lancing)에 의한 추가 에너지 공급은 총 에너지 소요량을 줄일 수 있다.

6 배출특성 및 공정분석

철강산업 제조공정은 아래의 그림과 같이 크게 11개로 분류할 수 있고, 이를 다시 세분화할 수 있다. 여기서는 일관제철공정의 배출특성을 중심으로 다루어 보도록 한다.

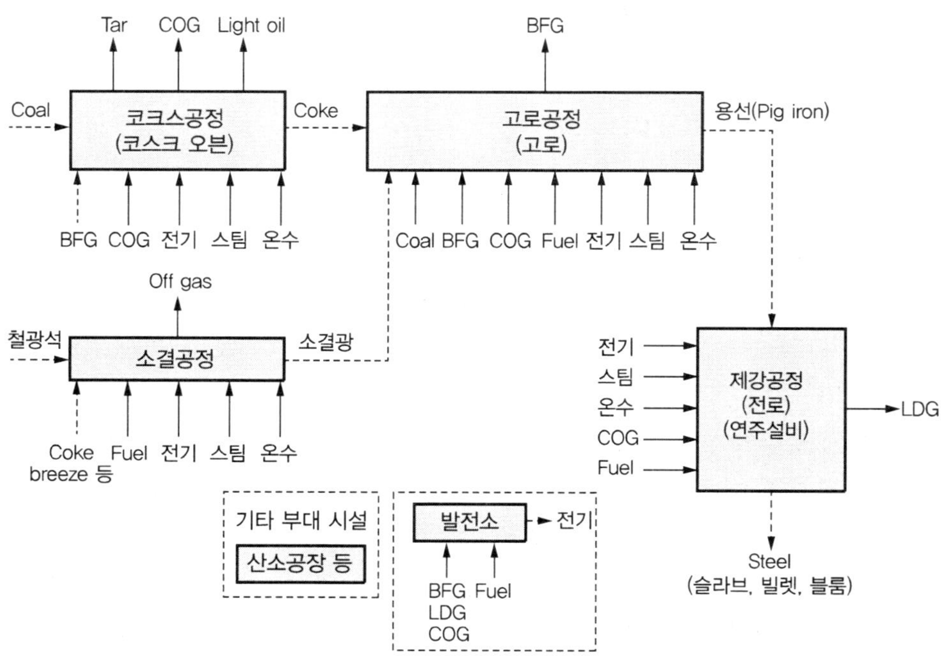

그림 3-3 일관제철 세부 공정도

(출처 : 지식경제부, 2011)

6.1 코크스공정

코크스공정에서는 제철공정 부생가스 등을 포함하여 기체 연료나 액체 연료 사용에 따른 고정연소배출(CO_2, CH_4, N_2O), 석탄(coal)의 탄화과정에서 발생하는 공정배출(CO_2, CH_4), 그리고 전기, 열(스팀) 등의 사용에 따른 간접배출(CO_2, CH_4, N_2O)이 발생한다.

6.2 소결공정

소결공정에서는 부생가스 등을 포함하여 기체 연료나 액체 연료 사용에 따른 고정연소배출(CO_2, CH_4, N_2O), 코크스브리즈(coke breeze) 및 공정물질 사용에 따른 공정배출(CO_2, CH_4) 그리고, 전기, 열(스팀) 등의 사용에 따른 간접배출(CO_2, CH_4, N_2O)이 발생한다.

6.3 고로공정

고로공정에서는 부생가스 등을 포함하여 기체 연료, 액체 연료, 고체 연료 등의 사용에 따른 고정연소 배출(CO_2, CH_4, N_2O), 환원제(예를 들면, 코크스), 슬래그 형성물질(예를 들면, 탄산염) 및 기타 부원료 사용에 따른 공정배출(CO_2), 그리고, 전기, 열(스팀) 등의 사용에 따른 간접배출(CO_2, CH_4, N_2O)이 발생한다. 고로공정의 공정 배출 중 CH_4 발생과 관련하여, IPCC 가이드라인이나 목표관리 운영 통합지침에서도 CH_4 배출계수 기본값을 제시하지 않았으므로 고로공정에서는 CH_4가 발생되지 않는 것으로 가정한다.

6.4 제강공정

제강공정은 전로 및 연주설비가 주요설비를 구성하고 있으며, 부생가스 등을 포함하여 기체 연료, 액체 연료 등의 사용에 따른 고정연소배출(CO_2, CH_4, N_2O), 전로에서 용선의 탈탄과정 및 기타 부원료 사용에 따라 발생하는 공정 배출(CO_2), 그리고, 전기, 열(스팀) 등의 사용에 따른 간접배출(CO_2, CH_4, N_2O)이 발생한다. 제강공정도 고로공정과 마찬가지로 제강공정의 공정 배출 중 CH_4 발생과 관련하여, IPCC 가이드라인이나 온실가스·에너지 목표관리 운영 통합지침등과 같이 제강공정에서는 CH_4가 발생되지 않는 것으로 가정한다.

7 활동자료 수집

7.1 Tier 1

Tier 1 방법은 공정 타입, 철강으로 공정되지 않은 총 선철량, 코크스, 직접 환원철, 펠렛, 소결물 생산량의 총량에 의해 국가에서 생산된 철강량을 필요로 한다. 이 경우에는 코크스의 총량은 종합 코크스 생산 시설에서 생산되었다고 가정한다. 이러한 정보들은 통계치, 비즈니스 또는 산업무역협회의 담당 공무원 혹은 개별의 철강회사에서 구할 수 있다. 만약, 국가에서 통합 자료 밖에 없다면, 가중치(weighting factor)가 사용 되어야 한다. 총 천연 철강 생산은 사용가능한 금은괴(ingot), 계속 관련되는 미완성 제품 및 액체 강의 총 산출량으로 정의된다.

7.2 Tier 2

Tier 2 방법은 철과 강의 총량, 코크스로 오븐 가스, 고로 가스, 직접환원철 생산과 소결물 생산을 위해 사용되는 석회암과 같은 가공 재료, 또한 현지에서 생산된 코크스와 외부에서 생산된 코크스를 필요로 한다. 이러한 정보들은 통계치, 비즈니스 또는 산업무역협회의 담당 공무원 혹은 개별의 철강회사에서 구할 수 있다. 활동자료는 철강공장에서 수집된 활동 데이터가 선호된다(Tier 3)되지만 중요한 카테고리가 아니고 산업 전반의 전체적인 환원제와 재료의 자료를 구할 수 없다면, 배출량은 Tier 1 접근 방식을 사용하여 산정할 수 있다.

7.3 Tier 3

Tier 3 방법은 수집, 편집, 그리고 공장에서 측정한 통합 배출 자료 또는 시설 공정 재료의 생산/소비, 탄소 함량 자료를 필요로 한다. Tier 3 방법은 공장에 물질밸런스 접근법(mass balance approach)(CO_2 배출량) 혹은 시설에서 직접적으로 측정한 자료(CO_2와 CH_4 배출량)에 기초할 수 있다. 또한, Tier 3 방법은 공장 수준에서 수집하고 부문들을 위해서 수집한 활동도 자료를 필요로 한다. 공장의 데이터는 가급적이면 개별적인 철, 강과 코크스 생산 회사에 의해 제공된 자료를 수집한다. 공정 재료의 양은 이처럼 정확하게 결정된다. 이러한 정보들은 통계치, 비즈니스 또는 산업무역협회에 담당 공무원 혹은 개별의 철강 회사에서 구할 수 있다. 그리고 적절한 양이 시설 고유의 탄소 함량 자료와 곱해지고, 부문별 총 CO_2 양을 구하기 위해 합산되고, Tier 2 방법보다 더 정확한 배출량을 산정할 수 있다. 개별의 회사가 공장 자료를 보고하는 것을 허락하고, Tier 2 방법에서 사용된 기본 값들과 기타 적절한 탄소 함량 값을 사용함으로써 추가적인 정확성을 가능케 한다.

8 배출량 산정

철강 및 금속부문의 주요 배출시설인 일관제철공정에 대해 알아보도록 한다. 온실가스 배출량 산정은 아래 표 3-6과 같이 구분할 수 있다.

표 3-6 일관제철공정

공정구분	시설규모	주요설비	배출활동	세부구분	방법론 Tier
코크스 공정	A～C	코크스오븐	직접배출	연료사용	Tier 1～3
			공정배출	석탄탄화	Tier 1～3
			간접배출	외부 전기/스팀	Tier 1
소결공정	A～C	소결로	직접배출	연료사용	Tier 1～3
			공정배출	(부)원료 사용	Tier 1～3
			간접배출	외부 전기/스팀	Tier 1
고로공정	A～C	고로	직접배출	연료사용	Tier 1～3
			공정배출	환원재사용	Tier 1～3
			간접배출	외부 전기/스팀	Tier 1
제강공정	A～C	전로, 연주설비	직접배출	외부전기	Tier 1～3
			공정배출	용선탈탄	Tier 1～3
			간접배출	외부 전기/스팀	Tier 1

(출처 : 에너지관리공단, 2009)

8.1 코크스로

사업장 내에서 발생한 부생가스가 타 공정의 연료로 사용될 경우에는 고정연소 배출활동에서 보고되어야 한다.

8.1.1 Tier 1

Tier 1 산정 방법은 코크스 생산량을 기준으로 한 CO_2, CH_4 배출량 산정 방법이다.

$$E_{Coke} = Q_{Coke} \times EF_{Coke} \times F_{eq,j}$$

E_{Coke} : 코크스로에서의 온실가스(CO_2, CH_4) 배출량(CO_2-eq ton)

Q_{Coke} : 코크스 생산량(ton)

EF_{Coke} : 온실가스(CO_2, CH_4) 배출계수(tCO_2/ton, tCH_4/ton)

$F_{eq,j}$: 온실가스(CO_2, CH_4)의 CO_2 등가계수 ($CO_2=1$, $CH_4=21$)

8.1.2 Tier 2~3

Tier 2 산정 방법은 코크스로에 사용된 원료 및 연료 사용량과 코크스 생산량을 활용하여 CO_2 배출량을 산정하는 방법이다.

$$E_{Coke} = \frac{44}{12} \times [CC \times C_{CC} + \sum(PM \times C_{PM}) - CO \times C_{CO} - COG \times C_{COG} - \sum(COB \times C_{COB})]$$

E_{Coke} : 코크스로부터 연간 CO_2 배출량(ton)

44/12 : CO_2/C 분자량 비율

CC : 원료탄 사용량(ton)

PM : 원료탄 이외의 원료 사용량(ton)

CO : 코크스 생산량(ton)

COG : 코크스오븐가스 발생량(m^3)

COB : 코크스오븐 부산물 발생량(ton)

CX : X 물질 중 탄소함량(ton-C/ton, ton-C/m^3)

8.2 소결로(Sinter)

사업장 내에서 발생한 부생가스가 타 공정의 연료로 사용될 경우에는 고정연소 배출활동에서 보고되어야 한다.

8.2.1 Tier 1

Tier 1 산정 방법은 소결물 생산량을 기준으로 CO_2, CH_4 배출량을 산정하는 방법이다.

$$E_{SI} = SI \times EF_{SI} \times F_{eq,j}$$

E_{SI} : 소결로에서의 연간 CO_2 및 CH_4 배출량(CO_2-eq ton)

SI : 소결물 생산량(ton)

EF_{SI} : CO_2 및 CH_4 배출계수(tCO_2/ton, tCH_4/ton)

$F_{eq,j}$: 온실가스(CO_2, CH_4)의 CO_2 등가계수($CO_2=1$, $CH_4=21$)

8.2.2 Tier 2~3

Tier 2 산정 방법은 소결물 생산을 위해 사용된 원료 및 연료 사용량, 소결물 생산량, 소결가스 발생량 값을 기준으로 CO_2 배출량을 산정하는 방법이다.

$$E_{SI} = \frac{44}{12} \times [CBR \times C_{CBR} + \sum(PM \times C_{PM}) - SOG \times C_{SOG}]$$

E_{SI} : 소결로에서의 연간 CO_2 배출량(tCO_2)

44/12 : CO_2/C 분자량 비율

CBR : 코크브리즈 사용량(ton)

PM : 원료탄 이외의 원료 사용량(ton)

SOG : 소결로가스 발생량(ton)

CX : 물질 X 중 탄소함량(tC/ton, tC/m^3)

8.3 고로(Blast Furnace)

사업장 내에서 발생한 부생가스가 타 공정의 연료로 사용될 경우에는 고정연소 배출활동에서 보고되어야 한다.

8.3.1 Tier 1

Tier 1 산정 방법은 용선 생산량을 기준으로 한 CO_2, CH_4 배출량의 산정 방법이다.

$$E_{BF} = Q_{BF} \times EF_{BF} \times F_{eq,j}$$

- E_{BF} : 고로에서의 CO_2 및 CH_4 배출량(CO_2-eq ton)
- Q_{BF} : 고로의 용선(pig iron) 생산량(ton)
- EF_{BF} : 고로의 CO_2 및 CH_4 기본 배출계수(tCO_2/ton, tCH_4/ton)
- $F_{eq,j}$: 온실가스(CO_2, CH_4)의 CO_2 등가계수($CO_2=1$, $CH_4=21$)

8.3.2 Tier 2~3

Tier 2,3 산정 방법은 용선생산을 위해 사용된 원료 및 연료 사용량, 용선생산량 등을 기준으로 한 CO_2 산정 방법이다.

$$E_{BF} = \frac{44}{12} \times [CC \times C_{CC} + \sum(COB \times C_{COB}) + \sum(PCI \times C_{PCI}) + Car \times C_{car} + \sum(O \times C_O) - PI \times C_{PI} - BFG \times C_{BFG}]$$

- E_{BF} : 고로에서의 선철생산에 따른 CO_2 배출량(tCO_2)
- 44/12 : CO_2/C 분자량 비율
- CC : 고로에 투입된 코크스 양(ton)
- COB : 고로에서 소모된 현지 코크스 오븐의 부산물 양(ton)
- PCI : 고로에 투입된 코크스 외 환원제 사용량(ton)
- Car : 고로에 투입된 탄산염물질의 양(ton)
- O : 고로에 투입된 기타 공정물질(소결물, 폐플라스틱 등)의 양(ton)
- PI : 고로의 용선(pig iron) 생산량(ton)

BFG : 고로의 BFG 발생량(Nm^3)

CX : X 물질 중 탄소함량(ton-C/ton, ton-C/Nm^3)

8.4 전로(Converter)

사업장 내에서 발생한 부생가스가 타 공정의 연료로 사용될 경우에는 고정연소 배출활동에서 보고되어야 한다.

8.4.1 Tier 1

Tier 1 산정 방법은 조강 생산량을 기준으로 한 CO_2, CH_4 배출량의 산정 방법이다.

$$E_{BOF} = Q_{BOF} \times EF_{BOF} \times F_{eq,j}$$

E_{BOF} : 전로에서의 CO_2 및 CH_4 배출량(CO_2-eq ton)

Q_{BOF} : 전로의 조강 생산량(ton)

EF_{BOF} : 전로의 CO_2 및 CH_4 기본 배출계수(tCO_2/ton, tCH_4/ton)

$F_{eq,j}$: 온실가스(CO_2, CH_4)의 CO_2 등가계수 (CO_2=1, CH_4=21)

8.4.2 Tier 2

Tier 2 산정 방법은 조강생산을 위해 사용된 원료 및 연료 사용량, 조강 생산량 등을 기준으로 한 CO_2 산정 방법이다.

$$E_{BOF} = \frac{44}{12} \times [(PI \times C_{PI}) + (Car \times C_{Car}) + \sum(O \times C_O) - (S \times C_S) - (LDG \times C_{LDG})]$$

E_{BOF} : 전로에서 조강생산에 따른 CO_2 배출량

44/12 : CO_2/C 분자량 비율

PI : 전로에 투입된 용선(pig iron)의 양(ton)

Car : 전로에 투입된 탄산염물질의 양(ton)

O : 전로에 투입된 기타 공정물질(소결물, 페플라스틱 등)의 양(ton)

S : 전로의 조강 생산량(ton)

LDG : 전로의 LDG 발생량(Nm^3)

CX : X 물질 중 탄소함량(ton-C/ton, ton-C/Nm^3)

8.4.3 Tier 3

Tier 3 산정 방법은 조강생산을 위해 사용된 원료 및 연료 사용량, 조강 생산량 등을 기준으로 한 CO_2 산정 방법이다.

$$E_{BOF} = \frac{44}{12} \times [(PI \times C_{PI}) + (Car \times C_{Car}) + (Scrap \times C_{Scrap}) + (Carbon \times C_{Carbon}) - (S \times C_S) - (LDG \times C_{LDG}) - (Slag \times C_{Slag}) - (R \times C_R)]$$

E_{BOF} : 전로에서 조강생산에 따른 CO_2 배출량

44/12 : CO_2/C 분자량 비율

PI : 전로에 투입된 용선(pig iron)의 양(ton)

Car : 전로에 투입된 탄산염물질의 양(ton)

Scrap : 전로에 투입된 철스크랩(steel scrap)의 양(ton)

Carbon : 전로에 투입된 탄소물질(석탄, 코크스 등)의 양(ton)

S : 전로의 조강 생산량(ton)

LDG : 전로의 LDG 발생량(Nm^3)

Slag : 전로의 슬래그 발생량(ton)

R : 대기오염물질 방지시설의 잔류물질 양(ton)

CX : X 물질 중 탄소함량(ton-C/ton, ton-C/Nm^3)

8.5 전기로(Electric Arc Furnace)

사업장 내에서 발생한 부생가스가 타 공정의 연료로 사용될 경우에는 고정연소 배출활동에서 보고되어야 한다.

8.5.1 Tier 1

Tier 1 산정 방법은 조강 생산량을 기준으로 한 CO_2, CH_4 배출량의 산정 방법이다.

$$E_{EAF} = Q_{EAF} \times EF_{EAF} \times F_{eq,j}$$

E_{EAF} : 전기로에서의 CO_2 및 CH_4 배출량(CO_2-eq ton)

Q_{EAF} : 전기로의 조강 생산량(ton)

EF_{EAF} : 전기로의 CO_2 및 CH_4 기본 배출계수(tCO_2/ton, tCH_4/ton)

$F_{eq,j}$: 온실가스(CO_2, CH_4)의 CO_2 등가계수 (CO_2=1, CH_4=21)

8.5.2 Tier 2

Tier 2 산정 방법은 조강생산을 위해 사용된 원료 및 연료 사용량, 조강 생산량 등을 기준으로 한 CO_2 산정 방법이다.

$$E_{EAF} = \frac{44}{12} \times [(CE \times C_{CE}) + (CA \times C_{CA}) + \sum (O \times C_O)]$$

E_{EAF} : 전기로에서 조강생산에 따른 CO_2 배출량

44/12 : CO_2/C 분자량 비율

CE : 전기로에서 사용된 탄소전극봉의 양(ton)

CA : 전기로에 투입된 가탄제 양(ton)

O : 전로에 투입된 기타 공정물질(소결물, 폐플라스틱 등)의 양(ton)

CX : X 물질 중 탄소함량(ton-C/ton, ton-C/Nm^3)

8.5.3 Tier 3

Tier 3 산정 방법은 조강생산을 위해 사용된 원료 및 연료 사용량, 조강 생산량 등을 기준으로 한 CO_2 산정 방법이다.

$$E_{EAF} = \frac{44}{12} \times [(PI \times C_{PI}) + (Car \times C_{Car}) + (Scrap \times C_{Scrap}) + (Carbon \times C_{Carbon}) + (Electrode \times C_{Electrode}) - (S \times C_S) - (Slag \times C_{Slag}) - (R \times C_R)]$$

E_{EAF} : 전기로에서 조강생산에 따른 CO_2 배출량
44/12 : CO_2/C 분자량 비율
PI : 전기로에 투입된 용선(pig iron)의 양(ton)
Car : 전기로에 투입된 탄산염물질의 양(ton)
Scrap : 전기로에 투입된 철스크랩(steel scrap)의 양(ton)
Carbon : 전기로에 투입된 탄소물질(석탄, 코크스 등)의 양(ton)
Electrode : 탄소전극봉의 소비량(ton)
S : 전기로에서의 조강 생산량(ton)
Slag : 전기로의 슬래그 발생량(ton)
R : 대기오염물질 방지시설의 잔류물질 양(ton)
CX : X 물질 중 탄소함량(ton-C/ton, ton-C/Nm^3)

참고문헌

- 환경부. 2012. 온실가스・에너지 목표관리 운영 등에 관한 지침
- 에너지관리공단. 2009. 철강업종 온실가스 배출량 산정 Good Practice 가이드라인
- 지식경제부. 2011. 철강업종 온실가스・에너지관리시스템 표준 매뉴얼

Chapter 4

전기 · 전자

스마트에코(주) 김 익

1 주요 공정의 이해

전자산업의 대표제품으로는 반도체, 박막 트랜지스터 평면 디스플레이(TFT-FPD), 광전지(PV) 등이 포함되며, 해당 주요 공정에는 플라즈마 식각, 반응 챔버의 세정 및 온도 조절을 위해 불소화합물(Fluorinated Compounds, FCs)이 이용된다.

본 교재에서는 전자산업의 대표 공정인 반도체 제조공정에 대해 살펴보기로 하겠다.

반도체는 최초 웨이퍼 제작에서부터 최종 완제품까지 웨이퍼 제조공정, 웨이퍼 가공공정, 칩을 제작하는 패키지 조립공정 및 모듈 조립공정의 4가지 공정으로 나눌 수 있다. 이 중 전자산업에 해당하는 공정은 웨이퍼 가공공정 및 패키지 조립공정에 해당한다.

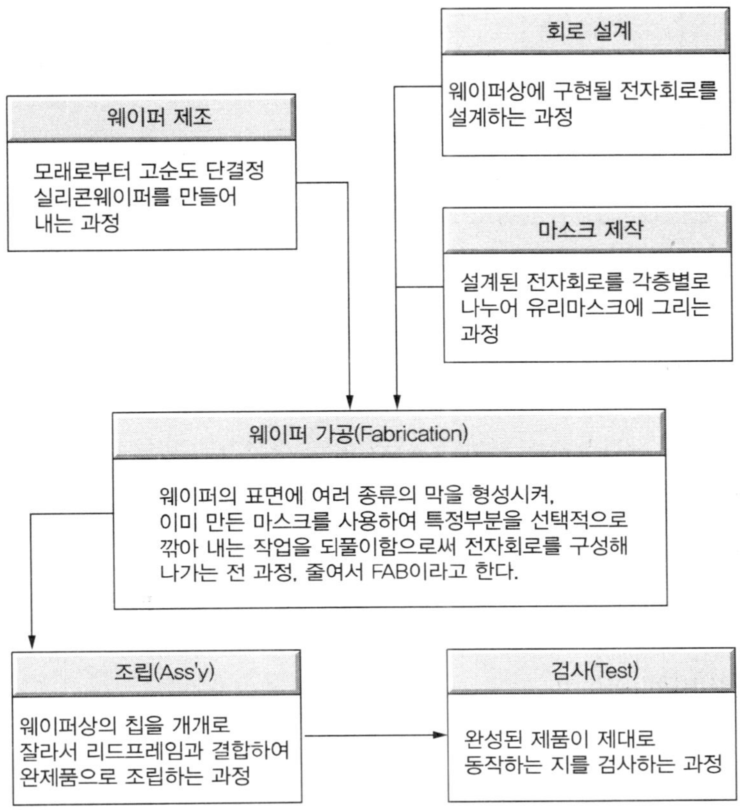

1.1 웨이퍼 제조공정

1.1.1 단결정 성장(Crystal Growing)

단결정 성장은 실리콘 웨이퍼 제조를 위한 첫 번째 공정으로 고순도의 폴리 실리콘이 자동화된 단결정 성장로 속에서 단결정봉으로 변형된다. 고진공 상태에서 섭씨 1,400도 이상의 고온에 녹은 폴리 실리콘은 큰 직경을 가진 단결정봉으로 성장한다. 이와 같은 성장과정이 끝나면, 단결정봉은 실내온도로 식혀지고 각각의 단결정봉이 여러 조건에 부합되는지를 평가 후, 부분별로 가공되어 정확한 직경을 갖게 된다.

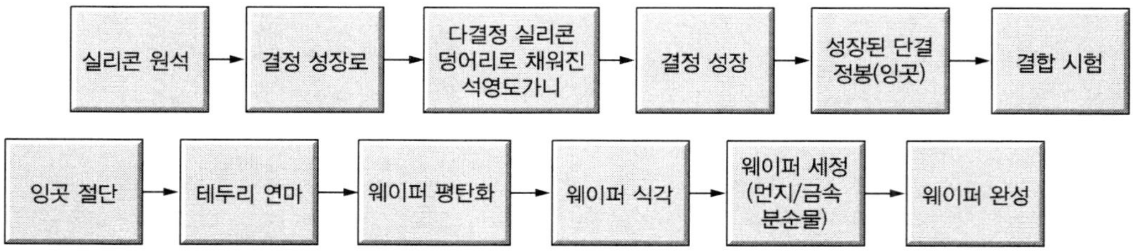

그림 4-1 반도체 생산 중 웨이퍼 제조 공정

1.1.2 절단(Shaping)

절단은 실리콘 단결정봉을 웨이퍼, 즉 얇은 슬라이스로 변형시키는 공정이다. 단결정 조직이 정확하게 정렬되도록 단결정봉을 흑연빔에 놓은 다음 실리콘 단결정봉을 절삭하여 웨이퍼로 변형시킨다. 이 웨이퍼들은 조연마 과정을 통해 표면을 평탄하고 두께를 일정하게 하여 질을 높인다.

1.1.3 경면연마(Polishing)

웨이퍼를 평탄하고 결함이 없도록 만드는 일은 고객에게 대단히 중요하다. 이 목적을 이루기 위해 경면연마 공정에서 여러 가지 단계를 거치게 된다. 뿐만 아니라, 고객의 요구를 충족시키기 위해 웨이퍼의 특질을 높이는 다른 작업들이 바로 이 부분에서 이루어진다. 조연마 과정을 거친 웨이퍼는 식각공정을 거치면서 추가적인 표면 손상을 제거하고, 공정을 정밀하게 통제하는 완전 자동화된 장비로 가장자리 부분과 표면이 경면연마된다. 그 결과 얻어지는 웨이퍼들은 극도로 평탄하고 결함이 없는 상태이다.

1.1.4 세척과 검사(Cleaning & Inspection)

세척부문에서는 경면연마 과정을 거친 웨이퍼의 표면에 있는 오염물을 제거한다. 이 최신의 공정에서 웨이퍼에 있는 미립자 오염물, 금속, 유기 오염물질을 씻어낸다. 이 공정은 미립자, 금속, 유기물에 대하여 대단히 엄격한 규정을 적용하는 청정실 환경에서 이루어진다. 마지막 세척공정을 거친 웨이퍼들은 0.1 μm 크기의 미립자까지 검출할 수 있는 레이저 검사 장치로 검사를 받는다. 그리고 최종 검사가 끝나는 대로 즉시 출하 포장되어 정해진 시간 안에 고객에게 전해진다.

1.2 웨이퍼 가공공정

반도체 제조 회사라고 하면 일반적으로 웨이퍼 가공부터 시작하는 회사를 일컫는다. 웨이퍼 생산은 전문업체들의 몫이다. 웨이퍼 가공은 웨이퍼 표면에 반도체 소자난 IC를 형성하는 제조공정을 말한다.

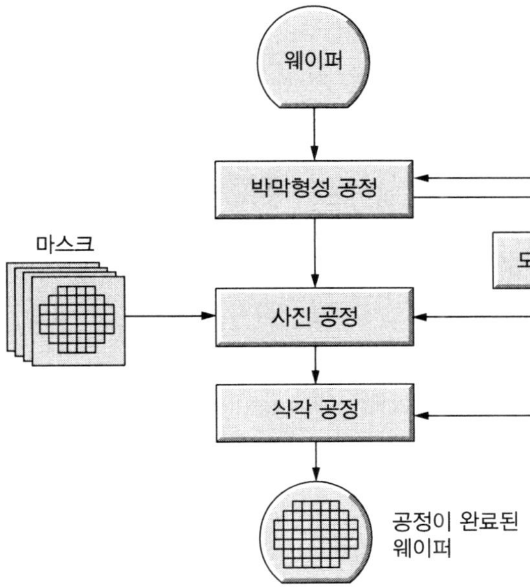

그림 4-2 반도체 생산 중 웨이퍼 가공 공정

1.2.1 산화(Oxidation) 공정

고온(800～1,200℃)에서 산소나 수증기를 실리콘 웨이퍼 표면에 뿌려 산화막을 형성시킨다. 산화막은 웨이퍼 위에 그려질 배선끼리 합선되지 않도록 서로를 구분해 준다. 배선 간의 간격이 미세하기 때문에 합선이 될 경우가 많다.

1.2.2 감광액(Photoresist) 도포

감광액을 웨이퍼 표면에 고르게 바른다. 그 다음 이를 살짝 구워서 얼라이너(Aligner)라고 불리는 사진 촬영장치로 보낸다. 이때부터 웨이퍼는 사진의 인화지 역할을 한다.

1.2.3 노광(Exposure)

포토 마스크를 웨이퍼 위에 얹은 다음, 조준을 맞추고, 강한 자외선을 통과시킨다. 자외선 빛은 마스크 위의 회로 패턴을 웨이퍼에 그려준다.

1.2.4 현상(Development)

일반 사진 현상과 동일하다. 현상액을 웨이퍼에 뿌리면 웨이퍼는 노광 과정에서 빛을 받은 부분과 받지 않은 부분으로 구분되는데, 빛을 받은 부분의 현상액은 날아가고 빛을 받지 않은 부분은 그대로 남는다.

1.2.5 식각(Etching)

웨이퍼에 회로 패턴을 만들어 주기 위해 화공약품(습식)이나 부식성가스(건식)를 이용해 필요 없는 부분을 선택적으로 없앤다. 현상액이 남아있는 부분을 남겨둔 채 나머지 부분은 부식시킨다. 식각이 끝나면 감광액도 황산용액으로 제거 한다. 이 과정은 동판화를 만드는 것과 다를 바 없다. 동판화 제작 과정은 동판 위에 파라핀을 바르고(반도체의 감광액) 표면을 불로 그을린 뒤(반도체의 산화 공정) 그 위에 날카로운 송곳 같은 것으로 그림을 그린다. 송곳이 지나간 자리에는 파라핀이 벗겨진다. 그 다음 부식시키는 화공약품을 처리한다(반도체의 식각) 화공약품과 파라핀을 씻어내면 그림이 완성된다.

1.2.6 이온 주입(Ion Implantation)

회로까지 연결된 부분에 불순물을 미세한 가스 입자 형태로 뿌려 침투시킨다. 전기 소자의 특성을 만들어 준다.

1.2.7 화학 기상 증착(Chemical Vapor Deposition)

가스의 화학반응으로 형성된 입자들을 웨이퍼 표면에 수증기 형태로 쏘아(증착) 절연막이나 전도성막을 형성시킨다. 일종의 보호막과도 같은 역할을 한다.

1.2.8 금속배선(Metalization)

웨이퍼 표면에 형성된 각각의 회로를 금, 은, 알루미늄 선으로 연결시키는 공정으로 금속에 전기적 충격을 주면 금속이 물방울처럼 증발하는데 여기에 웨이퍼를 넣어 회로를 연결시킨다.

1.3 조립 및 검사

1.3.1 웨이퍼 자동 선별

칩들의 불량 여부를 컴퓨터로 검사하여 불량품을 골라낸다. 불량제품은 검은 잉크로 동그란 마크를 찍어 분류한다.

1.3.2 웨이퍼 절단

웨이퍼에 그려진 하나하나의 칩들을 떼어내기 위해 웨이퍼를 손톱만한 크기로 계속 잘라낸다. 절단에는 다이아몬드 톱이 사용된다.

1.3.3 칩 접착

낱개로 분리된 칩 가운데 제대로 작동하는 것만을 골라내어 리드 프레임 위에 올려놓는다. 리드 프레임(Lead Frame)이란 반도체에서 지네발처럼 튀어나온 다리 부분인데 반도체가 전자 제품에 연결되는 소켓의 구실을 한다. 불량으로 판정된 제품은 자동으로 제외된다.

1.3.4 금(金) 선 연결

칩의 외부 연결 단자와 리드 프레임을 가느다란 금선으로 연결해 준다. 머리카락보다 가는 순금을 사용한다(동, 알루미늄선도 사용).

1.3.5 성형

성형(Molding)은 외형 만들기 작업이다. 이 과정을 거쳐 우리가 흔히 볼 수 있는 검은색 지네발 모양이 된다. 칩과 연결 금선을 보호해 주기 위해 화학수지로 밀봉해 준다. 플라스틱이나 세라믹 같은 것으로 감싸준다. 그 다음 윗면에 제품명이나 고유 번호, 제조회사의 마크 등을 인쇄한다.

1.3.6 최종 검사

완성된 반도체의 전기적 특성이나 기능 등을 컴퓨터로 최종 검사한다. 강제로 높은 정전기를 흘린 다음 제품이 제대로 작동하는지, 높거나 낮은 습도와 높은 온도에서 잘 견디는지 등을 확인한다. 그리고 합격된 제품은 판매된다.

2 주요 배출시설의 이해

전기전자 분야의 주요 배출시설인 식각 공정시설과 화학기상 증착시설에 대해 알아본다.

2.1 식각공정 시설

식각공정 시설이란 제품의 표면을 처리하기 위해 산이나 알칼리 용액을 이용하여 원료 및 제품을 중화시키는 시설을 말한다. 식각이라 함은 웨이퍼 표면이나 평판디스플레이 기판에 반도체 집적회로를 형성시키기거나 필요한 부위를 얻기 위하여 화학약품 및 특수가스의 화학반응을 이용하여 얻고자하는 패턴을 만드는 작업을 일컫는다.

식각공정에 사용되는 장비는 노광(exposure)과 화학증착(CVD), 박막증착(sputter) 장비 등과 함께 반도체·디스플레이 전 공정 4대 핵심장비이다.

◎ **표 4-1** 반도체 제조 주요공정 및 설비

구 분	준비단계	전공정	후공정
주요공정	웨이퍼 제조 및 회로설계	웨이퍼 가공	조립 및 검사
세부공정	단결정규소봉 성장 → 규소봉 절단(웨이퍼) → 웨이퍼 표면 연가 → 회로설계 → 마스크 제작	산화공정(oxidation) → 감광액 도포 (photo resisit) → 노광(exposure) → 현상(development) → 식각(etching) → 이온주입(implementation) → 화학기상증착(CVD) → 금속배석(metalization)	웨이퍼자동선별(EDS Test) → 웨어퍼 절단 (Sawing) → 칩 접착(Die Attach) → 금속연결(Wire Bonding) → 성형(Molding) → 최종검사(Final Test) → 마킹(Marking) → 포장(Packaging)
주요설비		Track System(도포 및 현상), Stepper, Etcher(식각장비), Asher(Photo Resist 제거장비), CVD 등 화학증착장비, Gas Cabinet(가스공급장비), Wet station(세정장비), Gas Purifier (가스순화장비), Chiller(자동온도조절장치), Scrubber(배출가스 정화장비), Spinner	Dicer, Bonder, Wire Bonder, Chip Mounter, Laser Marking 장비, Molding Machine, Burn-in system, Tester, Test Handler, 패키징 장비

반도체 공정재료를 크게 세분하면, 일반적으로 전공정재료와 후공정재료로 구분된다. 전공정재료는 다시 기능재료－반도체의 기판이 되는 웨이퍼와 공정재료－웨이퍼를 가공하여 칩을 제조하는데 사용되는 소재로 포토마스크, 포토레지스트, 반도체용 고순도 화공약품 및 가스류, 페리클, 배선 재료 등으로 구분되며, 후공정재료에는 구조재료－리드프레임, 본딩와이어, 봉지재 등이 있다.

반도체 설비도 세분하면 일반적으로 전공정설비 및 후공정설비로 구분되며, 전공정설비는 다시 Main장비－CVD(화학증착장비), Asher, 식각장비, Track장비 등과 주변장비－세정장비, 개스캐비넷, Chiller, Scrubber 클린룸설비, 반도체 배관설비 등으로 구분된다. 후공정설비는 검사장비(Test Handler, Chip Mounter, Burn-in System 등)와 기타장비- 패키징 장비(몰딩, 트리밍, 포밍장비), 레이저 마킹장비 등으로 나누어진다.

2.2 화학기상증착 시설

화학기상증착 과정은 반도체 제조공정 중의 한 단계로 반응기 안에 화학기체들을 주입하여 화학반응에 의해 생성된 화합물을 웨이퍼에 증기 착상시키는 것을 말한다. 화학기상증착 과정(CVD, Chemical Vapor Deposition)은 기체, 액체 혹은 고체 상태의 원료화합물을 반응기 내에 공급하여 기판 표면에서의 화학적 반응을 유도함으로써 반도체 기판 위에 고체 반응생성물인 박막층을 형성하는 공정이다. 일반적인 CVD 장치는 크게 원료수송부, 반응기, 부산물 배출구의 세부분으로 나눌 수 있다. CVD는 공정 중의 반응기의 진공도에 따라 대기압 화학기상증착(APCVD)과 감압 화학기상증착(LPCVD)으로 나뉜다. CVD방법을 통해 얻어지는 박막의 물리, 화학적 성질은 증착이 일어나는 기판의 종류 및 반응기의 증착조건(온도, 압력, 원료공급 속도 및 농도 등)에 의하여 결정된다. 일반적인 CVD 장치는 크게 원료수송부, 반응기, 부산물 배출구의 세부분으로 나눌 수 있다.

증착법은 크게 네 가지로 분류되는데, 상압화학기상증착(AP CVD : Atmospheric Pressure CVD), 저압 화학기상증착(LP CVD : Low Pressure CVD), 열화학증착과 플라즈마 화학증착(PE-CVD)으로 나눌 수 있다

3 물질, 에너지 수지 이해

전기전자 분야의 주요 배출공정인 식각 공정과 화학기상증착 공정의 물질수지는 다음과 같다.

3.1 식각공정

회로 패턴을 형성하기 위해 식각공정에 투입되는 반응 가스는 제조사별 공정별 상이하나, 부식성 가스(과불화탄소를 포함한 불소계 가스)와 화학반응을 통하여 선택적으로 불필요한 부분을 제거한다는 점에서는 유사하며, 반응 결과 산화물과 미 반응된 부식성가스가 배출되며, 특정 부식성 가스를 사용하는 경우 과불화탄소 계열의 부생가스 또한 배출되기도 한다. 아래는 대표적인 식각 가스인 SF_6을 사용한 식각공정의 물질수지이다.

[식각 공정의 화학 반응]

$W + SF_6 \rightarrow WF_6 + S + SF_6$(미반응)

[스크러버의 화학 반응]

1) Heat chamber

$SF_6 + O_2 \rightarrow SOF_2 + SO_2 + F_2$ + etc.

2) Wet Chamber

$WF_6 + 3H_2O \rightarrow 6HF + WO_3$

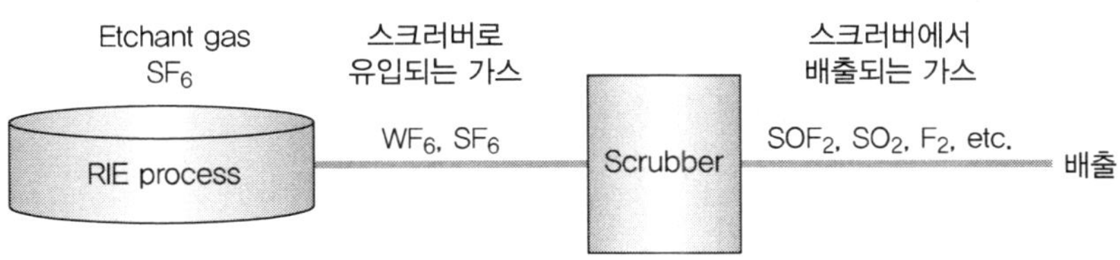

그림 4-3 식각공정 물질수지

3.2 화학기상증착 공정

가스의 화학반응으로 형성된 입자들을 웨이퍼 표면에 수증기 형태로 증착하는 화학기상증착 공정이 끝나게 되면, 기구 내벽에 침전되어 있는 실리콘을 세정하기 위하여 부식성가스를 사용하며, 이때에도 실리콘 산화물과 미 반응된 부식성가스가 배출되며, 특정 부식성가스를 사용하는 경우 과불화탄소 계열의 부생가스 또한 배출되기도 한다. 아래는 대표적인 세정 가스인 NF_3을 사용한 화학기상증착공정의 물질수지이다.

[Gas Reaction of Process]

$NF_3 + SiN \rightarrow N + 4F^* + Si + N \rightarrow SiF_4 + N_2 + F^*$(미반응) $+ NF_3$(미반응)

[Scrubber Gas treatment]

1) Heat chamber

$$2NF_3 + O_2 \rightarrow N_2 + 3F_2 + NO$$

2) Wet Chamber

NH_3, SiF_4, F^*, F_2 → Wet 처리(SiF_4 : 분말)

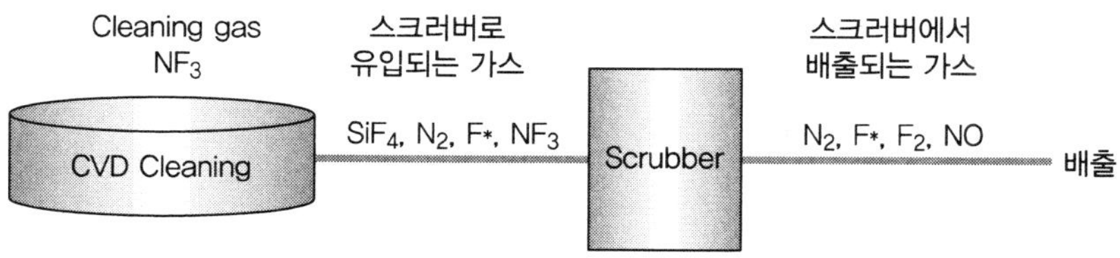

그림 4-4 화학기상증착공정 세정의 물질수지

4 온실가스 배출의 이해

전자 산업에서는 실온에서 가스 상태인 CF_4, C_2F_6, C_3F_8, c-C_4F_8, c-C_4F_8O, C_4F_6, C_5F_8, CHF_3, CH_2F_2, NF_3, SF_6 등의 불소화합물이 사용되며, 주로 실리콘 포함 물질의 플라즈마 식각, 실리콘이 침전되어 있던 화학증착(CVD) 기구의 내벽을 세정하는데 사용된다. 생산 과정에서 사용되는 불소화합물들 중 일부분은 부산물인 CF_4, C_2F_6, CHF_3, C_3F_8로 전환되기도 한다.

4.1 보고 대상 배출 시설

전자산업의 보고대상 배출시설은 식각시설 및 화학기상증착 시설(CVD 등) 등이며, 보고대상 온실가스는 다음과 같다.

표 4-2 전자산업 보고 대상 온실가스

구분	불소화합물(FCs)
반도체/LCD/PV 생산부문	Tier 1, 2a, 2b, 3
열전도유체 부문	Tier 2

4.2 배출량 산정 방법론

배출량 산정에 대한 의사결정을 위해서는 그림 4-5의 다이어그램을 참조한다.

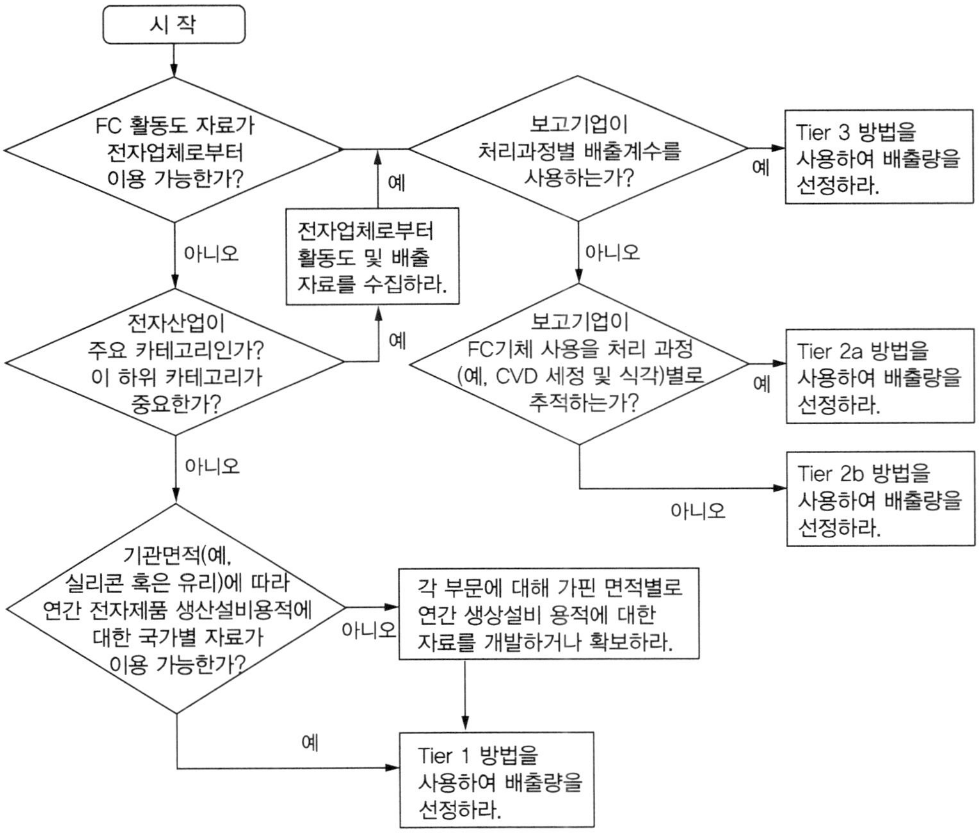

그림 4-5 전자제품 제조로부터의 FC 배출량 산정에 대한 의사결정도

4.2.1 반도체/LCD/PV 생산 부문

1) Tier 1

Tier 1 산정 방법은 사업장 자료가 없을 경우에만 적용하는 방법으로 가장 정확성이 떨어지는 방법이다. 여러 가지 불소계 온실가스가 동시에 배출되므로 이를 따로 산정하기는 어렵고, 배출되는 여러 가지 불소계 온실가스를 한 세트로 구성하여 산정한다. 따라서 전체 공정 배출량을 산정할 때는 모든 종류의 FC 가스의 배출량을 계산하여 합산한다.

$$FC_{gas} = Q_i \times EF_{FC} \times F_{eq,j} \times 10^{-3}$$

FC_{gas} : FC 가스 (j)의 배출량(CO_2-eq ton/yr)
Q_i : 제품생산 실적(m^2/yr)
EF_{FC} : 배출계수, 제품생산실적 m^2당 사용되는 가스량(kg/m^2)
$F_{eq,j}$: 온실가스 (j)의 CO_2 등가계수(GWP)

2) Tier 2a

Tier 2a는 가스소비량과 배출 제어기술 등의 사업장별 데이터를 기반으로 사용된 각각의 FC 배출량을 계산하는 방법이다. 적용되는 변수들에는 반도체나 TFT-FPD 제조 공정에서 사용된 가스량, 사용 후에 가스 Bombe에 잔류하는 가스량 등이며, 제어기술이 적용된 경우 저감효율을 고려한다. 또한 공정 중에 CF_4, C_2F_6, CHF_3와 C_3F_8 등으로 전환되어 생산공정 중에서 부생가스로 발생하는 가스의 양까지 합산한다. Tier 2a 방법에서 공정의 종류(식각 또는 세정)는 구별하지 않는다.

① 반도체/LCD/PV 생산 부문 산정식 - Tier 2a

$$FC_{gas} = (1-h) \times FC_j \times (1-U_j) \times (1-a_j \times d_j) \times F_{eq,j} \times 10^{-3}$$

FC_{gas} : FC 가스 j의 배출량(CO_2-eq ton/yr)
FC_j : 가스 j의 소비량(kg)
h : 가스 Bombe 내의 잔류비율, 비율(기본값은 0.10)
U_j : 가스 j의 사용비율, 비율(공정 중 파기되거나 변환된 비율)

a_j : 배출 제어기술이 있는 공정 중의 가스 j의 부피 분율, 비율
d_j : 배출 제어기술에 의한 가스 j의 저감효율, 비율
$F_{eq,j}$: 온실가스(j)의 CO_2 등가계수(GWP)

② 부생가스 배출량 산정식 - Tier 2a

$$BPE_{CF_4,j} = (1-h) \times B_{CF_4,j} \times FC_j \times (1 - a_j \times d_{CF_4}) \times F_{eq,j} \times 10^{-3}$$

$BPE_{CF4,j}$: FC 가스 j 사용에 따른 부생가스 CF_4의 배출량(CO_2-eq ton)
h : 가스 Bombe 내의 가스 j의 잔류비율, 비율
$B_{CF4,j}$: 배출계수, CF_4 발생량(kg)/가스 j의 사용량(kg)
a_j : 배출 제어기술이 있는 공정 중의 가스 j의 부피 분율, 비율
d_{CF4} : 배출 제어기술에 의한 CF_4의 저감효율, 비율
$F_{eq,j}$: 온실가스(j)의 CO_2 등가계수(CF_4=6,500)
* C_2F_6, CHF_3, C_3F_8도 동일한 방법을 적용하고, 합산하여 총 부생가스의 양을 산출한다.

3) Tier 2b

Tier 2b는 공정별 계수를 적용하는 방법으로 각각의 세부공정은 구분하지 않고, 크게 식각과 CVD 세정공정으로만 구분하여 계수를 사용한다. 배출 제어기술에 따른 공정별 가스 제거 비율을 적용한다. 배출 제어기술이 설치되지 않은 공정에서는 0을 적용 한다.

① 반도체/LCD/PV 생산 부문 산정식 - Tier 2b

$$FC_{gas} = (1-h) \times \sum[FC_{j,p} \times (1 - U_{j,p}) \times (1 - a_{j,p} \times d_{j,p})] \times F_{eq,j} \times 10^{-3}$$

FC_{gas} : FC 가스 j의 배출량(CO_2-eq ton)
p : 공정 종류(식각 또는 CVD 세척)
$FC_{j,p}$: 공정 p에 주입되는 가스 j의 질량(kg)
h : 가스 Bombe 내의 가스 j의 잔류비율, 비율
$U_{j,p}$: 공정 p에서의 각 가스 j의 사용비율, 비율
$a_{j,p}$: 배출 제어기술이 있는 공정 p에서의 가스 j의 부피 분율, 비율

$d_{j,p}$: 배출 제어기술에 의한 공정 p에서의 가스 j의 저감효율, 비율
$F_{eq,j}$: 온실가스(j)의 CO_2 등가계수(GWP)
* 제어기술이 하나 이상일 때에는 제어기술들에 의한 평균 저감 효율 이용

② 부생가스 배출량 산정식 - Tier 2b

$$BPE_{CF_4,j} = (1-h) \times \sum_{p} \left[B_{CF_4,j,p} \times FC_{j,p} \times \left(1 - a_{j,p} \times d_{CF_4,p}\right) \right] \times F_{eq,j} \times 10^{-3}$$

$BPE_{CF4,j}$: FC 가스(j) 사용에 따른 부생가스 CF_4의 배출량(CO_2-eq ton)
h : 가스 Bombe 내의 가스(j)의 잔류비율, 비율
$B_{CF4,j,p}$: 배출계수, 공정(p)에서 가스(j) 사용에 따른 부산물 CF_4의 배출량, CF_4 생산량(kg)/가스(j)의 사용량(kg)
$FC_{j,p}$: 공정(p)에 주입되는 가스(j)의 질량(kg)
$a_{j,p}$: 배출 제어기술이 있는 공정(p) 중의 가스(j)의 부피 분율, 비율
$d_{CF4,p}$: 공정(p)에서 배출 제어기술에 의한 CF_4의 파괴율, 비율
$F_{eq,j}$: 온실가스(j)의 CO_2 등가계수(CF_4=6,500)
* C_2F_6, CHF_3, C_3F_8도 동일한 방법을 적용하고 합산하여 총 부생가스의 양을 산출한다.

4) Tier 3

Tier 3도 Tier 2b와 마찬가지로 공정별 고유 계수를 이용하는 방법이지만, 공장이나 시설의 고유값을 사용한다는 점에서 Tier 2b와 구별된다. 소규모 단위 공정마다 개별적으로 고유 계수를 적용하는 방법이다. Tier 2b와 동일한 산정식을 사용하나 Tier 2b에서의 (p)변수가 Tier 3에서는 특정 공정에 대한 사업장 고유 계수로 대체된다.

4.2.2 열전도유체 부문

1) Tier 1

열전도유체로 쓰이는 불소계 온실가스의 배출량을 산정하는 Tier 2 방법은 연간 액체 불소화합물의 사용량을 이용하여 산정한다. 사업장별 자료가 이용 가능할 때 적용된다.

$$FC_j = \rho_j \times [I_{j,t-1}(l) + P_{j,t}(l) - N_{j,t}(l) + R_{j,t}(l) - I_{j,t}(l) - D_{j,t}(l)] \times F_{eq,j} \times 10^{-3}$$

FC_j : FC_j j의 배출량(CO_2-eq ton)

ρ_j : 액체 FC_j의 밀도(kg/L)

$I_{j,t-1}(l)$: 산정기간 전 액체 FC_j의 인벤토리 총량(L)

$P_{j,t}(l)$: 산정기간 중 액체 FC_j의 구매량과 회수량의 총합(L)

$N_{j,t}(l)$: 산정기간 중 신설된 설비의 총 충진량(L)

$R_{j,t}(l)$: 산정기간 중 퇴출된 설비와 판매된 설비 충진량의 총합(L)

$I_{j,t}(l)$: 산정기간 말 액체 FC_j의 인벤토리 총량(L)

$D_{j,t}(l)$: 산정기간 중 퇴출된 설비잔류로 인해 방출된 FC_j 총량

$F_{eq,j}$: 온실가스(j)의 CO_2 등가계수(GWP)

4.3 매개변수별 관리 기준

4.3.1 반도체/LCD/PV 생산 부문

1) 활동자료

① Tier 1

측정불확도 ±7.5% 이내의 사업장별 제품 생산량 등 활동자료를 사용한다.

② Tier 2a, 2b

측정불확도 ±5.0% 이내의 사업장별 FC 가스 사용량 등의 활동자료를 사용한다.

③ Tier 3

측정불확도 ±2.5% 이내의 사업장별 FC 가스 사용량 등의 활동자료를 사용한다.

2) 배출계수

① Tier 1

IPCC 가이드라인 기본 배출계수를 사용한다.

② Tier 2a

온실가스·에너지 목표관리 운영 등에 관한 지침에 따른 국가 고유 배출계수(FC가스 사용비율, 부생가스 배출계수 등)을 사용한다. 다만 국가 고유 계수를 사용하지 못할 경우에는 아래의 IPCC 가이드라인 기본 배출계수를 사용한다.

표 4-3 전자산업의 Tier 1 배출계수

전자산업	배출계수					
	CF_4 (PFC-14)	C_2F_6 (PFC-116)	CHF_3 (HFC-23)	C_3F_8 (PFC-218)	SF_6	C6F14 (PFC-51-14)
반도체, kg/m^2	0.9	1.0	0.04	0.05	0.2	NA
TFT-FPDs, g/m^2	0.5	NA	NA	NA	4.0	NA
PV-cells, g/m^2	5	0.2	NA	NA	NA	NA

NA : Not Applicable

(출처 : IPCC 국가 인벤토리 작성을 위한 가이드라인, 2006)

표 4-4 반도체 제조 공정의 Tier 2a 배출계수

전자산업		배출계수						
		CF_4 (PFC-14)	C_2F_6 (PFC-116)	CHF_3 (HFC-23)	CH_2F_2 (HFC-33)	C_3F_8 (PFC-218)	$c-C_4F_8$ (PFC-318)	SF_6
1-Ui		0.9	0.6	0.4	0.1	0.4	0.1	0.2
부생가스 배출계수	CF_4	NA	0.2	0.07	0.08	0.1	0.1	NA
	C_2F_6	NA	NA	NA	NA	NA	0.1	NA
	C_3F_8	NA	NA	NA	NA	NA	NA	NA

NA : Not Applicable

(출처 : IPCC 국가 인벤토리 작성을 위한 가이드라인, 2006)

표 4-5 LCD 제조 공정의 Tier 2a 배출계수

전자산업		배출계수						
		CF_4 (PFC-14)	C_2F6 (PFC-116)	CHF_3 (HFC-23)	CH_2F_2 (HFC-33)	C_3F_8 (PFC-218)	$c-C_4F_8$ (PFC-318)	SF_6
1-Ui		0.6	NA	0.2	NA	NA	0.1	0.6
부생가스 배출계수	CF_4	NA	NA	0.07	NA	NA	0.009	NA
	C_2F_6	NA	NA	0.05	NA	NA	NA	NA
	C_3F_8	NA	NA	NA	NA	NA	NA	NA
	CHF_3	NA	NA	NA	NA	NA	0.02	NA

NA : Not Applicable

(출처 : IPCC 국가 인벤토리 작성을 위한 가이드라인, 2006)

배출 제어기술 적용에 따른 FC가스 저감효율은 표 4-7의 기본 계수를 이용한다.

표 4-6 PV 제조 공정의 Tier 2a 배출계수

전자산업		배출계수						
		CF_4 (PFC-14)	C_2F_6 (PFC-116)	CHF_3 (HFC-23)	CH_2F_2 (HFC-33)	C_3F_8 (PFC-218)	c-C_4F_8 (PFC-318)	SF_6
1-Ui		0.7	0.6	0.4	NA	0.4	0.2	0.4
부생가스 배출계수	CF_4	NA	0.2	NA	NA	0.2	0.1	NA
	C_2F_6	NA	NA	NA	NA	NA	0.1	NA
	C_3F_8	NA	NA	NA	NA	NA	NA	NA

NA : Not Applicable

(출처 : IPCC 국가 인벤토리 작성을 위한 가이드라인, 2006)

표 4-7 배출 제어기술 적용 시 배출계수

배출 제어기술	배출계수(기판의 단위면적 당 질량)					
	CF_4 (PFC-14)	C_2F_6 (PFC-116)	CHF_3 (HFC-23)	C_3F_8 (PFC-218)	c-C_4F_8 (PFC-318)	SF_6
분해(Destruction)	0.9	0.9	0.9	0.9	0.9	0.9
회수/재생(Capture/Recovery)	0.75	0.9	0.9	NT	NT	0.9

NT : Not Tested

(출처 : IPCC 국가 인벤토리 작성을 위한 가이드라인, 2006)

③ Tier 2b

제46조제2항에 따른 국가 고유 배출계수(FC가스 사용비율, 부생가스 배출계수 등)을 사용한다. 다만 국가 고유 계수를 사용하지 못할 경우에는 아래의 IPCC 가이드라인 기본 배출계수를 사용한다.

표 4-8 반도체 제조 공정의 Tier 2b 배출계수

전자산업			배출계수						
			CF_4 (PFC-14)	C_2F_6 (PFC-116)	CHF_3 (HFC-23)	CH_2F_2 (HFC-33)	C_3F_8 (PFC-218)	c-C_4F_8 (PFC-318)	SF_6
식각 공정	1-Ui		0.7	0.4	0.4	0.06	NA	0.2	0.2
	부생가스 배출 계수	CF_4	NA	0.4	0.07	0.08	NA	0.2	NA
		C_2F_6	NA	NA	NA	NA	NA	0.2	NA
		C_3F_8	NA	NA	NA	NA	NA	NA	NA

증착 공정 (CVD)	FC가스 사용 비율		0.9	0.6	NA	NA	0.4	0.1	NA
	부생가스 배출 계수	CF_4	NA	0.1	NA	NA	0.1	0.1	NA
		C_2F_6	NA	NA	NA	NA	NA	NA	NA
		C_3F_8	NA	NA	NA	NA	NA	NA	NA

NA : Not Applicable
(출처 : IPCC 국가 인벤토리 작성을 위한 가이드라인, 2006)

표 4-9 LCD 제조 공정의 Tier 2b 배출계수

전자산업			배출계수						
			CF_4 (PFC-14)	C_2F_6 (PFC-116)	CHF_3 (HFC-23)	CH_2F_2 (HFC-33)	C_3F_8 (PFC-218)	$c-C_4F_8$ (PFC-318)	SF_6
식각 공정	1-Ui		0.6	NA	0.2	NA	NA	0.1	0.3
	부생가스 배출계수	CF_4	NA	NA	0.07	NA	NA	0.009	NA
		C_2F_6	NA	NA	NA	NA	NA	0.02	NA
		C_3F_8	NA	NA	0.05	NA	NA	NA	NA
증착 공정 (CVD)	1-Ui		NA	NA	NA	NA	NA	NA	0.9
	부생가스 배출계수	CF_4	NA	NA	NA	NA	NA	NA	NA
		C_2F_6	NA	NA	NA	NA	NA	NA	NA
		C_3F_8	NA	NA	NA	NA	NA	NA	NA

NA : Not Applicable
(출처 : IPCC 국가 인벤토리 작성을 위한 가이드라인, 2006)

표 4-10 PV 제조 공정의 Tier 2b 배출계수

전자산업			배출계수						
			CF_4 (PFC-14)	C_2F_6 (PFC-116)	CHF_3 (HFC-23)	CH_2F_2 (HFC-33)	C_3F_8 (PFC-218)	$c-C_4F_8$ (PFC-318)	SF_6
식각 공정	1-Ui		0.7	0.4	0.4	NA	NA	0.2	0.4
	부생가스 배출계수	CF_4	NA	0.2	NA	NA	NA	0.1	NA
		C_2F_6	NA	NA	NA	NA	NA	0.1	NA
증착 공정 (CVD)	1-Ui		NA	0.6	NA	NA	0.1	0.1	0.4
	부생가스 배출계수	CF_4	NA	0.2	NA	NA	0.2	0.1	NA
		C_2F_6	NA	NA	NA	NA	NA	NA	NA
		C_3F_8	NA	NA	NA	NA	NA	NA	NA

NA : Not Applicable
(출처 : IPCC 국가 인벤토리 작성을 위한 가이드라인, 2006)

④ Tier 3

온실가스 · 에너지 목표관리 운영 등에 관한 지침에 따라 사업자가 자체 개발한 고유 배출계수(공정별 FC가스 사용비율, 부생가스 배출계수, 배출저감기술 적용에 따른 저감 효율 등)를 사용한다.

4.3.2 열전도유체 부문

1) 활동자료

① Tier 1

측정불확도 ±7.5% 이내의 사업장별 액체 불소화합물 사용량 등의 활동자료를 사용한다.

② Tier 2

측정불확도 ±5.0% 이내의 사업장별 액체 불소화합물 사용량 등의 활동자료를 사용한다.

③ Tier 3

측정불확도 ±2.5% 이내의 사업장별 액체 불소화합물 사용량 등의 활동자료를 사용한다.

2) 배출계수

① Tier 2

열전도유체의 증발로 발생하는 배출량 산정식의 Tier 2 방법에 해당하는 배출계수는 존재하지 아니한다.

5 최적 실용화 기술의 이해

반도체, 디스플레이, PV Cell을 생산하는 전기, 전자 업종에서 온실가스를 저감하기 위한 대표적인 실용 기술은 건식 식각 및 화학기상증착 공정에서 배출되는 공정가스를 최소화 하는 기술이 대표적이다.

온실효과를 유발하는 공정가스는 PFCs(CF_4, C_2F_6, C_3F_8), HFCs(CHF_3, CH_2F_2), SF_6, NF_3가 전기, 전자 업종에서 대표적으로 사용되고 있다. 공정가스는 지구 온난화 지수가 매우 높고, 대기중 잔류기간이 길어 온실효과의 주요 원인 중 하나이며, 그 배출원이 전자, 전기 업종에 대부분 국한되어 있기 때문에 대체 물질 개발 및 대체공정개발 과불화탄소 처리기술 등 감축 기술이 개발되고 있다.

5.1 일반적 과불화탄소 저감 방안

일반적인 과불화탄소 배출 저감방안을 검토해 보면 대략 다음과 같다.

5.1.1 대체물질 개발 및 대체공정 개발

대체물질 개발 및 대체공정 개발은 가장 근원적 방법이며, 가장 어려운 방법이지만, 많은 연구가 진행되고 있다. 반응온도가 높고 분해가 잘 되지 않는 공정가스의 문제점을 해결하기 위해서 F_2 등의 대체물질을 사용한 공정개발이 진행 중에 있다.

5.1.2 공정 가스의 효율적 사용

공정에 사용되는 부식성 가스의 약 30~70% 정도만 화학 반응에 사용되고, 나머지는 잔류하여 배출하고 있으므로 공정 중에서 분해효율을 높이는 것에 대해서 연구되고 있으며, 특정 가스를 첨가 하는 형태로 적용되고 있다.

5.1.3 공정가스의 회수 및 재이용

배출된 공정가스의 회수 및 재이용 방법은 흡착(활성탄 흡착, 제올라이트 흡착)을 통한 재이용을 고려할 수 있으나 현재는 회수되는 공정가스의 순도문제로 인하여 적용이 쉽지 않다.

5.1.4 배출된 공정가스의 처리기술

가장 대중적으로 사용되고 있는 저감 방안으로 산화방법, 촉매산화방법, 플라즈마 분해방법 등이 산업현장에서 적용되고 있으며, 각각의 특성은 다음과 같다.

1) 산화처리 방법

산화방법은 가장 손쉽게 사용할 수 있는 방법이지만, 산화온도가 800～1,200℃ 고온이 필요하며, 산화원료로서 LNG 등 연료를 사용해야 하기 때문에 과도한 처리비용이 발생한다.

2) 촉매산화법

일반적인 산화처리 방법과 비슷하지만, 산화온도를 낮추는 장점이 있다. 촉매를 활용하는 경우 일반적인 산화처리 방법보다 300～400℃가 낮아진 온도에서 산화반응이 일어나 에너지 사용을 절감할 수 있다. 그러나 반응 후에 생성되는 HF, F_2 등의 가스가 촉매 성능을 급격히 저하시키기 때문에 촉매를 주기적으로 교체해야 되는 문제점이 있다.

3) 플라즈마 분해 방법

플라즈마는 거의 모든 난분해성 물질을 분해할 수 있다. 그러나 유입되는 기체의 양이 많을 경우 처리가 어렵다는 치명적인 단점을 가지고 있으며, 또한 프라즈마 배가스에 의한 파우더 생성 등으로 인한 장치의 유지 보수가 어려운 점이 있다.

6 배출특성 및 공정분석

6.1 온실가스 배출활동

전기전자 산업의 온실가스 배출은 표 4-11과 같이 직접 배출원과 간접 배출원이 있다. 특히 직접 배출원에는 고정연소와 이동연소, 탈루성 배출, 공정 배출원이 포함된다.

표 4-11 전기전자 산업의 온실가스 배출 특성

운영경계	배출원	온실가스	배출특성
직접 배출원	고정연소	CO_2 CH_4 N_2O	기타 온실가스 배출 및 사용시설에서 보일러 가동, 난방 및 취사 등에 사용되는 연료 연소에 의한 배출
	이동연소	CO_2 CH_4 N_2O	기타 온실가스 배출 및 사용시설에서 업무 차량운행에 따른 온실가스 배출
	탈루배출	CH_4 N_2O	기타 온실가스 배출 및 사용시설의 화석연료 사용과 연관된 탈루배출
	공정배출원	CO_2 CH_4 N_2O HFCs PFCs SF_6	용접설비, 용해공정에서의 산화방지제 사용 등에 따른 기타 온실가스 배출 및 냉각·냉동 설비 및 소화설비에서의 냉매나 소화제 충진량 등과 같은 온실가스 사용에 의한 온실가스 배출
간접 배출원	외부전기 및 외부 열·증기 사용	CO_2 CH_4 N_2O	기타 온실가스 배출 및 사용시설의 전력사용에 따른 온실가스 배출

(출처 : IPCC 국가 인벤토리 작성을 위한 가이드라인, 2006)

6.1.1 직접 배출원

직접 온실가스 배출량은 기업이 소유하고 통제하는 배출원에 의해서 발생되며, 배출원은 고정 연소설비에 의한 배출, 이동배출원에 의한 배출 및 공정 내 물리・화학적 반응에

의한 배출, 의도하지 않은 탈루 배출 등이 있다. 전기전자 분야의 (반도체 업종)에서 발생 가능한 배출원의 분류와 그 내용은 표 4-12와 같다.

표 4-12 전기전자(반도체) 업종의 직접 배출원 세부분류 및 내용

대분류	중분류	소분류	온실가스 종류						세부 내용
			CO_2	CH_4	N_2O	HFCs	PFCs	SF_6	
직접 배출원	고정 연소 배출원	보일러	○	○	○				보일러를 가동시키는데 사용되는 화석연료에 의한 온실가스 배출
		비상발전기	○	○	○				비상시 가동되는 발전기에서의 화석연료 사용에 의한 온실가스 배출
	이동 연소 배출원	수송차량류	○	○	○				원자재 및 제품의 공급, 수송을 담당하는 사업장 소유 차량들의 화석연료 사용에 의한 온실가스 배출
		지게차류	○	○	○				물자수송 및 하역 등을 담당하는 특수차량의 화석연료 사용에 의한 온실가스 배출
		승용차류	○	○	○				직원들의 출퇴근, 출장 등의 목적으로 사용되는 사업장 소유의 승용차에서 화석연료 사용에 의한 온실가스 배출
	공정 배출원	Diffusion			○	○	○	○	웨이퍼 표면에 열산화막 형성을 위해 사용되는 온실가스의 배출
		Etching			○	○	○	○	웨이퍼 표면의 불필요 물질의 제거에 사용되는 온실가스의 배출
		CVD			○	○	○	○	표면의 불순물을 제거하기 위해 사용되는 온실가스의 배출
	탈루 배출원	에어컨				○			사업장 내의 냉방기에 사용되는 냉매 보유에 의해 배출되는 온실가스 배출
		냉동기				○			사업장 내의 냉동/냉장기기의 사용에 의한 온실가스 배출
		소화기	○			○			사업장 보유 소화설비에서의 탈루로 인한 온실가스 배출
		가스절연 개폐기						○	가스절연개폐기에서 사용되는 Sf6의 누출로 인한 온실가스 배출
	폐기물	폐수처리장		○					사업장 소유의 폐수처리장에서 폐수처리 과정에서의 온실가스 배출
		소각처리장	○	○	○				사업장 소유의 소각장에서 발생하는 온실가스 배출
간접 배출원		전력사용	○	○	○				사업장 밖에서 구매한 전력 사용에 의한 온실가스 배출
		스팀사용	○	○	○				사업장 밖에서 구매한 스팀 사용에 의한 온실가스 배출

1) 고정연소 배출원

고정연소 배출원은 보일러, 히터, 비상발전기 등의 고정 설비에서 화석연료의 연소에 의해 온실가스를 배출하는 배출원으로, 고정연소 배출원에서는 이산화탄소(CO_2), 메탄(CH_4), 아산화질소(N_2O) 3가지의 온실가스가 배출된다.

2) 이동연소 배출원

이동연소 배출원은 원재료 및 제품의 공급, 인력 수송을 위한 이동수단에 의해 사용되는 화석연료의 연소에 의해 온실가스를 배출하는 배출원으로, 이산화탄소(CO_2), 메탄(CH_4), 아산화질소(N_2O) 3가지의 온실가스가 배출된다.

3) 공정 배출원

공정 배출원은 제품 생산 공정에서 화석연료의 연소에 의한 배출이 아닌 물리적 또는 화학적 반응에 의해 온실가스가 배출되는 것이다. 반도체 사업장에서는 반도체를 생산하는 제조공정 중 웨이퍼 가공 공정에서의 Diffusion, Etching, CVD Chamber를 세정하는 과정에서 FC(Fluorocarbon) 성분의 가스와 N_2O를 사용하며, 이로 인한 공정 내에서의 온실가스 배출을 공정 배출로 분류한다.

4) 탈루 배출원

탈루 배출원은 사업장 내의 시설에 의해 누출되는 온실가스 배출원이다. 냉방기, 냉동기, 에어컨 등에 사용되는 냉매의 누출, 소화설비, 변전 설비에 사용되는 가스의 누출 등이 포함되며, 각 사업장별 포함되는 항목은 사업장의 특성에 따라 다를 수 있다. 탈루 배출원에 의해 배출되는 온실가스는 이산화탄소(CO_2), 수소불화탄소(HFCs), 과불화탄소(PFCs), 육불화황(SF_6)이 있다. 반도체 사업장에서의 탈루 배출원으로는 냉방기, 냉동기, 소화설비와 변전설비 등이 해당한다. 냉방기, 냉동기 등은 사용하는 냉매가 6대 온실가스 중 하나일 경우 탈루 배출원으로 포함하며, 일반적으로 HFCs가 사용된다. 소화설비는 CO_2 소화기 및 자동소화설비 등에서 사용되는 CO_2나 PFCs가 배출되며, 변전설비에서는 SF_6가 배출된다.

5) 폐기물 관련 배출원

폐기물 관련 배출원은 각 사업장에서 소유 및 통제하는 폐기물 소각시설 및 폐수처리 시설에서의 온실가스 배출원이다. 폐기물 소각시설에서는 이산화탄소(CO_2), 메탄(CH_4), 아산화질소(N_2O), 폐수처리 시설에서는 메탄(CH_4)이 배출된다. 폐수처리 시설의 경우 사업장에서 소유 및 통제하는 경우에 해당하며, 사업장에서 발생한 폐수가 일반 하수처리시스템으로 처리되는 경우는 사업장의 온실가스 배출량 산정 대상에서 제외한다. 소각 시설에서 폐기물을 소각하기 위해 사용되는 보조연료로 화석연료가 사용되는 경우는 해당 화석연료의 연소에 의한 배출량은 고정연소 배출로 분류하여 관리한다.

6.1.2 간접 배출원

간접 온실가스 배출은 기업의 활동 결과에 따라 배출되는 것이지만, 다른 기업에 의해 소유되거나 통제되는 배출원에 의해 발생된다. 여기에는 사업장에서 전력, 스팀 등을 외부로부터 공급받아 사용하는 경우가 해당하며, 외부로부터 공급받은 전력, 스팀을 공급업체에서 생산하는 과정에서 배출된 온실가스의 양이 간접 온실가스 배출로 분류된다.

6.2 온실가스 배출 특성

전자제품 제조과정에서는 플라즈마 식각, 반응용기 세정 및 온도조절 등을 위해 불소화합물(FCs)이 이용된다. 불소화합물 배출량의 대부분은 식각 및 세정과정에서 FC 전구물질(precursors)의 이용 효율이 제한적이기 때문에 발생한다. 생산과정에서 사용된 불소화합물의 일부가 부산물인 CF_4로, 또 어떤 경우에는 C_2F_6, CHF_3 및 C_3F_8으로도 전환될 수 있다. CF_4는 탄소를 포함하는 저유전상수(low dielectric constant) (low k) 물질 (혹은 탄화물)을 식각하거나 세정하는 과정에서 부산물로 형성될 수도 있다.

또한 특정 전자제품 제조에서는 온도 조절을 위해 불소화합물을 사용하기도 한다. 열전도유체로도 알려져 있는 FC는 실온에서는 액체 상태이며, 상당한 증기압이 있는 액체 상태이며, 증발 손실은 총 FC배출량을 증가시킨다. 이런 증발 손실은 몇몇 공정시설의 냉각, 포장된 반도체 장비의 시험, 전자부품을 회로보드에 기상 리플로우 납땜 과정 중에 발생하며, 전자부품이나 운용중인 시스템을 냉각하는 과정에서는 발생하지 않는다. 20가지 이상의 다른 액체 불소화합물이 전자부문의 제조 및 설비 등에 사용 중이며, 종종 불소 화합물과의 혼합물도 사용된다. 하지만 이러한 개별 불소 화합물은 각각의 액체에 해당하는 이산화탄소 등가물이 다르기 때문에 개별적으로 탐지, 보고되어야 한다. 더욱이 액체 불소 화합물은 제조과정에서 TFT-FPD패널을 세정하는 데 사용되기도 한다.

7 활동자료 수집

전기전자 분야의 온실가스 배출량은 다른 종류의 전자장치 제조에 사용된 기체, 사용된 공정과정 혹은 개략적으로 공정 형태(예 ; CVD 혹은 식각), 사용된 공정장비의 상표, 배출량 감축 기술의 실행에 따라 달라진다.

방법의 선택은 자료 입수 가능성에 좌우된다. 액체 FC로 인해 발생하는 배출량은 Tier 1, 2 및 3의 접근방법을 이용해 산정되며, 연속 배출량 모니터링은 현재 기술적으로나 경제적으로 전자산업에서의 배출량을 산정하는 데 실행 불가능한 방법으로 여겨지고 있다. 그러나 FC 배출량은 새로운 공정 및 기구 개발과정과 상업적으로 이용 가능해진 공정조건이 확립 이후에 주기적으로 측정되고 있다. 전자산업은 대량(high-volume) 제조 도입 이전에 FC 배출량을 최소화하는 중심 공정을 모색한다. 그러나 주지할 점은 FC 배출량은 공정변수(예, 압력, 온도, 플라즈마 출력, FC 기체 유량, 공정시간)의 변화에 영향을 받을 수 있다는 것이다. 그러므로 배출량 산정에 이용된 방법의 정확도는 생산 공정과 표본이 되는 중심 공정 간에 발생할 수 있는 차이에 영향을 받는다.

산정된 배출량의 정확도는 사용된 방법에 좌우된다. Tier 1 방법은 모든 입력변수에 기본값을 이용하고 배출 제어기술을 사용을 고려하지 않는다. Tier 2a 방법은 배출 제어기술을 사용하거나 하지 않는 공정에서 이용된 기체의 비율에 대한 기업별 자료를 이용하지만 식각과 세정을 구분하지 않고, 다른 입력변수에 대해서는 기본값을 이용한다.

Tier 2 방법은 식각 대 세정에 사용된 기체 비율에 대한 기업별 자료를 이용하지만, 다른 입력변수들은 일부, 혹은 전부 기본값에 의지한다. 가장 정밀한 방법인 Tier3 방법은 기본값보다는 완전한 공정별 값을 필요로 한다.

[참고] 전자제품 제조과정의 산정등급별 배출량 산정 방법을 실행하기 위해 필요한 자료

자료		Tier1	Tier2a	Tier2b	Tier3
공정 가스 유입 도구	$FC_{i,p}$: 특정 공정과정 p 혹은 작은 일반 공정도구의 집합(예, 실리콘 질화물 식각)에 주입된 기체 i의 kg				M
	$FC_{i,p}$: 광의의 공정부문(예: 식각 및 CVD 세정)에 주입된 기체 i의 kg		M	M(식각) M(CVD)	
	h : 사용 후 배송용기 잔여 기체 비율(heel)		D	D	M
도구에서의 공정가스 반응 및 파기	$U_{i,p}$: 기체 i, 공정과정 p의 사용률(파기되거나 변환된 비율)		D	D(식각) D(CVD)	M
	$B_{CF4,i,p}$, $B_{C2F6,i,p}$, $B_{CHF3,i,p}$, $B_{C3F8,i,p}$: 기체 i, 공정과정 p에 대한 CF_4, C_2F_6, CHF_3, C_3F_8의 부수적 배출량에 대한 배출계수		D	D(식각) D(CVD)	M
하류 FC 배출량 관리	$a_{i,p}$: 공인 FC 배출 제어기술이 있는 공정과정에 주입된 기체 i의 비율		M	M	M
	$d_{i,p}$: 배출 제어기술에 의해 파기된 기체 i의 비율		D	D	M
	$d_{CF4,p}$, $d_{C2F6,p}$, $d_{CHF3,p}$, dC_3F_8,p : 배출 제어기술로 인해 파기된 각각 CF_4, C_2F_6, CHF_3, C_3F_8의 부산물 비율				M
연간 생산용량	Cd : 공정된 기판(예, 실리콘, 유리) 표면적의 연간 제조업 설비용적	M			
	Cu : 연간 설비이용 비율	D/M			

• M : 이 값을 측정 혹은 획득
• D : 안내서에 나와 있는 기본계수 사용
• a : 이용가능하고 지지할 수 있는 경우 M 값은 Tier2a와 2b에 대한 D 값으로 대체될 수 있음
• b : 부산물의 효과가 기체 i의 di,p에 D값으로 통합되었기 때문에 Tier2a 및 2b에 대해서는 기본값이 없음

8 배출량 산정

전기전자 업종에 해당하는 반도체와 LCD, PV 분야와 열전도유체 분야에서의 온실가스 배출원에 따른 온실가스 배출량 산정 방법은 표 4-13과 같다.

표 4-13 전기전자 업종의 온실가스 배출량 산정 방법

배출원		산정 방법	
		반도체/LCD/PV	열전도유체
직접 배출	고정연소	Tier 1, Tier 2, Tier 3, Tier 4	Tier 1, Tier 2, Tier 3, Tier 4
	이동연소	Tier 1, Tier 2, Tier 3	Tier 1, Tier 2, Tier 3
	탈루배출	-	-
	공정배출	Tier 1, Tier 4	Tier 2
간접 배출	전기	Tier 1	Tier 1
	스팀	Tier 1	Tier 1

8.1 반도체/LCD/PV 생산

전기전자(반도체) 공정에서의 직접 배출요인은 보일러 등 고정연소 시설에 의한 배출과 운송, 수송에 의한 이동 수단에서의 연소에 의한 배출, 각 시설별 냉매 사용, 소화설비 변전설비 등에 의한 탈루배출 등이 있다.

8.1.1 고정연소

고정연소는 보일러, 로, 버너, 터빈, 히터, 소각로, 엔진, flare 등과 같은 고정 장비에서의 화석연료의 연소를 뜻한다. 이를 근거로 반도체 사업장에서의 고정연소원을 분류해보면, 보일러, 히터, 비상발전기 등 공장의 설비를 가동시키기 위해 화석연료를 연소하는 시설로 나타낼 수 있다. 이들 시설에서 사용되는 화석연료의 연소에 의해 이산화탄소(CO_2),

메탄(CH_4), 아산화질소(N_2O)가 배출된다. 소각시설을 보유한 사업장의 경우는 소각시설에서의 화석연료 사용은 고정연소로 고려할 수 있으나, 소각물질로 사용되는 폐기물의 연소에 의한 온실가스 배출은 폐기물 부분으로 분류하여 배출량을 산정한다.

고정연소에 의한 온실가스 배출량을 산정하는 방법은 연료 종류별 사용량을 기준으로 계산하는 방법(Simple Method)과 설비별 특성치를 고려하는 방법(Advanced Method)으로 구분한다.

- Simple Method – 사업장에서 사용한 총 연료사용량만 관리되는 경우
- Advanced Method – 설비별 적용기술과 각 설비별 연료사용량이 관리되는 경우

Simple Method에 의한 온실가스 배출량 계산식은 다음과 같다. 여기서, 연료별 사용량을 파악하는 방법은 직접계측과 물질수지법이 있다. 직접계측 방식은 계측장비를 이용하여 산정기간의 연료 사용량을 직접 측정하는 방법이다. 또한 물질수지법은 연료별 총 구매량에서 연료별 총 판매량을 뺀 값으로 산정하는 방식이다. 여기서, 재고 변동량은 산정기간 시작일의 재고량에서 종료일의 재고량을 뺀 값이며, 산정기간은 1년을 적용한다.

배출량 = Σ[연료별 소비량 × 발열량 × 환산계수 × 온실가스 배출계수]

연료별 발열량은 고정연소 부문에서 연료원별 사용량을 물리적 단위(kg, ℓ, Nm^3)에서 공통의 에너지단위(MJ)로 변환하기 위해 사용한다. 발열량은 에너지기본법 시행규칙(제5조 1항)에 반영되어 있는 저위발열량을 사용하도록 한다. 만약, 해당 연료가 에너지 기본법의 저위발열량에 존재하지 않을 경우, IPCC 2006 가이드라인에서 제시하는 연료원별 저위발열량을 사용한다. 온실가스 배출계수는 CO_2의 경우 국가 배출계수를 적용하고, 국가 배출계수가 존재하지 않는 연료원에 한해서는 IPCC 2006 가이드라인에서 제시하는 배출계수를 사용한다. CH_4와 N_2O는 국가 배출계수가 존재하지 않으므로 IPCC 2006 가이드라인에서 제시하는 배출계수를 사용한다.

Advanced Method는 각 설비별 특성 및 연료 사용량 데이터가 관리되는 경우 적용할 수 있다. Advanced Method를 적용하기 위해서는 설비에서 사용되는 화석연료의 종류, 연소기술, 운전조건, 설비유지보수 상태 등의 데이터가 관리되어야 한다.

배출량 = Σ[설비별 연료 소비량 × 발열량 × 환산계수 × 온실가스 배출계수]

8.1.2 이동연소

이동연소(mobile combustion)는 자동차, 트럭, 버스, 기차, 비행기, 보트, 선박, 바지선, 항공기 등과 같은 수송수단에서의 화석연료 연소를 의미하며, CO_2, CH_4, N_2O 등의 온실가스가 배출된다. 이동연소에 의한 온실가스 배출량을 산정하는 방법은 Activity Data관리가 어떤 방식으로 이루어지는지에 따라 이동연소에 따른 연료 종류별 사용량을 기준으로 계산하는 방법(Simple Method)과 수송수단별 연료사용량을 기준으로 계산하는 방법(Advanced Method)로 구분된다.

- Simple Method – 이동연소 배출원에 대한 총 연료사용량만 관리되는 경우
- Advanced Method – 이동연소 수송수단별 연료사용량이 관리되는 경우

Simple Method에 의한 온실가스 배출량 계산식은 다음과 같다. 여기서, 연료 소비량을 파악하는 방법은 연료비를 이용할 경우와 이동거리를 이용할 경우, 사용 연료량을 직접 계측하는 경우 등 3가지가 있다. 세부적인 계산식은 다음과 같다. 한편, 이동연소원인 자동차의 연료별 온실가스 배출계수는 표 4-14를 적용한다.

배출량 $= \sum$ [연료별 소비량 × 발열량 × 환산계수 × 온실가스 배출계수]

· 연료 소비량 산정

① 연료비를 이용할 경우

연료 소비량 $= \Sigma$(수송수단별 연간 연료비/연간 연료평균단가)

② 이동거리를 이용할 경우

연료 소비량 $= \Sigma$(수송수단별 총 이동거리/주행연비)

③ 사용연료량을 직접 계측할 경우

연료 소비량 $= \Sigma$(수송수단별 연료주입량)

표 4-14 이동연소 연료 형태별 배출계수

연료 형태	CO_2($kgCO_2/TJ$)	CH_4($kgCH_4/TJ$)	N_2O(kgN_2O/TJ)
자동차 가솔린	72,233	3.3*	3.2*
가스 / 경유	72,600	3.9*	3.9*
액화석유가스(LPG)	64,900	62*	0.2*
액화천연가스(LNG)	56,467	92*	3*

* 국가 온실가스 배출량이 존재하지 않는 연료원으로 IPCC 2006 가이드라인에서 제시하는 연료원별 온실가스 배출계수

Advanced Method에 의한 온실가스 배출량 계산식은 아래와 같다.

배출량 = Σ[이동연소원별 연료 소비량 × 발열량 × 환산계수 × 온실가스 배출계수]

8.1.3 공정배출

1) Tier 1 방법

Tier 1 방법은 가장 덜 정확한 산정 방법으로 기업별 자료가 이용 가능하지 않은 경우에만 이용되어야 한다. Tier 1 방법은 기체별 배출량을 산출하는 듯 보이지만, Tier 2와 3 방법과는 달리 FC 배출량의 총괄적 산정치를 얻기 위해 설계되었다. 산정치는 다음의 계산식에 따라 나열된 모든 기체에 대해 동시다발적으로 산정하고, 전체집합으로서 보고할 때만 이용할 수 있다.

배출량 계산은 고정된 일련의 일반 배출량 계수에 좌우된다. 여기에 속한 계수는 제조되는 전자제품의 부문(혹은 제품군－반도체, TFT-FPD 혹은 PV 셀)에 따라 다르다. 각 기체별 배출계수는 제조 시 소비된 기판면적(예, 실리콘, TFT-FPD 패널 혹은 PV 셀)의 단위당 평균배출량으로 표현된다. 어느 전자제품군에 대해서도 이 계수들은 기판공정의 연간 설비이용률(Cu, 비율)과 연간 제조설비용적(Cd, 단위 Gm^2)으로 곱해진다. 이 곱(Cu×Cd)은 전자제품 제조 중 소비된 기판의 산정량이다. 결과는 개별 전자제품군을 구성하는 기체들에 의해 발생하는 집합의 연간 배출량으로서 kg으로 표시된다. FC의 사용은 PV 제조 중에 크게 변하기 때문에 PV 셀 제조로부터 발생하는 FC 배출량을 산정하는 데 있어서는 FC를 사용하는 PV 제조업체의 비율을 설명하는 제3의 요소가 필요하다.

다음에서 Tier 1 방식에 의한 FC배출량의 산정 방법을 제시한다. 이 방법은 에칭이나 세정, 개별 공정간의 방법론적 차이를 고려하지 않으며, 공정 배출 제어장치의 적용도 없다고 가정한다. Tier 1을 사용할 때, 인벤토리 작성자는 FC 집합을 수정해서는 안된다. 인벤토리 작성자는 Tier 1으로 산정된 배출량과 Tier 2 혹은 3로 산정된 배출량을 조합해서는 안 된다. 예를 들어 인벤토리 작성자는 반도체로부터의 CF_4 배출량을 산정하기 위해 CF_4에 대한 Tier1 계수를 이용하고, 이를 Tier 2 혹은 3 방법을 이용해 산출한 여타 FC 기체의 결과와 결합해서는 안 된다.

$$[FC_i]n = [EF_i \times Cu \times Cd \times (CPV \times \delta + (1-\delta))]n \qquad (i = 1, \ldots, n)$$

$[FC_i]n$: FC가스 i의 배출량, 기체 i의 질량
[ ]n은 n개 제품으로 구성된 각 제품군(반도체, TFT-FPD 혹은 PV 셀)의 집합을 의미하는 것으로 반도체는 6개, TFT-FPD 제조는 3개, PV셀은 2개

EF_i : 기체 i에 대한 FC 배출계수로 제곱미터당 기체 i의 양

Cu : 연간 공장생산설비 이용률, 비율

Cd : 연간 제조설비 용적, 공정 기판의 Gm^2, 단 PV 제조업은 Mm^2

CPV : FC를 사용하는 PV 제조업체의 비율,

δ : 계산식이 PV 산업에 적용될 경우 1, 반도체나 TFT-FPD 산업에 적용될 경우 0

2) Tier 2 방법

① TIER 2a 방법 - 공정 기체별 입력변수

이 방법은 기체소비량과 배출 제어기술에 대한 기업별 자료를 바탕으로 각각의 FC 배출량을 계산하는 것이다. 이는 사용 후 배송 컨테이너 안에 남아있는 구매 기체의 비율(h), 반도체나 TFT-FPD 제조공정에서 사용, 파기 혹은 변환된 기체의 비율 그리고 그 과정에서 CF_4나 C_2F_6로 전환된 기체의 비율을 이용한다. Tier 2 방법을 이용하기 위해서는 인벤토리 작성자는 자료 수집을 위해 산업현장과 직접적인 대화 창구를 마련하고(예: 연간 배출량 보고) 배출 제어기술을 설치하고 사용하도록 해야 한다. Tier 3과 2b 방법과는 달리, Tier 2a 방법은 공정 과정이나 공정 형태(식각 혹은 세정), 개별 공정 과정 혹은 기구를 구분하지 않는다. 기본배출계수는 가중평균이며 식각과 CVD 과정을 통틀어 각각의 기체에 대해 별도로 정해진다. 배출계수에 대한 부분에서 논의했듯이, Tier 2 방법은 특정 전자부분에서 개별 FC가 가장 자주 사용되는 공정 형태(CVD 혹은 식각)에 대한 배출계수를 사용한다. 이 방법은 각각의 산업에서 개별 FC가 특정 공정 형태 (CVD 혹은 식각)에서 압도적으로 많이 사용되는 경향이 있는 현재의 추세를 반영한다. 그러나 산업 전체적인 사용 패턴과는 현저히 다른 양상을 보이는(예. 다른 곳에서는 CVD에 주로 사용하는 기체를 식각과정에 주로 사용하는 경우) 기업이나 공장이 있는 나라에서는 인벤토리 작성자가 Tier 2b 대신 Tier 2a 방법을 사용함으로써 발생할 수 있는 오차를 평가해 보아야 한다.

Tier 2a에 의한 FC 배출량의 산정 방법은 다음과 같다.

$$\text{계산식 1 : } E_i = (1-h) \times FC_i \times (1-U_i) \times (1-a_i) \times d_i$$

E_i : 기체 i의 배출량, kg

FC_i : 기체 i의 소비량(예: CF_4, C_2F_6, C_3F_8, c-C_4F_8, c-C_4F_8O, C_4F_6, C_5F_8, CHF_3, CH_2F_2, NF_3, SF_6), kg

h : 사용 후 배송 컨테이너 내 잔여기체 비율

U_i : 기체 i 사용률(공정 중 파기되거나 변환된 비율), 비율

a_i : 배출 제어기술이 있는 경우 공정 중 사용된 기체 i양의 비율(기업 혹은 공장별), 비율

d_i : 배출 제어기술로 인해 파기된 기체 i의 비율

Tier 2a에 의한 CH_4 부산물 배출량의 산정 방법은 다음과 같다.

$$\text{계산식 2 : } BPE_{CF4,i} = (1-h) \times B_{CF4,i} \times FC_i \times (1-a_i) \times d_{CF4}$$

$BPE_{CF4,i}$: 사용된 기체 i로부터 발생한 CF_4의 부산물 배출량, kg

$B_{CF4,i}$: 배출계수, 발생한 CF_4 kg/사용된 기체 i kg

d_{CF4} : 배출 제어기술로 인해 파기된 CF_4 부산물의 비율

Tier 2a에 의한 C_2F_6 부산물 배출량의 산정 방법은 다음과 같다.

$$\text{계산식 3 : } BPE_{C2F6,i} = (1-h) \times B_{C2F6,i} \times FCi \times (1-a_i) \times d_{C2F6}$$

$BPE_{C2F6,i}$: 사용된 기체 i로부터 발생한 C_2F_6의 부산물 배출량, kg

$B_{C2F6,i}$: 배출계수, 발생한 C_2F_6 kg/사용된 기체 i kg

d_{C2F6} : 배출 제어기술로 인해 파기된 C_2F_6 부산물의 비율

Tier 2a에 의한 CHF_3 부산물 배출량의 산정 방법은 다음과 같다.

$$\text{계산식 4 : } BPE_{CHF3,i} = (1-h) \times B_{CHF3,i} \times FC_i \times (1-a) \times d_{CHF3}$$

$BPE_{CHF3,i}$: 사용된 기체 i로부터 발생한 CHF_3의 부산물 배출량, kg
$B_{CHF3,i}$: 배출계수, 발생한 CHF_3 kg/사용된 기체 i kg
d_{CHF3} : 배출 제어기술로 인해 파기된 CHF_3 부산물의 비율

Tier 2a에 의한 C_3F_8 부산물 배출량의 산정 방법은 다음과 같다.

계산식 5 : $BPE_{C3F8,i} = (1-h) \times B_{C3F8,i} \times FC_i \times (1-a_i) \times d_{C3F8}$

$BPE_{C3F8,i}$: 사용된 기체 i로부터 발생한 C_3F_8의 부산물 배출량, kg
$B_{C3F8,i}$: 배출계수, 발생한 C_3F_8 kg/사용된 기체 i kg
d_{C3F8} : 배출 제어기술로 인해 파기된 C_3F_8 부산물의 비율

이상과 같이 기체 i의 배출량(E_i)과 서로 다른 네 종류의 부산물인 CF_4, C_2F_6, CHF_3, C_3F_8에 대한 배출량을 산정한 뒤, 인벤토리 작성자 또는 기업은 총 FC 배출량을 산정하기 위해 모든 기체에 대한 배출량을 합해야 한다.

② TIER 2b 방법 - 공정 기체별 입력변수

이 방법은 모든 식각과정 및 세정과정(FCip)에 투입된 개별 기체의 총량에 대한 자료를 필요로 한다. 그러므로 광범위한 공정형태(식각 대 CVD 세정)만을 구분하며 가능한 개별 공정 과정이나 작은 공정들은 구분하지 않는다. 산업 전체의 기본값이 다음의 일부 혹은 전부에 사용될 수 있다.

- ‘heel’로 명명된 사용 후 배송 컨테이너 내 잔여 기체 비율(h)
- 공정유형 당 ‘사용된’기체의 비율(Uip)
- 공정유형 당 CF_4 부산물 배출량에 대한 배출계수($B_{CF4,i,p}$)
- 공정유형 당 C_2F_6 부산물 배출량에 대한 배출계수($B_{C2F6,i,p}$)
- 공정유형 당 CHF_3 부산물 배출량에 대한 배출계수($B_{CHF3,i,p}$)
- 공정유형 당 C_3F_8 부산물 배출량에 대한 배출계수($B_{C3F8,i,p}$)

공정형태별 배출 제어기술에 의해 파기된 기체의 비율($d_{i,p}$, d_{CF4}, d_{C2F6}, d_{CHF3}, d_{C3F8})에 대한 기본값도 표시되어 있다. 배출 제어기술이 설치되지 않았으면, 배출 제어기술이 있는 경우 공정 중 투입된 기체량의 비율값은 0이다. U_{ip}, $B_{CF4,i,p}$, $B_{C2F6,i,p}$, $B_{CHF3,i,p}$, $B_{C3F8,i,p}$에 대한 기본값은 간단한 비가중 평균값이며, 모든 식각과정과 CVD과정을

통틀어 개별 기체에 대해 별도로 산정된다. 기업별 또는 공장별 배출계수는 이용 가능한 경우 기본값을 대체할 수 있다.

수식은 배출제어 장치의 공장별 사용도를 고려하지만, 개별 공정이나 도구별 차이 혹은 처리공정과 도구를 혼합 사용하는 제조공장별 차이는 고려하지 않는다. 그러므로 Tier 2b 산정치는 Tier 3 산정치보다 정확도가 떨어질 것이다. 또한 Tier 2b 방법은 반도체와 TFT-FPD 제조에도 적용될 수 있다. 특정 FC를 사용함으로써 발생한 배출량은 FC_i 배출량 자체에 FC_i의 사용 중에 부산물로 형성된 CF_4, C_2F_6, CHF_3, C_3F_8의 배출량을 더한 값이다. 다음 계산은 각각의 처리형태에 개별 기체에 대해 반복적으로 적용된다.

Tier 2b에 의한 FC 배출량의 산정 방법은 다음과 같다.

$$\text{계산식 6 : } E_i = (1-h) \times \sum_p [FC_{i,p} \times (1-U_{i,p}) \times (1-a_{i,p}) \times d_{i,p}]$$

- E_i : 기체 i의 배출량, kg
- p : 공정형태 (식각 대 CVD 세정)
- $FC_{i,p}$: 공정형태 p에 투입된 기체 i의 양,(예. CF_4, C_2F_6, C_3F_8, c-C_4F_8, c-C_4F_8O, C_4F_6, C_5F_8, CHF_3, CH_2F_2, NF_3, SF_6), kg
- h : 사용 후 배송 컨테이너(heel)내 잔여기체 비율
- $U_{i,p}$: 공정형태 p에 해당하는 기체 i 사용률 (공정 중 파기되거나 변환된 비율)
- $a_{i,p}$: 배출 제어기술이 있는 경우 공정형태 p에 투입된 기체 i 양의 비율 (기업 혹은 공장별), 비율
- $d_{i,p}$: 공정형태 p에 사용된 배출 제어기술로 인해 파기된 기체 i의 비율(공정형태 p에 하나 이상의 배출 제어기술이 사용되면 그 배출 제어기술들로 인해 파기된 비율들의 평균을 사용하되 각각의 비율은 그 기술을 사용하는 도구에 투입된 기체의 양으로 가중치를 적용한다), 비율

Tier 2b에 의한 CF_4 부산물 배출량의 산정 방법은 다음과 같다.

$$\text{계산식 7 : } BPE_{CF4,i} = (1-h) \times \sum_p [B_{CF4,i,p} \times FC_{i,p} \times (1-a_{i,p}) \times d_{CF4,p}]$$

$BPE_{CF4,i}$: 사용된 기체 i로부터 발생한 CF_4의 부산물 배출량, kg

$B_{CF4,i,p}$: 공정형태 p에 기체 i로부터 전환된 CF_4의 부산물 배출량에 대한 배출계수, 발생한 CF_4 kg/사용된 기체 i kg

$d_{CF4,p}$: 공정형태 p에 사용된 배출 제어기술로 인해 파괴된 CF_4 부산물의 비율

Tier 2b에 의한 C_2F_6 부산물 배출량의 산정 방법은 다음과 같다.

계산식 8 : $BPE_{C2F6,i} = (1-h) \times \sum_p [B_{C2F6,i,p} \times FC_{i,p} \times (1-a_{i,p}) \times d_{C2F6,p}]$

$BPE_{C2F6,i}$: 사용된 기체 i로부터 발생한 C_2F_6의 부산물 배출량, kg

$B_{C2F6,i,p}$: 공정형태 p에 기체 i로부터 전환된 C_2F_6의 부산물 배출량에 대한 배출계수, 발생한 C_2F_6 kg/사용된 기체 i kg

$d_{C2F6,p}$: 공정형태 p에 사용된 배출 제어기술로 인해 파기된 C_2F_6 부산물의 비율

Tier 2b에 의한 CHF_3 부산물 배출량의 산정 방법은 다음과 같다.

계산식 9 : $BPE_{CHF3,i} = (1-h) \times \sum_p [B_{CHF3,i,p} \times FC_{i,p} \times (1-a_{i,p}) \times d_{CHF3,p}]$

$BPE_{CHF3,i}$: 사용된 기체 i로부터 발생한 CHF_3의 부산물 배출량, kg

$B_{CHF3,i,p}$: 공정형태 p에 기체 i로부터 전환된 CHF_3의 부산물 배출량에 대한 배출계수, 발생한 CHF_3 kg/사용된 기체 i kg

$d_{CHF3,p}$: 공정형태 p에 사용된 배출 제어기술로 인해 파기된 CHF_3 부산물의 비율

Tier 2b에 의한 C_3F_8 부산물 배출량의 산정 방법은 다음과 같다.

계산식 10 : $BPE_{C3H8,i} = (1-h) \times \sum_p [B_{C3H8,i,p} \times FC_{i,p} \times (1-a_{i,p}) \times d_{C3H8,p}]$

$BPE_{C3F8,i}$: 사용된 기체 i로부터 발생한 C_3F_8의 부산물 배출량, kg

$B_{C3F8,i,p}$: 공정형태 p에 기체 i로부터 전환된 C_3F_8의 부산물 배출량에 대한 배

출계수, 발생한 C_3F_8 kg/사용된 기체 *i* kg

$d_{C3F8,p}$: 공정형태 *p*에 사용된 배출 제어기술로 인해 파기된 C_3F_8 부산물의 비율

어떤 식각 혹은 세정 절차에서는 다수의 FC 전 단계 물질이 동시에 사용될 수 있으며, CF_4, C_2F_6, CHF_3, 혹은 C_3F_8 각각의 FC 전 단계 물질이 분해될 때 부산물로 발생할 수 있다. 이런 경우 CF_4, C_2F_6, CHF_3, 혹은 C_3F_8 부산물은 최대량과 함께 FC 기체로부터 기인한 것으로 보고되어야 한다.

3) Tier 3 방법

Tier 3 방법 또한 계산식 6, 7, 8, 9 및 10을 이용한다. 하지만 이 방법은 개별 공정 혹은 몇몇 공정의 집합(예, 실리콘 질소 식각 혹은 플라즈마 화학기상 증착 세정)에 대해 이 수식에 사용되는 모든 입력변수의 기업별, 공장별 수치가 필요하다. 투명도를 높이고 상호비교도 가능하도록 이 배출계수들로 사용된 수치는 문서화되어야 한다. 반도체 제조 시 탄소 함유 필름으로부터의 CF_4 생성 Tier 2a, Tier 2b, Tier 3 방법은 탄소를 포함하는 저유전상수 물질의 식각 혹은 저유전상수를 포함하는 CVD 반응로나 반도체 제조 시 카바이드 필름의 세정을 통해 제거하는 과정에서 발생하는 CF_4 배출량을 고려한다. CF_4는 FC 전구체가 탄소를 포함하지 않거나 FC 전구체가 온실가스가 아닌 경우에도 생성될 수 있다. 예를 들어, 저유전상수 CVD 반응로를 NF_3로 세정할 경우 CF_4가 부산물로 생성된다. 이런 경우, 계산식 6이 NF_3 배출량을 보고하기 위해 사용되어야 하며, 계산식 7에 따른 산정결과는 그 과정에서의 CF_4 배출량을 반영하기 위해 이용되어야 한다. 또한 F_2, COF_2 혹은 ClF_3가 세정을 위해 사용되는 경우에도 CF_4가 형성될 수 있다. 이 경우 CF_4 배출량은 계산식 7을 이용하여 산정되며, 그 결과는 계산식 6에서 얻은 총 CF_4 배출량에 합산된다. 두 경우 모두 $BCF_{4,i,p}$는 반응로에 투입된 식각 기체량 중 생성된 CF_4의 비율로 측정되어야 한다. 각각의 FC 기체의 배출량과 부산물로서의 CF_4, C_2F_6, CHF_3, C_3F_8의 배출량을 산정한 뒤, 인벤토리 작성자 혹은 기업은 모든 기체에 대한 배출량을 합산하여 특정 공정과정에서의 FC 총 배출량을 산정해야 한다.

4) Tier 4 방법

다음과 같은 조건을 만족하는 경우 Tier 4 방법을 사용한다.

- 대기환경보전법 제32조에 따라 굴뚝자동측정기기를 설치 및 운영하는 배출시설
- 환경분야 시험 및 검사에 관한 법률 제6조 설치방법에 따라 배출가스
- 유량측정시설 및 자동전송시설이 설치된 시설
- 환경분야 시험 및 검사에 관한 법률 제11조에 따라 주기적으로 정도 검사받는 측정기기

8.2 열전도유체

열전도유체를 이용할 때 발생하는 배출량을 산정하는 방법에는 두 가지가 있다. 방법의 선택은 열전도유체의 사용에 대한 활동도 자료가 이용 가능한가에 좌우된다(그림 4-6 참조).

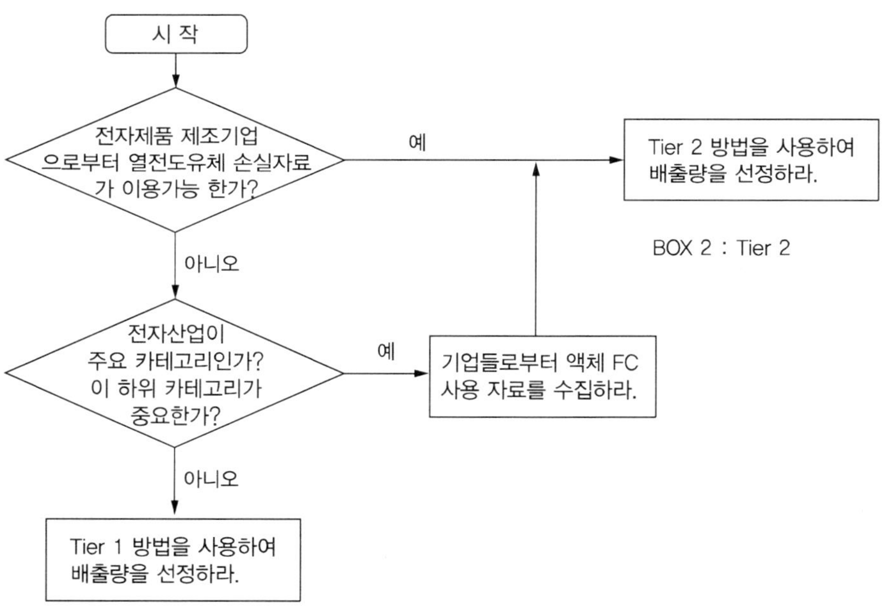

그림 4-6 열전도유체 손실에 따른 FC 배출량 산정에 대한 의사결정도

8.2.1 Tier 1 방법

Tier 1은 열전도유체에 관한 기업별 자료가 이용 가능하지 않을 때 적절하다. 이 방법은 열전도유체의 손실로부터 발생하는 배출량을 산정하는 두 가지 방법 중 정확도는 떨어지는 편이다. 이 방법은 Tier 2 방법과는 달리 총 배출량의 양으로 표현되는 모든 액상 FC의 가중평균 배출량의 산정치를 산정한다. 이 계산 방법은 반도체 제조 시 소비되는 실리콘의 단위당 평균 총 배출량을 표현하는 일반배출계수에 좌우된다.

Tier 1에 의한 FC 배출량의 산정 방법은 다음과 같다.

$$\text{계산식 11 : } FC_{liquid,total} = EFl \times Cu \times Cd$$

$FC_{liquid,total}$	: C_6F_{14} 양으로 표시한 총 FC 배출량, Mt C_6F_{14}
EFl	: 배출계수(C_6F_{14} 양으로 표시한 기간 중 소비된 실리콘 Gm^2당 총 FC 배출량, Mt C_6F_{14}/Gm^2
Cu	: 기간 중 국가 내 반도체 생산설비의 평균 이용률, 비율
Cd	: 국가 내 반도체 제조설비의 용적, Gm^2

8.2.2 Tier 2 방법

각 FC 유체의 사용으로 발생하는 실제 배출량을 산정하는 한 가지 Tier 2 방법이 있다. 이 방법은 연중 액체 FC 사용량을 고려하는 물질수지 방식이다. 기업별 자료가 이용 가능할 때 적절한 방법이다. 1년 중 액체 FC는 새로이 구매한 설비를 채우고 설비운용 중 증발로 발생한 FC 유체 손실분을 대체하는 데 사용된다. Tier 2 방법은 신설 또는 기존설비를 채우는 중이거나 노후된 설비를 폐쇄할 때 발생하는 유체 손실을 제외한다. 인벤토리 작성자는 기업들로부터 그 배출량을 산정한 유체들의 화학성분을 확보해야 한다.

Tier 2에 의한 FC 배출량의 산정 방법은 다음과 같다.

$$\text{계산식 12 : } FC_i = \rho i \times [I_{i,t} - 1(l) + P_{i,t}(l) - N_{i,t}(l) + R_{i,t}(l) - I_{i,t}(l) - D_{i,t}(l)]$$

FC_i	: FC_i 배출량, kg
ρ_i	: 액체 FC_i의 밀도, kg/리터

$I_{i,t}-1(l)$: 전기 말(the end of the previous period)의 액체 FC_i의 인벤토리량, 리터

$P_{i,t}(l)$: 기간 중 액체 FCi의 순 구매량(구매량과 회수량의 순량), 리터

$N_{i,t}(l)$: 새로 설치된 총 충전량(또는 정격용량(nameplate capacity)), 리터

$R_{i,t}(l)$: 퇴출된 혹은 판매된 설비의 총 충전량(또는 정격용량), 리터

$I_{i,t}(l)$: 기말(the end of the period)의 액체 FC_i의 인벤토리량, 리터

$D_{i,t}(l)$: 기간 중 노후된 설비로부터 회수되고 방출된 FC_i의 양, 리터

Chapter 5

화학산업

동의과학대학교 이화수

1 주요 공정의 이해

화학산업이란 원료에 화학적인 변화를 주어 의식주(衣食住)와 문화생활에 중요한 역할을 하는 여러 가지 제품을 만들어 내는 공업을 말하며, 석유화학산업과 정밀화학산업을 비롯하여 비료, 의약산업 등을 포함하는 보다 포괄적인 개념의 산업범주로서 무기화학공업과 유기화학공업으로 크게 나눌 수가 있다.

표 5-1 화학산업의 종류

분류	관련 공업
무기화학공업	산・알카리 공업, 비료공업, 요업공업, 전기화학공업, 무기약품공업
유기화학공업	염료공업, 합성섬유공업, 플라스틱공업, 유지(油脂)공업, 석유화학공업

화학산업 가운데 많은 제품들이 석유산업을 통하여 에너지와 석유화학산업에서 필요로 하는 나프타 등을 생산하고, 석유화학산업을 통하여 중간물질과 최종소비제품을 생산하고 있는데, 석유산업의 정유공정을 비롯하여 석유화학산업의 생산공정 등에서 많은 에너

지가 필요하고, 반응에 의한 이산화탄소 등의 온실가스가 다량 배출되고 있다. 석유화학산업은 그림 5-1에서와 같이 자동차, 건설, 전자, 섬유, 생활용품을 비롯해서 비료, 농약, 페인트, 화장품, 세제 등 인간의 의식주 생활에 필수적인 소재를 공급하는 기초소재산업이며, 나프타 분해공장에서 생산되는 기초유분을 모체로 하여 관련 유도품 공장들이 계열화, 단지화 되는 전형적인 콤비네이트형 산업으로 대단위 설비투자가 소요되는 자본 집약형 장치산업이다. 일반적으로 기술이 범용화 되어 제품의 품질 차이가 적고, 수급여건에 따라 가격변동이 심한 국제상품으로 우리나라의 석유화학 단지는 1972년 말 울산석유화학공업단지의 완공, 1979년 말 여수석유화학공업단지의 준공, 1991년 대산석유화학공업단지가 가동에 들어가 운전 중에 있다.

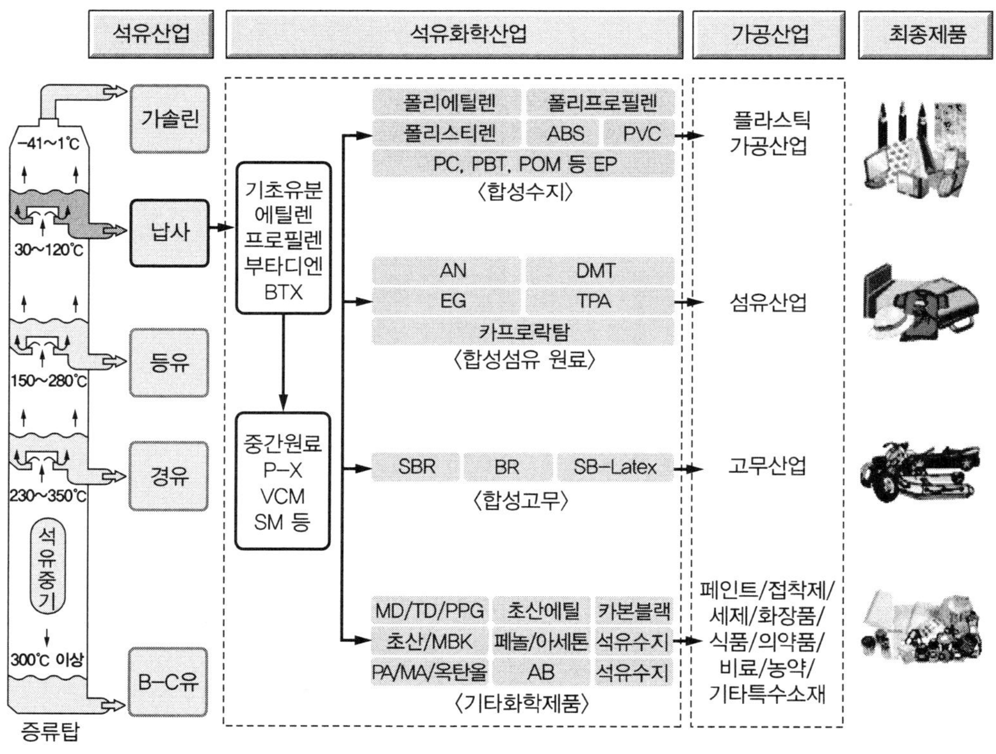

◎ **그림 5-1** 석유화학산업 계통도

(출처 : 한국석유화학협회)

1.1 석유산업

일반적으로 석유는 독특한 냄새를 풍기는 물보다 가벼운 암녹색 또는 흑갈색의 끈적끈적한 특성을 지닌 불에 타기 쉬운 액체(鑛油)로서 이를 정제하여 만들어진 제품을 모두 일컬어 석유(Petroleum)라고 한다. 이것을 화학적 구조로 보면, 탄소와 수소를 중심으로 하여 여러 가지 모양으로 조합된 무수한 화합물의 혼합체이다. 이 석유를 천연적으로 산출된 것과 이를 정제한 것으로 구별하는 경우, 전자를 원유(原油, Crude Oil)라 하고, 후자를 석유제품(Petroleum Products)이라 한다. 석유제품은 용도에 따라 LPG(액화석유가스), 납사, 휘발유, 등유, 경유, 중유, 윤활유, 아스팔트 등으로 분류된다. 석유는 내연기관의 연료뿐만 아니라, 산업 및 가정용 에너지원으로서, 또한 정유공업의 원료로서 역할이 비약적으로 확대되었다.

1.2 석유화학산업

석유(나프타 등) 또는 천연가스(에탄, LNG)를 원료로 열분해(Cracking) 하여, 에틸렌, 프로필렌, 부타디엔, 벤젠, 톨루엔, 자일렌 등 석유화학 기초원료(또는 기초유분)를 생산하는 부분과 이를 원료로 합성수지(LDPE, HDPE, PP, PS, ABS, PVC 등), 합성수지원료(Caprolactam, AN, EG 등), 합성고무(SBR, BR) 등의 고분자제품을 비롯하여 합성세제(계면활성제) 유기용제, 염료, 농약, 의약품 등을 생산하는 부문을 통칭하여 석유화학산업이라 말한다.

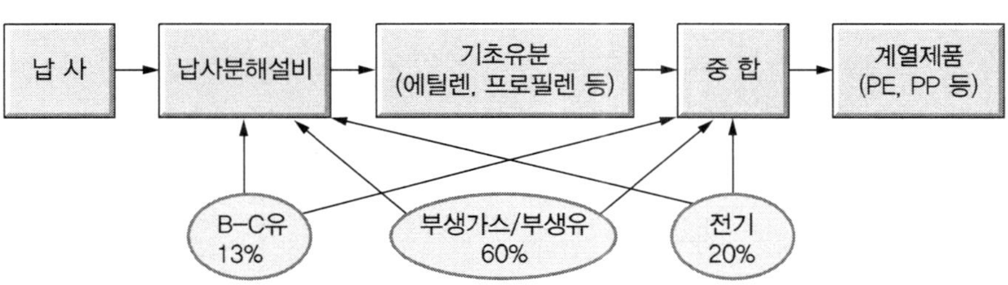

그림 5-2 석유화학산업의 주요 에너지 사용량
(출처 : 한국석유화학협회)

1.3 가공산업

석유화학산업에서 생산된 합성수지, 합성수지원료, 합성고무 등의 고분자제품을 비롯하여 페놀, 아세톤, EG, PPG 등의 기타 화학제품을 이용하여 플라스틱, 섬유, 고무 및 비료 농약, 페인트, 화장품 등을 생산하는 산업을 말한다. 가공산업은 정유공정이나 석유화학 공업산업에 비하여 비교적 에너지가 적게 소모되고, 전기 등의 간접 배출원의 에너지를 사용하기 때문에 온실가스의 발생량은 다소 적다고 할 수 있다.

표 5-2 화학산업의 분류

		중분류		소분류		세분류		세세분류	
코드	항목명	코드	항목명	코드	항목명	코드	항목명	코드	항목명
C	제조업 (10~33)	19	코크스, 연탄 및 석유정제품 제조	191	코크스 및 연탄 제조업	1910	코크스 및 연탄 제조업	19101	코크스 및 관련제품 제조업
								19102	연탄 및 기타 석탄 가공품 제조업
				192	석유 정제품 제조업	1921	원유 정제처리업	19210	원유 정제처리업
						1922	석유정제물 재처리업	19221	윤활유 및 그리스 제조업
								19229	기타 석유정제물 재처리업
		20	화학물질 및 화학제품 제조업; 의약품 제외	201	기초화학 물질 제조업	2011	기초유기화학물질 제조업	20111	석유화학계 기초화학물질 제조업
								20112	천연수지 및 나무화학물질 제조업
								20119	기타기초유기화학물질 제조업
						2012	기초 무기화학물질 제조업	20121	산업용 가스 제조업
								20129	기타 기초무기화학 물질 제조업
						2013	무기안료, 염료, 유연제 및 기타착색제 제조업	20131	무기안료 및 기타금속산화물 제조업
								20132	합성염료, 유연제 및 기타착색제 제조업
				202	비료 및 질소화합물 제조업	2020	비료 및 질소화합물 제조업	20201	질소, 인산 및 칼리질 비료 제조업
								20202	복합비료 제조업
								20209	기타 비료 및 질소화합물 제조업

				203	합성고무 및 플라스틱 물질 제조업	2030	합성고무 및 플라스틱 물질 제조업	20301	합성고무 제조업
								20302	합성수지 및 기타 플라스틱 물질 제조업
								20303	가공 및 재생 플라스틱원료 생산업
				204	기타 화학제품 제조업	2041	살충제 및 기타농약 제조업	20411	가정용 살균 및 살충제 제조업
								20412	농약 제조업
						2042	잉크, 페인트, 코팅제 및 유사제품 제조업	20421	일반용 도료 및 관련제품 제조업
								20422	요업용 유약 및 관련제품 제조업
								20423	인쇄잉크 제조업
								20424	회화용 물감 제조업
						2043	세제, 화장품 및 광택제 제조업	20431	계면활성제 제조업
								20432	치약, 비누 및 기타 세제 제조업
								20433	화장품 제조업
								20434	표면광택제 및 실내가향제 제조업
						2049	그외 기타 화학제품 제조업	20491	사진용 화학제품 및 감광재료 제조업
								20492	가공 및 정제염 제조업
								20493	접착제 및 젤라틴 제조업
								20494	화약 및 불꽃제품 제조업
								20499	그외 기타 분류안된 화학제품 제조업
				205	화학섬유제조업	2050	화학섬유 제조업	20501	합성섬유 제조업
								20502	재생섬유 제조업

(출처 : 한국표준산업분류표, 통계청)

2 주요 배출시설의 이해

WRI/WBCSD의 "온실가스 프로토콜 사업자 배출량 산정 및 보고기준" Scope 1(직접적인 온실가스 배출), Scope 2(전력사용으로 인한 간접적인 온실가스 배출), Scope 3(기타 간접적인 온실가스 배출)로 구분하여 배출량을 산정·보고 하고 있으며, 이 중 Scope 1은 법인(기업)이 직접 소유하거나 통제하는 배출원으로부터 온실가스 배출을 의미하며, 다음과 같은 기업 활동에 의해 발생하는 결과물로서 정의되고 있다.

- 전기, 열 또는 증기 생산으로 인한 배출 : 보일러, 난로, 터빈 등 고정연소 배출원
- 물리적 또는 화학적 공정을 인한 배출
- 자재, 제품, 폐기물 등의 운송으로 인한 배출
- 비산배출

표 5-3 WRI/WBCSD 산업분야별 배출원 분류

구 분	업종(산업분야)	배출원 분류
부록 D. 산업분야 및 범위	석유 및 가스 (Oil and Gas)	공정히터(process heater)
		엔진(engines)
		터빈(turbines)
		플레어(flares)
		소각로(incinerations)
		산화조(oxidizers)
		전력·열·증기 생산 (proudction of electricity, heat and steam)
	질소, 암모니아, 지방산, 요소, 석유화학물질 (Nitric acid, Ammonia, Adipic Acid, Urea Petrochemical)	보일러(boiler)
		플레어링(flares)
		저감 용광로(reductive furnaces)
		화염 반응로(flame reactor)
		증기 계량기(steam reformers)

2.1 직접 온실가스 배출원

직접 온실가스 배출량은 기업이 소유하고 통제하는 배출원에 의해서 발생되는데, 배출원으로는 Heater, Furnace, 보일러와 같은 고정 연소설비에 의한 배출, 승용차나 지게차와 같은 수송 장치에 의한 배출, 공정 내 물리·화학적 반응에 의한 배출, 의도하지 않은 누출 배출 등이 포함된다.

3 물질, 에너지 수지의 이해

화학산업에서의 온실가스 배출은 사용되는 고정연소시설에서 연료에 의한 배출과 화학반응에 의한 공정에 의한 배출로 나타낼 수 있다.

3.1 고정연소

고정연소 설비에서 연료에 의한 배출량은 연료의 종류 및 연료의 소비량을 파악하고, Non-CO_2 배출량을 산정하기 위해서는 설비별 사용한 연료의 종류 및 연료별 사용량을 파악해야 한다. 연료의 소비량은 산정기간 시작일의 연료 재고량과 산정 기간의 연료 구매 및 판매량, 산정기간 종료일의 연료 재고량을 기준으로 산정할 수 있다.

○ 연료별 사용량＝연료별 총 구매량－연료원별 총 판매량＋재고 변동량
○ 설비별 사용량＝설비별 연료 총 구매량－설비별 연료 총 판매량＋재고 변동량
* 재고 변동량 : 산정기간 시작일 재고량－산정기간 종료일 재고량

연료원별 사용량을 물리적 단위(kg, ℓ, Nm^3)에서 공통의 에너지단위(MJ)로 변환하기 위하여 발열량을 사용하는데, 이는 에너지기본법 시행규칙(제5조 1항)에 반영되어 있는 저위발열량을 사용한다. 만약 해당 연료가 에너지 기본법의 저위발열량에 존재하지 않을 경우, IPCC 2006 가이드라인에서 제시하는 연료원별 저위발열량을 사용한다.

3.2 공정배출

공정배출은 화석연료의 연소로 인한 온실가스 배출이 아닌, 목표로 하는 물질을 생산하는 과정에서 물리·화학적 반응을 통해 발생되는 온실가스의 배출을 말한다. 이는 산화반응을 수반하는 프로세스에서 발생하며 배출량은 단위공정의 화학반응식과 투입물의 순도, 투입량 자료를 이용하여 온실가스 배출량을 계산한다.

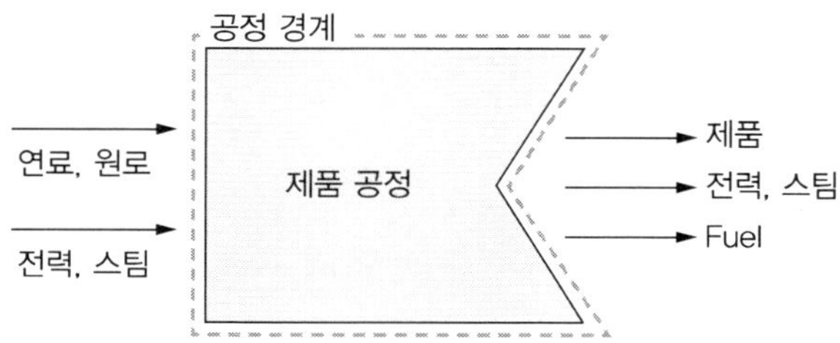

그림 5-3 물질수지 산정 개념 모식도

(출처 : 석유화학업종 온실가스·에너지관리 표준 매뉴얼, 2011)

· 물질수지를 이용한 온실가스 배출 산정(예시)

A 석유화학 공장의 EG공정에서는 에틸렌을 산소와 반응시켜 에틸렌 옥사이드를 만들고 다시 에틸렌 옥사이드를 물(H_2O)과 반응시켜 MEG, DEG, TEG를 생산하는 과정에서 부산물로 CO_2가 발생된다. A 석유화학 공장의 EG생산량은 연간 100 ton이다. 공정의 화학반응식을 이용하여 도출된 CO_2 발생비율은 EG : CO_2 = 1 : 0.78이다.

주반응 : $CH_2=CH_2 + 1/2O_2 \xrightarrow[\text{CATA}]{\text{Ag}} CH_2-CH_2 + 24.7$ Kcal/g-mol (O가 두 CH_2를 잇는 고리)

(ETHYLENE) → (ETHYLENE OXIDE)

부반응 : $CH_2=CH_2 + 3O_2 \rightarrow 2CO_2 + 2H_2O + 320$ Kcal/g-mol

[1단계 EG생산량 파악]

연간 EG 생산량 = 100 tonEG/yr

[2단계 EG단위 생산량 당 CO_2 발생비율을 이용한 CO_2 배출량 산정]

CO_2 발생비율 = 0.78(CO_2/EG)

EG공정의 CO_2 배출량 = 연간 EG 생산량 × CO_2 발생비율

= 100 tonEG/yr × 0.78(CO_2/EG) = 78 tonCO_2

(출처 : 석유화학 업종 온실가스 배출량 산정 Good Practice 가이드라인)

4 온실가스 배출의 이해

4.1 Utility(공통 설비)

석유산업 및 석유화학업종의 공통설비는 일반적으로 외부에서 구매한 전기, 스팀, 1차 연료(예: BC유) 등을 변환 시켜, 다른 공정에 공급 혹은 분배를 시키는 역할을 하는 동력 설비나 냉각기, 저장소, Flare Stack, 열병합 발전기 등을 포함한다. 이러한 설비들은 어느 하나의 공정에서만 사용하는 것이 아닌 공통적으로 사용하는 특성을 가지고 있다.

표 5-4 간접 배출원 세부 분류 및 내용

설비명		설명	비고
Flare Stack	Safety	공정상 긴급한 상황 발생시, 폐가스를 소각하는 설비	
	소각설비	공정 내 지속적으로 발생되는 폐가스(Fuel, Tail Gas) 등을 소각하는 설비(ex: RTO, RCO 등)	
보일러		스팀/열을 공급하는 설비	
비상 전력 설비		정전 등의 유사시를 대비하여 전력을 공급할 수 있는 설비	
냉온수기		냉온수를 공급하는 설비	
용수 공급		보일러 스팀 및 공정 내 용수를 공급을 위한 정제 및 공급 등을 포함한 설비	
열병합발전소		석탄 혹은 액체 연료를 사용하여 스팀과 전기를 생산하는 설비	

(출처 : 석유화학업종 온실가스·에너지관리 표준 매뉴얼, 2011)

4.2 공정 배출 보유 공정

석유화학산업의 분류대상 산업별 공정 배출의 특성은 표 5-5와 같다.

표 5-5 IPCC 분류대상 산업별 특성

산업명	대구분	소구분	내용
암모니아	무기	질소화합물	• NH_3 : 대기 중 소량 존재
질산	무기	질소화합물	• 대표적 강산[强酸]
아디픽산	유기	알데히트 케톤화합물	• 1,4-부탄디카르복시산, 화학식 $HO_2C(CH_2)_4CO_2H$ • 실험적 제조 : 시클로헥산올을 질산으로 산화시켜 제조 • 공업적 제조 : 시클로헥산에서 직접 또는 시클로헥산온을 거쳐, 공기 또는 산소로 산화시켜 합성 • 6,6-나일론을 중심으로 하는 합성섬유의 원료로서 중요하며, 폴리에스테르수지의 원료로 사용
요소	유기		• 카르바미드(carbamide)라고도 함, 화학식 $CO(NH_2)_2$ • 공업적 제조 : 암모니아와 이산화탄소를 가압 ・가열하에 반응시켜서 카르밤산암모늄을 만들고, 이것을 탈수분해하여 얻음 • 용도 : 비료나 요소수지의 원료, 이뇨제나 최면제의 원료, 분석용 시약, 유기화합물의 분리 등에 사용
카브로락탐	유기	고분자 화합물	• 5-아미노카프로산락탐 · ε-카프로락탐, 화학식 $C_6H_{11}NO$ • 공업적 제조 : 염산 등의 산과 가열하면 가수분해에 의하여 ε-아미노카프로산염이 됨. 시클로헥사논옥심을 진한 황산과 가열하여 얻음 • 용도 : 나일론 원료로 대량 생산, 타단위체와의 혼성중합에 의하여 혼성폴리아미드를 합성하는 원료로 사용
카바이드	유기	탄소화합물	• 탄화물을 가리켜 카바이드라고 하며 칼슘카바이드가 대표적
석유화학 제품	유기	석유화학	• 보통 석유화학산업의 제품을 지칭 • 제품은 무기(無機) · 유기 양면에 걸쳐 300여 종에 이름 • 구분 : 일반적으로 사슬모양고분자를 가진 지방족화합물(메탄올 · 포름알데히드 · 폴리에틸렌 · 아크릴로니트릴 등), 벤젠핵을 가지는 방향족화합물(벤젠 · 톨루엔 · 크실렌 · 에틸벤젠 · 페놀 · 크레졸 등) 및 무기물(수소 · 황 등)의 세 가지로 크게 분류

(출처 : IPCC Guideline, 2006)

4.2.1 암모니아 생산

암모니아(NH_3)는 질소(N_2)를 포함하는 주요한 산업 물질 중의 하나로서 질소와 수소(H_2)에 의해 생산되는데, 질소는 공기로부터 얻어지며, 수소는 탄화수소나 물의 개질을 통하여 생산된다. 하지만 상업적으로 암모니아는 질소와 천연가스(CH_4)로 부터 생산되며 이 과정에서 천연가스의 산화로부터 이산화탄소가 발생한다. 국내에서는 천연가스를 사용하기 보다는 나프타 등을 사용하고 있다. 암모니아 생산공정에서의 배출량은 공정전체 연료 필요량 또는 암모니아의 생산에 사용된 전체 연료량을 계산하여 얻어진 값을 통해 산정 될 수 있다. 특히, 암모니아 생산에 수소를 사용 할 경우에는 이산화탄소가 발생하지 않는다.

4.2.2 질산 생산

질산(HNO_3)은 비료를 생산하는데 주로 사용되며, 아디프산 또는 폭발물 제조 등에 사용되는 물질로서 생산과정에서 아산화질소(N_2O)가 생성된다.

4.2.3 아디프산 생산

아디프산은 나일론-6.6을 생산할 때에 주로 사용되는 화합물로서 합성섬유, 코팅, 플라스틱, 우레탄폼, 합성고무, 합성윤활유 등을 포함한 다양한 제품을 생산에도 이용된다. 아디프산은 질산에 의해 산화된 시클로헥사논과 시클로헥산올의 혼합물에서 만들어지는 디카르복실산으로, 아산화질소는 질산의 산화단계에서 생겨나는 부산물이다.

$$(CH_2)_5CO \text{ (Cyclohexanone)} + (CH_2)_5CHOH \text{ (Cyclohexanol)} + wHNO_3$$
$$\rightarrow HOOC(CH_2)_4COOH\text{(Adipic Acid)} + xN_2O + yH_2O$$

4.2.4 카프로락탐, 글리옥산(록산알데히드), 글리옥살산 생산

카프로락탐은 나일론-6을 생산하는데 사용되는 화합물로서 생산방법은 라시히(Raschig) 생산공정으로 암모니아의 산화과정에서 아산화질소가 생성되며, 암모니아탄산염 공정에서 이산화탄소를 배출한다.

4.2.5 카바이드 생산

탄화규소(SiC)와 탄산칼슘(CaC_2)은 이산화탄소, 메탄(CH_4), 일산화탄소(CO) 그리고 이산화황(SO_2)를 배출하는 물질로서 탄화규소는 중요한 인공연마제로서 사용되며, 탄산칼슘은 아세틸렌 및 전기아크 철강로의 환원제로 사용된다. 국내에는 카바이드 생산이 중단되어 카바이드 생산을 통한 온실가스가 배출은 보고되지 않고 있다.

4.2.6 석유화학 제품 및 카본블랙 생산

석유화학제품을 생산하는 산업에서 산화(oxidation)공정을 포함하고 있거나 또는 개질(reforming), 분해(creaking)공정을 보유하는 공정에서는 이산화탄소 및 메탄이 발생된다.

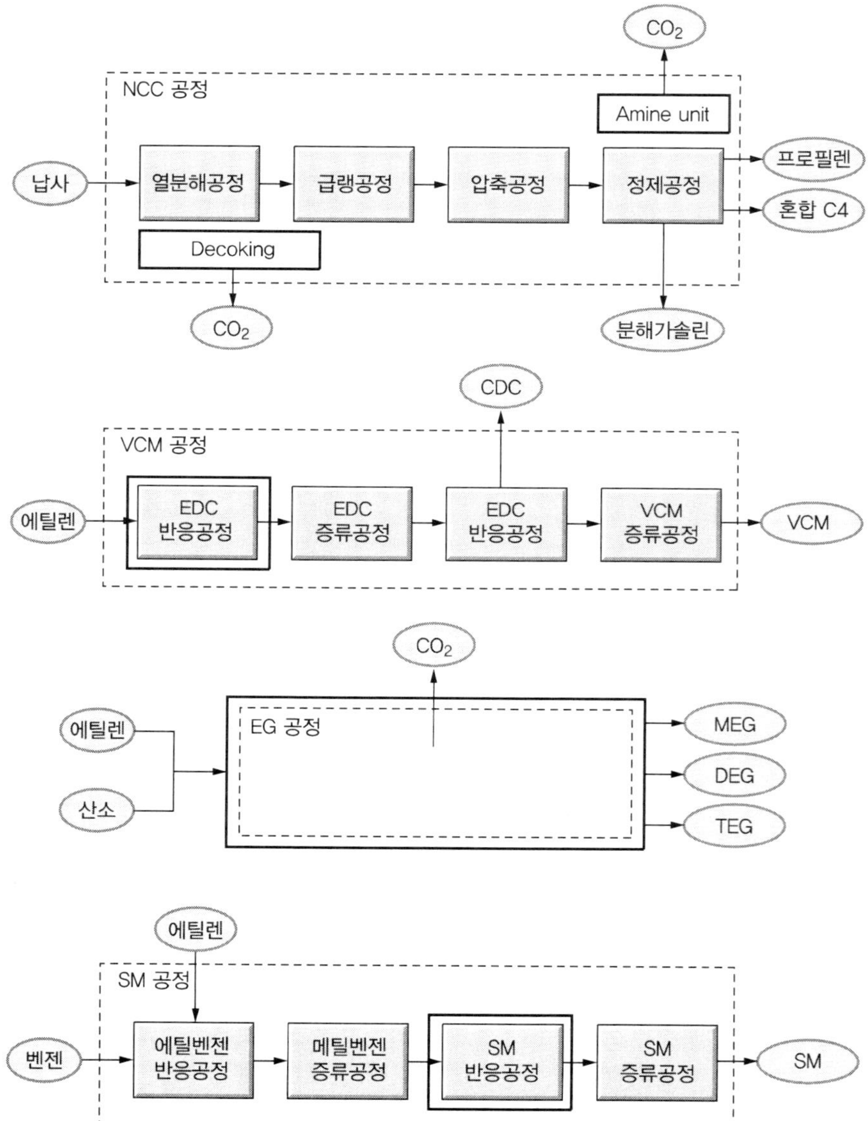

그림 5-4 석유화학 공정의 배출원 및 배출가스 모식도
(출처 : 에너지관리공단, 2009)

5 최적 실용화 기술의 이해

5.1 청정연료시스템

국제적으로 에너지수급을 위한 자원 확보 측면으로 석탄 활용을 지속시킬 수 있는 청정화기술을 개발하고 있으며, 아울러 저품질 석유를 청정한 고품질 석유로 전환하는 석유청정 기술 및 가스화를 통한 저탄소 에너지원 기술 개발(GTL, CTL 및 DME 등)을 다각적으로 추진하고 있다. 특히, 석탄을 이용한 액체석유 개발 및 바이오 원료를 활용한 수송유개발 등은 현재의 석유화학 인프라를 유지할 수 있는 동시에 CO_2 발생량을 줄일 수 있는 차세대 기술로 지속가능발전을 위해 선진국을 중심으로 기술개발이 활발히 수행되고 있다.

5.1.1 석유청정

석유청정기술은 석유의 사용시 발생되는 SOx, NOx, CO_2 및 먼지를 저감하여 지구환경을 보전하기 위한 청정화기술로써 SOx를 저감하기 위한 원유 청정화공정 및 대체 원유 청정화공정이 있다.

표 5-6 석유청정의 기술 체계도

중분류	소분류	유망기술
석유청정	원유 청정화공정	Sulfur-free 수송유의 제조기술
		중질유로부터 청정연료 제조기술
		석유청정을 위한 첨가제 제조기술
		한계 유분 처리기술
		중질유로부터 화학원료 제조기술
	대체원유 청정화공정	오일샌드 유래 bitumen 고도처리기술
		오일쉘 유래 합성원유 고도처리기술
		비재래 원유이용 화학원료 제조기술

(출처 : 2011 산업기술로드맵 보고서, 2011)

5.1.2 청정합성연료

청정합성연료 기술은 석탄, 천연가스, 폐자원, 바이오매스 등의 원료로부터 다양한 분해/합성/정제기술을 이용하여 저공해 청정합성연료를 제조하는 기술로 저급연료로부터 합성가스를 생산 및 정제하는 기술과 생산되는 청정합성연료에 따라 합성가스제조, GTL 공정, DME 제조이용, SNG 제조로 세부기술이 분류된다.

표 5-7 청정합성연료의 기술 체계도

중분류	소분류	유망기술
청정 합성 연료	합성가스제조	천연가스 이용 제조기술
		폐자원 이용 제조기술
		바이오매스 이용 제조기술
		합성가스 정제기술
	GTL 공정	천연가스 전환용 F-T 공정기술
		석탄 바이오매스 전환용 F-T 공정기술
		F-T 합성유 업그레이딩 및 부산물 이용기술
		Compact GTL용 reformer 공정기술
		Compact GTL용 F-T 공정기술
		선박탑재형 Compact GTL 통합공정기술
	DME 제조이용	DME 합성용 촉매 및 반응기 고효율화기술
		FPSO DME 제조기술
		DME로부터 화학원료 제조기술
		DME 차량 및 산업용 활용기술
		DME 이용 발전기술
	SNG 제조	SNG 합성 촉매반응기 기술
		수성가스 변환 메탄화 동시반응기술
		가스정제 CO_2 분리기술
		촉매가스화SNG 제조기술

(출처 : 2011 산업기술로드맵 보고서, 2011)

5.2 Non-CO_2 처리시스템

Non-CO_2 온실가스는 CO_2를 제외한 5가지물질(CH_4, N_2O, PFCs, HFCs, SF_6)로서 성분이 다양한 만큼 처리방법이 다양할 뿐 아니라 화학적으로 안정한 성분들이어서 처리가 쉽지 않아 고도의 독특한 기술을 필요로 한다. 기술적 해결 방안으로는 비온실가스 성분으로 대체하는 방법을 추구하고, 대체가 안되는 물질들이나 원하지 않는 부산물로 생성되는 경우에는 발생을 억제하거나 이들을 처리하여 환경적으로 안전한 성분으로 전환시키든지, 회수 및 재활용 등을 통하여 궁극적으로 온실가스의 대기 배출을 저감시킨다.

5.2.1 N_2O 처리시스템

최근까지 N_2O 저감기술의 사업은 질산제조시설과 나일론 원료인 아디핀산과 카프로락탐 등의 제조 시설로부터 발생하는 고농도 N_2O의 분해처리에 집중되었다. 그러나 저농도이지만 폭넓게 지속적으로 발생하는 N_2O도 막대한 양에 이르고 있어 실질적인 N_2O의 저감을 위하여서는 저농도로 폭넓게 발생하는 N_2O의 처리를 효과적으로 실행할 수 있어야 하며, 이를 위해서는 N_2O 발생을 저감시키는 N_2O 발생억제형 유동매체 및 N_2O 생성억제형 디젤첨가제기술 등 억제기술의 개발이 필요하며, 또한 N_2O/NOx 동시 처리 촉매, 고효율 분해촉매 및 이동오염원에서 발생하는 N_2O 분해 촉매 기술 등 후처리에 의한 에너지효율을 희생하지 않는 요소기술의 개발이 더 필요하다.

표 5-8 N_2O 처리시스템의 기술 체계도

중분류	소분류	유망기술
N_2O 처리 시스템	산업공정 N_2O 저감기술	열분해기술
		촉매분해저감기술
		촉매환원저감기술
	연소공정 N_2O 저감기술	연소제어기술
		N_2O/NOx 동시처리기술
	이동오염원 N_2O 저감기술	가솔린자동차적용기술
		디젤자동차선박적용기술

(출처 : 2011 산업기술로드맵 보고서, 2011)

5.2.2 불화가스 처리시스템

불화가스로 인한 지구온난화문제를 해결하기 위한 기술은 지구온난화지수가 낮은 대체가스의 활용, 불화가스의 회수 및 재활용, 불화가스의 분해 및 처리기술로 구분 될 수 있다. 현재 불화가스가 대규모로 배출되는 경우는 반도체/디스플레이 제조공정(PFC 및 SF_6), 발전 및 송전 관련 절연기(SF_6), 폐가전 및 폐자동차로부터 배출되는 냉매(HFC) 등을 들 수 있다. 반도체/디스플레이 제조공정에서는 지구온난화지수가 낮은 대체가스의 개발이 화학회사 및 장비회사를 중심으로 진행되고 있다. 이와 같은 사전 처리 개념과는 달리 국내의 반도체/디스플레이 제조업체에서는 사후처리 기술을 중심으로 불화가스의 배출이 감축되고 있으며, 현재 가장 일반적으로 활용되고 있는 기술은 소각 및 흡수식(burn-wet scrubber)가스처리 기술이며, 반도체/디스플레이공정에서는 제품의 품질을 중요시하기 때문에 불화가스의 재활용은 활발히 시도되고 있지 않으나, 절연기기에서 배출되는 SF_6는 포집 및 재활용이 우선적으로 고려되고 있다. 한편, 폐가전 및 폐자동차로부터 배출되는 HFC는 포집 및 분해기술이 주로 활용되고 있으나, 폐가전 및 폐자동차의 관리가 일부 선진국을 제외하고는 어려운 것으로 알려져 있다.

표 5-9 불화가스 처리시스템의 기술 체계도

중분류	소분류	유망기술
불화 가스 시스템	분해장치	촉매분해 처리기술
		플라즈마 처리기술
		열화학분해 처리기술
		Hybrid 처리기술
		전처리기술
		후처리기술
	대체제	에칭 대체제 및 응용기술
		세정 대체제 및 응용기술
		냉매 대체제 및 응용기술
		절연체 대체제 및 응용기술
	회수재활용	농축기술
		정제기술
		전환기술

(출처 : 2011 산업기술로드맵 보고서, 2011)

6 배출특성 및 공정분석

6.1 배출시설의 조직경계

온실가스를 배출하는 정유공정 및 석유화학 사업장의 조직경계를 살펴보면 생산공정 부분과 생산지원 부분으로 나타낼 수 있다. 생산공정 부분은 에너지 연소에 의해 배출되는 것과 산화 및 누출에 의한 배출로 다시 구분 할 수 있으며, 생산지원 부분에는 생산공정에서 나오는 제품과 폐기물 들을 처리하는 설비와 지원인력들이 사용하는 공간으로 구분 될 수 있다.

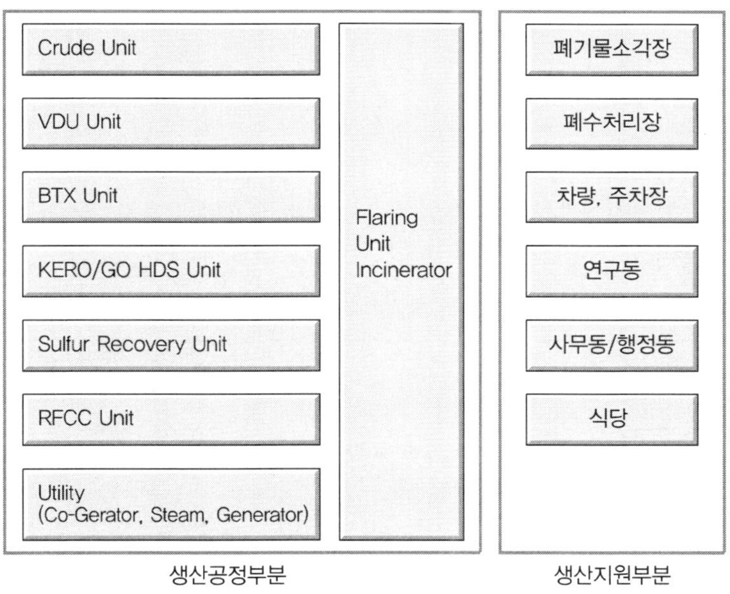

* CDU Unit : Crude Distillation Unit, 상압증류공정
* VDU Unit : Vacuum Distillation Unit, 감압증류공정
* BTX Unit : Benzene, Toluene, Xylene Unit, BTX생산공정
* KERO/GO HDS Unit: Kerocene and Gas Oil Hydrodesulfurization, 수첨탈황분해공정
* SRU : Sulfur Recovery Unit, 황제거공정
* RFCC : Residue Fluid, Catalytic Cracker, 중질유분해시설

그림 5-5 정유공장의 조직경계

(출처 : 정유 업종 온실가스 배출량 산정 Good Practice 가이드라인, 2009)

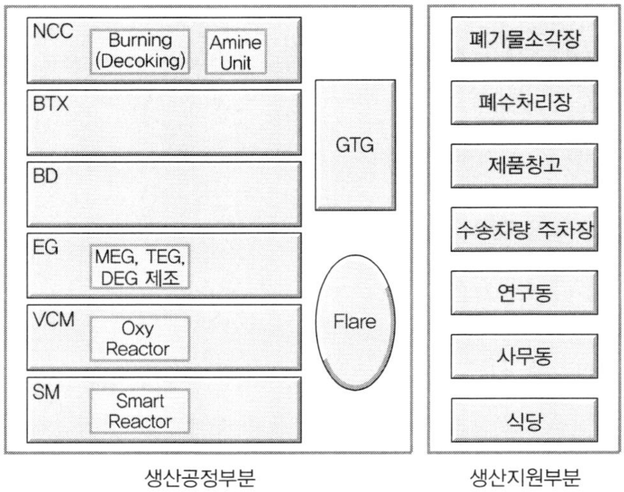

그림 5-6 석유화학 사업장 조직경계
(출처 : 석유화학부문 온실가스 배출량 산정 Good Practice 가이드라인, 2009)

6.2 배출시설의 운영경계

기업의 운영과 관련한 배출원을 규명하기 위하여 정유공정이나 석유화학산업에서 배출되는 온실가스의 운영경계를 설정하고, 각 운영 수준에서의 직접 · 간접 · 기타 간접 배출로 분류하고 배출량을 규명한다.

표 5-10 사업장의 운영경계 설정 분류

영 역	배출활동	정 의	대 상
직접 온실가스 배출	고정연소배출	기업이 소유하고 통제하는 발생원에서 발생된 온실가스 배출	보일러, 화로, 터빈, 운송수단, 소각로, 온실가스 발생 화학공정
	이동연소배출		
	공정배출		
	폐기물처리		
간접 온실가스 배출	구매 전력	기업이 구매하여 소비한 전기와 스팀으로 인한 온실가스 배출	구입하거나 다른 경로를 통해 기업의 조직적인 경계로 들여온 전기와 스팀
	구매 스팀/열		
기타 간접 온실가스 배출	아웃소싱	기업 활동의 결과이지만, 기업이 소유하거나 통제하지 않는 시설에서 발생한 온실가스 배출	– 구입한 물질의 추출과 생산 – 이동과 관련된 활동들 – 전기와 관련된 활동 중에 영역 2에 포함되지 않는 활동 – 임대한 자산, 프랜차이즈, 아웃소싱 활동 – 판매된 생산품과 용역의 이용
	배출설비 임대		

(출처 : 정유 업종 온실가스 배출량 산정 Good Practice 가이드라인, 2009; 석유화학업종 온실가스 · 에너지관리 표준 매뉴얼, 2011)

6.2.1 고정 연소 배출원 및 에너지 소비원

고정 연소 배출원 및 에너지 소비원의 정의는 고체, 액체, 기체 연료를 연소시킴으로써 발생되는 온실가스 배출원 및 에너지 소비원을 뜻한다. 보일러, 발전설비, 로, 가열기, Flarestack 등이 포함된다.

표 5-11 고정연소 배출원 세부 분류 및 내용

배출원 분류		온실가스 종류						세부 내용
		CO_2	CH_4	N_2O	HFCs	PFCs	SF_6	
고정연소 배출원	가열기 (heater)	○	○	○				가열기, 로, 보일러, 가스터빈 발전기를 가동시킬시 사용되는 화석연료(Fuel Gas)에 의한 온실가스 배출
	로 (furnace)	○	○	○				
	보일러 (boiler)	○	○	○				
	가스 터빈 발전기(GTG)	○	○	○				
	비상 발전기	○	○	○				비상시 가동되는 발전기에서의 화석연료(경유) 사용에 의한 온실가스 배출
	Flaring	○	○	○				공정 운영측면에서 연소되는 온실가스 배출

(출처 : 석유화학업종 온실가스 배출량 산정 Good Practice 가이드라인, 2009)

6.2.2 이동연소 배출원 및 에너지 소비원

이동연소 배출원 및 에너지 소비원이란, 수송 등의 이동 설비에 의해 에너지가 소비되어 온실가스가 배출되는 배출원 및 에너지 소비원을 뜻한다. 크게 항공, 도로, 항만, 철도 네 가지로 나눌 수 있으며, 석유화학업종은 그 중 도로 수송만이 속하는 것으로 파악된다. 또한, 온실가스·에너지 목표관리 운영 등에 관한 지침 제13조 1항에 따라 여객자동차운수사업자로부터 차량을 일정기간 임대 등의 방법을 통해 실질적으로 지배하고 통제할 경우에는 당해 법인 등의 소유로 인정하는 조항에 따라 임대 차량도 포함시켜야 한다.

◎ **표 5-12** 이동연소 배출원 세부 분류 및 내용

배출원 분류		온실가스 종류				세부내용
		CO_2	CH_4	N_2O	HFCs/PFCs/SF_6	
이동연소 배출원	수송 차량류	○	○	○		원자재 및 제품의 공급, 수송을 담당하는 사업장 소유차량들의 화석연료 사용에 의한 온실가스 배출
	지게 차류					사업장 내 시설들 간의 물자운송 및 하역 등을 담당하는 특수차량의 화석연료 사용에 의한 온실가스 배출
	승룔 차류	○	○	○		직원들의 출퇴근, 출장 등의 목적으로 사용되는 사업장 소유의 승용차들의 화석연료 사용에 의한 온실가스 배출

(출처 : 석유화학업종 온실가스 배출량 산정 Good Practice 가이드라인, 2009)

6.2.3 공정 배출원

공정 배출이란 제품의 생산 공정에서 원료의 물리·화학적 반응 등에 따라 발생하는 온실가스의 배출을 말한다. 이러한 공정 배출하는 배출원을 공정 배출원이라 하며, 석유화학업종에서 공정 배출하는 공정과 배출원은 다음과 같다.

◎ **표 5-13** 정유 업종 공정 배출원 세부 분류 및 내용

배출원 분류		온실가스 종류				세부내용
		CO_2	CH_4	N_2O	HFCs/PFCs/SF_6	
공정 배출원	Decoking	○				촉매에 흡착되어 남아있는 미연탄소를 Burning(연소)하는 과정에서 산소와 탄소가 반응하여 이산화탄소가 발생
	SRU TGTU	○				H_2S와 이산화탄소를 Amine 계열의 화학흡수제를 이용하여 제거하고 탈거하는 과정에서 이산화탄소가 발생
	HMP	○				수소를 제조하는 과정에서 부물질로서 이산화탄소가 발생

(출처 : 정유 업종 온실가스 배출량 산정 Good Practice 가이드라인, 2009)

◎ **표 5-14** 석유화학 업종 공정 배출원 세부 분류 및 내용

배출원 분류		온실가스 종류				세부내용
		CO_2	CH_4	N_2O	HFCs/PFCs/SF_6	
공정 배출원	NCC Burning (Decoking)	○				분해로에 흡착되어 남아있는 미연탄소를 연소하는 과정에서 산소와 탄소가 반응하여 이산화탄소가 발생
	NCC Amine Unit	○				H_2S와 이산화탄소를 Amine 계열의 화학 흡수제를 이용하여 제거하고 탈거하는 과정에서 이산화탄소가 발생
	EO/EG EG 공정	○				에틸렌을 산소와 반응시켜 에틸렌옥사이드를 만들고 다시 에틸렌옥사이드를 물(H_2O)과 반응시켜 MEG, DEG, TEG를 생산하는 과정에서 부산물로 이산화탄소가 발생
	VCM EDC 공정	○				DC 반응공정 중 Oxy Reactor에서 공급된 산소와, 원료 중 탄소성분이 결합하여 화학 반응에 의한 이산화탄소가 발생
	SM SM Smart Reactor	○				Reactor에 투입된 산소와 공정 중 탄소가 반응하여 이산화탄소가 발생

(출처 : 에너지관리공단, 2009)

6.2.4 탈루 배출원

화학산업의 온실가스 배출량 산정을 위한 탈루 배출원에 대한 세부 분류 및 내용은 표 5-15와 같다.

◎ **표 5-15** 탈루 배출원 세부 분류 및 내용

배출원 분류		온실가스 종류						세부내용
		CO_2	CH_4	N_2O	HFCs	PFCs	SF_6	
공정 배출원	에어컨 (냉방기)				○			사업장 내의 냉방을 위해 사용되는 냉매의 사용을 통해 배출되는 온실가스 배출
	냉동기				○			사업장 내에서 사용되는 냉동기, 냉장고 등의 사용을 통해 산정되는 온실가스 배출
	소화기	○			○			사업장 내의 보유 소화기에서의 탈루로 인해 산정되는 온실가스 배출
	가스절연 개폐기						○	가스절연개폐기에서 사용되는 SF_6의 누출로 인한 온실가스 배출

(출처 : 에너지관리공단, 2009)

6.2.5 폐기물

화학산업의 온실가스 배출량 산정을 위한 폐기물에 대한 분류 및 내용은 표 5-16과 같다.

표 5-16 폐기물 세부 분류 및 내용

배출원 분류		온실가스 종류				세부내용
		CO_2	CH_4	N_2O	HFCs/PFCs/SF_6	
폐기물	폐수 처리장		○	○		사업장 내 소유하고 있는 폐수처리장에서 폐수처리를 통해 산정되는 온실가스 배출
	소각 처리장	○	○	○		사업장이 소유하고 있는 소각장에서 발생하는 온실가스 배출

(출처 : 에너지관리공단, 2009)

6.2.6 석유화학업종의 간접 배출원 및 에너지 소비원

구매 등에 따른 간접 배출량은 원칙적으로 총 배출량에 포함하여야 한다. 하지만, 바이오매스에 따른 에너지 공급의 배출량은 제외하여야 한다. 즉, 간단히 설명하면, 바이오매스에 따른 에너지(전력, 스팀 등)를 수급 받는 경우 해당 에너지에 대한 배출량을 산정하고, 이를 바이오매스 부분에 기술하며, 총 배출량에는 포함시키지 않는 것을 의미한다. 또한, 동일 업체 내 에너지 교류에 따른 간접 부분은 중복 산정을 피하기 위하여 제외하여야 한다.

표 5-17 간접 배출원 세부 분류 및 내용

배출원 분류		온실가스 종류						세부 내용
		CO_2	CH_4	N_2O	HFCs	PFCs	SF_6	
간접 배출원	전력 사용	○	○	○				사업장 밖에서 구매한 전력의 사용을 통한 온실가스 배출
	스팀 사용	○	○	○				사업장 밖에서 구매한 스팀 사용을 통한 온실가스 배출

(출처 : 지식경제부, 2011)

6.2.7 Cut-Off Rule(극소 배출원 제외)

석유화학업종 특성 상, 사업장 내 많은 배출원이 존재하며, 이에 따라 VOC14)를 소각하는 RTO 설비 등과 같이 배출량이 극소량이면서 산정하기 매우 어려운 배출원이 존재한다. 배출량이 극소량인 배출원이면서 배출량을 산정하기 어렵거나, 비용이 과다하게 소비되는 배출원일 경우, 극소 배출원으로 제외한다. 극소 배출원으로 제외하는 경우는 다음과 같은 기준에 부합하는 경우에만 제외하는 것으로 한다.

7 활동자료 수집

화학산업에서는 온실가스 배출량 및 에너지 사용량 등의 활동자료를 수집하기 위하여 모니터링 포인트 선정, 계측기 파악, 모니터링 유형 선택, 배출량 산정을 위한 산정 Tier 수준 확인, Tier 수준에 따른 배출계수 선정 및 개발 등 일련의 모니터링 계획을 수립하여 수행하여야 하며, 이는 「저탄소 녹색성장 기본법」의 「온실가스 · 에너지 목표관리 운영 등에 관한 지침(이하 지침)」에 제시되어 있다.

모니터링 계획은 사업장의 배출시설별로 고정, 이동, 공정, 폐기물 처리, 구매 전기(간접), 열/증기(간접) 배출로 구분하고, 시설별 에너지 사용량 등으로 배출량을 파악하여 산정등급을 분류한다. 이 후 배출시설에 따른 부문별 산정등급을 확인하고, 그에 따라 산정방법론 및 Tier 수준, 불확도 수준 등을 파악하고, 모니터링 포인트를 설정하고, 그에 따른 유형 및 Tier 수준을 확인하여 배출량을 산정하고, 불확도를 관리한다.

◎ **표 5-18** 모니터링 계획 수립 절차

단계	내용
배출시설 확인	사업장의 온실가스 배출시설을 정의하고, 고정, 이동, 공정, 폐기물처리, 구매 전기(간접), 열/증기(간접) 배출로 구분한다.
▼	
산정 등급 분류	사업장의 배출시설에 따른 에너지 사용량 등으로 배출량을 파악하여 산정등급을 분류한다.
▼	
배출 부문별 산정등급 및 산정 방법론 확인	배출시설에 따른 부문별 산정등급을 확인하고, 그에 따라 산정 방법론 및 Tier 수준, 불확도 수준 등을 파악한다.
▼	
모니터링 포인트 설정	모니터링 포인트를 설정하고, 그에 따른 유형 및 Tier 수준을 확인한다.
▼	
배출량 산정	위 내용을 바탕으로 배출량을 산정한다.
▼	
불확도 관리	매개변수에 대한 불확도를 관리한다.

(출처 : 지식경제부, 2011)

배출원 규모에 따른 온실가스 배출량 및 에너지 사용량 보고를 위하여 설비/공정의 화석연료 사용량, 공정 자료, 간접 에너지 사용량 등의 직접 측정하는 활동데이터의 측정방법, 발열량, 배출계수를 등급별로 구분하여 최소한으로 적용해야하는 배출량 산정 방법(Tier)의 분류체계와 배출시설의 배출량 규모에 따른 산정등급(Tier) 분류 기준은 다음과 같다.

◎ **표 5-19** 산정등급(Tier) 분류 체계

구 분	분류 기준
Tier 1	활동자료, IPCC 기본 배출계수(기본 산화계수, 발열량 등포함)를 활용하여 배출량을 산정하는 기본방법론
Tier 2	Tier 1보다 더 높은 정확도를 갖는 활동자료, 국가 고유배출계수 및 발열량 등 일정부분 시험·분석을 통하여 개발한 매개변수 값을 활용하는 배출량 산정 방법론
Tier 3	Tier 2보다 더 높은 정확도를 갖는 활동자료, 사업장·배출시설 및 감축기술단위의 배출계수 등 상당부분 시험·분석을 통하여 개발한 매개변수 값을 활용하는 배출량산정 방법론
Tier 4	굴뚝자동측정기기 등 배출가스 연속측정방법을 활용한 배출량산정 방법론

(출처 : 온실가스·에너지 목표관리 운영 등에 관한 지침, 별표 13)

이에 따라 화학 산업에서의 제품 생산공정 및 제품사용 등에 따른 온실가스 배출에 대한 최소적용 기준을 표 5-21과 같이 제시하고, 표 5-19, 표 5-20을 준수하여 온실가스 배출량을 산정・보고하도록 하였다. 여기서, 산정등급 최소 적용기준은 온실가스 간접배출량을 제외한 직접비출량 만을 기준으로 적용하였다.

표 5-20 배출시설의 배출량 규모에 따른 산정등급(Tier) 분류 기준

구 분	분류 기준
A 그룹	연간 5만톤 미만의 배출시설
B 그룹	연간 5만톤 이상, 연간 50만톤 미만의 배출시설
C 그룹	연간 50만톤 이상의 배출시설

(출처 : 온실가스・에너지 목표관리 운영 등에 관한 지침, 별표 13)

표 5-21 화학산업 제품 생산공정 및 제품사용 등에 따른 온실가스 배출

구분	산정 방법론			활동자료						배출계수		
				원료사용량/제품생산량			순발열량					
시설규모	A	B	C	A	B	C	A	B	C	A	B	C
암모니아 생산	1	1	1	1	2	3	-	-	-	1	2	3
질산 생산	1	1	1	1	2	3	-	-	-	1	2	3
아디프산 생산	1	1	1	1	2	3	-	-	-	1	2	3
카바이드 생산	1	1	1	1	2	3	-	-	-	1	2	3
소다회 생산	1	1	1	1	2	3	-	-	-	1	2	3
석유화학제품 생산	1	2	3	1	2	3	-	-	-	1	2	3
불소화합물 생산	1	2	3	1	2	3	-	-	-	1	2	3

(출처 : 온실가스・에너지 목표관리 운영 등에 관한 지침, 별표 13)

이 경우 화학 산업에서의 세부적인 온실가스 배출량 등의 산정 방법 및 매개변수별 관리 기준은 지침의 '별표 14'에 제시하였다. 여기서, 배출량 산정 방법에 대한 불확도의 적용 기준 및 매개변수에 대한 적용 기준을 나타내었다. 일반적으로 제품의 생산량 즉, 활동자료에 대한 불확도는 표 5-22와 같이 규정하였다.

◎ **표 5-22** 화학제품 활동자료에 대한 불확도 관리기준

구 분	분류 기준
Tier 1	측정불확도 ±7.5% 이내의 사업장별 제품 생산량 사용
Tier 2	측정불확도 ±5.0% 이내의 사업장별 제품 생산량 사용
Tier 3	측정불확도 ±2.5% 이내의 사업장별 제품 생산량 사용
Tier 4	연속측정방법(CEM)을 사용

(출처 : 온실가스·에너지 목표관리 운영 등에 관한 지침, 별표 14)

8 배출량 산정

8.1 직접 온실가스 배출량 산정

8.1.1 고정연소

고정연소는 Heater, Furnace, 보일러, Generator, 소각로, flare, 비상발전기 등과 같은 고정 장비에서의 화석연료 연소를 뜻한다. 고정연소에 의한 온실가스 배출량을 산정하는 방법은 연료 종류별 사용량을 기준으로 계산하는 방법(Simple Method)과 설비별 연료사용량을 기준으로 계산하는 방법(Advanced Method)으로 구분된다.

석유화학 산업의 특성상 공정에서 발생하는 CH_4가 다량으로 함유되어 있는 부생가스를 혼합연료(Fuel Gas, Fuel Oil)로 사용하는 경우가 많다. 이런 경우 혼합연료의 발열량과 조성을 분석하여 사업장에서 개발한 발열량과 배출계수를 이용하여 온실가스 배출량을 산정한다.

◎ **표 5-23** 고정연소 배출량 산정 방법 선택 기준

방법론	Activity Data
Simple Method	사업장에서 사용한 총 연료사용량만 관리되는 경우
Advanced Method	설비별 적용기술과 각 설비별 연료사용량이 관리되는 경우

(출처 : 에너지관리공단, 2009)

1) Simple Method

현재 사업장 내에서 연료별 사용량이 전체 사용량으로 관리되고 있다면, 다음의 Simple Method를 이용해 배출량을 산정한다.

표 5-24 고정연소의 배출량 계산식(Simple Method)

온실가스 배출량 = Σ[연료별 소비량 × 발열량 × 환산계수 × 온실가스 배출계수		
Activity Data선별	연료별 사용량	
발열량	고체(MJ/kg), 액체(MJ/ℓ), 기체(MJ/Nm^3) 연료원별 발열량	
환산계수	1 TJ = 106 MJ	
배출계수	CO_2	연료원별 CO_2 배출계수
	non-CO_2	연료원별 non-CO_2 배출계수
CO_2e로 환산	온실가스별 배출량 × GWP지수	

(출처 : 에너지관리공단, 2009)

2) Advanced Method

Advanced Method는 각 설비별 특성 및 연료 사용량 데이터가 관리되는 경우 적용할 수 있다. Advanced Method를 적용하기 위해서는 설비에서 사용되는 화석연료의 종류, 연소기술, 운전조건, 설비유지보수 상태 등의 데이터가 관리되어야 한다.

표 5-25 고정연소의 배출량 계산식(Advanced Method)

온실가스 배출량 = Σ[설비별 연료 소비량 × 발열량 × 환산계수 × 온실가스 배출계수]		
Activity Data선별	설비별 연료사용량	
발열량	고체(MJ/kg), 액체(MJ/ℓ), 기체(MJ/Nm^3) 연료원별 발열량	
환산계수	1 TJ = 106 MJ	
배출계수	CO_2	연료원별 CO_2 배출계수
	non-CO_2	연료원별 non-CO_2 배출계수
CO_2e로 환산	온실가스별 배출량 × GWP지수	

(출처 : 에너지관리공단, 2009)

8.1.2 이동연소

이동연소는 자동차, 트럭, 버스, 기차, 비행기, 항공기, 보트, 선박, 바지선 등과 같은 수송수단에서의 화석 연료 연소를 의미하며, CO_2, CH_4, N_2O 등의 온실가스가 배출된다. 이동연소에 의한 온실가스 배출량을 산정하는 방법은 활동도 자료 관리가 어떤 방식으로 이루어지느냐에 따라서 이동연소에 따른 연료 종류별 사용량을 기준으로 계산하는 방법(Simple Method)과 수송수단별 연료사용량을 기준으로 계산하는 방법(Advanced Method)으로 구분된다.

표 5-26 이동연소 배출량 산정 방법 선택 기준

방법론	Activity Data
Simple Method	이동연소 배출원에 대한 총 연료사용량만 관리되는 경우
Advanced Method	이동연소 수송수단별 연료사용량이 관리되는 경우

(출처 : 에너지관리공단, 2009)

1) Simple Method

현재 사업장 내에서 연료별 사용량이 전체 사용량으로 관리되고 있다면, 다음의 Simple Method를 이용해 배출량을 산정한다.

표 5-27 이동연소의 배출량 계산식(Simple Method)

온실가스 배출량 = Σ [연료별 소비량 × 발열량 × 환산계수 × 온실가스 배출계수]	
Activity Data선별	연료별 사용량
발열량	고체(MJ/kg), 액체(MJ/ℓ), 기체(MJ/Nm^3) 연료원별 발열량
환산계수	1 TJ = 106 MJ
배출계수	연료원별 CO_2 배출계수
CO_2e로 환산	온실가스별 배출량 × GWP지수

(출처 : 에너지관리공단, 2009)

2) Advanced Method

활동도 자료의 관리가 에너지원별 사용량을 기준으로 관리되는지, 각 이동연소원별로

관리가 이루어지는지에 따라 분류할 수 있다. 만약 사업장 내에 이동연소원별 데이터가 관리된다면, Advanced Method를 사용한다.

◎ **표 5-28** 이동연소의 배출량 계산식(Advanced Method)

온실가스 배출량 = Σ [설비별 연료 소비량 × 발열량 × 환산계수 × 온실가스 배출계수]	
Activity Data선별	설비별 연료사용량
발열량	고체(MJ/kg), 액체(MJ/ℓ), 기체(MJ/Nm^3) 연료원별 발열량
환산계수	1 TJ = 106 MJ
배출계수	연료원별 CO_2 배출계수
CO_2e로 환산	온실가스별 배출량 × GWP지수

(출처 : 에너지관리공단, 2009)

8.1.3 공정배출

공정배출은 화석연료의 연소로 인한 온실가스 배출이 아닌, 목표로 하는 물질을 생산하는 과정에서 물리·화학적 반응을 통해 발생되는 온실가스의 배출을 말한다.

직접측정을 통한 화학산업의 공정 온실가스 배출량 산정법은 표 5-29와 같으며, 물질수지를 통한 온실가스 배출량 산정법은 표 5-30과 같다. 또한 배출계수에 의한 방법은 표 5-31과 같다.

◎ **표 5-29** 공정 온실가스 배출량 산정법(직접측정법)

구 분	개 요	필요항목
연속 측정법	공정가스가 배출되는 배기관에 계측장비를 설치하고 온실가스의 농도와 공정가스의 유량을 연속적으로 측정하고 기록하여 공정가스 내의 온실가스 배출량을 산정하는 방법	• 온실가스 연속 측정장비 • 측정 data(온실가스 농도, 공정가스 유량)의 연속 저장/ 연산 설비
주기 측정법	공정가스가 배출되는 배기관에 계측장비를 설치하고, 흐르는 온실가스 농도와 공정가스의 유량을 주기적으로 측정하여 배출량을 산정하는 방법	• 온실가스 연속 측정장비 (NDIR, GC) • 기체 유량계(Turbine meter 등)

(출처 : 에너지관리공단, 2009)

◎ **표 5-30** 공정 온실가스 배출량 산정법(물질수지법)

구 분	개 요	필요항목
물질 수지	단위공정의 화학반응식과 투입물의 순도, 투입량 자료를 이용하여 온실가스 배출량을 계산하는 방법	• 화학반응식 • 물질순도 • 투입량
탄소 수지	단위공정에 투입되는 투입물과 산출물의 탄소량을 조사하고 그 차이를 이용하여 운실가스 배출량을 계산하는 방법	• 공정투입/산출물 총량 • 공정투입물의 성분 조성 • 공정산출물의 성분 조성 (구성물질 화학식, wt%)

(출처 : 에너지관리공단, 2009)

◎ **표 5-31** 공정 온실가스 배출량 산정법(배출계수법)

구 분	개 요	필요항목
측정 배출계수	Batch 공정에서 1 cycle 동안의 배기유량의 분포와 각 유량별 온실가스 샘플링을 실시하여 1 Batch 동안 생산된 기준 물질의 온실가스 배출계수를 개발하여 산정하는 방법(Batch 공정에 적용)	• 온실가스 단위농도 • 배가스 단위유량
설계 배출계수	PFD 상에 명기되어 있는 공정의 온실가스 발생량에 의해 배출계수를 도출하여 온실가스 배출량을 산정하는 방법	• PFD (온실가스 배출량 표기)
공인 배출계수	2006 IPCC 가이드라인의 배출계수를 사용하여 온실가스 배출량을 산정하는 방법	• IPCC 배출계수 • 석유화학 제품 생산량

(출처 : 에너지관리공단, 2009)

석유·화학 온실가스 배출량 산정을 위하여 그림 5-7과 같이 의사결정 tree를 이용하여 사업자가 제품생산에서 사용가능한 적절한 산정법을 선택 할 수 있다.

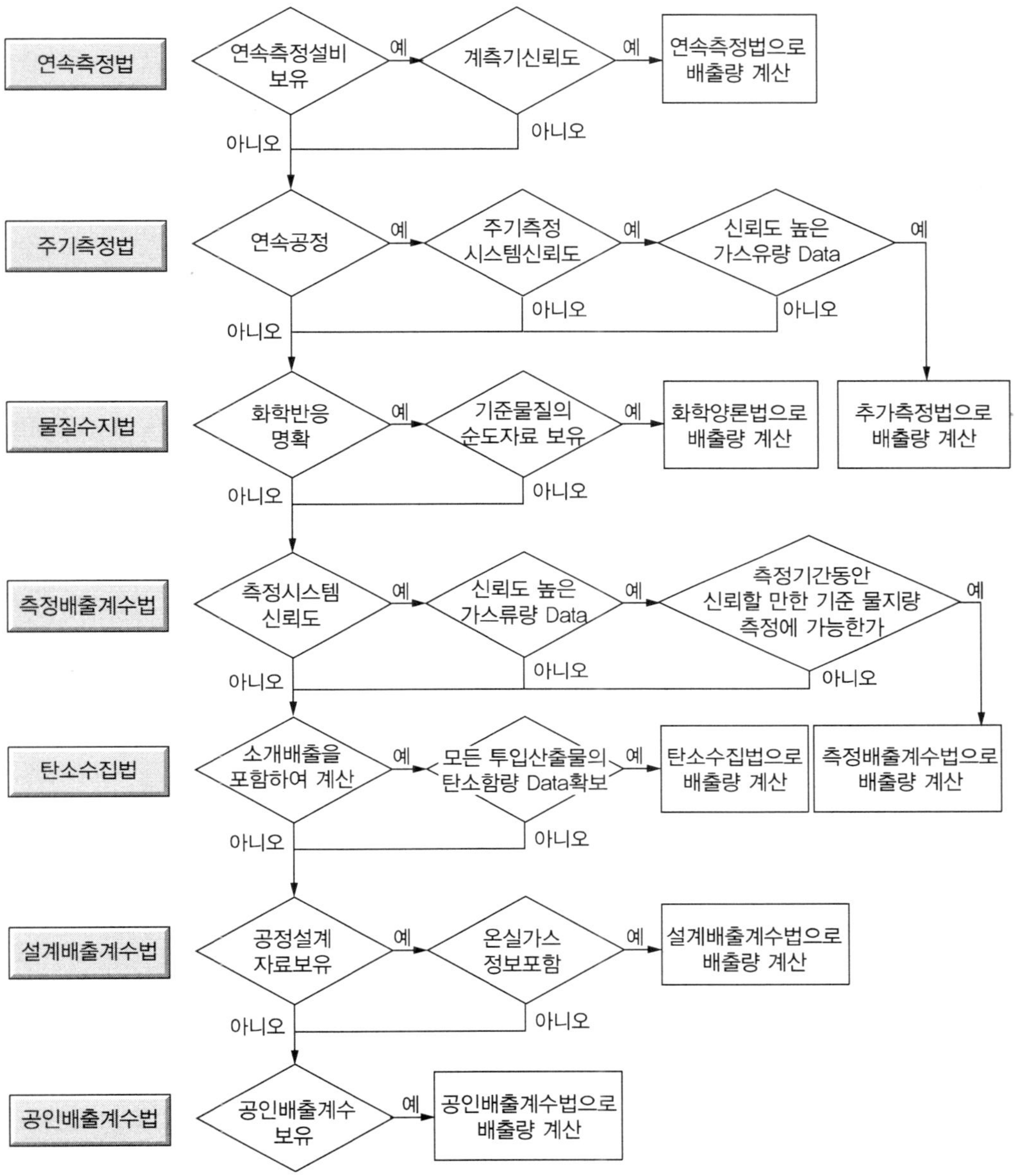

그림 5-7 공정배출 방법론 의사결정 Tree

(출처 : 에너지관리공단, 2009)

참고문헌

- 한국석유화학협회.「석유화학산업의 이해_석유화학으로 만드는 세상」
- 한국석유화학협회. 2000.「석유화학산업의 에너지효율성 개선 대책」
- 에너지관리공단.「석유화학부문 온실가스 배출량 산정 Good Practice 가이드라인」
- 대한석유협회.「석유화학부문 온실가스 배출량 산정 Good Practice 가이드라인」
- 한국석유화학공업협회. 2011.「석유화학업종 온실가스・에너지관리 표준 매뉴얼」. 지식경제부.
- 한국산업기술진흥원. 2011.「2011 산업기술로드맵 보고서_온실가스」

Chapter 6

광 물

세종대학교 전의찬

1 주요 공정의 이해

시멘트 산업은 주원료인 석회석과 기타 점토질 광물 등을 혼합 분쇄하여 1,400℃ 이상의 고온에서 소성시켜 시멘트를 제조하는 산업이다. 시멘트란 일반적으로 수분과 열에 의하여 일부가 화학적으로 결합하여 시간이 경과될수록 경화되는 성질을 가진 수경성 물질을 의미하며, 석회(CaO), 실리카(SiO_2), 알루미나(Al_2O_3), 산화철(Fe_2O_3) 등을 주성분으로 이루어져 있다.

시멘트의 일반적인 제조과정은 먼저 석회석, 점토, 규석, 산화철의 원료들을 적당한 비율로 배합하고 미분쇄하여 예열기를 거쳐 소성로에서 약 1,250~1,450℃의 고온으로 소성한다. 이후 냉각기에서 냉각시켜 클링커를 제조하며, 추가로 석고를 첨가하고, 미분쇄하여 시멘트를 제조한다. 시멘트의 제조과정 중 소성온도, 소성속도, 냉각방법에 따라 클링커의 특성이 변하게 되며, 이에 따라 시멘트의 품질 및 특성도 변하게 된다.

우리나라에서 현재 주로 가장 많이 생산 및 사용되고 있는 시멘트는 포틀랜드 시멘트와 제철공정에서 생산된 부산물인 고로슬래그를 클링커와 혼합해서 만드는 슬래그 시멘트로 구분된다.

시멘트의 제조공정은 크게 원료 채광공정, 원료 분쇄공정(원분공정), 소성 공정 및 제품화 공정의 4개 공정으로 구분할 수 있다.

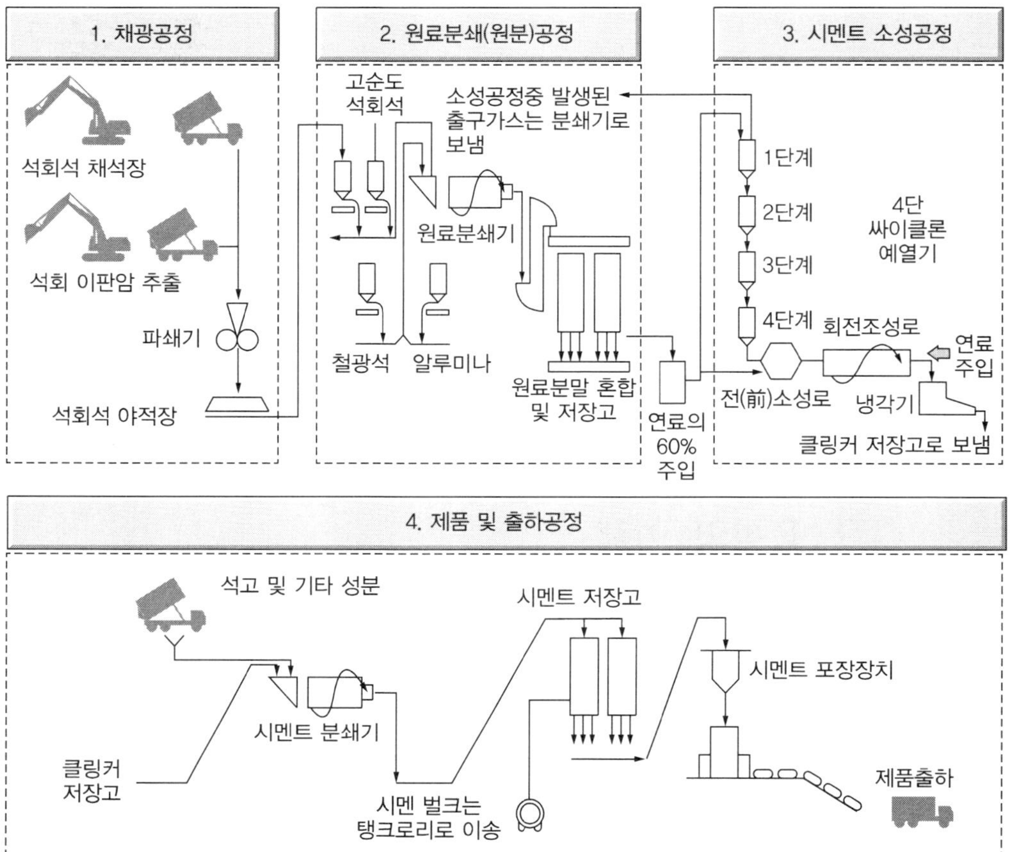

그림 6-1 시멘트 제조공정 전체 흐름도

(자료 : 환경부, 2012)

1.1 채광 공정

1.1.1 석회석 채광

자연적으로 생성된 석회석, 이회석 같은 석회질 광물이 탄산칼슘을 공급하며, 이 광물들은 대개 시멘트 공장 인근에 위치한 광산에서 채광된다. 석회석의 채굴법에는 Slope

Cut(경사면 공법), Glory hole(수직홀타입 공법), Bench cut(벤취타입 공법)이 있으며, 가장 일반적으로 사용되고 있는 Bench cut 공법은 산을 계단식(Bench)으로 평면 채굴하는 방법으로 안정성 및 중장비 투입이 용이하여 대규모 채굴이 가능하다.

1.1.2 1,2,3차 분쇄

광산에서 채굴된 석회석을 최초로 파쇄하는 공정으로, Jaw, Cone, Gyratory, Hammer, Impact, Disc crusher 등의 다양한 종류의 분쇄기를 사용한다. 공정도는 그림 6-2와 같으며, 석회석의 품질 조정 또는 재고 확보 차원에서 1차 또는 2차 파쇄기 후단에 석회석 저장시설을 설치하기도 한다.

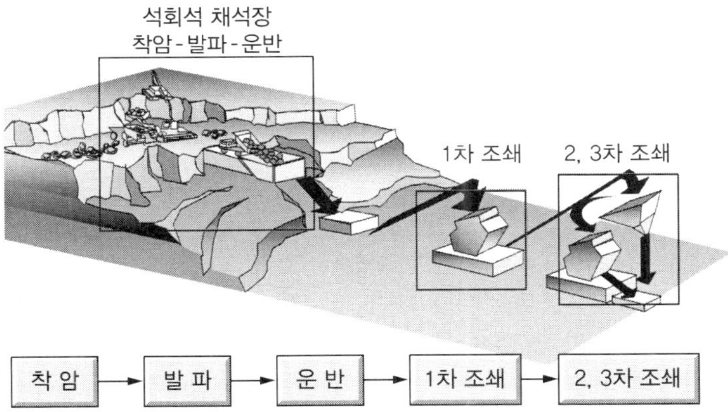

◎ **그림 6-2** 채광 공정 개요
(자료 : 한국표준과학연구원, 2010)

1.2 원료 분쇄공정(원분공정)

1.2.1 석회석 및 부원료 저장시설

시멘트 제조에 필요한 석회석 및 다른 부원료(점토, 납석, 규석, 철광석, 경석, 전로슬래그, 플라이 애쉬 등)들을 저장하는 시설로써 천장 크레인을 이용하여 호퍼에 투입하거나 직투입 시설에 의해 호퍼에 투입된다.

1.2.2 조합원료 분쇄 및 저장

석회석 및 부원료를 각 배합비에 맞게 정확히 조합하여 혼합한 후 Raw Mill에서 킬른 폐열을 이용하여 건조함과 동시에 분쇄하며, 분쇄기에서 분쇄된 분말은 분급기(Separator)에서 미분과 조분으로 분리돼 재분쇄되는 공정을 가지며, 미분원료는 원료 저장시설(Silo)로 이송, 저장된다.

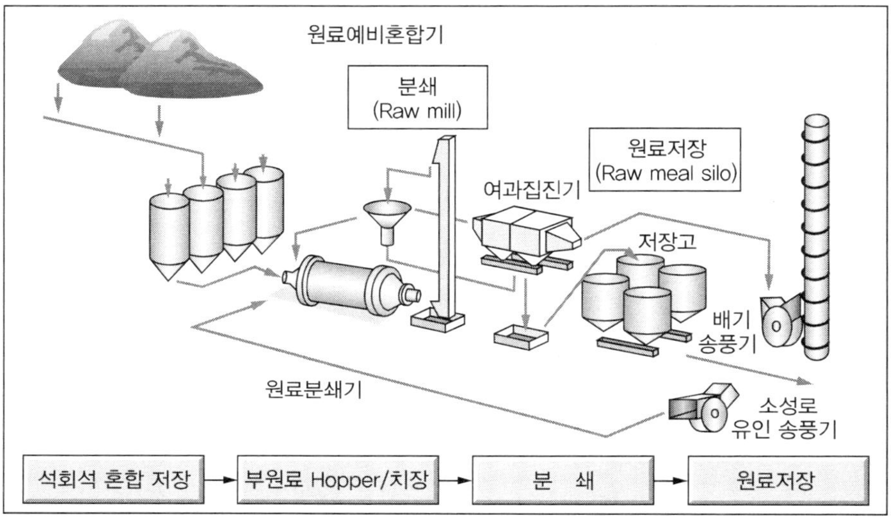

그림 6-3 원료 분쇄(원분) 공정 개요

1.3 소성 공정

시멘트 제조공정 중 핵심 공정으로 예열기(Pre-heater)를 거친 원료가 소성로(Kiln)에서 1,350~1,450℃ 정도의 열에 의해 용융·소성된 후 냉각기(Cooler)에서 냉각되어 시멘트 반제품인 클링커(Clinker)를 생산한다.

1.3.1 예열기(Pre-heater)

예열기는 cyclone이 수직방향으로 보통 4~5단 정도 세워 올린 형태로 이루어져 있다. 원료는 최상단의 cyclone 입구로 투입되어, 하단의 각 cyclone과 calciner(하소로)를 거치면서 약 800~860℃까지 예열되고, 일부 탈 탄산되어 소성로(kiln)로 투입된다.

1.3.2 소성로

현재 원료를 소성하는데 사용되는 소성로(Kiln)는 대부분 Rotary Kiln이 사용되고 있다. 예열기(Pre-heater)로 유입된 원료가 소성로로 투입되어 소성로 출구로 이동하면서 1,350~1,450℃로 가열되어 클링커를 생산한다. 여기서 주광물 4종류(C_3S, C_2S, C_3A, C_4AF)가 형성되어 나오며, 소성로의 회전에 따라 이동하여 소성로 끝에 설치된 냉각기(Cooler)로 배출된다. 소성로에는 원료를 소성하기 위하여 버너가 설치되어 있으며, 연료로는 유연탄이나 중유, 기타 재활용 연료 등을 사용한다. 시멘트 제조공정 중 예열기(Pre-heater)에서 소성로(Kiln)까지의 공정에서 거의 모든 광물반응 및 전이가 일어나고 시멘트의 품질에 큰 영향을 미치기 때문에 공정 중 가장 중요한 부분이다.

1.3.3 냉각기(Cooler)

냉각기는 소성로에서 생성된 약 1,300~1,450℃ 정도의 클링커를 약 150℃ 정도로 냉각하는 설비이다. 냉각기는 물을 이용하는 수냉식과 공기를 이용하는 공냉식이 있으며, 국내에서 일반적으로 사용하고 있는 공냉식의 경우 공기 공급량은 냉각기의 형태에 따라 상이하지만, 보통 1.7~2.5 Nm^3/kg-clinker가 소요된다.

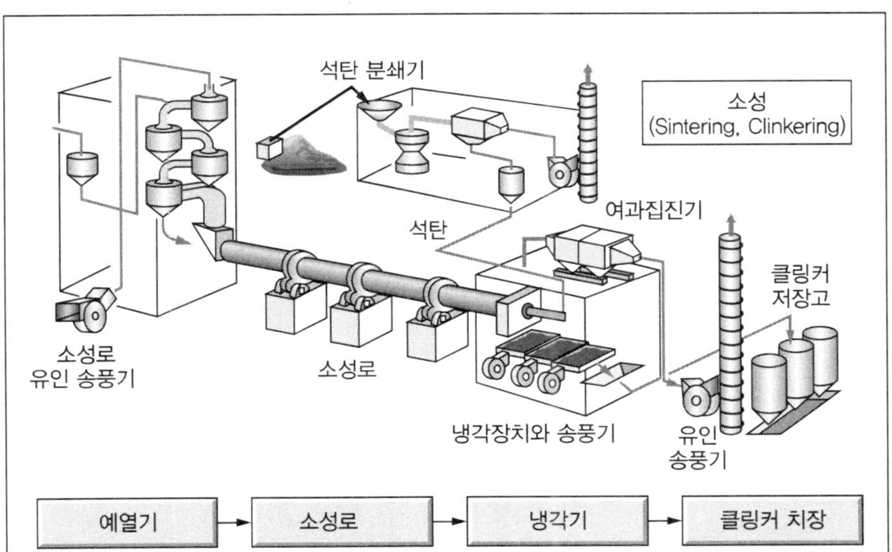

◎ **그림 6-4** 소성 공정 개요

(자료 : 한국표준과학연구원, 2010)

1.4 제품화 공정

1.4.1 클링커 분쇄

클링커에 3～5%의 석고를 첨가하여 시멘트 분쇄기(Cement Mill)에서 분쇄를 하는데 여기서 생산된 미세 분말가루가 시멘트이다. 미 분쇄된 시멘트는 분급기(Separator)로 들어가서 미분과 조분으로 분류되어 미분은 시멘트 저장시설로 보내지고, 조분은 다시 시멘트 분쇄기에 투입되는 연속 폐회로 분쇄방식으로 미분쇄된다.

1.4.2 포장 및 출하

냉각된 클링커는 이송시설에 의해 클링커 치장 또는 Silo에 저장된 후 클링커 분쇄공정에 투입된다. 또한 클링커와 함께 투입될 석고(Gypsum) 및 기타 부원료가 저장되어 있는 저장시설이 있다.

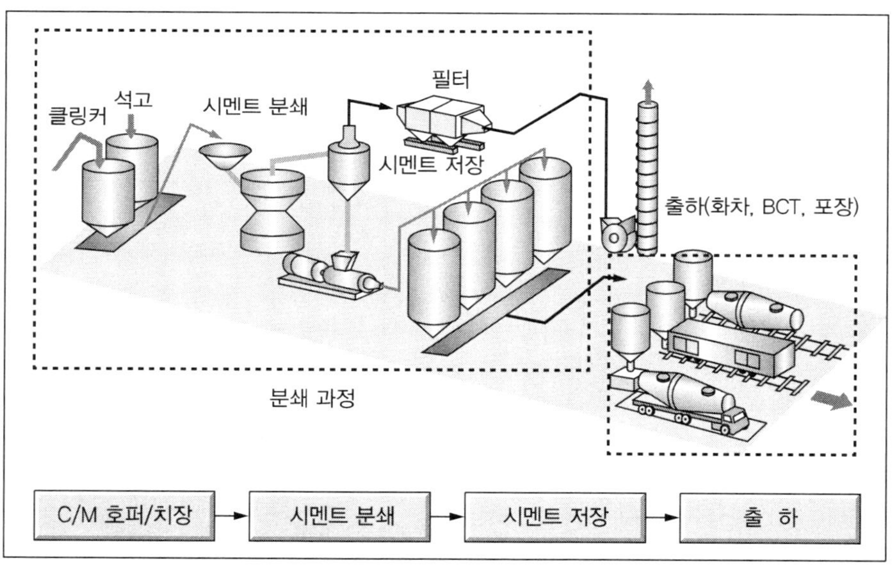

그림 6-5 제품화 공정
(자료 : 한국표준과학연구원, 2010)

2 주요 배출시설의 이해

시멘트 제조공정에서의 직접 배출요인은 킬른, 보일러 등 고정연소 시설에 의한 배출, 제조공정에서 발생하는 배출, 운송 및 수송을 위한 이동 수단의 연소에 의한 배출, 각 시설별 냉매 사용, 소화설비, 변전설비 등에 의한 탈루배출 등이 있다.

시멘트 공정에서의 주요 온실가스 배출원은 클링커를 제조하는 소성공정으로 탄산칼슘의 탈탄산 반응에 의한 석회와 이산화탄소의 생산에 의해 온실가스가 배출된다. CO_2 배출특성은 소성시설의 생석회 생성량과 연료사용량 및 폐기물 소각량에 의하여 영향을 받으며, 그 밖에 주원료인 석회석과 함께 점토 등 부원료의 사용량에 의해서도 영향을 받을 수 있다. 연료 중 목재와 같은 바이오매스 재활용 연료의 경우 배출량 산정에서 제외하여야 하나 합성수지 및 폐타이어 등 폐연료의 경우는 배출량 산정 시 포함되어야 한다.

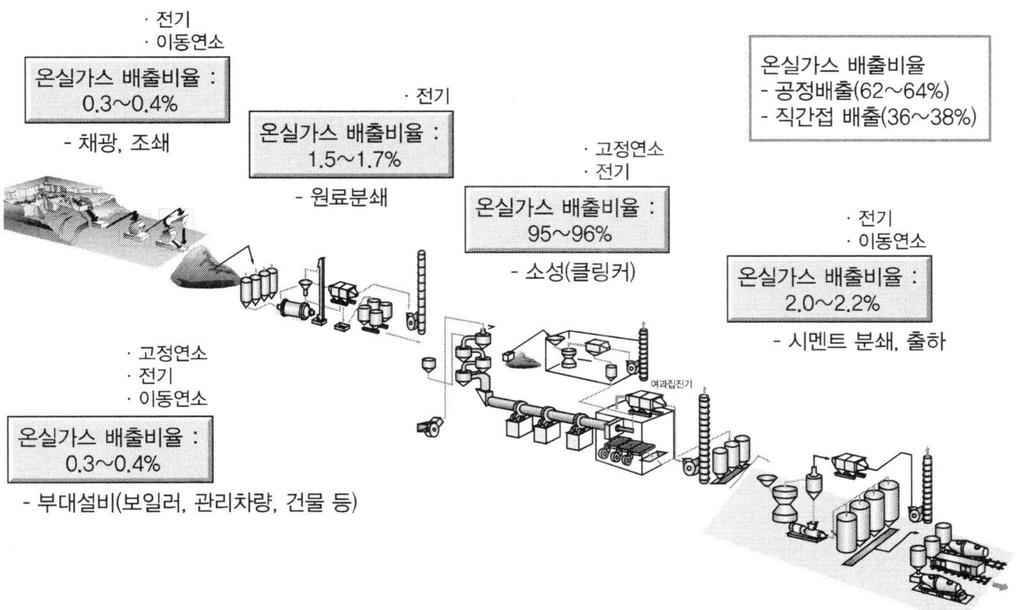

그림 6-6 배출 공정별 온실가스 배출 비율
(자료 : 검증심사원양성교육 광물산업 강의자료)

또한, 소성로에서 발생되는 비산먼지인 CKD(Cement Kiln Dust)에서도 온실가스가 발생된다. CKD는 회수 시스템에 의해 다량 회수되어 재사용되지만, 일부는 회수되지 않고, 대기중으로 빠져나가므로 이 값을 온실가스 배출량 산정에 포함해야 한다.

$$CaCO_3 + Heat \rightarrow CaO + CO_2$$

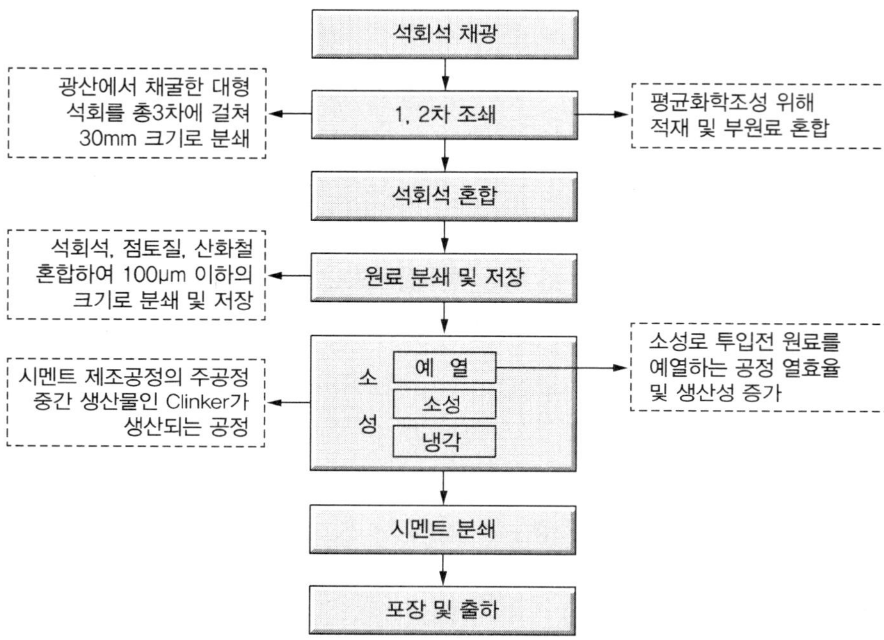

그림 6-7 시멘트 제조공정 개요

(자료 : 에너지관리공단, 2009)

2.1 예열기

Pre-heater는 Cyclone이 수직방향으로 보통 4～5단 정도 세워 올린 형태로 이루어져 있다. 원료는 최상단의 Cyclone 입구로 투입되어, 하단의 각 Cyclone과 Calciner(하소로)를 거치면서 약 800～860℃까지 예열, 일부 탈탄산되어 소성로(Kiln)으로 투입된다.

2.2 소성로

소성로(kiln)는 물체를 높은 온도에서 구워내는 시설을 말하며, 일종의 열처리시설에 해당된다. 소성의 목적은 소성물질의 종류에 따라 다소 다르나 보통 고온에서 안정된 조직 및 광물상으로 변화시키거나 충분한 강도를 부여함으로써 물체의 형상을 정확하게 유지시키기 위한 목적으로 이용되는 경우가 많다.

소성시설에는 원형, 각형, 통형 등의 시설이 있고, 연속소성시설에는 수직형, 회전형, 링형, 터널형 등 그 종류가 다양하다. 도기·자기·구조검토용 제품 등 특수용도에 사용되는 것 이외에는 대부분이 회전형시설을 사용하며, 회전형시설에도 그 길이에 따라 Short Kiln, Long Kiln 등이 있고, 그 형태에 따라 Lepol Kiln, Suspension Preheater Kiln, Shaft Kiln 등 다양하게 분류된다. 대표적인 것으로 화학비료 제조시에 사용되는 인광석 소성시설이 있다. 이것은 채광 후 선별된 인광석 농축물을 인산, 규산, 가성소다 또는 소금 등과 빽빽한 Slurry 상태로 만든 후 건조시키면서 10～20 mesh의 알맹이로 뭉친 다음 소성시설에서 약 1,400～1,540℃ 정도로 구워 인광석 속의 불소를 제거하는 시설이다.

2.3 냉각기

냉각기는 소성로에서 생성된 약 1,300～1,450℃ 정도의 클링커를 약 150℃ 정도로 냉각하는 설비이다. 에너지 관리 측면에서 중요한 세부공정의 설비이다. 냉각기는 물을 이용하는 수냉식과 공기를 이용하는 공랭식이 있으나, 국내 시멘트사 대부분은 공랭식(AQC: Air Quenching Cooler)을 채택하고 있다. 일반적으로 공랭식인 경우의 공기 공급량은 냉각기의 형태에 따라 상이하지만, 보통 1.7～2.5 Sm^3/kg-clinker가 소요되는 것으로 알려져 있다.

3 물질, 에너지 수지의 이해

3.1 물질수지

시멘트 제조공정이 다른 대형공정에 비하여 간단한 분쇄와 소성공정으로 구성되어 있어 관련된 물질수지도 간단하다. 제조공정에서 필요한 물질의 종류도 원료물질 외에 연소용 또는 냉각용 공기와 탈탄산과정에서 배출되는 이산화탄소 등이 전체 제조공정에 관여하고 있다.

표 6-1 시멘트 소성시설의 물질수지표

Input	단위	값(value)	Output	단위	값(value)
원료			제품		
석회석(Limestone)	kg/t clinker		클링커(clinker)	kg/t	1,000
점토(clay)	kg/t clinker		시멘트(cement)	kg/t clinker	
세일(shale)	kg/t clinker				
이회암(marl)	kg/t clinker				
기타 원료	kg/t clinker				
에너지					
석유코크스	MJ/t clinker				
폐기물 연료	MJ/t clinker				
기타			온실가스배출		
공기	m^3/t clinker		CO_2	g/t clinker	
수분	kg/t clinker				
기타원료			기타 부산물		
석고	kg/t clinker		시멘트 킬른먼지	kg/t clinker	
필터(Filter)	kg/t clinker				
고로 슬래그	kg/t clinker				
광물성 첨가제	kg/t clinker				

3.2 에너지 수지

시멘트 제조공정은 에너지 다 소비업종으로 에너지 사용량이 다른 산업분야 비하여 매우 높으며, 원료가 이산화탄소를 다량 배출하는 특성을 가지고 있다. 국내 시멘트 제조공정에 필요한 2000년 조업 자료에 의한 평균 총 소비열량은 780.1 Kcal/kg-CE(시멘트)인 것으로 집계되었다. 시멘트 제조 공정의 주 에너지원은 열과 전기인데, 이 중에서 공급열량이 690 Kcal/kg-CE이고, 전력이 90.1 Kcal/kg-CE(104.8 kWh/kg-CE) 인 것으로 나타났다.

전체 시멘트 제조에 필요한 열량 690 Kcal의 약 94%가 클링커 생산에 이용되고 있으며, 전력의 약 62% 정도가 클링커 생산에 소비되고 있는 것으로 나타났다. 국내 시멘트 업계에서 사용하는 연료는 석탄을 주종으로 하여 석유계 코크스, 중유 및 일부 폐기물이 사용되고 있는 것으로 나타났다.

소비전력을 세부공정별로 구분하여 보면, 평균적으로 세부 단위공정 중 클링커를 분쇄하는 공정에서 약 37% 소비하고 있으며, 원료의 분쇄 및 소성과정에서 각각 약 26%씩을 소비하고 있다. 시멘트 제조공정에서의 전력은 대부분은 분쇄공정에 주로 이용되고 있는데, 분쇄공정에서 이용된 전력은 총 소비 전력의 약 67%정도를 소비하고 있는 것으로 나타났다.

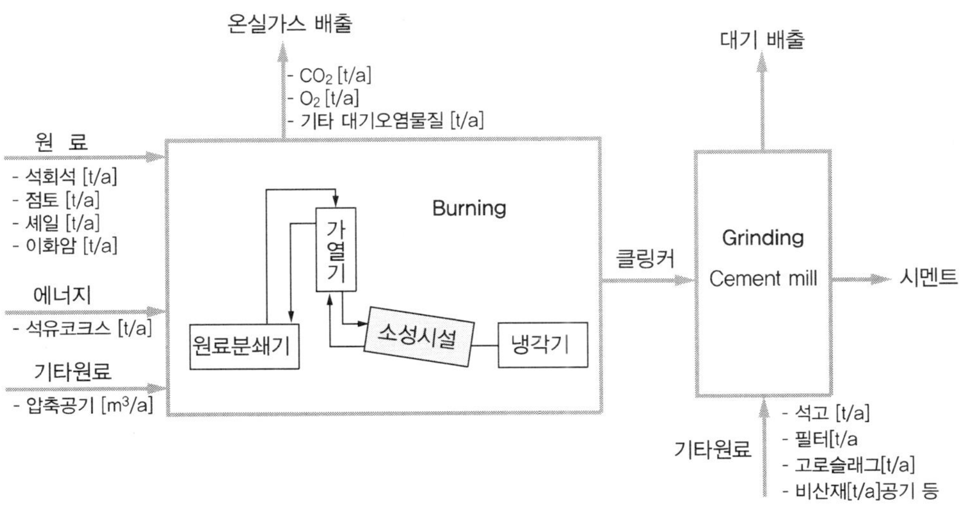

그림 6-8 물질 · 에너지 수지 개요

(자료 : 환경부, 2012)

4 온실가스 배출의 이해

시멘트 생산에서 배출되는 온실가스는 CO_2와 Non-CO_2 배출로 구분된다. CO_2의 배출은 첫 번째로 소성로의 내부 온도를 올리기 위한 연료 연소과정 중에 배출되며, 두 번째는 탄산염($CaCO_3$)으로부터 클링커의 생산 동안에 배출되는 과정을 통한 공정 배출로, 대부분의 CO_2 배출이 이 과정을 통해 일어나게 된다.

Non-CO_2의 경우에는 연료 연소에 의해 CH_4와 N_2O의 배출이 이루어지며, 시멘트 소성과정에서 소성로를 통해 배출되는 CH_4는 소성로 안의 높은 연소 온도로 인해 그 양이 매우 적고, CH_4의 양은 CO_2환산 기준으로 CO_2배출량의 약 0.01%에 불과하다. N_2O의 배출 역시 CH_4와 마찬가지로 미미한 수준이다.

IPCC G/L에서는 시멘트 제조 공정에서의 온실가스 배출 특성을 연료 연소에 의한 배출과 공정에서의 배출로 구분하여 제시하고 있다.

표 6-2 Suggested Aggregation level of analysis for Approach

Source and Sink Categories to be Assessed in Key Category Analysis		Gases to be Assessed
Category Code	Category Title	
Energy		
1A2	Fuel Combustion Activities Manufacturing Industries and Construction	CO_2, N_2O, CH_4
Industrial Processes and Product Use		
2A1	Mineral Industry Cement Industry	CO_2

(출처 : IPCC, 2006)

시멘트 업종에서 발생 가능한 직접 배출원의 분류와 그 내용은 표 6-3과 같다.

◎ **표 6-3** 시멘트 업종 직접 배출원 세부 분류 및 내용

배출원 분류		온실가스 종류						세부내용
		CO_2	CH_4	N_2O	HFCs	PFCs	SF_6	
고정 연소 배출원	보일러	○	○	○	-	-	-	보일러, 소성로 등을 가동시키는데 사용되는 화석연료에 의한 온실가스 배출
	소성로	○	○	○	-	-	-	
	비상 발전기	○	○	○	-	-	-	비상시 가동되는 발전기에서의 화석연료 사용에 의한 온실가스 배출
이동 연소 배출원	수송 차량류	○	○	○	-	-	-	원자제 및 제품의 공급, 수송을 담당하는 사업장 소유차량들의 화석연료 사용에 의한 온실가스 배출
	지게차류	○	○	○	-	-	-	사업장 내 시설들 간의 물자 운송 및 하역 등을 담당하는 특수차량의 화석연료 사용에 의한 온실가스 배출
	승용차류	○	○	○	-	-	-	직원들의 출퇴근, 출장 등의 목적으로 사용되는 사업장 소유의 승용차들의 화석연료 사용에 의한 온실가스 배출
공정 배출원	소성 공정	○	-	-	-	-	-	시멘트의 중간생산물인 클링커를 생산하는 과정에서 공정상 발생하는 온실가스 배출
탈루 배출원	에어컨 (냉방기)	-	-	-	○	-	-	사업장 내의 냉방을 위해 사용되는 냉매로 인해 발생되는 온실가스 배출
	냉동기	-	-	-	○	-	-	사업장 내에서 사용되는 냉동기 등을 통해 산정되는 온실가스 배출
	소화기	○	-	-	○	-	-	사업장 내의 보유 소화기에서의 탈루로 인해 산정되는 온실가스 배출
	가스절연 개폐기	-	-	-	-	-	○	가스절연개폐기에서 사용되는 SF_6의 누출로 인한 온실가스 배출

(출처 : 에너지관리공단, 2009)

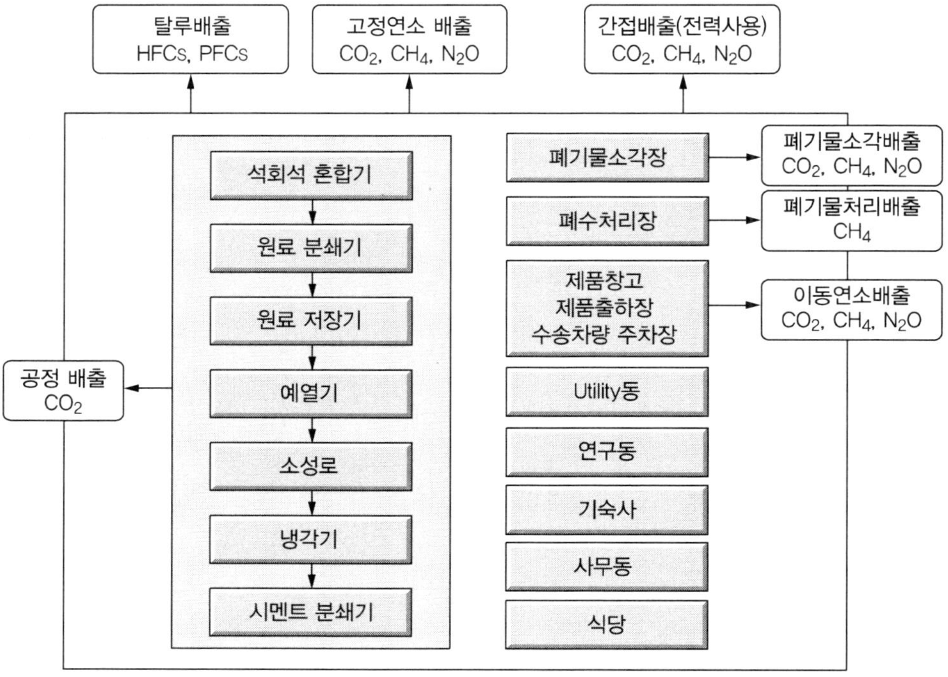

그림 6-9 시멘트 사업장의 배출원 모식도

(출처 : 에너지관리공단, 2009)

4.1 고정연소 배출원

시멘트 사업장에서는 주로 보일러 가동에 의한 배출량과 소성로를 가열시키기 위해 화석연료를 연소시키는 과정에서 고정연소 배출량의 대부분이 발생한다. 또한 비상 정전 시 가동을 위한 비상발전기에 사용된 연료에 의한 배출도 고정연소 배출로 고려할 수 있다. 또한 소각시설의 발화 연료로 사용되는 화석연료의 경우도 고정연소로 포함한다.

4.2 이동연소 배출원

이동연소 배출원은 원재료 및 제품의 공급, 인력 수송을 위한 이동수단에 의해 사용되는 화석연료의 연소에 의해 온실가스를 배출하는 배출원으로 이산화탄소(CO_2), 메탄(CH_4), 아산화질소(N_2O) 3가지의 온실가스가 배출된다. 사업장 내 이동수단으로는 원재료 및 제품의 공급을 위한 화물차 및 지게차류, 인력 이동을 위한 승용차 등이 포함된다. 단, 이들 이동수단은 연료원으로 화석연료를 사용해야 한다.

4.3 공정 배출원

공정 배출원은 제품 생산 공정에서 화석연료의 연소에 의한 배출이 아닌 물리적 또는 화학적 반응에 의해 온실가스가 배출되는 것이다. 시멘트 제조공정 중 중간생산물인 클링커를 생산하는 과정에서 탄산염의 사용으로 인해 배출되는 CO_2와 공정 중 부수적으로 발생하는 비산먼지(CKD)에 의해 온실가스가 발생한다.

4.4 탈루 배출원

탈루 배출원은 사업장 내의 시설에 의해 누출되는 온실가스 배출원이다. 냉방기, 냉동기, 에어컨 등에 사용되는 냉매의 누출, 소화설비, 변전 설비에 사용되는 가스의 누출 등이 포함되며, 각 사업장별 포함되는 항목은 사업장의 특성에 따라 다를 수 있다. 탈루 배출원에 의해 배출되는 온실가스는 이산화탄소(CO_2), 수소불화탄소(HFCs), 과불화탄소(PFCs), 육불화황(SF_6)이 있다. 시멘트 사업장에서의 탈루 배출원으로는 냉방기, 냉동기, 소화설비와 변전설비 등이 해당한다. 냉방기, 냉동기 등은 사용하는 냉매가 6대 온실가스 중 하나일 경우 탈루 배출원으로 포함하며, 일반적으로 HFCs가 사용된다. 소화설비는 CO_2 소화기 및 자동소화설비 등에서 사용되는 CO_2나 PFCs가 배출되며, 변전설비에서는 SF_6가 배출된다.

4.5 간접 온실가스 배출원

간접 온실가스 배출은 기업의 활동 결과에 따라 배출되는 것이지만, 다른 기업에 의해 소유되거나 통제되는 배출원에 의해 발생된다. 여기에는 사업장에서 전력, 열 및 스팀 등을 외부로부터 공급받아 사용하는 경우가 해당하며, 외부로부터 공급받은 전력, 열 및 스팀을 공급업체에서 생산하는 과정에서 배출된 온실가스의 양이 간접 온실가스 배출로 분류된다. 여러 기업에 있어서 구입 전력은 가장 큰 비중을 차지하는 온실가스 배출원 중 하나이며, 가장 큰 배출 저감의 기회 요소이기도 하다. 간접 온실가스 배출에 해당하는 배출량을 산정함으로써 사업자는 전력사용량 변화와 온실가스 배출비용 등과 관련된 리스크와 기회를 측정할 수 있다. 간접 온실가스 배출량 보고는 온실가스 배출량에 대한 투명한 산정과 상기 언급된 기회로 인한 온실가스 배출 저감에 영향을 줄 것이다.

5 최적 실용화 기술의 이해

시멘트 산업에서의 탄소배출 감축수단은 크게 시멘트공장에서의 열효율 및 에너지효율, 대체연료, 클링커 대체 등으로 구분할 수 있으며, 그 외 기술로는 폐열발전 설비 도입과 탄소포집 및 저장 기술 등을 들 수 있다.

5.1 대체연료

시멘트 제조공정은 높은 온도와 긴 가스 채류시간, 석회석 원료의 중화작용 등 폐자원 활용에 있어 매우 우수한 특성을 가지고 있으며, 이런 공정상의 특성을 이용하여 폐기물 기원의 다양한 대체연료를 점점 많이 사용하게 됨으로써 탄소배출 원단위의 저감 효과를 얻을 수 있다. 대체연료는 크게 화석연료 계열과 바이오메스 계열로 구분되어진다. 화석연료 계열 대체연료로는 폐타이어, 폐유, 폐플라스틱, 폐합성수지 등이 있으며, 바이오매스계열 대체연료로는 폐 목제, 톱밥, 하수 슬러지 등이 대체연료로 사용되어지고 있다. 이처럼 순환자원의 재활용에 의한 대체연료 사용은 이산화탄소 배출량에서 제외되기 때문에 배출 원단위가 감소하게 된다[2]. 대체연료 사용에 따른 온실가스 저감량은 다음 식과

2) 1996 IPCC G/L에 명시된 대체연료에서 발생하는 CO_2에 관한 규정

- 바이오매스계열 대체연료에서 발생하는 CO_2는 단기간에 바이오매스의 재성장에 의해 배출이 상쇄되기 때문에 기후 중립적이다. 바이오매스 연료에서 발생하는 CO_2는 "memo item"에 보고되지만, 국가의 총 배출에서는 제외된다. 이러한 사실은 회석연료를 바이오매스로 대체하면, 그에 상응하는 온실가스 감축이 발생할 수 있다는 점을 의미한다.
- 화석연료계열 대체연료에서 발생한 CO_2는 바이오매스 대체연료와는 반대로 기후중립적이지 않다. 화석연료계열 대체연료에 대해 매립이나 소각에서 발생하는 온실가스 배출은 "폐기물 관리" 항목에 보고되는 반면에 산업 폐기물을 에너지로 사용하는 과정에서 발생하는 온실가스 배출은 국가인벤토리의 "에너지" 항목에 보고된다.

같이 폐자원의 열량이 대체한 주 에너지원의 열량 만큼의 온실가스 배출량으로 산정할 수 있다.

$$-E_{CO_2} = EF_{BC} \times \sum_i NCV_{Wi} \times F_{Wi}$$

$-E_{CO2i}$: 폐자원 사용에 따른 CO_2 저감량(ton CO_2)
EF_{BC} : 주 에너지원(유연탄)의 배출계수(ton CO_2/TJ)
NCV_{Wi} : 특정 폐자원(i)에 대한 저위발열량(TJ/kg)
F_{Wi} : 특정 폐자원(i)에 대한 연료소비량(kg)

5.2 열효율 및 에너지 효율

시멘트 산업은 에너지 다소비 산업이며, 대규모 설비가 요구되는 장치산업으로서 장치의 에너지 효율이 탄소 배출 효율과 직접적인 상관관계가 있다. 그리고 신규 설비일수록 더 높은 에너지 효율이 보이기 때문에 제조업자 입장에서는 경제성을 고려하여 새로운 설비를 도입하게 된다. 하지만 국내 시멘트 제조설비는 성능과 에너지 효율 측면에서 볼 때 이미 선진국과 비슷한 수준에 있기 때문에 고효율 설비의 도입은 상대적으로 저감효과가 낮다고 볼 수 있다.

5.3 클링커 대체

5.3.1 클링커 대체를 통한 공정 부문 온실가스 저감

혼합재의 사용량을 증가시켜 공정 부문에서의 온실가스 배출량을 저감시킬 수 있다. 이는 시멘트 제조에서 혼합제 함량을 증가시켜 클링커 사용량을 줄여 온실가스를 저감시킨다.

클링커를 4～5%의 석고와 함께 분쇄하면, 이것이 물과 반응하여 굳어진다. 클링커, 석고와 함께 분쇄하여 혼합하면, 이러한 수경성을 갖게 되는 광물로서 고로슬래그(철강 부산물), 석탄회(석탄발전소 잔재물) 그리고 자연산 화산재가 있다. 이런 물질들은 클링커를 부분적으로 대체할 수 있다. 세계적 시멘트 규격(EN 197-1:2000, Cement-Part 1 :

Composition, specifications and conformity criteria for common cements)에 따르면 혼합제 함량을 최대 95 %까지 혼합하도록 하여, 시멘트 제조에 사용되는 클링커 사용량을 감소시키는 추세이기도 하다.

5.3.2 석회석 연료 대체에 따른 연료연소부문 온실가스 저감

클링커 제조공정에서 에너지 소비를 적게 할 수 있는 기술을 이용하는 것이며, 이는 이소성성 원료, 광화제 사용 및 belite 클링커 제조기술로 구분이 가능하다. 이소성성 원료 사용기술은 클링커 원료들 중 소성온도를 낮추어도 동일 물성을 발현하는 원료를 선정하는 기술로 이에 따라 연료 투입량의 저감을 통해 온실가스 저감에 기여할 수 있다. 또한 광화제의 사용은 클링커 제조 원료로 CaF_2 혹은 sulfur류의 원료를 사용하여 소성온도를 낮추어 연료사용량을 저감시키는 기술이다.

belite 시멘트는 클링커 광물 특성, 즉 $3CaO \cdot SiO_2(C_3S)$ 함량을 감소시키 · $2CaO \cdot SiO_2(C_2S)$의 함량을 증가시키는 방법이다. 클링커 내 belite의 함량을 증대시켜 소성 온도를 낮추어 이에 따라 온실가스 저감효과를 얻을 수 있다. 또한, 연료 사용량의 저감뿐만 아니라 원료의 CaO를 대체하는 부원료의 CaO 함유량을 통해 공정 부문에서도 온실가스 저감을 산정할 수 있다.

6 배출특성 및 공정분석

시멘트 산업에서 온실가스 공정배출 시설은 소성시설로, 배출 원인은 표 6-4와 같이 정리할 수 있다.

소성로에서 발생하는 소성반응은 시멘트 원료 4성분인 CaO, SiO_2, Al_2O_3, Fe_2O_3가 약 1,450℃에서 소성을 거쳐 클링커 광물질로 변화하는 과정을 말하며, 각 온도대별로 발생하는 소성반응은 표 6-5와 같다.

표 6-4 시멘트 생산시설에서의 온실가스 공정 배출원, 온실가스 종류 및 배출원인

배출 공정	온실가스	배출 원인
소성 시설	CO_2	• 소성 시설에서 전체 온실가스 배출량의 90%가 배출되며, 이 가운데 약 60%가 공정배출이며, 30%는 소성로 킬른내 가열 연료 사용분임 • 석회석 탄산염의 열분해에 의한 CO_2 발생 $CaCO_3 \rightarrow CaO + CO_2$ $CaCO_3 \cdot MgCO_3 + Heat \rightarrow 2CO_2 + CaO \cdot MgO$

표 6-5 온도별 소성반응

온도	소성반응
100℃	수분증발(원료 중 부착수분 및 첨가수분)
600℃	점토광물의 탈수반응(결정수의 탈수)
800℃	석회석의 탈탄산반응 개시. $CaCO_3 \rightarrow CaO + CO_2 \uparrow$
900℃	탈탄산 반응이 계속 진행되며 열분해되어 생성된 CaO가 CaO, SiO_2, Al_2O_3, Fe_2O_3와 반응을 시작하여 C_2F, CF, C_2S를 생성
1,000℃	CaO와 SiO_2가 반응하여 C_2S, C_2AS, CF, C_2F 등을 생성함
1,100℃	C_2AS가 발달하고 CS → C_2S로 변환
1,200℃	C_2S가 발달하고 CaO, Al_2O_3, Fe_2O_3가 반응하여 C_3A와 C_4AF 액상을 생성
1,300～1,450℃	C_3S 생성, 유리 CaO 소멸

7 활동자료 수집

7.1 활동도 자료의 선정

2006 IPCC 가이드라인에서는 시멘트 산업의 공정 부문 온실가스 배출량 산정 방법을 Tier 1, Tier 2, Tier 3의 방법으로 나누어 제시하고 있으며, 산정 방법별로 다른 활동자료를 사용하도록 하고 있다. 또한 국내의 온실가스·에너지목표관리제에서는 배출시설의 배출량 규모별로 적용하는 산정 방법의 최소기준을 제시하고 있다(표 6-6).

여기서는 2006 IPCC 가이드라인의 기준을 중점적으로 다루도록 한다.

표 6-6 배출활동별, 시설규모별 산정등급(Tier) 최소 적용기준

배출활동	산정 방법론			활동자료 클링커 생산량 또는 탄산염 사용량			배출계수		
시설규모	A	B	C	A	B	C	A	B	C
시멘트생산	1	2	3	1	2	3	1	2	3

- 배출시설의 배출량 규모에 따른 산정등급(Tier) 분류 기준

  A 그룹 : 연간 5만톤 미만의 배출시설

  B 그룹 : 연간 5만톤 이상, 연간 50만톤 미만의 배출시설

  C 그룹 : 연간 50만톤 이상의 배출시설

7.1.1 Tier 1 : 시멘트 생산에 기초한 배출

탄산염 투입에 대한 자료나 클링커 생산 자료가 없는 경우에 생산된 시멘트의 양 및 종류와 그것의 클링커 함유량을 고려하고 클링커 수입 및 수출에 대한 수정을 포함하여 클링커 생산을 산정하기 위해 시멘트 생산 자료가 사용될 수 있다. Tier 1의 방법에서 클링커의 수입 및 수출을 고려하는 것은 중요하다. 왜냐하면 수입된 클링커의 생산으로 인한 배출은 다른 국가에서 고려되었기 때문이다. 반대로 수출된 클링커에 대해서는 국가의 배출량 산정에 포함해야 한다.

7.1.2 Tier 2 : 클링커 생산 자료의 사용

클링커 생산에 소비된 탄산염에 대한(무게 및 구성을 포함한) 상세하고 완전한 자료를 이용할 수 없거나, Tier 3 방법이 비실용적이라고 판단될 경우 통합된 사업장 내지 국가적 클링커 생산 자료를 사용하여 배출량을 산정한다.

Tier 2 방법은 클링커 생산 자료의 수집을 요구한다. 또한 클링커의 CaO 함유량 및 탄산염에서의 이러한 CaO의 비율에 대한 정보를 수집해야 한다. 비－탄산염 배출원(예를 들어, 슬래깅제 및 비산회)에서 CaO에 대한 자료가 이용 가능한 경우에, 배출을 계산하기 위해 사용되는 클링커의 CaO 함유량에 포함되지 말아야 한다. 가능하다면, 공장에서의 CKD 수집 및 재활용 관행을 기록하기 위해 평균 내지 전형적인 구성 및 CKD의 소성 비율에 대해 자료를 수집해야 한다.

Tier 2 방법은 다음과 같은 가정에 기초하여 적용한다.

1. 수경성 시멘트의 대부분은 포틀랜드시멘트 내지 유사한 시멘트이며, 이는 포틀랜드 시멘트 클링커를 요구한다.
2. 클링커의 CaO 구성에서 매우 제한된 범위가 존재하며, MgO 함유량은 매우 낮게 유지된다.
3. 공장은 가까운 허용오차(tolerances) 내에서 원료 투입 및 클링커의 CaO 함유량을 통제할 수 있다.
4. 클링커의 산출이 직접 측정되는 것이 아니라 공장에 의해 계산되는 경우에도 감사가 수행될 때 두 가지 결정방법 간에 가까운 일치가 일반적으로 존재한다.
5. 특정 공장에서의 클링커의 CaO 함유량은 연도에 따라 크게 변하지 않는 경향이 있다.
6. 대부분의 공장에 대해 CaO의 주된 배출원은 $CaCO_3$이고, 적어도 공장 수준에서, CaO의 주요한 비-탄산염 배출원은 즉시 계량된다.
7. 재활용되지 않은 CKD로 시스템에 (일반적으로 매우 작은 정도의) 손실된 물질을 포함하여, 클링커 제조에 대한 탄산염 투입에 대해 100%의 (내지 그것에 매우 가까운) 소성 계수가 달성된다.
8. CKD가 반드시 킬른에 재활용되는 것은 아니지만, 공장에서 먼지 수집기는 본래 모든 CKD를 포집한다.

7.1.3 Tier 3 : 탄산염 투입 자료의 사용

Tier 3는 소비된 탄산염의 개별적인 배출계수뿐만 아니라 클링커를 생산하기 위해 소비된 탄산염의 유형 및 양에 대한 세분화된 자료의 수집에 기초한다. Tier 3 방법은 킬른으로 반환되지 않은 CKD 내의 소성되지 않은 탄산염을 차감하기 위한 수정을 포함한다. CKD가 완전히 소성되거나 모두가 킬른으로 반환되면, 이러한 CKD 보정계수는 0이 된다.

Tier 3에 대해 요구되는 활동도 자료의 유형은 개별적인 공장에서만 이용 가능할 것이다. Tier 3을 사용하는 보고 주체는 킬른으로의 모든 탄산염 투입(즉, 유형, 양, 모든 배출원)이 Tier 3 방법의 초기 실행의 일부로서 완전히 조사되었는지 확인해야 하며, 물질 내지 공정의 중대한 변화가 있을 때마다 완전한 조사가 반복된다. 탄산염 투입에 관한 완전한 분석이 완료되고, 물질 내지 생산 공정의 구성에 중대한 변화가 발생하지 않을 것이라고 가정한 후에, 탄산염 투입 분석에 기초하여 공장에 고유한 엄격한 배출계수를 개발하고 해당 배출계수를(전형적으로 매일 계산되는) 클링커 생산에 적용하는 것이 바람직하다. 결론적으로 클링커 생산 자료는 배출을 산정하기 위한 탄산염 계산을 위한 대체자료로 사용될 것이다.

일반적으로 석회석 내지 유사한 탄산염 암석은 전형적인 시멘트 공장에서 사용되는 지배적인(80~90%) 원료일 것이며, 이 자료는 매년 수집되어야 한다. 그렇지만 석탄 및 기타 연료에서 뿐만 아니라 점토, 혈암, 사암, 및 기타 보조적인 원료 내에 탄산염 성분이 존재할 수 있을 것이다. 완전한 조사 동안, 비-주요 배출원에서의 탄산염 양이 작다고 결정된다면(예를 들어 총 탄산염의 5% 미만), 공장은 다음의 완전한 조사 이전의 중간 연도에서는 보조 배출원에에 대해 상수값을 적용할 수 있다. 이러한 작은 배출원에에 대해 활동도 자료를 산정하는 것이 분석적(및 기타) 오차를 가져올 것이라는 것을 인식한다면, 배출 계산 목적을 위해 탄산염의 보조 배출원이 $CaCO_3$라고 가정될지 모르지만, 이러한 가정은 투명하게 기록되어야 한다.

8 배출량 산정

그림 6-10은 시멘트 산업에서 온실가스 배출량 산정을 위해 2006 IPCC G/L에서 제시하는 의사결정도이다.

8.1 공정 부문

2006 IPCC 가이드라인에서는 시멘트 산업의 공정 부문 온실가스 배출량 산정 방법을 Tier 1, Tier 2, Tier 3의 방법으로 나누어 제시하고 있다.

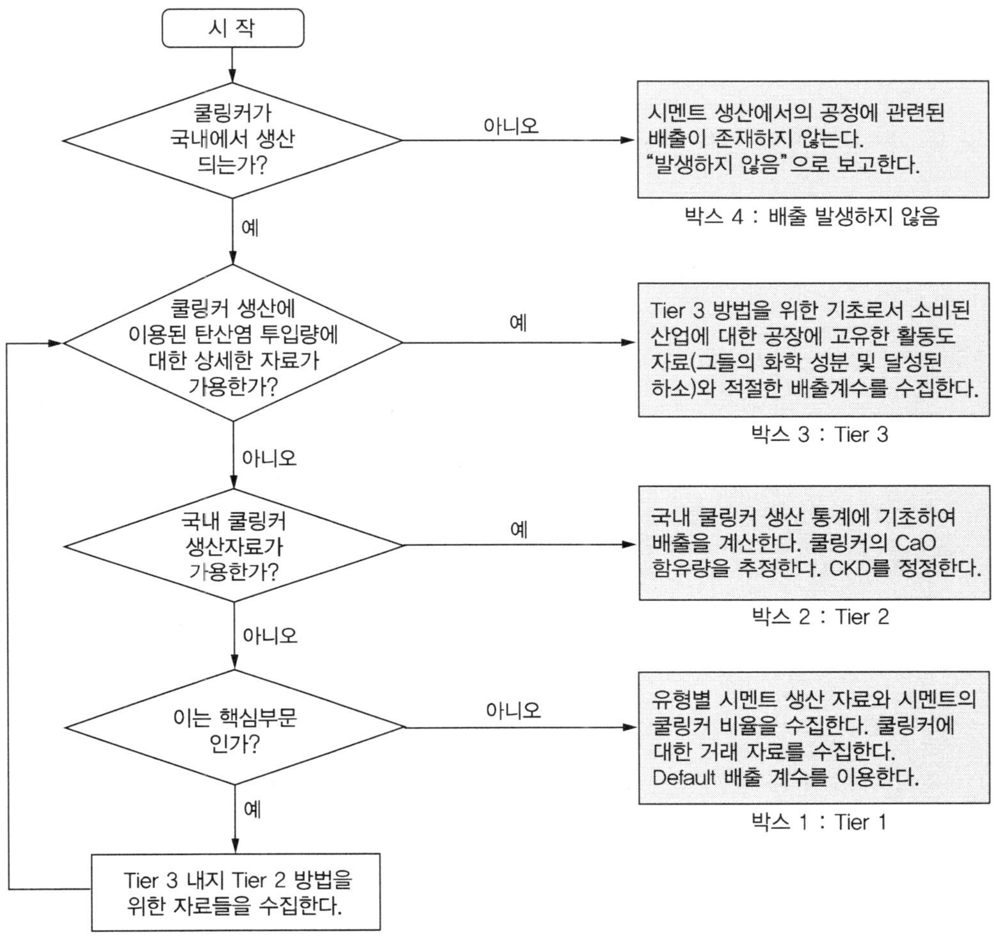

그림 6-10 시멘트 생산에서의 배출량 산정에 대한 의사결정도
(출처 : IPCC 가이드라인, 2006)

8.1.1 Tier 수준별 배출량 산정

1) Tier 1

Tier 1은 시멘트 생산 자료에서 클링커 생산 산정치를 추론하여 배출량을 산정하는 방법으로 클링커의 수입과 수출을 고려하여 계산한다. 탄산염 투입에 대한 자료, 또는 국가적 클링커 생산 자료가 없는 경우에는 클링커의 생산량을 산정하기 위해 생산된 시멘트의 양, 유형과 시멘트의 클링커 함유량 등의 자료를 사용한다. 클링커

생산량 산정 시 배출량의 중복 계산을 피하기 위해 수입된 클링커는 생산량에서 제외하며 수출되는 클링커는 포함한다.

<Tier 1. 접근법에 의한 CO_2배출량 산정식>

TIER 1 : 시멘트 생산에 기초한 배출

$$CO_2\text{Emissions} = \left[\sum_i (M_{ci} \cdot C_{cli}) - Im + Ex\right] \cdot EF_{clc}$$

여기서, CO_2Emissions : 시멘트 생산으로 인한 CO_2 배출량, 톤

M_{ci} : 생산된 I 유형 시멘트의 무게(질량), 톤

C_{cli} : I 유형 시멘트의 클링커 비율, 비율

Im : 클링커의 소비를 위한 수입, 톤

Ex : 클링커의 수출, 톤

EF_{clc} : 특정한 시멘트의 클링커에 대한 배출계수, 톤 CO_2/톤 클링커 기본값 클링커 배출계수(EF_{clc})는 CKD를 위해 수정된다.

2) Tier 2

Tier 2의 경우는 클링커 생산 자료와 배출계수를 통해 산정하고 있다.

<Tier 2. 접근법에 의한 CO_2배출량 산정식>

TIER 2 : 클링커 생산 자료에 기초한 배출량

$$CO_2\text{Emissions} = M_{cl} \cdot EF_{cl} \cdot CF_{ckd}$$

여기서, CO_2Emissions : 시멘트 생산으로 인한 CO_2 배출량, 톤

M_{ci} : 생산된 클링커의 무게 (질량), 톤

EF_{clc} : 클링커에 대한 배출계수, 톤 CO_2/톤 클링커

CF_{ckd} : 에 대한 배출 보정계수, 단위 없음

3) Tier 3

마지막으로 Tier 3 접근법은 모든 원료 및 연료 배출원에서 탄산염 투입물의 무게 및 구성, 탄산염에 대한 배출계수 및 소성비율에 기초한 계산방법이다. 이 방법은

개별 시멘트 공장에서 보유한 고유 데이터를 통해 계산되어진다.

<Tier 3. 접근법에 의한 CO_2배출량 산정식>

TIER 3 : 킬른으로의 탄산염 원료 투입에 기초한 배출량

$$CO_2Emissions = \sum_i (EF_i \cdot M_i \cdot F_i) - M_d \cdot C_d \cdot (1 - F_d) \cdot EF_d + \sum_k (M_k \cdot X_k \cdot EF_k)$$

여기서, $CO_2Emissions$: 시멘트 생산으로 인한 CO_2 배출량, 톤

EF_i : 특정한 탄산염 I에 대한 배출계수, 톤 CO_2/톤 탄산염

M_i : 킬른에서 소비된 탄산염 I의 무게 내지 질량, 톤

F_i : 탄산염 I에 대해 달성된 소성 비율, 비율

M_d : 킬른으로 재활용되지 않은 CKD의 무게 내지 질량(='손실된' CKD), 톤

C_d : 킬른으로 재활용되지 않은 CKD내의 원래 탄산염의 무게 비율, 비율

F_d : 킬른으로 재활용되지 않은 CKD에 대해 달성된 소성의 비율, 비율

EF_d : 킬른으로 재활용되지 않은 CKD내 비소성된 탄산염에 대한 배출계수, 톤 CO_2/톤 탄산염

M_k : 유기물 내지 기타 탄소를 포함하는 비연료 원료 *k*의 무게 내지 질량, 톤

X_k : 특정한 비연료 원료 *k*에서 총 유기물 내지 기타 탄소의 비율, 비율

EF_k : 케로겐(내지 기타 탄소)을 포함하는 비연료 원료 *k*에 대한 배출계수, 톤 CO_2/톤 탄산염

8.1.2 Tier 수준별 배출계수

1) Tier 1

Tier 1 배출계수는 클링커에 대한 65%의 CaO 함유량(Default value)을 사용하고, 100 %의 CaO가 탄산칼슘 물질에 의해 발생한다고 가정하며, CKD에 대한 2%의 보정계수를 포함한다. 기본값 CaO 구성에 대해 1톤의 클링커는 $CaCO_3$로부터 0.65 톤의 CaO를 포함한다. 이러한 탄산염은 무게에 의해 56.03%의 CaO와 43.97%의 CO_2이다(표 6-7).

표 6-7 탄산염의 종류별 화학식, 화학식량 및 CO_2 함량*

탄산염	광물명	화학식량	배출계수 (톤 CO_2/톤 탄산염)**
$CaCO_3$	Calcite***	100.0869	0.43971
$MgCO_3$	Magnesite	84.3139	0.52197
$CaMg(CO_3)_2$	Dolomite***	184.4008	0.47732
$FeCO_3$	Siderite	115.8539	0.37987
$Ca(Fe,Mg,Mn)(CO_3)_2$	Ankerite****	185.0225-215.6160	0.40822-0.47572
$MnCO_3$	Rhodochrosite	114.9470	0.38286
Na_2CO_3	Sodium carbonate or soda ash	106.0685	0.41492

* Final results(i.e., emission estimates)using these data should be rounded to no more than two significant figures.

* The fraction of emitted CO_2 assuming 100percent calcination ; e.g., 1tonne calcite, if fully calcined, would yield 0.43971 tonnes of CO_2.

*** Calcite is the principal mineral in limestone. Terms like high-magnesium of dolomitic limestones refer to a relatively small subsitution of Mg for Ca in the general $CaCO_3$ formula commonly shown for limestone.

**** Formulae weight range shown for ankerite assumes that Fe, Mg, and Mn are present in amounts of at least 1.0 percent.

(출처 : CRC Handbook of Chemistry and Physics, 2004)

0.65톤의 CaO를 산출하는 데 요구되는 $CaCO_3$의 양(X)은 X=0.65/0.5603=1.1601톤 $CaCO_3$(반올림 없음). 이러한 $CaCO_3$의 소성에 의해 방출되는 CO_2의 양=1.1601 · 0.4397=0.5101톤 CO_2(반올림 없음). CKD를 고려하기 위한 2%의 수정 추가 항목을 가정하면, 클링커에 대한 반올림된 기본값 배출계수(EF_{clc})는 다음과 같다.

■ 클링커 배출계수

$$EF_{clc} = 0.51 \cdot 1.02(CKD\,\mathrm{correctin}) = 0.52\ \mathrm{ton}\ CO_2/\mathrm{ton\ clinker}$$

2) Tier 2

Tier 2 방법에서는 클링커에 대한 배출계수(EF_{cl})와 CKD에 대한 배출 보정계수(CF_{ckd})를 고려한다. Tier 2 방법에서 클링커의 CaO 함유량과 비-탄산염 CaO 배출원의 투입에 대한 국가 고유 자료를 이용할 수 있다면, 클링커에 대한 국가 고유

CO_2 배출계수를 산정하는 것이 바람직하다. 클링커에 대한 배출계수의 도출은 탄산염 배출원(일반적으로 $CaCO_3$)에서 파생된 CaO의 비율뿐만 아니라 클링커의 CaO 함유량이 알려져 있어야 함을 요구한다.

CKD에 대한 배출 보정계수(CF_{ckd})의 경우 CKD는 원료에서 파생된 분진을 포함하며, 먼지의 원래 탄산염 성분은 불완전하게 소성될 것이다. CKD는 먼지 통제기술에 의해 효율적으로 포집될 수 있으며, 다음으로 소성로에 재활용되거나 연소용 공기로 소성로에 직접 반환되거나 처분된다. CKD에 대한 측정값이 없을 경우 기본값에 기초하여 손실된 CKD로 인한 배출을 산정하는 것이 바람직하다. 기본값은 1.02이며, 100% 회수될 경우 1.00으로 산정되어진다. CKD 보정계수(CFckd)는 다음과 같이 도출될 수 있다.

■ 킬른에 재활용되지 않은 CKD에 대한 보정계수

$$CF_{ckd} = 1 + (M_d / M_{cl}) \cdot C_d \cdot F_d \cdot (EF_c / EF_{cl})$$

여기서, CF_{ckd} : CKD에 대한 배출 보정계수, 단위 없음

M_d : 킬른에 재활용되지 않은 CKD의 무게, 톤[a]

M_{cl} : 생산된 클링커의 무게, 톤

C_d : CKD에서 소성 이전의 탄산염의 비율, 비율[b]

F_d : CKD에서 원래의 탄산염의 소성 비율, 비율[b]

EF_c : 탄산염에 대한 배출계수, 톤 CO_2/톤 탄산염

EF_{cl} : CKD에 대해 수정되지 않은 클링커에 대한 배출계수 (즉, 0.51 톤 CO_2/톤 클링커), 톤 CO_2/톤 클링커

a : CKD의 100%가 처음에 포집된다고 가정한다. CKD가 대기 중에 환기된다면, 이 양은 산정이 이루어지고 Md에 포함되어야 한다.

b : 원래의 탄산염이 모두 $CaCO_3$이고 CKD의 원래의 탄삼염의 비율은 본질적으로 킬른에 공급된 원래 혼합물의 비율과 동일하다고 가정하는 것은 받아들일 수 있다.

3) Tier 3

Tier 3의 배출계수는 제시된 탄산염의 실제적인 CO_2 함유량에 기초한다.

에너지관리공단에서는 Simple Method와 Advanced Method 방식에 의해 계산되어

진다.

Simple Method는 사업장의 세부 데이터 수집이 어려운 경우 즉, 클링커 내 CaO 함유량 데이터를 확보하기 어려운 경우 연간 클링커 생산량 데이터와 제시되어 있는 배출계수 표준값을 이용하여 배출량을 산정하게 된다. CKD에 의한 배출량 역시 보정되어진다. Simple Method에서는 CaO 함유량을 65%라고 가정하고, CKD는 2%의 보정계수 값을 갖는다.

Advanced Method는 사업장의 설비별로 사용된 원재료 내 CaO 함유량 등의 세부 데이터 확보가 가능 할 때 사용하게 된다. 여기서, CKD의 배출을 개별적으로 산정하여 총 배출량 산정 시 합산하도록 되어있다.

■ Simple method <공정 부문의 배출량 산정식>

CO_2배출량 = 클링커생산량(t) × 0.52(tCO_2/t클링커)

■ Advanced method <공정 부문의 배출량 산정식>

CO_2배출량 = 클링커생산량(t) × 설비별 CaO 함유율에 따른 배출계수

■ Advanced method <CKD에 의한 배출량 산정식>

CKD에 의한 온실가스 배출량 = 클링커 생산에 의한 온실가스 배출량 × 2%

8.2 연료연소 부문

시멘트 산업에서는 공정배출뿐 아니라 연료연소에 의한 온실가스 배출도 고려해주어야 한다. 시멘트 산업에서의 연료 연소에 의한 온실가스 배출원은 고정배출원에 해당하므로 2006 IPCC 가이드라인 에너지 부문의 고정연소 부분에서의 연료연소 부문도 역시 Tier 1, 2, 3의 세 가지 방법에 대해 나타내고 있다.

1) Tier 1

먼저 Tier 1 접근법은 가장 기본이 되는 방법론으로 소비되는 연료의 양과 배출계수 값으로 계산이 된다. 이때 사용되는 배출계수는 IPCC에서 제시한 연료별 기본 배출계수[3])를 사용한다.

<Tier 1. 접근법에 의한 연료연소 부문 배출량 산정식>

고정연소에 의한 온실가스 배출량

$$배출량_{GHC,fuel} = 연료소비량_{fuel} \cdot 배출계수_{GHG,fuel}$$

여기서, $배출량_{GHG,fuel}$: 연료형태별 온실가스 배출량(kg GHG)

$연료소비량_{fuel}$: 소비된 연료량(TJ)

$배출계수_{GHG,fuel}$: 연료형태별 온실가스 배출계수 (kg gas/TJ).

2) Tier 2

Tier 2 접근법은 소비된 연료의 양에 관한 데이터와 국가 고유의 배출계수로 배출량을 산정하는 방식이다. 시멘트 산업의 국가 배출계수 default값은 표 6-8에 나타내었다. Tier 2는 Tier 1에서 사용하는 기본 배출계수 대신 국가고유 배출계수를 사용한다는 점에서 차이가 난다. 국가고유 배출계수는 이용된 연료의 탄소 함유량, 탄소 산화계수, 연료 품질, 배출가스 저감 기술의 발전 등 각 국가가 갖고 있는 배출특성을 반영하여 산정하기 때문에 IPCC의 기본 배출계수를 이용한 배출량 산정보다는 좀 더 정확한 배출량을 파악할 수 있게 된다.

표 6-8 시설별 배출계수

Industry	Source	IPCC Emission Factors (kg/TJ)	
		CH_4	N_2O
Cement, Lime	Kilns – Natural Gas	1.1	NA
Cement, Lime	Kilns – Oil	1.0	NA
Cement, Lime	Kilns – Coal	1.0	NA
Coking, Steel	Coke Oven	1.0	NA

* 2006 IPCC Guidelines for National GHG Inventories

3) 2006 IPCC Guidelines for National GHG Inventories Volume 2. TABLE 2.2 참고

3) Tier 3

마지막으로 Tier 3 방법은 다음과 같은 자료를 필요로 한다. 각각의 관련 기술(이용된 연료 유형, 연소 기술, 작동 조건, 통제 기술, 장비의 유지관리 및 연령)에 대해 배출원 부문에서 연소된 연료의 양에 관한 자료와 각각의 기술(이용된 연료 유형, 연소 기술, 작동 조건, 통제 기술, 산화계수, 장비의 유지관리 및 연령)에 대해 특정한 배출계수 또한 이용 가능한 경우 시설 수준 측정치(facility level measurements)가 또한 이용될 수 있다.

CO_2의 배출량은 연소 기술에 의존하지 않기 때문에 CO_2 배출량을 산정하기 위해 Tier 3 접근법은 필요하지 않을 수 있다. 그렇지만, CO_2 배출량에 관한 설비 자료가 이용 가능해지고 있으며 배출권 거래를 위해 적용성을 검토할 수 있다.

<Tier 3. 접근법에 의한 연료연소 부문 배출량 산정식>

기술별 온실가스 배출량

$$배출량_{GHG,fuel,technology} = 연료소비량_{fuel,technology} \cdot 배출계수_{GHG,fuel,technology}$$

여기서, $배출량_{GHG,fuel,technology}$: 연료별, 기술별 온실가스 배출량(kg GHG)

$연료소비량_{fuel,technology}$: 기술별 연료사용량(TJ)

$배출계수_{GHG,fuel,technology}$: 연료별, 기술별 온실가스 배출계수(kg GHG/TJ)

에너지관리공단에서는 연료 연소에 의한 온실가스 배출량 산정 시 표 6-9와 표 6-10에 제시되어 있는 simple method와 advanced method를 사용하여 배출량을 계산하였다. simple method는 사업장에서 사용한 총 연료 사용량이 연료별로 관리되는 경우로 연료 종류별 사용량을 기준으로 계산하는 방법이다. advanced method는 사업장에서 사용한 총 연료 사용량이 연소 설비별로 관리되는 경우 이 사업장의 설비별 연료 사용량을 기준으로 계산한다.

CO_2의 경우 설비 특성보다는 연료 특성에 따른 탄소배출 및 산화율에 의하여 배출량이 결정되므로 두 가지 방법 중 어느 것을 사용하여도 동일한 값을 얻게 된다. 하지만 Non-CO_2는 설비의 종류에 의하여 배출량이 영향을 받게 되므로 Advanced Method를 사용하여 계산하는 것이 더 정확할 것으로 보고 있다.

◎ **표 6-9** Simple method(연료 소비에 따른 배출량 산정식)

온실가스 배출량 = Σ[연료별 소비량 × 발열량 × 환산계수 × 온실가스배출계수]		
활동도 자료 선별	연료별 사용량	
발열량	고체(MJ/kg), 액체(MJ/ℓ), 기체(MJ/Nm^3) 연료원별 발열량	
환산계수	1 TJ = 106 MJ	
배출계수	CO_2	연료원별 CO_2 배출계수 IPCC 기본배출계수/국가배출계수[4]
	Non-CO_2	연료원별 Non-CO_2 배출계수 IPCC 기본배출계수/국가배출계수
CO_2eq로 환산	온실가스별 배출량 × GWP지수	

◎ **표 6-10** Advanced method(연료 소비에 따른 배출량 산정식)

온실가스 배출량 = Σ[설비별 연료 소비량 × 발열량 × 환산계수 × 온실가스 배출계수]		
활동도 자료 선별	설비별 연료사용량	
발열량	고체(MJ/kg), 액체(MJ/ℓ), 기체(MJ/Nm^3) 연료원별 발열량	
환산계수	1 TJ = 106 MJ	
배출계수	CO_2	연료원별 CO_2 배출계수 IPCC 기본배출계수/국가배출계수
	Non-CO_2	연료원별 Non-CO_2 배출계수 IPCC 기본배출계수/국가배출계수
CO_2eq로 환산	온실가스별 배출량 × GWP지수	

4) 2006 IPCC Guidelines for National GHG Inventories

참고문헌

- 환경부. 2012. 온실가스·에너지 목표관리 운영 등에 관한 지침
- 환경공단. 2013. 온실가스 전문인력 양성 교재
- 에너지 고정연소분야 온실가스 배출계수 검증평가 기술개발
- 에너지관리공단, 2009. 시멘트 업종 온실가스 배출량 산정 Good Practice 가이드라인
- 시멘트산업의 기후변화협약 대응방안 연구
- 세종대학교 환경에너지융합과, 산업분야 온실가스 배출량 산정 방법 연구 발표자료
- 한국표준과학연구원, 산업분야 온실가스 배출량 산정 방법에 관한 연구

Chapter 7

농 · 축산 · 임업

국립농업과학원 정현철, 강원대학교 박규현, 국립산림과학원 김래현

1 주요 공정의 이해

1.1 농업

농업부문에서의 온실가스 배출과 흡수는 그림 7-1과 같이 다양한 농업활동을 통해 일어나며, 농경지 중 경종부문에서의 온실가스 배출은 IPCC 가이드라인에 따라 벼 재배, 농경지 토양 그리고 작물잔사 소각으로 구분된다.

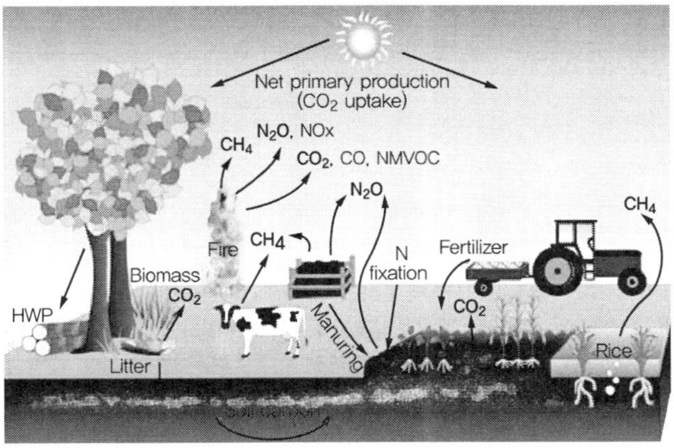

그림 7-1 농경지에서의 온실가스 주요 배출 및 흡수 경로
(출처 : IPCC, 2006)

1.2 축산업

IPCC 가이드라인(IPCC, 2006)의 축산부문의 인벤토리와 Common Reporting Format (CRF, 공통보고양식)에서 고려하는 온실가스는 메탄(CH_4)과 아산화질소(N_2O)이다. 가축이 호흡을 하면서 배출하는 이산화탄소(CO_2)는 사료작물 등 식물이 광합성을 하면서 산소(O_2)를 배출하며 이용하는 것으로 가정하여 배출량을 "0"으로 보고 고려하지 않는다. 트랙터와 트럭, 난방기, 기계류 등 화석연료를 사용하면서 배출되는 온실가스(CO_2 등)는 에너지 부문에서 고려하기 때문에 축산부문의 인벤토리에서는 고려하지 않는다.

메탄(CH_4)은 상호 의존적인 3 그룹의 균 –가수분해균(hydrolytic bacteria), 산 형성균(acid forming bacteria), 메탄 생성균(methanogenic bacteria)–에 의해 생성된다. 가수분해균은 복잡한 유기물질 –탄수화물(carbobydrates), 단백질(proteins), 지방(lipids)–을 가수분해 과정을 통해 용해성이 있는 단량체 분자(soluble monomer molecules) –당분(sugars), 아미노산(amino acids), 펩타이드(peptides)–로 바꾼다(Iannotti et al., 1982; McInerney et al., 1979; Siebert and Torien, 1969). 단량체 분자는 바로 다음 그룹인 산 형성균이 이용한다. 산 형성균은 두 개의 하위 그룹인 초산 생성균(acetogenic bacteria)과 산 생성균(acidogenic bacteria)로 나눌 수 있다. 초산 생성균은 수소생산 초산균(hydrogenic-producing acetogenic bacteria)과 homoacetogenic bacteria로 나뉜다. 수소 생산 초산균은 지방산과 알콜을 초산, 수소, 이산화탄소로 만들고, Homoacetogenic bacteria는 이산화탄소와 수소를 초산으로 만든다(Bitton, 1999). 산 생성균은 당류, 아미노산, 지방산을 간단한 유기산(초산, 프로피온산, 부틸산, 젖산, 포름산 등), 알콜, 케톤, 이산화탄소와 수소로 만든다. 메탄 생성균은 산 형성균이 만들어낸 성분을 이용하여 메탄을 생산한다. 메탄 생성균은 actoclastic 메탄 생성균과 hydrogen-utilizing 메탄 생성균으로 나눌 수 있다. Acetoclastic 메탄 생성균은 초산을 이용하여 메탄과 이산화탄소를 만들고(Husher et al., 1982), hydrogen-utilizing 메탄 생성균은 수소와 이산화탄소를 메탄으로 만든다(König, 1984). 이러한 메탄 생성균은 절대적인 혐기조건에서 살아갈 수 있다.

아산화질소(N_2O)는 산소가 많은 환경에서 이루어지는 질산화과정(nitrification)과 산소가 부족한 환경에서 이루어지는 탈질화과정(denitrification)에서 생성된다. 질산화과정은 아질산염(nitrite)과 질산염(nitrate)을 생산하는 2 단계 과정으로 이루어지며, 일반적으로 밀접하게 연결되어 있기 때문에 아질산염의 축적이 나타나지 않는다. 탈질화과정은 질산염을 아질산염, 일산화질소, 아산화질소, 질소로 바꾸는 과정이다.

$$NO_3^- \rightarrow NO_2^- \rightarrow NO \rightarrow N_2O \rightarrow N_2$$

아산화질소와 질소의 발생 비율은 탈질화 미생물과 환경에 따라 변한다. pH가 낮은 환경에서는 아산화질소의 비율이 높아진다(Atlas and Bartha, 1998). 이 밖에 메탄 이용균(methanotrophs)의 질산화－탈질화 과정이나(Verstraete and Philips, 1998), 산소가 아닌 아질산염을 이용하는 종속영양생물(heterotrophs)에 의해 발생하기도 한다(Strous et al., 1997).

1.3 임업

지구의 산림 면적은 육지 면적의 약 1/3 정도로 육상생태계 탄소의 80%, 토양 내 탄소의 40%를 저장하고 있다. 토양을 포함한 육상생태계에 저장된 탄소량은 약 2조 3000억 톤으로 이 가운데 산림에 저장되어 있는 탄소량은 5,500억 톤 정도이다. 매년 대기와 교환되는 광합성량은 1,200억 탄소톤(육상생태계 탄소저장량의 약 22%) 정도이다. 이와 같이 육상생태계에 저장되는 탄소는 식물의 광합성에 기인하는 것으로 산림은 지구 전체 광합성량의 2/3 가량을 담당하고 있다(배재수 등, 2009).

일반적으로 광합성 과정에 저장된 탄소의 50% 정도는 호흡으로 배출되며, 나머지는 임목 등 식물체에 축적된다. 이와 같이 각각의 나무와 산림은 흡수원이면서 동시에 배출원이기도 하다. 산림은 낙엽 등 고사유기물의 분해, 토양 호흡, 산불로 인한 연소 등

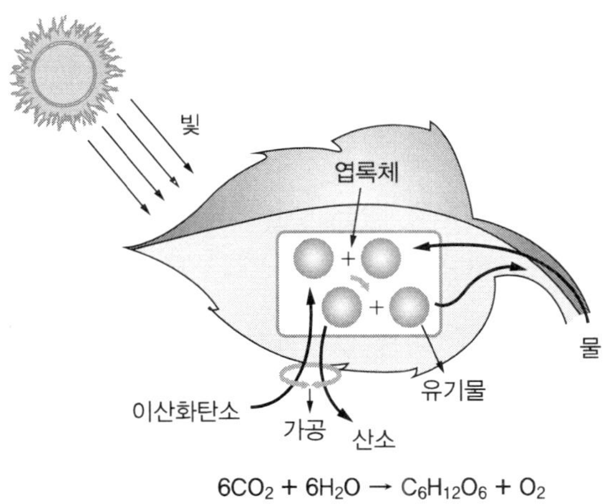

$$6CO_2 + 6H_2O \rightarrow C_6H_{12}O_6 + O_2$$

그림 7-2 식물의 광합성

으로 인하여 산림생태계에 저장되어 있던 탄소는 대기 중으로 배출되게 된다. 이러한 일련의 과정에 따른 산림생태계 내 탄소저장량의 변화는 온도, 습도, 강우 등 기후, 토양의 이화학성, 식물상 및 동물상 등 다양한 환경 및 생물적 요인에 따라 결정된다.

2 주요 배출시설의 이해

2.1 농업

경종부문에서의 온실가스 배출은 다른 산업공정의 시설과는 달리 자연환경에서 작물을 생산하는 과정에서 발생한다. IPCC 가이드라인에서는 농업부문 온실가스 배출원을 논에서 벼를 경작하는 과정에서의 메탄 배출, 농경지 토양에서 작물을 재배하는 과정에서 질소 투입에 의한 아산화질소 배출과 요소비료나 석회 시용에 의한 이산화탄소 배출, 사바나 토양에서의 소각에 의한 온실가스 배출 및 농경지 토양에서 작물 잔사를 소각하는 과정에서의 온실가스 배출로 구분한다. 그러나 사바나 토양에서 소각에 의한 온실가스 배출은 우리나라의 경우 해당되지 않아 배출량 산정에서는 제외한다.

2.2 축산업

축산법(법률 제11690호)에 따르면, “축산업”이란 종축업, 부화업, 정액등처리업 및 가축사육업을 말한다. “종축업”이란 종축을 사육하고, 그 종축에서 농림축산식품부령으로 정하는 번식용 가축 또는 씨알을 생산하여 판매(다른 사람에게 사육을 위탁하는 것을 포함한다)하는 업을 말한다. “부화업”이란 닭 또는 오리의 알을 인공부화 시설로 부화시켜 판매(다른 사람에게 사육을 위탁하는 것을 포함한다)하는 업을 말한다. “정액등처리업”이란 종축에서 정액·난자 또는 수정란을 채취·처리하여 판매하는 업을 말한다. “가축사육업”이란 가축을 사육하여 판매하거나 젖·알·꿀을 생산하는 업을 말한다. 가축은 축산법(법률 제11690호)에서 사육하는 소 · 말 · 양(염소 등 산양을 포함) · 돼지 · 사슴 · 닭 · 오리 · 거위 · 칠면조 · 메추리 · 타조 · 꿩, 그 밖에 농림축산식품부령으로 정하는 동물(動物) 등을 말한다. 농림축산식품부령 제67호에 따르면 노새 · 당나귀 · 토끼 및 개, 꿀벌과 그 밖에 사육이 가능하며, 농가의 소득증대에 기여할 수 있는 동물로서 농림축산식품부장관이 정하여 고시한(농림축산식품부 공고 제2013-127호), 오소리 · 십자매 · 금화조 · 문조 · 호금조 · 금정조 · 소문조 · 남양청홍조 · 붉은머리청홍조 · 카나리아 · 앵무 · 비둘기 · 금계 · 은계 · 백한 · 공작 · 지렁이가 있다. 우리나라 법령에서와는 달리, IPCC 가이드라인(IPCC, 2006)의 축산부문은 가축과 직접적으로 연결된 부분으로 한정하여 가축의 장내발효(enteric fermentation)와 가축분뇨 처리시설(과정)로 한정하고 있다.

가축을 사육할 때 가축은 소화기관에서 발생하는 장내발효에 의해 메탄(CH_4)을 배출하며, 가축 분뇨를 처리하기 위한 가축분뇨 처리시설로부터 메탄(CH_4)과 아산화질소(N_2O)를 배출하게 된다. 되새김질을 하는 소화 시스템(반추위)을 가지고 있는 반추동물(소, 양, 염소 등)은 사료의 소화를 반추위에 존재하는 미생물들이 담당하고 있으며, 반추위 내부의 환경이 혐기적이기 때문에 메탄 배출율이 높다. 이와 달리 유사 반추위 가축(pseudo-ruminant animal)은 맹장과 대장이 반추가축의 반추위와 유사한 역할을 하며, 말, 토끼 등이 이에 속한다. 단위동물은 위와 소장이 주요 소화기관이며, 맹장의 기능은 거의 없고 대장에 약간의 미생물이 존재하며 사람, 돼지, 닭 등이 이에 속한다. 가축 분뇨는 가축이 섭취한 사료 중 소화되지 않은 성분이므로 유기물이 많이 있다. 이러한 유기물이 산소가 없는 혐기적 환경에서 분해될 때 메탄 생성균에 의해 메탄이 발생한다. 따라서 가축분뇨 처리과정 중 배출되는 메탄의 양은 처리해야 할 분뇨량, 분뇨 내 유기물 양, 그리고 혐기적으로 분해되는 분뇨의 비율, 그리고 메탄 생성균에 영향을 주는 환경에 따라 달라진다. 분뇨량 및 분뇨의 유기물 양은 한 마리당 배설량과 그 개체수, 섭취한 사료의 종류에 따라 다르다. 가축분뇨에서 배출되는 아산화질소는 가축분뇨에 포함되어 있는 질소 성분의 질산화-탈질화의 분해 과정에서 일어난다. 이러한 과정은 가축분뇨처리방법과 처리 기간에 달려 있다.

2.3 임업

임업부문의 산정범위인 산림지는 자연적으로 CO_2 및 Non-CO_2 온실가스(N_2O, CH_4)를 배출하기 때문에 인위적인 산림지 이용 및 관리 활동에 따른 다음과 같은 배출원/흡수원에서의 온실가스 배출/흡수를 산정하여 보고한다.

'산림지로 유지되는 산림지'는 인위적인 간섭이 없는 교란 받지 않은 천연림 등이 제외되며, 5개 탄소저장고의 변화량을 산정한다. '타토지에서 전용된 산림지'는 다른 토지이용 범주(농경지, 초지, 습지, 주거지, 기타 토지)에서 전용된 산림지를 대상으로 5개 탄소저장고의 변화량을 산정한다. '질소 시비로 인한 N_2O 배출'은 합성비료와 유기질비료의 시비로 인한 토양에서의 N_2O 배출을 산정한다. '산림지 배수로 인한 Non-CO_2' 배출은 장기간의 침수로 인한 고사유기물과 토양의 혐기성 분해 환경이 인위적인 배수로 인하여 호기성 분해 환경으로 전환됨에 따라 배출되는 Non-CO_2 배출을 산정한다. '목재 및 목제품 생산'의 배출은 자국 내에서 생산된 제재목, 판상 제품, 제지류 등과 같은 목제품을 대상으로 산정한다.

표 7-1 임업부문의 배출원/흡수원과 산정대상 탄소저장고와 온실가스

배출원/흡수원	탄소저장고	온실가스
산림지로 유지되는 산림지	지상부/지하부 바이오매스 고사목, 낙엽층, 토양	CO_2
타토지에서 전용된 산림지	지상부/지하부 바이오매스 고사목, 낙엽층, 토양	CO_2
질소 시비로 인한 N_2O 배출	토양	N_2O
산림지 배수로 인한 Non-CO_2 배출	토양	CH_4, N_2O
산림지 연소(산불)로 인한 Non-CO_2 배출	지상부/지하부 바이오매스 고사목, 낙엽층	CH_4, N_2O
(자국 내) 목재 및 목제품 활용	수확된 목제품	CO_2

(출처 : IPCC GPG-LULUCF, 2006)

3 물질, 에너지 수지의 이해

3.1 농업

농업에서의 대기 중 에너지 교환은 기본적으로 농작물과 작물이 자랄 수 있도록 작물을 지탱해주고 영양분을 공급해주는 토양, 그리고 대기와의 순환과정이다. 작물은 대기 중 이산화탄소와 토양중 물을 이용해 광합성을 하고, 작물이 생장을 하며, 호흡을 통해 대기로 이산화탄소를 방출한다. 농작물에서 수확된 곡식은 인간이 이용을 하고 수확 후 남은 농작물의 부산물(잔사)은 인간 활동을 통해 토양으로 환원되거나, 소각 등 기타 과정을 거쳐 재순환을 하게 된다. 이러한 일련의 과정을 통해 대기 – 작물 – 토양 사이에서 물질 순환이 이루어진다. 작물이 토양에서 생장하는 동안 작물 생장에 필요한 유기물 같은 양분과 화학비료 등이 투입되며, 이러한 과정에서 이산화탄소 뿐만 아니라 메탄, 아산화질소와 같은 온실가스가 배출된다. 또한 식용부위 제외한 작물의 잔사가 농경지에서 소각되는 과정에서는 메탄, 아산화질소뿐만 아니라 일산화탄소 등의 가스도 대기 중으로 배출된다.

3.2 축산업

가축의 호흡으로 배출되는 이산화탄소(CO_2)는 축산의 온실가스 배출량으로 산정하지 않는다. 이는 가축의 호흡으로 배출되는 CO_2가 식물의 광합성 과정에서 소비되는 것으로 생각하기 때문에 축산부문의 온실가스 배출량으로 산정하지 않는다. 하지만 인간의 경제활동으로 사육되는 가축으로부터의 메탄(CH_4)과 아산화질소(N_2O) 배출량은 온실가스 배출량으로 산정한다. 가축은 장내 발효과정에서 메탄(CH_4)을 배출하고, 가축분뇨처리시스템(과정)으로부터 메탄(CH_4)과 아산화질소(N_2O)를 배출한다. 가축은 많은 사육두수와 장내발효과정의 높은 메탄 배출율 때문에 메탄의 주요 배출원으로 알려 있다. 특히, 되새김질을 하는 소화 시스템을 가지고 있는 소는 메탄(CH_4) 배출율이 돼지와 같은 단위동물보다 높고 개체수가 많기 때문에 많은 국가에서의 주요한 메탄(CH_4) 배출원이다. 가축분뇨처리시스템(과정)으로부터의 아산화질소(N_2O) 배출량은 시스템(과정)에 따라 편차가 크며, 가축분뇨처리시스템(과정)에서 다른 형태의 질소 손실(volatilisation)에 의한 암모니아 손실, 질소성분의 토양으로의 침출(leaching), 지표면으로의 유출(runoff) 등에 의해 다른 부분에서 간접적 배출을 발생시킬 수도 있다. 이러한 가축분뇨처리시스템(과정)으로부터의 질소의 손실량은 토양에 분뇨를 적용하거나 연료, 건설 목적으로 사용가능한 질소의 양을 결정하는데 중요한 요소이다.

3.3 임업

산림생태계 내 탄소는 그림 7-3에서 보는 바와 같이 6개의 탄소저장고를 거쳐 유입되거나 유출된다. 산림생태계로 유입되는 탄소는 앞에서 언급한 바와 같이 오직 식생의 광합성을 통해 지상부 및 지하부 바이오매스(aboveground & belowground biomass)에 저장되며, 나머지 탄소저장고를 거치는 분해과정을 통하여 대기로 배출된다.

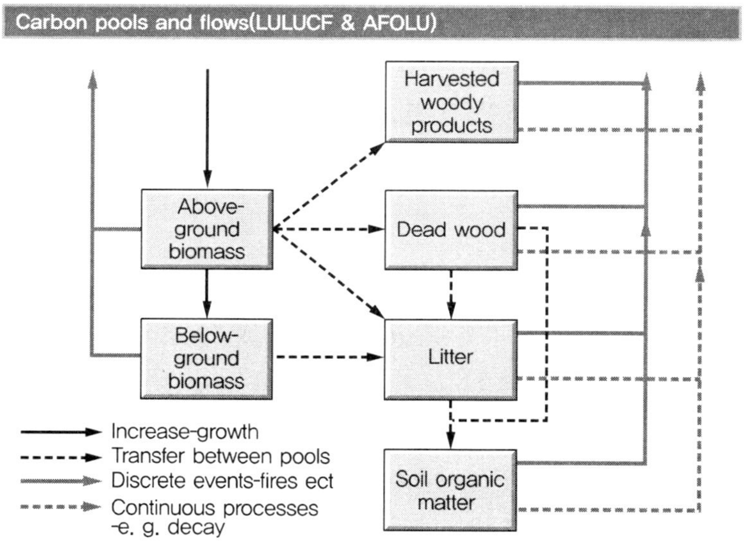

그림 7-3 육상생태계 탄소저장고의 주요 흡수 및 배출 경로

(출처 : IPCC(www.ipcc-nggip.iges.or.jp))

나무는 매년 잎과 가지를 떨어뜨리기 때문에 지상부 바이오매스에 저장된 탄소의 일부분을 낙엽층(litter)으로 이동하게 되며, 주변 나무와의 경쟁으로 인해 나무가 도태되는 경우 많은 양의 탄소가 고사목(dead wood) 탄소저장고로 이동하게 된다. 지하부 바이오매스(뿌리) 역시 낙엽과 같이 매년 일정량의 세근을 공급하거나 고사된 뿌리를 토양 내에 직접적으로 공급한다. 이렇게 토양 상층 또는 내에 축적된 고사유기물은 미생물상과 미소동물에 의한 생물학적 분해, 이들을 먹이로 하는 중대형 동물에 의한 물리적 분해 등의 분해과정을 거쳐 저장되어 있던 탄소가 대기 중으로 배출되거나 작게 분해된 유기물질이 토양으로 유입되게 된다. 토양으로 유입된 탄소는 토양미생물에 의해 분해되어 토양호흡 또는 지하수를 통해 배출된다. 또한 지상부 바이오매스를 벌채하여 활용하는 수확된 목제품은 용도에 따라 여러 가지 요인에 의해 분해되는 과정을 거치게 되는데 제품에 따라 물리 · 화학성이 다르기 때문에 배출에 소요되는 시간이 다르다.

4 온실가스 배출의 이해

4.1 농업

우리나라 농업부문에서 배출되는 온실가스는 1996 IPCC 가이드라인을 기본으로 하여 2000, 2003 GPG를 일부 적용하여 산정한다. 1990년부터 2011년까지의 농업(경종)부문 온실가스 배출량 변화는 그림 7-4와 같다. 배출량 산정을 시작한 1990년 이후 온실가스 배출량은 지속적으로 감소하고 있는데, 감소 원인은 작물 재배면적의 감소와 화학비료 사용량 감소 등으로 분석된다. 벼 재배에 의한 메탄 배출량이 가장 많았으며, 그 다음으로 농경지 토양에서의 아산화질소 배출이 많은 것으로 나타났다. 농경지에서 작물 잔사를 소각하는 과정에서의 온실가스 배출량은 1% 미만으로 전체 배출량에는 큰 영향을 미치지 않았다.

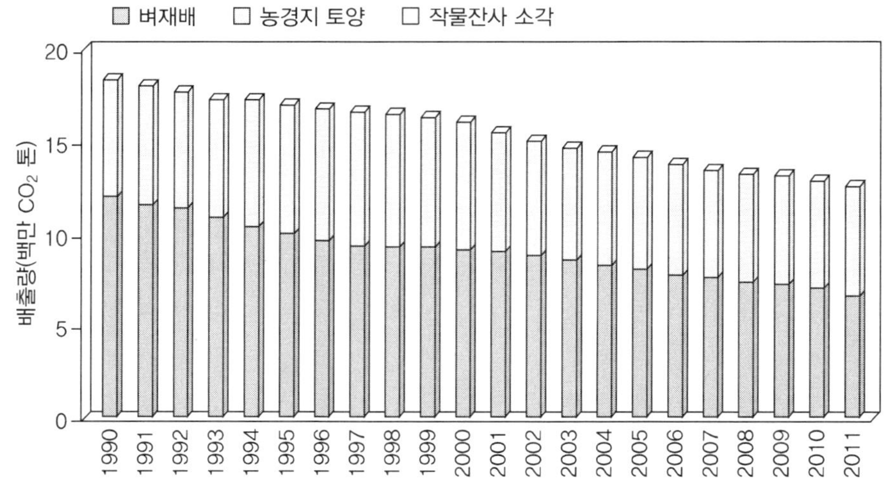

그림 7-4 경종부문 배출원별 온실가스 배출량 변화 추이 (1990~2011)

4.1.1 벼 재배에 의한 메탄 배출

논에서 벼를 재배하는 과정에서 배출되는 메탄은 IPCC 가이드라인의 상위 카테고리 분류에 따라 Upland와 Lowland로 구분하며, Lowland는 다시 물관리 방법에 따라 물관리를 하는 논(Irrigated), 자연 강우에 의존하는 논(Rainfed) 그리고 항상 깊게 논물을 유지하는 논 (Deep water)로 구분한다. 물 관리를 하는 논은 상시담수를 하는 논(Continuously flooded)과 관개를 하는 논(Intermittently flooded)으로 구분한다. 우리나라의 경우는 물관리를 하는 논에 해당되며, 메탄 배출량 산정시 상시담수를 하는 논과 관개를 하는 논으로 구분하여 배출량을 산정한다.

2006 IPCC 가이드라인에 따라 논에서 배출되는 메탄은 벼 재배(작기) 중 논 물관리 방법, 벼 재배 전 논토양에서의 물 관리 방법, 유기물 시용량과 시용방법, 토성과 벼 품종 등에 따라 큰 영향을 받는다. 이 밖에도 대기 조건이나 토양 조건에 따라서도 큰 영향을 받는다. 이러한 조건을 고려해서 메탄 배출량 산정시에는 배출계수와 보정계수를 적용하고, 여기에 벼 재배면적, 재배일수를 근거로 메탄 배출량을 산정한다. IPCC 가이드라인에서는 기본 배출계수와 보정계수를 제시하고 있으며, 각 국가의 농업환경에 맞는 국가 고유의 배출계수 및 보정계수를 개발하여 사용하도록 권고하고 있다. 이러한 배출계수나 보정계수에는 각 국가의 고유한 농업환경이나 재배 및 기후조건 등이 반영되므로 온실가스 배출량 산정시 발생하는 불확도를 저감할 수 있으므로 정확한 배출량 산정을 위해서는

신뢰성 있는 통계자료 구축과 더불어 반드시 필요하다고 하겠다.

우리나라의 경우 논에서 벼를 재배하는 동안 토양은 담수상태를 유지하게 되며, 이 과정에서 $NO_3 \rightarrow N_2$로 전환되어 아산화질소 배출량은 줄어드는 반면, 혐기상태로 메탄 배출량은 증가하게 된다. 그림 7-5는 담수 상태에서의 메탄 배출경로를 나타낸다.

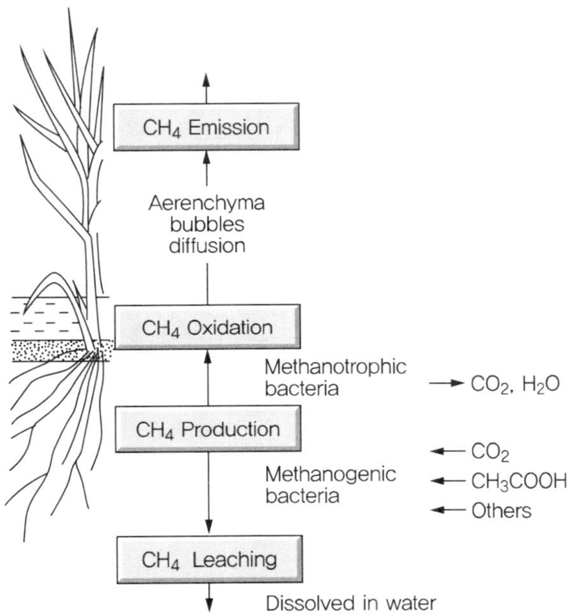

그림 7-5 메탄 배출 경로
(출처 : Minami and Neue, 1994)

4.1.2 관리된 농경지 토양에서의 아산화질소 배출

관리된 농경지에서의 아산화질소 배출은 2006 IPCC 가이드라인에 따라 배출되는 장소, 배출되는 경로에 따라 직접배출과 간접배출로 구분한다.

1) 직접배출

직접배출은 농경지 토양에 투입된 질소원이 다른 지역으로 이동하지 않고 동일 장소에서 아산화질소로 배출되는 것을 말한다. 농경지 토양에서의 아산화질소 배출량은 투입된 질소원 및 양에 따라 배출량이 달라지는데 1996 IPCC 가이드라인에서는 농경지 질소 공급원을 화학비료에 의한 질소 공급, 가축분뇨에 의한 질소 공급, 작물잔사 환원에 의한 질소 공급 및 콩과(두과)작물의 질소 고정에 의한 질소 공급으로 구분을 제시하고 있다. 그러나 2006 IPCC 가이드라인에서는 콩과(두과)작물의 질소 고정에 의한 질소 공급에 의한 아산화질소 배출은 삭제되었다.

2) 간접배출

간접배출은 농경지 토양에 투입된 질소원(직접 배출에서 제시한 질소 공급원)이 다른 지역으로 이동하여 대기로 침적되어 배출되는 대기 침적에 의한 간접배출과 지표수나 지하수로 이동하여 배출되는 수계 유출에 의한 간접배출로 배출량을 구분한다(그림 7-6).

① 대기 침적에 의한 간접배출

대기 침적에 의한 아산화질소 간접배출은 농경지에 시용된 화학비료의 10%, 유기질비료의 20%가 암모니아나 질소 산화물의 형태로 휘산되고 그 중 일부가 아산화질소로 배출되는 것을 말한다.

② 수계 유출에 의한 간접배출

수계 유출에 의한 아산화질소 간접배출은 농경지에 시용한 질소 일부가 지하나 지표수로 배출되고 다른 지역으로 이동한 후 아산화질소로 배출되는 것을 말한다.

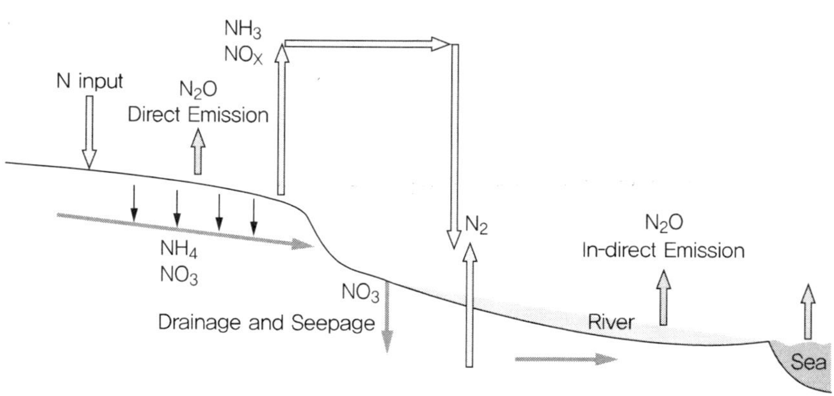

그림 7-6 아산화질소 간접배출 경로

(출처 : 농경지 온실가스 배출 및 흡수 평가, 국립농업과학원)

4.1.3 농경지에서 요소비료 및 석회 시용에 의한 이산화탄소 배출

1996 IPCC 가이드라인의 경우 농경지에서 배출 또는 흡수되는 이산화탄소는 작물의 광합성과 호흡을 통해 순환하는 경로로 온실가스 배출은 없는 것으로 규정하였다. 그러나 2006 신규 IPCC 가이드라인에서는 요소비료나 석회 시용의 경우 인간활동에 의한 온실가스 배출로 규정하여 새롭게 배출원으로 제시하였다. 작물 생산 및 토양 개량을 위한 농경지에서는 요소 비료와 석회를 시용하며, 이 과정에서 이산화탄소가 배출된다.

4.1.4 작물잔사 소각에 의한 온실가스 배출

농경지에서 작물을 수확한 후 식용 가능한 곡실 부분을 제외한 작물잔사는 처리 방법에 따라 사료로 활용하거나 농경지로 환원(재투입) 또는 소각 과정을 거치게 된다. 작물 잔사를 소각하는 과정에서 온실가스인 메탄과 아산화질소가 배출되며 기타 이산화탄소, 일산화탄소, 질소산화물 등의 가스도 배출된다. 이러한 소각 과정에서 온실가스인 이산화탄소가 배출되지만, 이는 다시 작물로 흡수된다는 가정 하에 배출량에서 산정하지 않는다.

4.2 축산업

4.2.1 장내발효 과정의 CH_4 배출

현재 우리나라의 국가보고서에서 다루는 장내발효 배출원은 젖소, 한 · 육우, 돼지, 닭, 염소(산양), 면양, 말, 사슴, 오리로 나눌 수 있다. 장내발효 과정에서 배출되는 온실가스는 CH_4이며, 가축의 소화과정에서 생기는 일반적 부산물이다. 가축이 섭취한 사료가 소화되는 과정에서 장(腸)에 있는 미생물들이 그것을 발효하는 과정에서 발생하는 것이다. 반추(反芻) 가축은 소화기관에 있는 특정 미생물의 존재 때문에 탄수화물 형태인 셀룰로오스(cellulose)를 소화하는 과정에서 CH_4의 발생량이 많다. 반추가축은 혹위(전위) 안에서 많은 양의 CH_4 생성 발효작용이 일어나기 때문에 CH_4의 배출량이 높다. 주요 반추 가축은 소, 염소, 양 및 낙타가 있다. 반추가축과 비슷하게 장내 미생물의 도움을 받는 가축이 있는데 이를 유사 반추위 가축(Pseudo-ruminant animals : 말, 노새, 당나귀)이라고 하며, 이들 가축은 반추가축보다는 적지만 단위가축보다는 많은 양의 CH_4을 배출한다. 단위가축(monogastric animals : 돼지, 닭 등)은 소화기관에서 반추가축에 비해 적은 CH_4 생성 장내발효로 인해 상대적으로 적은 CH_4 배출량을 보인다. 이러한 소화기관의 유형은 CH_4 방출의 비율에 중요한 영향을 끼치며, 소화 과정에서 발생되는 CH_4을 장내발효(腸內醱酵) 과정에서 발생하는 CH_4으로 본다. 또한, 가축의 소화기관의 형태 뿐만 아니라 가축의 나이, 무게, 사료의 질과 양, 그리고 에너지 소비에 따라 CH_4의 배출량이 다르게 된다.

4.2.2 가축분뇨 처리과정의 CH_4과 N_2O 배출

가축분뇨 처리과정 중 배출되는 온실가스는 CH_4과 N_2O이었으며, 2013년 국가인벤토리보고서에 따르면 배출원은 젖소, 한・육우, 돼지, 닭, 염소, 면양, 말, 오리, 사슴이다. 가축 분뇨는 유기물로 구성되어 있다. 이 유기물이 혐기적 환경(산소가 없는 경우)에서 분해될 때 CH_4 생성 미생물에 의해 CH_4이 발생한다. 가축 분뇨의 CH_4 배출량에 영향을 주는 주요 요인은 분뇨량, 분뇨의 유기물 양과 혐기적으로 분해되는 분뇨의 분율이다. 분뇨량 및 분뇨의 유기물 양은 한 마리당 배설하는 양과 개체수, 그리고 섭취 사료에 따라 다르다. 혐기적으로 분해된 분뇨의 분율은 분뇨의 관리법에 따라 달라지게 된다. 분뇨가 액체로 저장되거나 처리될 때(예 : lagoons, 연못, 탱크, 구덩이) 혐기적으로 분해되는 경향이 있고, 이에 따라 많은 양의 CH_4을 생산한다. 분뇨가 고체 형태(예 : 퇴비화 등)로 관리될 때 또는 방목하는 가축이 초원과 목장 등 방목지에서 배설할 경우 그 분뇨는 호기적으로 분해되는 경향이 있고, CH_4은 혐기적 상황에서 보다 적게 발생된다. 가축분뇨의 N_2O 배출은 가축분뇨의 질소 성분의 분해 과정에서 일어난다. 분뇨가 질산화 및 탈질화 과정을 거치면서 질소 성분이 분해되어 질소가스가 되는 과정의 전 단계의 부산물로 발생하거나 산소가 부족한 상황에서 질산화 과정 도중에 발생하기도 한다. 질산화는 산소의 공급이 원활할 경우 일어나는 현상이며, 탈질화는 산소의 공급이 원활하지 않아 산소가 부족한 환경에서 일어나는 현상이다. 이러한 과정을 통해 배출되는 N_2O의 양은 분뇨처리 체계와 기간에 달려 있다. 따라서 가축분뇨의 특성 및 가축분뇨 처리방법은 CH_4과 N_2O 배출량에 영향을 미친다.

4.2.3 축산의 온실가스 배출량 변화

축산의 주요 온실가스는 CH_4과 N_2O이다. 2013년 국가인벤토리보고서에 따르면, 2011

년 기준으로 CH_4의 경우 국가 전체 온실가스 배출량(CO_2-eq 기준)의 약 4.2%를 차지하고 있다. 경종과 축산을 포함하는 전체 농업부문을 보았을 때 그 비중은 국가 전체 CH_4 배출량의 42.0%로 수위를 차지하였다. 메탄의 배출 특성을 보면, 축산부문은 1990년도 대비 2011년도에 장내발효 과정에서 39.4%, 가축분뇨처리과정에서 49.0%가 증가하였다. 이와 달리 벼재배 분야는 43.6% 감소하였다. 따라서 점차 축산부문의 CH4 배출량의 비중이 증가하고 있음을 알 수 있다. 아산화질소의 경우 국가 전체 온실가스 배출량의 약 2.1%를 차지하고 있다. 위의 CH_4의 경우와 같이 경종과 축산을 포함하는 전체 농업부문을 보았을 때 그 비중은 국가 전체 CH_4 배출량의 66.5%로 수위를 차지하였고, 이는 1990년과 비교하여 11.9% 증가한 값이었다. 농업부문의 N_2O 배출량 증가에는 가축분뇨처리과정의 기여도가 가장 높았는데, 1990년도에 비해 2011년도에는 약 50.0%가 증가하였다. 이러한 축산부문의 영향력 증가는 축산물 소비량 증가에 따른 가축사육두수의 증가에 기인한다고 할 수 있다.

4.3 임업

4.3.1 산림지로 유지되는 산림지 배출/흡수

IPCC 우수실행지침(2003)에서는 산림지를 세분화한 부범주로 나누어 산정하는 것을 우수실행으로 제시하고 있으며, 대부분의 국가들이 임상(침엽수림, 활엽수림, 혼효림) 또는 주요 수종으로 구분하고 있다. 이는 수종 또는 임상의 특성에 따라 지상부 및 지하부 바이오매스의 생장과 나머지 탄소저장고의 분해 속도와 크기가 다르기 때문에 탄소의 흡수와 배출의 변화가 달라지기 때문이다.

기본적으로는 획득–손실법(gain-loss method)이 기본적인 산정 방법으로 임목축적의 증가에 따른 탄소축적 증가량에서 임목축적의 손실에 따른 탄소축적 손실량을 감하는 방법이다. 임목축적 증가량 추정을 위한 대륙별 기본계수 등이 IPCC 우수실행지침과 2006 가이드라인에 제시되어 있으나, 손실량은 국가별 자료를 활용해야 한다. 손실량은 벌채량(fellings), 연료재 사용량(fuel wood), 교란 등 기타 손실량(other losses)으로 구분하여 산정한다. 또, 다른 추정방법으로는 축적차이법(stock change method)이 있으며, 두 시점의 축적 차이를 비교하여 탄소축적량을 산정하는 방법이다. 국가적으로 주기적인 산림자원 조사체계를 갖춘 국가에서 활용할 수 있는 방법이다. 현재, 우리나라는 획득–손실법을 적용하여 순 흡수량 및 총 흡수량을 산정하여 제시하고 있으며, 제6차 국가산림자원조사가 완료되는 2015년 이후에는 축적차이법을 적용할 수 있을 것으로 기대하고 있다.

4.3.2 타토지에서 전용된 산림지 배출/흡수

현재로서는 타토지에서 전용된 산림지 배출/흡수는 신규조림 또는 재조림에 준하여 산정하여 보고해야 하지만, 우리나라의 경우 타토지에서 전용된 산림지의 임목축적에 대한 통계가 구분되어 생산되고 있지 않아 구분하여 산정하기는 어려운 실정이기 때문에 산림지로 유지되는 산림지의 배출/흡수에 포함하여 산정하고 있다.

4.3.3 질소 시비로 인한 N_2O 배출

기본적으로 질소 시비(유기질 비료+합성 비료)에 따른 N_2O 배출량을 산정하여 보고해야 하지만, 우리나라의 경우 산림지에 대한 질소 시비가 없는 것으로 간주하고 있다.

4.3.4 산림지 배수로 인한 Non-CO_2 배출

산림지 배수로 인한 Non-CO_2 배출은 습지와 같은 유기토양을 대상으로 산정하는 것이나 우리나라의 경우 유기토양이 거의 없기 때문에 이에 대한 산정을 하지 않고 있다.

4.3.5 산림지 연소로 인한 Non-CO_2 배출

산림지 연소로 인한 Non-CO_2 배출은 인위적인 산불에 의한 배출량을 산정하는 것으로 CO_2 배출량 기준 Non-CO_2 배출량 환산방법과 피해 면적과 연료량에 따른 직접 배출량 산정 방법을 활용할 수 있다. 우리나라는 관련 통계자료의 불화실성으로 인하여 아직까지 산림지 연소로 인한 Non-CO_2 배출량을 산정하지는 않고 있다.

4.3.6 목재 및 목제품 활용으로 인한 배출

목재 및 목제품 활용으로 인한 배출량은 교토의정서 제2차 공약기간(2013～2020)부터 추가된 탄소저장고로서 자국 내 목제품 생산량과 반감기를 활용한 분해량을 고려하여 산정해야 한다. 목재 및 목제품 활용으로 인한 배출 산정을 위하여 IPCC에서 '2013 Revised supplementary methods and good practice guidance arising from Kyoto Protocol'을 새로운 가이드라인으로 발간하였다.

5 활동자료 수집

5.1 농업

경종부문에서 배출되는 온실가스 배출량을 산정하기 위해서는 작물별 재배면적, 생산량, 가축사육두수 등의 활동자료가 필요하며 그 외 농경지 작물 잔사의 환원 비율, 소각 비율 등의 활동자료가 필요하다. 기본적으로 농업부문 활동자료는 농림축산식품부의 농림수산식품통계 연보를 활용하며, 그 외 국내 연구결과 및 보고서 등을 이용해 수집이 가능하다. 국내 자료가 존재하지 않을 경우는 IPCC 가이드라인의 기본 값을 사용한다.

5.2 임업

산림지의 온실가스 배출량은 6개 탄소저장고의 연간 변화량을 합하여 산정하기 때문에 각 저장고의 활동자료가 필요하다. 지상부 및 지하부 바이오매스의 경우, 임상별(침엽수, 활엽수, 혼효림) 임목축적의 변화량, 낙엽 · 고사목 · 토양의 경우 임상별 면적의 변화량이 활동자료로 필요하다. 목재 및 목제품 활용에 의한 배출량 산정을 위해서는 국내에서 벌채한 목재로 생산된 제품별 생산량과 폐기량이 활동자료로 필요하다. 대부분의 활동자료가 임업통계연보와 산림기본통계에서 수집할 수 있으나, 국내에서 벌채한 목재로 생산한 제품별 생산량과 폐기량은 현재 통계로 수집하기 어렵다.

참고로 기후변화협약에서는 산림지의 정의를 국가 환경에 따라 다르게 정하도록 하되, 기준 지표의 범위를 정하여 제시하고 있다. 우리나라는 기존의 산림 통계와 국제연합식량

농업기구(FAO) 제공 통계와의 일관된 정의를 적용하고 있다(표 7-2).

표 7-2 국내외 산림지 정의

구분	최소 면적(ha)	최소 수고(m)	최소 울폐도(%)	출처
우리나라	0.5	5	10	국가산림자원조사
UNFCCC	0.05～1	2～5	10～30	FCCC/16/CMP.1
FAO	0.5	5	10	FRA2015

6 배출량 산정

6.1 농업

경종부문 온실가스 배출량 산정은 IPCC 가이드라인에 따라 벼 재배에서의 메탄 배출, 농경지 토양에서의 아산화질소 및 이산화탄소 배출, 그리고 작물잔사 소각에 의한 메탄 및 아산화질소 배출로 구분하여 산정한다.

6.1.1 벼 재배에 의한 메탄 배출량 산정

벼 재배 논에서 메탄 배출량은 2006 IPCC 가이드라인 방법론에 따라 다음과 같이 산정(Tier 1)한다. 기본 배출계수(EFC)에 작기 전 물 관리 방법, 작기 중 물 관리 방법, 유기물 시용량 및 토성이나 벼 품종에 따른 보정계수를 곱하여 일 배출계수(EF1)를 산정하고, 여기에 벼 재배면적과 재배일수를 곱하여 메탄 총 배출량을 산정한다. 기본 배출계수(EFC)는 벼를 재배하는 기간(작기 중)의 벼 논 물을 상시담수 조건에서 유기물(볏짚, 퇴비 등)을 시용하지 않고, 벼를 재배하는 것을 의미한다.

$$EF_1 = EF_C \times SF_P \times SF_W \times SF_O \times SF_{S,R}\ (\mathrm{kg\ CH_4\ ha^{-1}\ day^{-1}})$$

EF_1 : 일 메탄 배출량 (kg CH_4 ha^{-1} day^{-1})
EF_C : 벼 재배 메탄 기본 배출계수 (kg CH_4 ha^{-1} day^{-1})
SF_P : 벼 재배기간 전 물관리 방법에 따른 보정계수
SF_W : 벼 재배기간 중 물관리 방법에 따른 보정계수
SF_O : 유기물 시용에 따른 보정계수
$SF_{S,R}$: 토성이나 벼 품종에 따른 보정계수

재배기간 중 메탄 총 배출량
= 재배면적(A) × 재배일수(t) × EF_1 × 10^{-6} (Gg CH_4 yr^{-1})

Example 7.1

아래와 같은 벼 재배조건에서 배출되는 연간 메탄 배출량 산정하여 이산화탄소 배출량으로 나타내시오. 단, 토양이나 품종특성($SF_{S,R}$)은 고려하지 않는다. (CH_4 GWP : 23)

- 기본배출계수(EF_C) : 2.26 kg CH4 ha^{-1} day^{-1}
- 유기물 보정계수(SF_O) : 2 (유기물 시용)
- 재배기간 중 물 관리 보정계수(SF_W) : 0.52 (중간낙수)
- 재배기간 전 물 관리 보정계수(S_{FP}) : 1.90 (30일 이전부터 물관리)
- 벼 재배면적(A) : 20,000 ha
- 벼 재배기간(t) : 135 day yr^{-1}

풀이

○ 메탄 배출계수 (1일 배출량)
= 2.26 (EF_C) × 0.52 (SF_W) × 1.9 (SF_P) × 2 (SF_O) = 4.4658 (kg CH_4 ha^{-1} day^{-1})

○ 연간 메탄 배출량
= 20,000 (ha) × 135 (t) × 4.4658 × 10^{-6} = 12.058 (Gg CH_4 yr^{-1})

○ 연간 이산화탄소 배출량
= 12.058 × 23 = 277.33 (Gg $CO_{2\text{-}eq}$ yr^{-1}) = 277,326 (tone $CO_{2\text{-}eq}$ yr^{-1})

Tier 2 산정 방법은 Tier 1과 같은 방법론을 적용하되, 국가 고유 배출계수(Country Specific Emission Factor)나 국가 고유 보정계수(Country Specific Scaling Factor)를 사용한다. 이러한 고유 계수는 메탄 배출에 영향을 미치는 국가나 지역의 환경을 반영하기

때문에 기본계수를 사용하는 Tier 1 방법보다 신뢰도가 높은 방법이다. Tier 3 산정 방법은 모델이나 직접 측정(모니터링)을 통한 배출량 산정 방법이다.

6.1.2 관리된 토양에서의 아산화질소 배출량 산정

농경지 토양에서의 아산화질소 배출은 관리된 토양을 말하며, 2006 IPCC 가이드라인 방법론에 따라 직접배출과 간접배출로 구분하여 산정한다.

1) 직접배출

직접배출은 농경지 토양에 투입된 질소원(화학비료 시용, 가축분뇨 시용, 작물잔사 농경지 환원)이 다른 지역으로 이동하지 않고, 동일 장소에서 아산화질소로 배출되는 것을 말한다. 직접배출량은 앞에서 언급된 질소원에 따라 다음과 같이 농경지 질소 투입($N_2O\text{-}N_{N\ inputs}$)에 따른 아산화질소 배출, 유기토양($N_2O\text{-}N_{OS}$)에서의 아산화질소 배출 및 방목 토양($N_2O\text{-}N_{PRP}$)에서의 아산화질소 배출로 구분하여 산정하며, 배출량 산정 방법(Tier 1)은 다음과 같다. 우리나라의 경우 유기 토양 및 방목 토양에서의 직접배출은 해당되지 않아 배출량 산정에서 제외한다.

$$N_2O_{Direct}\text{-}N = N_2O - N_{N\ inputs} + N_2O\text{-}N_{OS} + N_2O\text{-}N_{PRP}$$

$$N_2O\text{-}N_{N\ inputs} = \left[[F_{SN} + F_{ON} + F_{CR} + F_{SOM}) \times EF_1] + [F_{SN} + F_{ON} + F_{CR} + F_{SOM})_{FR} \times EF_{1FR}] \right]$$

F_{SN} : 화학비료로 공급되는 질소량(kg N/yr)
F_{ON} : 축산분뇨로 배설되는 양을 유기질비료로서 농경지에 투입한 질소량(kg N/yr)
F_{CR} : 토양으로 환원되는 작물 잔사에 의해 공급되는 질소량(kg N/yr)
F_{SOM} : 유기질 토양의 무기화에 의해 공급되는 질소량(kg N/yr)
EF_1 : 밭 토양에서 아산화질소 직접 배출계수(kg N_2O-N/kg N)
EF_{1FR} : 벼논에서 질소시용으로 배출되는 아산화질소 배출계수(kg N_2O-N/kg N)
$N_2O\text{-}N_{OS}$: 관리된 유기토양 농경지에서의 연간 N_2O-N 직접배출량
$N_2O\text{-}N_{PRP}$: 방목에 의한 가축분뇨로부터 배출되는 연간 N_2O-N 직접배출량

Tier 2에 의한 방법은 화학비료나 가축분뇨 투입에 따른 아산화질소 국가 고유 배출계수와 활동자료가 존재할 경우를 말하며 배출량 산정은 다음과 같다.

$$N_2O_{Direct} - N = \sum_i (F_{SN} + F_{ON})_i \times EF_{1i} + (F_{CR} + F_{SOM}) \times EF_1 + N_2O - N_{OS} + N_2O\text{-}N_{PRP}$$

Tier 3에 의한 방법은 다양한 환경 요인을 반영할 수 있는 모델링이나 직접 측정을 이용하여 산정하는 한 방법으로 산정한다.

2) 간접배출

농경지 토양에서의 아산화질소 간접배출은 배출 경로에 따라 대기 침적에 의한 배출과 수계 유출에 의한 배출로 구분하여 산정한다.

① 대기 침적에 의한 간접배출

대기 침적에 의한 간접배출($N_2O_{(ATD)} - N$)은 농경지에 투입된 질소가 NH_3나 NO_X의 형태로 대기 중으로 휘산되어 다른 지역으로 이동·침적되는 것을 말하며, 배출량 산정 방법(Tier 1)은 아래와 같다.

$$N_2O_{(ATD)} - N = [[(F_{SN} \times Frac_{GASF}) + [(F_{ON} + F_{PRR}) \times Frac_{GASM}]] \times EF_4 \times 44/28$$
$$N_2O_{(ATD)} = N_2O_{(ATD)} - N \times 44/28$$

$Frac_{GASF}$: 화학비료 농경지 시용시 대기 휘산 비율
$Frac_{GASM}$: 가축분뇨 농경지 시용시 대기 휘산 비율
EF_4 : 대기 휘산에 의한 간접 배출계수

② 수계 유출에 의한 간접배출

수계 유출에 의한 간접배출($N_2O_{(L)} - N$)은 농경지에 투입된 질소가 지하수나 지표수를 통해 수계로 유출되는 것을 말하며 배출량 산정 방법(Tier 1)은 다음과 같다.

$$N_2O_{(L)} - N = [(F_{SN} + F_{ON} + F_{PRR} + F_{CR} + F_{SOM}) \times Frac_{LEACH-(H)}] \times EF_5$$
$$N_2O_{(L)} = N_2O_{(L)} - N \times 44/28$$

$Frac_{LEACH-(H)}$: 수계 유출 비율
EF_5 : 수계 유출에 의한 간접 배출계수

6.1.3 요소비료 및 석회 시용에 의한 이산화탄소 배출량

농경지 요소비료 시용에 의한 이산화탄소 연간 배출량($CO_{2\ Emission}$) 산정 방법(Tier 1)은 다음과 같다.

$$CO_2\text{-}C_{\ Emission}\ (tonnes\ CO_2\ yr^{-1}) = M \times EF$$
$$CO_{2\ Emission} = CO_2\text{-}C_{\ Emission} \times 44/12$$

M : 연간 요소비료 시용량(tonnes of urea yr^{-1})
EF : 요소비료 시용에 따른 배출계수

농경지 석회 시용에 의한 이산화탄소 연간 배출량 산정 방법(Tier 1)은 다음과 같다.

$$CO_2 - C_{\ Emission}\ (tonnes\ CO_2\ yr^{-1}) = [(M_{\ Limestone} \times EF_{\ Limestone}) + (M_{\ Dolomite} \times EF_{\ Dolomite})]$$
$$CO_{2\ Emission}\ (tonnes\ CO_2\ yr^{-1}) = CO_2 - C_{\ Emission} \times 44/12$$

$M_{\ Limestone}$: 연간 농경지 $CaCO_3$ 시용량
$M_{\ Dolomite}$: 연간 농경지 $CaMg(CO_3)_2$ 시용량
$EF_{\ Limestone}$: 농경지 $CaCO_3$ 시용에 따른 배출계수
$EF_{\ Dolomite}$: 농경지 $CaMg(CO_3)_2$ 시용에 따른 배출계수

6.1.4 작물잔사 소각에 의한 온실가스 배출량 산정

농경지에서 작물 수확 후 곡식을 제외한 작물잔사를 농경지에서 소각할 경우 발생하는 메탄 및 아산화질소 배출량은 연간 작물별 생산량에 잔사/곡식 비율, 건물률, 소각률, 산화율, 건물 중 C, N의 함량 및 각 온실가스의 배출률을 곱하고 여기에 환산계수를 곱하여 산정한다.

6.2 축산업

IPCC 가이드라인(IPCC, 2006)에서 사용하고 있는 장내 발효와 가축분뇨 처리과정에서 배출되는 메탄과 아산화질소 배출량 계산 방법에 대해 설명한다.

6.2.1 장내 발효 과정의 메탄 배출량 계산

1) Tier 1

이 방법을 사용할 경우 배출계수 기본값(default), 가축 분류 및 개체수가 필요하며, 계산식은 다음과 같으며, 전체 가축 분류의 배출량의 합은 전체 장내발효 과정의 메탄 배출량이다.

$$CH_4\ emissions = EF_{(T)} \times \left(\frac{N_{(T)}}{10^6}\right)$$

T　　: 가축 분류
CH_4 emissions : 가축 분류 T에 속하는 가축의 장내발효 메탄 배출량(Gg CH_4/년)
$EF_{(T)}$　: 가축 분류 T에 속하는 가축의 배출계수(kg CH_4/두(수)/년)
$N_{(T)}$　: 가축 분류 T에 속하는 가축의 두(수)

2) Tier 2

이 방법은 Tier 1과는 달리, 더 세분화된 가축 분류(예 : Tier 1에서는 한우의 경우 송아지, 육성기, 비육기 등의 성장 또는 사육단계의 구분이 없이 모두 한 마리로 파악하지만, Tier 2에서는 성장 또는 사육단계의 구분을 하고, 각각 계산함)와 IPCC (2006)의 배출계수 기본값이 아닌 국가의 고유 배출계수가 있다면, 이를 이용하여 계산한다. 고유 배출계수의 계산은 다음과 같다. 식에서 총에너지 요구량(GE)은 순 에너지 섭취량과 사료 특성에 따른 에너지 이용도(소화율)에 의해 계산된다. 총에너지 요구량 계산을 위해서는 가축이 몸을 유지하기 위해 필요한 순 에너지, 가축의 활동을 위한 순 에너지, 성장을 위한 순 에너지, 수유를 위한 순 에너지, 일을 하는데 필요한 순 에너지, 양모(털)을 생산하기 위한 순 에너지(털 생산이 목적인 경우), 임신을 위한 순 에너지, 사료 소화율 등의 자료들이 필요하다. 배출계수를 계산한 후에는 해당 가축 사육두수를 이용하여 Tier 1 방식을 이용하여 배출량을 계산한다.

$$EF_{(T)} = \left(\frac{GE \times \left(\frac{Y_m}{100}\right) \times 365}{55.65}\right)$$

$EF_{(T)}$: 가축 T의 배출계수(kg CH_4/두(수)/년)

GE : 총에너지 요구량(MJ/일)

Y_m : 메탄전환계수(사료에서 메탄으로 환산된 총 에너지의 백분율(%))

365 : 365일(일년)

55.65 : 메탄의 에너지 함량(MJ/kg CH_4)

3) Tier 3

가축에게서 배출되는 온실가스의 양이 국가 온실가스 배출량에 중요한 비중을 차지하는 국가들은 Tier 2 방법을 넘어서는 그 국가의 특성을 정확히 반영하는 방법을 계산할 것이다. 이를 위해서는 상세한 사료 구성을 고려한 정교화된 고유 모델 개발, 장내 발효로 일어난 산출물의 집합, 가축/사료 양/사료 질에 따른 계절별 변화량 등의 자세한 자료가 필요하다. 하지만 Tier 3 방법은 산출의 정확성/정교함의 향상할 수 있도록 노력해야 한다.

6.2.2 가축분뇨 처리시설(과정)의 메탄 배출량 계산

1) Tier 1

이 방법을 사용할 경우 가축 분류, 개체수, 지역 기후/기온 자료가 필요하다. 가축분뇨 처리시설에서의 메탄과 아산화질소 배출은 온도에 매우 밀접하게 연관되어 있으므로 가축분뇨 처리시설이 위치하는 곳의 연평균 기온을 이용하여 메탄 배출계수를 선택하도록 한다.

$$CH_{4(manure)} = \sum_{(T)} \frac{(EF_{(T)} \times N_{(T)})}{10^6}$$

T : 가축 분류

$CH_{4(manure)}$: 가축 분류 T에 속하는 가축의 분뇨에 대한 메탄 배출량의 합(Gg CH_4/년)

$E_{F(T)}$: 가축 분류 T에 속하는 가축의 분뇨에 대한 메탄 배출계수(kg CH_4/두(수)/년)

$N_{(T)}$: 가축 분류 T에 속하는 가축의 두(수)

2) Tier 2

Tier 2 방법은 가축분뇨 처리시설(과정)이 국가 온실가스 배출량에 중요한 비중을 차지하고, Tier 1의 기본값(default)을 도출하기 위해 사용한 조건(자료)이 해당 국가의 가축과 가축분뇨 처리시설(과정)의 조건과 상이할 경우 적용할 수 있다. 따라서 가축의 개체수가 많은 국가의 경우 메탄 배출 산정을 위해서 Tier 2 방법을 이용하는 것을 고려해야 한다. Tier 2 방법은 다음의 두 가지 주요한 유형의 입력 자료가 필요하다.

① 분뇨특성

분뇨에서 발생된 휘발성 고형물(VS, volatile solids)의 양과 그 분뇨로부터 발생될 수 있는 메탄 최대발생량(B_0)을 포함한다. 분뇨의 VS는 사료 섭취량 및 사료의 소화율에 영향을 받는다. B_0은 가축의 종류와 사료의 섭취에 따라 달라지며, 분뇨의 VS의 양에 의거한 이론상의 최대 메탄발생량이다. 축사에 사용되는 바닥재(깔짚: 짚, 톱밥, 나무조각 등)는 Tier 2 방법에서 VS에 포함되지 않는다.

② 가축분뇨 처리시설

가축분뇨 처리시설의 종류와 분뇨의 B_0을 반영하는 메탄변환계수(MCF, methane conversion factor)가 필요하다. 가축분뇨 처리시설에 따라 그 특성이 다르므로 각각의 가축분뇨 처리시설에서 처리되는 분뇨의 비율이 필요하다. MCF 값은 가축분뇨 처리시설과 그 시설이 위치한 기후(주로 온도), 그리고 처리기간에 따라 달라지며, 이론적으로 0～100% 사이에 위치한다. 예를 들어, 열대 환경에서 액체 상태로 장시간 동안 처리되는 가축분뇨는 메탄 배출량이 높고, 이러한 환경에서는 65～80% 정도의 높은 MCF 값을 가질 수 있다. 반면에 한대기후에서 건조 상태로 처리되는 가축분뇨는 메탄을 거의 발생시키지 않으므로 약 1% 정도의 MCF 값만 가지게 된다.

$$EF_{(T)} = (VS_{(T)} \times 365) \times \left(B_{0(T)} \times 0.67 kg/m^3 \times \sum_{S,k} \left(\frac{MCF_{S,k}}{100} \times MS_{T,S,k} \right) \right)$$

$EF_{(T)}$: 가축 분류 T의 CH_4 배출계수, (kg CH_4/두(수)/년)

$VS_{(T)}$: 가축 분류 T의 하루 배설 휘발성 고형물(kg 건물/두(수)/일

365 : 연간 VS 발생 계산(일/년)

$B_{o(T)}$: 가축 분류 T에서 발생된 분뇨의 최대메탄발생량(m^3 CH_4/kg VS양)

0.67 : m^3 CH_4를 kg CH_4로 바꾸기 위한 변환 계수

$MCF_{S,k}$: 기후지역(k)의 각 가축분뇨 처리시설 S에 대한 메탄 변환 계수(%)
$MS_{T,S,k}$: 기후지역(k)의 각 가축분뇨 처리시설 S에서 처리되는 가축 분류(T)의 분뇨비율

3) Tier 3

가축분뇨 처리시설에서 배출되는 온실가스의 양이 국가 온실가스 배출량에 중요한 비중을 차지하는 국가들은 Tier 2 방법을 넘어서는 그 국가의 특성을 정확히 반영하는 방법을 계산할 것이다. 이를 위해서는 가축분뇨 처리시설과 운영 방법, 그 시설이 위치한 지역의 기후와 기온 변화, 그리고 가축에 급여하는 사료와 배설된 분뇨의 특성 등을 이용하여 그 특성들을 반영하는 고유 모델 개발이 필요하다.

6.2.3 가축분뇨 처리시설의 아산화질소 배출량

1) Tier 1

이 방법을 사용할 경우 가축분뇨 처리시설에서 처리하는 가축분뇨의 총 질소 배설량에 각 시설의 배출계수를 곱하여 계산한다.

$$N_2O_D = \left(\sum_S\left(\sum_T(N_T \times Nex_T \times MS_{T,S})\right)\times EF_{3S}\right)\times\frac{44}{28}$$

N_2O_D : 국가의 가축분뇨 처리시설에 배출되는 직접적 아산화질소 총배출량(kg N_2O/년)
N_T : 가축 분류 T에 속하는 가축의 두(수)
Nex_T : 가축 당 배출하는 연 평균 질소량(kg N/두(수)/년)
$MS_{T,S}$: 각 가축분뇨 처리시설에서 처리하는 가축 수의 총 연간 배출량
EF_{3S} : 가축분뇨 처리시설 S의 직접적인 아산화질소 배출계수(kg N_2O-N/kg N)
S : 가축분뇨 처리시설
44/28 : N_2O-N을 N_2O로 전환

2) Tier 2

Tier 2 방법은 Tier 1과 같은 계산방법을 따르며, 국가 고유의 데이터가 있다면 일부 혹은 모든 변수들에 그 값을 사용한다.

3) Tier 3

Tier 3 방법은 국가의 고유한 특성을 반영하는 대안 모델 혹은 식을 만들어 이용한다.

6.3 임업

6.3.1 배출계수 확인

1) 입목 바이오매스

현재까지 총 22개 수종에 대한 바이오매스 관련 배출계수가 개발되었으며, 이 가운데 13개 수종의 배출계수가 국가 고유 배출계수로 검증되었으며, 수종별 배출계수를 활용하여 임상별 국가 고유 배출계수를 산출하였다(표 7-3). 참고로 우리나라에서 활용할 수 있는 IPCC 기본값(2003)은 목재기본밀도(침엽수 : 0.49, 활엽수 : 0.58), 바이오매스 확장계수(침엽수 : 1.30, 활엽수 : 1.40), 지상부－뿌리 비율(침엽수 : 0.32, 활엽수 : 0.26)이다.

표 7-3 승인받은 국가 고유 흡수·배출계수

수종/임상		목재기본밀도	바이오매스확장계수	지상부-뿌리 비율
침엽수 (8)	소나무(강원지방)	0.42	1.48	0.26
	소나무(중부지방)	0.47	1.41	0.25
	낙엽송	0.45	1.34	0.29
	리기다소나무	0.50	1.33	0.36
	해송	0.48	1.52	0.29
	잣나무	0.41	1.74	0.28
	삼나무	0.35	1.31	0.23
	편백	0.43	1.35	0.20
활엽수 (5)	굴참나무	0.72	1.34	0.32
	상수리나무	0.72	1.45	0.31
	신갈나무	0.66	1.60	0.39
	졸참나무	0.66	1.55	0.43
	붉가시나무	0.83	1.70	0.19
임상 (2)	기타 침엽수	0.46	1.43	0.27
	기타 활엽수	0.68	1.51	0.36

2) 고사유기물

고사목 관련 배출계수의 기본값은 IPCC 가이드라인에서 제시되지 않았다. 낙엽 탄소저장량을 산정할 때 우리나라에서 적용할 수 있는 IPCC 기본값(2003)은 다음과 같다.

<table>
<tr><td rowspan="3">기후대</td><td colspan="8">산림 유형</td></tr>
<tr><td>침엽수</td><td>활엽수</td><td>침엽수</td><td>활엽수</td><td>침엽수</td><td>활엽수</td><td>침엽수</td><td>활엽수</td></tr>
<tr><td colspan="2">성숙림 낙엽탄소량
(tC/ha)</td><td colspan="2">안정화 기간
(yr)</td><td colspan="2">연평균 낙엽탄소축적량
(t C/yr)</td><td colspan="2">연평균 낙엽탄소축적량*
(t C/yr)</td></tr>
<tr><td>온대습윤</td><td>13</td><td>22</td><td>50</td><td>30</td><td>0.3</td><td>0.7</td><td>0.6</td><td>1.1</td></tr>
</table>

* 안정화 기간을 20년 기준으로 할 경우

3) 토양

우리나라에서 적용할 수 있는 토양유기탄소 저장량의 IPCC 기본값(2003)은 다음과 같다.

기후대	HAC soils	LAC soils	Sandy soils	Spodic soils	Valcanic soils	Wetlands soils
온대습윤	88	63	34	NA	80	88

6.3.2 배출량 산정

여기에서는 산림지로 유지되는 산림지(타토지에서 전용된 산림지 포함)에서의 배출량 산정만을 다루도록 한다(IPCC 2003).

1) 산림지로 유지되는 산림지

① 입목 바이오매스

획득－손실법(gain-loss method)과 축적차이법(stock change method)을 활용할 수 있으며, 주기적으로 활동자료를 획득할 수 있다면, 축적차이법을 적용하는 것이 우수실행이고, 이것이 어려울 경우에는 획득－손실법을 적용할 수 있다(IPCC. 2003). 우리나라의 경우 활동자료인 임상별 임목축적 통계를 매년 수집할 수 있기 때문에 축적차이법을 적용한다.

<입목 바이오매스 축적 변화량 산정식(획득-손실법)>

$$\Delta C_{FF_{LB}} = (\Delta C_{FF_G} - \Delta C_{FF_L})$$

$\Delta C_{FF_{LB}}$: 산림지로 유지되는 산림지에서의 현존 바이오매스(지상부 및 지하부 바이오매스) 축적량 연간 변화(t C/yr)

ΔC_{FF_G} : 바이오매스 생장으로 인한 연간 탄소 축적량 증가(t C/yr)

ΔC_{FF_L} : 바이오매스 손실로 인한 연간 탄소 축적량 감소(t C/yr)

<입목 바이오매스 축적 변화량 산정식(축적차이법)>

$$\Delta C_{FF_{LB}} = (C_{t_2} - C_{t_1}) / (t_2 - t_1)$$

$$C = \sum_j [V_j \cdot D_j \cdot BEF_j] \cdot (1 + R_j) \cdot CF$$

$\Delta C_{FF_{LB}}$: 연간 입목 바이오매스(지상부, 지하부 바이오매스 포함) 탄소저장 변화량(t C/yr)

C_{t2} : t_2 연도의 총 바이오매스 탄소 저장량(t C)

C_{t1} : t_1 연도의 총 바이오매스 탄소 저장량(t C)

V : 연간 임목축적 변화량(m^3)

D : 목재기본밀도(t d.m./m^3)

BEF : 바이오매스 확장계수

R : 뿌리－지상부 비율

CF : 탄소함유율(t C/t d.m.)

j : 임상 유형

② 고사유기물

고사목의 경우, 유입－유출법과 축적차이법을 활용할 수 있다. 대부분의 경우 연간 평균 유출입량을 적용하기 어려우나 Tier 2~3의 산정을 위해서는 유입－유출법을 활용해야 한다. 고사목의 연간 유입량과 유출량은 같다는 기본 가정에 따라 Tier 1의 접근으로는 고사목 탄소저장량의 변화는 0이다.

<고사목 탄소축적 변화량 산정식(유입-유출법)>

$$\Delta C_{FF_{DW}} = [A \cdot (B_{into} - B_{out})] \cdot CF$$

$\Delta C_{FF_{DW}}$: 연간 고사목 탄소저장 변화량(t C/yr)

A : 관리되는 산림 면적 (ha)

B_{into} : 연간 평균 고사목 유입량(t C/yr)

B_{out} : 연간 평균 고사목 유출량(t C/yer)

CF : 탄소함유율(t C/t d.m.)

<고사목 탄소축적 변화량 산정식(축적차이법)>

$$\Delta C_{FF_{DW}} = [A \cdot (B_{t_2} - B_{t_1}) / T] \cdot CF$$

$\Delta C_{FF_{DW}}$: 연간 고사목 탄소저장 변화량(t C/yr)

A : 관리되는 산림 면적(ha)

B_{t2} : t_2 연도의 총 고사목 탄소 저장량(t C/ha)

B_{t1} : t_1 연도(과거)의 총 고사목 탄소 저장량(t C/ha)

T : t_2와 t_1의 시간 차이(yr)

CF : 탄소함유율(t C/t d.m.)

낙엽의 경우, 축적차이법으로만 산정이 가능하며 관리 강도와 자연재해의 정도에 따라 낙엽 내 탄소저장량을 산정하는 것을 기본 방법으로 활용할 수 있다. 낙엽도 고사목과 동일한 가정에 따라 Tier 1의 접근으로는 낙엽 탄소저장량의 변화는 0이다.

<낙엽 탄소축적 변화량 산정식(축적차이법)>

$$\Delta C_{FF_{LT}} = \sum_{i,j} [(C_j - C_i) \cdot A_{ij}] / T_{ij}$$

$$C_i = LT_{ref(i)} \cdot f_{man\ intensity(i)} \cdot f_{dist\ regime(i)}$$

$\Delta C_{FF_{DT}}$: 연간 낙엽 탄소저장 변화량(t C/yr)

C_i : 이전 시점(i)의 낙엽 탄소 저장량(t C/ha)

C_j : 최근 시점(j)의 낙엽 탄소 저장량(t C/ha)

A_{ij} : 이전 시점(i)과 최근 시점(j)의 관리되는 산림 면적(ha)

T_{ij} : 이전 시점(i)과 최근 시점(j)의 시간 차이(yr)

$LT_{ref(i)}$: 이전 시점(i)의 관리되지 않는 산림 내 낙엽 탄소 저장량(t C/ha)

$f_{man\ intentity(i)}$: 관리 강도 또는 방법에 따른 조정 계수

$f_{dist\ regime(i)}$: 자연재해에 따른 조정 계수

③ 토양

토양은 무기토양과 유기토양으로 나누어 산정식을 제시하고 있으나, 우리나라는 이탄지, 습지 등의 면적이 극히 적기 때문에 유기토양에 대한 산정은 하지 않고 있다. 무기토양의 탄소변화량은 축적차이법으로 산정하며, 두 시점의 토양유기탄소(soil organic carbon)를 산정하는 방법은 기본값을 활용하는 방법과 국가 고유의 조사자료를 활용하는 방법 두 가지가 있다.

<토양 탄소축적 변화량 산정식(축적차이법)>

$$\Delta C_{FF_{mineral}} = \sum\nolimits_{i,j} [(SOC_j - SOC_i) \cdot A_{ij}] / T_{ij}$$

$\Delta C_{FF_{mineral}}$: 연간 토양 탄소저장 변화량(t C/yr)

SOC_i : 이전 시점(i)의 토양유기탄소 저장량(t C/ha)

SOC_j : 최근 시점(j)의 토양유기탄소 저장량(t C/ha)

A_{ij} : 이전 시점(i)과 최근 시점(j)의 관리되는 산림 면적(ha)

T_{ij} : 이전 시점(i)과 최근 시점(j)의 시간 차이(yr)

<토양 내 유기탄소량 산정식>

기본방법

$$SOC_i = SOC_{ref} \cdot f_{forest\ type(i)} \cdot f_{man\ intensity(i)} \cdot f_{dist\ regime(i)}$$

국가고유방법

$$SOC = \sum_{horizon=1}^{horizon=n} SOC_{horizon}$$

$$= \sum_{horizon=1}^{horizon=n} ([SOC] \cdot Bulk\ Density \cdot Depth \cdot (1 - frag) \cdot 10)_{horizon}$$

$SOC_{ref(i)}$: 이전 시점(i)의 관리되지 않는 산림 내 토양유기탄소 저장량 (t C/ha)

$f_{forest\ type(i)}$: 임상에 따른 조정 계수

$f_{man\ intentity(i)}$: 관리 강도 또는 방법에 따른 조정 계수

$f_{dist\ regime(i)}$: 자연재해에 따른 조정 계수

SOC : 유형별 토양 유기탄소 저장량(t C/ha)

$SOC_{horizon}$: 층위별 토양 유기탄소 저장량(t C/ha)

$[SOC]$: 토양 유기 탄소 함량(g C/kg soil)

Bulk Density : 가비중(t/m^3 또는 Mg/m^3)

Depth : 토양 깊이(m)

frag : 2 mm 이상의 석력 함량(%)

참고로 IPCC 가이드라인(IPCC 2014b에서 유기토양으로 구분하는 기준은 다음과 같으며, 조건 1과 함께 조건 2 또는 3이 충족되어야 한다.

조건 1 : 유기물층의 깊이가 10 cm 이상이고, A층 20 cm 이내의 유기탄소함량이 12% 또는 A층 0~20 cm의 평균 유기탄소함량이 12% 이상인 토양

조건 2 : 일시적인 침수(a few days) 이외에 침수되지 않았던 토양으로 유기탄소함량이 20% 이상인 토양

조건 3 : 침수된 토양으로 a) 유기탄소함량이 12% 이상인 토양(점토 미포함), b) 유기탄소함량이 18% 이상인 토양(점토 60% 이상 포함)

참고문헌

- 김건엽 · 노기안 · 심교문 · 정현철 · 소규호 · 고병구 · 이경보 · 고지연. 2010. 「온실가스 저감을 위한 벼 재배 기술」. 국립농업과학원.
- 김건엽 · 소규호 · 심교문 · 정현철 · 이슬비. 2011. 「온실가스 저감을 위한 밭작물 재배 기술」. 국립농업과학원.
- 노기안 · 김건엽 · 심교문 · 정현철 · 소규호 · 이덕배 · 박규현. 2010. 「우리나라 농경지 온실가스 배출량 평가」. 국립농업과학원.
- Minami K. and Neue, A.U. 1994. "Rice paddies as a methane source". Climate Change. 27:13-26.
- IPCC. 1996. 「IPCC guidelines for national greenhouse gas inventories」
- IPCC. 2000. 「Good Practice Guidance and uncertainty management in national greenhouse gas inventories」
- IPCC. 2003. Good Practice Guidance for Land Use, Land-Use Change and Forestry. IPCC National Greenhouse Gas Inventories Programme
- IPCC. 2006. 2006 IPCC Guidelines for National Greenhouse Gas Inventories. Simon Eggelston, Leandro Buendia, Kyoko Miwa, Kiyoto Tanabe (Eds). Institute for Global Environmental Strategies for the IPCC.
- IPCC. 2014a. 2013 Revised Supplementary Methods and Good Practice Guidance arising from the Kyoto Protocol. Hiraishi T., Krug T., Tanabe K., Srivastava N., Baasansuren J., Fukuda M., and Troxler T.G.(eds). IPCC Task Force on National Greenhouse Gas Inventories
- IPCC. 2014b. 2013 Supplement to the 2006 IPCC Guidelines for National Greenhouse Gas Inventories: Wetlands. Hiraishi T., Krug T., Tanabe K., Srivastava N., Baasansuren J., Fukuda M., and Troxler T.G.(eds). IPCC Task Force on National Greenhouse Gas Inventories
- Iannotti, E. L., J. R. Fischer, and D. M. Sievers. 1982. "Characterization of bacteria from a swine manure digester"Applied and Environmental Microbiology, Vol. 43, 136-143.
- McInerney, M. J., M. P. Mryant, and N. Pfennig. 1979. "Anaerobic bacterium thatn degrades fatty acids in syntrophic association with methanogens" Archive of Microbiology,

vol. 122, 129-135.

- Siebert, M. L. and D. F. Torien. 1969. "The proteolytic bacteria present in the anaerobic digestion of raw sewage sludge" Water Research, Vol. 3, 24-50.
- Bitton, G. 1999. Wastewater Microbiology. 2nd Ed., Wiley-Liss, New York.
- Husher, B. A., K. Wuhrmann, and A. J. B. Zehnder. 1982. "Methanothrix soehgenii Gen. Nov. Sp. Nov. A new acetotrophic non-hydrogen oxidizing methane bacterium" Archive of Microbiology, Vol. 132, 1-9.
- König, H. 1984. "Isolation and characterization of Methanobacterium uliginosum sp. nov. from a marshy soil"Canadian Journal of Microbiology, Vol. 30, 1477-1481.
- Atlas, R. M. and R. Bartha. 1998. Microbial ecology: fundamentals and applications, 4th ed., Benjamin/Cummings Publishing, Menlo Park, Califonia.
- Verstraete, W. and S. Philips. 1998. "Nitrification-denitrification processes and technologies in new contexts" Environmental Pollution, Vol. 102, No. S1, 717-726.
- Strous, M., E. van Gerven, P. Zheng, J. G. Kuenen, and M. S. M. Jetten. 1997. "Ammonium removal from concentrated waste streams with the anaerobic ammonium oxidation (ANAMMOX) process in different reaction configurations" Water Research, Vol. 31, 1955-1962.
- 배재수, 정병헌, 주린원, 박경석, 임종환, 한승호, 민경서. 2009. 조림 CDM 사업 가이드북. 국립산림과학원
- 이경학, 손영모, 서정호, 김래현. 2007. 산림부문 온실가스 흡수원 배출원 인벤토리 평가. 국립산림과학원
- 이경학, 손영모, 서정호, 김래현, 박인협, 손요환, 이영진. 2006. 기후변화협약 대응 산림부문 온실가스 통계 체계 구축. 국립산림과학원
- 정경화, 신정수, 진병복, 오태식, 이헌주, 김여숙, 도승희, 이경학, 김래현, 정현철, 박규현, 이준기, 백원석, 황수연. 2011. 2006 IPCC 가이드라인 도입에 따른 개선방안 연구. 에너지경제연구원

Chapter 8

폐기물

안양대학교 이남훈

1 주요 공정의 이해

인구의 증가 및 산업의 발달로 인해 부수적으로 발생되는 폐기물의 효과적인 처리를 위하여 매년 막대한 예산이 소요되고 있으며, 효율적인 처리를 위한 다양한 기술이 적용되고 있다. 현재 폐기물 처리에 적용되고 있는 기술은 크게 중간처리와 최종처리로 구분할 수 있으며, 중간처리로는 혐기성 소화, 소각 및 용융, 퇴비화, 기계－생물학적 처리 등이 있으며, 최종처리방식으로는 매립처분방식이 있다. 그림 8-1은 폐기물 처리를 위한 다양한 기술의 적용 흐름도를 나타낸 것으로 소각 및 용융, 혐기성 소화, 기계－생물학적 처리 등은 퇴비화 또는 매립과 비교하여 높은 기술성과 비용 등이 요구되어 지는 등 폐기물 처리에는 지역적 특성, 경제성, 환경성 등 다양한 요인을 고려하여 폐기물 처리 기술을 적용하여야 한다.

이에 본 장에서는 폐기물 처리에 요구되는 각 처리 기술의 개요와 처리기술별 온실가스 배출 특성에 대하여 이해하고자 한다.

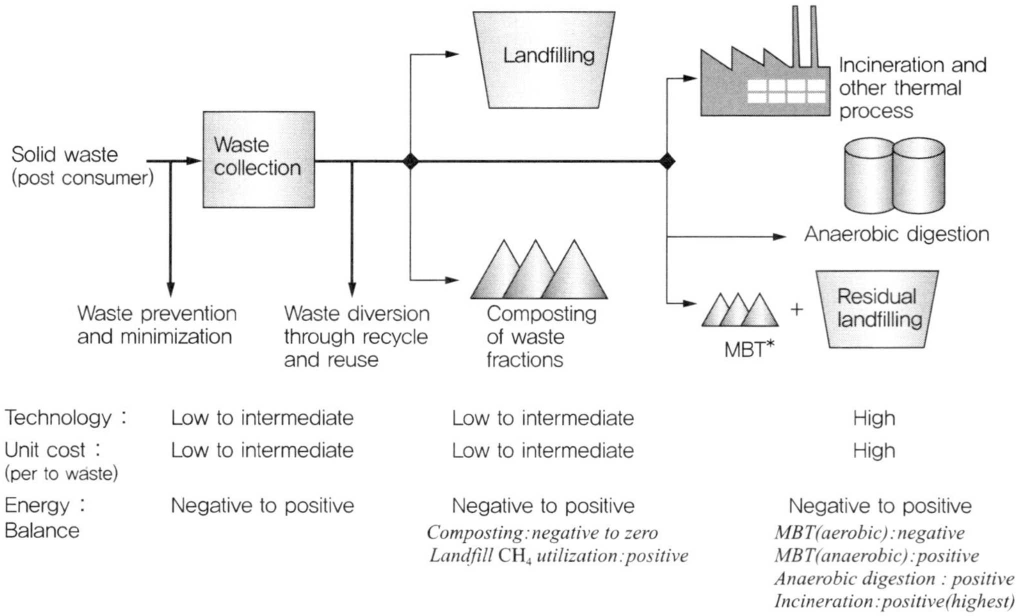

그림 8-1 폐기물 처리에 요구되는 주요 기술의 기술성, 비용, 에너지 특성
(출처 : IPCC, 2007)

1.1 고형폐기물의 매립

매립은 폐기물을 수거하여 일정 지역에 모아 흙으로 덮어 처리하는 폐기물의 최종처리 방법이다. 즉, 폐기물을 생활환경에 지장이 생기지 않도록 적절히 저장해 자연계의 대사 기능을 이용해 안정화와 무해화를 도모하는 기술이다.

고형폐기물 매립지를 온실가스 배출량 산정 측면에서 살펴보면, 다음 그림 8-2와 같이 분류할 수 있다.

먼저 온실가스를 배출하는 모든 매립지에 대해 관리의 시계열적 특성에 따라 사용 중인 매립지와 사용 종료되어 사후관리중인 매립지로 분류할 수 있다. 그 다음으로 매립 허용되는 폐기물의 종류에 따라 관리형 매립지와 차단형 매립지로 분류될 수 있다. 관리형 매립지에는 세부적으로 생활폐기물, 사업장일반폐기물, 지정폐기물 매립지로 세분할 수 있으며, 생활폐기물매립지에는 다시 소각재의 혼입정도에 따라 혼합과 소각재 전용매립지로 구분할 수 있다. 기타 모든 매립지에 적용될 수 있는 미생물환경과 매립구조에 따라서도 구분할 수 있다.

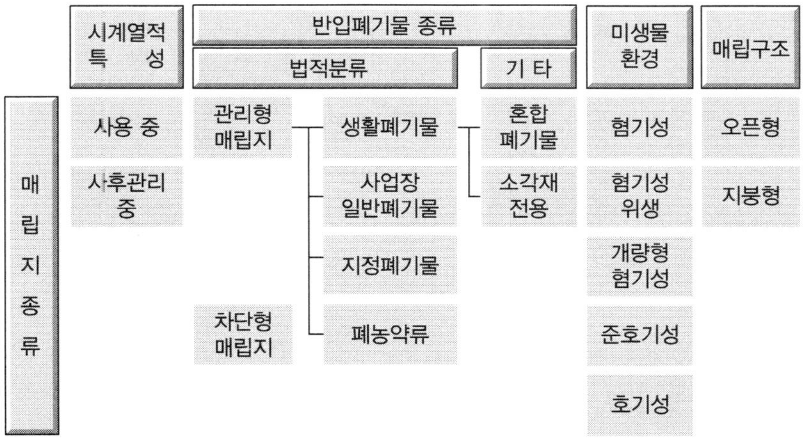

◎ **그림 8-2** 온실가스 관리측면에서 본 폐기물매립지의 종류

(출처 : 이남훈 외, 2006)

폐기물 매립시설은 폐기물의 안정화 및 무해화를 위한 최종처분 시설로 폐기물의 조기 안정화 촉진 및 주변 환경오염을 방지하기 위하여 여러 시설로 구성되며, 이들 시설을 크게 구분하면 그림 8-3과 같이 주요시설, 관리시설, 부대시설로 나눌 수 있다.

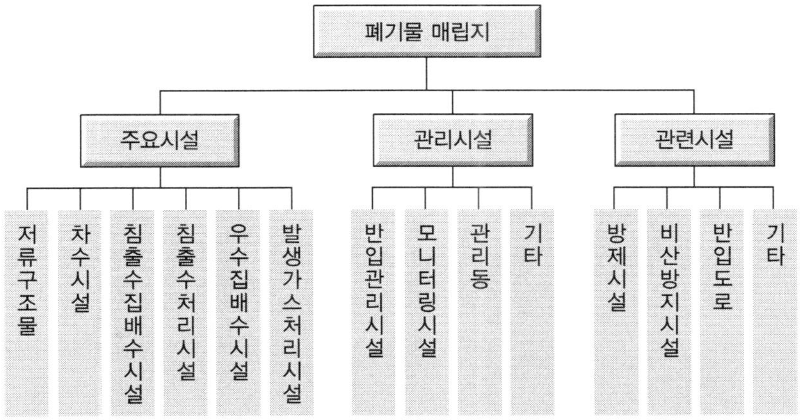

◎ **그림 8-3** 폐기물 매립지의 시설구성

1.2 고형폐기물의 생물학적 처리

2006 IPCC 가이드라인에서는 고형폐기물의 생물학적 처리를 크게 퇴비화, 유기성 폐기물의 혐기성 소화, 기계–생물학적 처리(Mechanical-biological treatment)의 3가지로 구분하고 있다. 생물학적 처리의 장점은 폐기물의 부피 감소, 폐기물의 안정화, 에너지 활용을 위한 바이오가스 생산에 있으며, 이들 생물학적 처리 기술들의 특징은 다음과 같다.

1.2.1 퇴비화

퇴비화는 일반적으로 유기성 폐기물에 수분을 가하여 일정기간 유지시키면서 혐기성 또는 호기성 미생물의 분해작용으로 폐기물의 감량과 유기비료를 얻는 공정이다(윤오섭 등, 2009). 퇴비화는 일반적으로 기간단축 및 병원균 사멸 등을 위하여 주로 유기성 폐기물에 산소를 주입하여 퇴비를 생산시키나, 온실가스 측면에서 고려해야 하는 것은 혐기성 조건에서 진행되는 퇴비화 공정이다. 혐기성 조건에서 진행되는 퇴비화 공정에서는 CH_4와 N_2O를 배출시키며, 2006 IPCC 가이드라인에서는 CH_4와 N_2O의 배출계수로 각각 4 g-CH_4/kg-waste(습량기준), 0.3 g-N_2O/kg-waste(습량기준)를 제시하고 있다.

그림 8-4 호기성 퇴비화 시설

1.2.2 유기성 폐기물의 혐기소화

혐기성 소화조는 1881년 Louis Mouras에 의해 개발된 이후, 현재는 유기성 폐기물을 처리하기 위해 혐기성 소화는 전세계적으로 관심을 받고 있다. 혐기성 소화는 대부분의 유기성 폐기물을 생물학적으로 다른 형태로 전환시키며, 부산물로 바이오가스와 에너지가 풍부한 유기화합물을 발생시킨다. 혐기성 분해공정은 가수분해, 산생성단계 그리고 메탄생성단계 등의 일련의 신진대사 반응이다.

혐기성 소화는 고농도 폐수처리부터 슬러지, 분뇨, 생활폐기물의 안정화 및 재활용에 이르기까지 다양한 폐기물에 대해 적용이 가능하다. 또한 단일 성상의 폐기물 처리뿐만 아니라 분뇨와 폐슬러지, 음식물류폐기물과 하수슬러지 등의 병합소화에 대한 연구도 진행되고 있다. 혐기성 소화는 낮은 바이오매스 생성과 운영에 요구되는 에너지가 호기성 공정보다 적은 이점이 있다. 또한, 유기성 폐기물의 처리와 동시에 신재생 에너지를 생산할 수 있다.

유기성 폐기물의 혐기성 소화는 환경적으로 유용한 기술이다. 혐기성 소화는 환경오염을 감소시킬 수 있는 이점을 가지고 있을 뿐만 아니라 CH_4의 대기배출을 방지할 수 있으며, CH_4의 연소 또는 활용을 통해 지구온난화를 방지할 수 있다. 반면에, 혐기성 소화의 단점으로 오랜 시간의 소요와 유기물의 낮은 제거 효율이다. Lignocellulosic 물질의 구조와 화학적 조성은 유기성 폐기물의 생분해를 저해한다. 복합유기성물질의 가수분해는 높은 고형물을 포함한 폐기물의 혐기성 공정에서 율속단계로 알려져 있다. 즉, 기질의 용해도 증가와 유기성 폐기물의 분해속도를 증가시키기 위해 다양한 물리적, 화학적 전처리가 요구된다. 현재까지 알려진 혐기성 처리공정의 주요 특성치 및 공정 개요도는 표 8-1과 그림 8-5에 나타내었다.

표 8-1 혐기성 처리공정의 주요 특성치

혐기성 공정	부하율(kgVS/m^3/d)	소화일수(day)	온도(℃)	CH_4 수율(m^3/kg · VS)
DRANCO	10～13	18～21	35～55	0.26
VALORGA	15	15	37	0.2
KOMPO-GAS	8.1	21	55	0.34
NREL	9.5	-	35	0.34
SEBAC	6.4	21	50	0.19

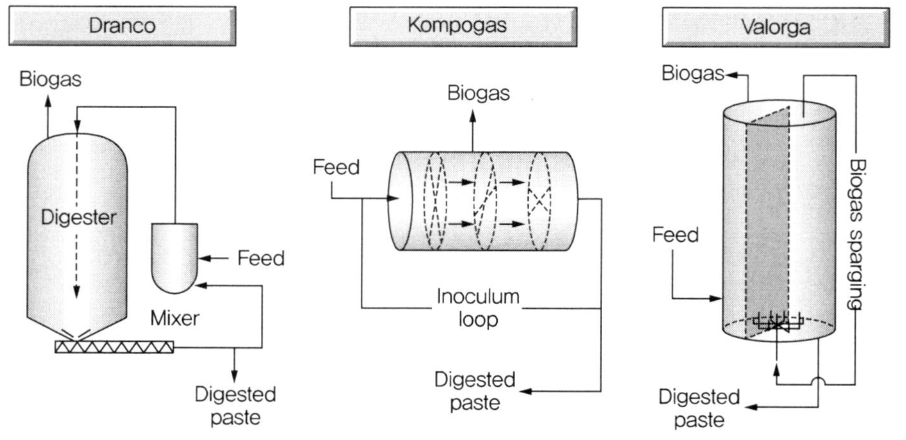

그림 8-5 주요 혐기성 소화조 공정 개요도
(출처 : Rapport 외, 2008)

1.2.3 기계-생물학적 처리

기계－생물학적 처리는 독일의 폐기물 전문업체인 Trienekens group의 엔지니어링팀과 독일연방환경부가 공동으로 최초 개발한 시스템이다. 1980년대부터 폐기물처리업을 지속해온 Trienekens group의 유사경험을 토대로 형성되었으며, 엄밀히 말하면 폐기물재활용시설에서 본 기술이 유래되었다고 할 수 있다. 즉, 재활용품을 선별・분리하여 순도를 높이고 활용성을 증대하기 위해 설치된 재활용 선별시설에서 유래된 시스템이다. 기계－생물학적 처리는 그림 8-6과 같이 기계적인 분리선별시스템과 생물학적인 안정화시스템을 주요 축으로 구성되어 있다. 기계적 처리공정에서는 파쇄와 선별이 주 공정이며, 회수대상인 품목으로서는 유기성 물질의 분리가 일차적이다.

기계적 처리공정의 주요 구성은 입도선별기, 자력선별기, 전하선별, 풍력선별, 적외선선별기 등으로 구성되어 있다. 생물학적 처리공정은 기계적 처리공정에서 선별되거나 분리 수집되어 모여진 유기물을 대상으로 하며, 유기물 특성에 따라 혐기성 또는 호기성으로 처리한다.

기계－생물학적 처리는 매립이나 소각의 전처리개념으로 출발하였다. 매립의 전처리시스템으로 적용할 경우 매립되는 폐기물이 안정화되어 있으므로 매립으로 인한 부차적인 오염 즉 침출수와 매립가스로 인한 오염을 최대한 억제할 수 있게 된다. 이는 기계－생물학적 처리 과정에서 생분해성이 있는 유기물질과 가연성물질을 최대한 회수하게 되므로 처리된 잔류물에는 유기탄소성분과 오염물질이 최소화된 상태에서 더 이상 반응성이 없이 안정된 상태로 매립되므로 매립가스 발생이 거의 없고, 침출수에 오염물질이 함유되지 않게 된다. 소각의 전처리시스템으로 적용할 경우 처리과정에서 가연성 물질인 종이, 플라스틱, 목재류 등을 순도 높게 선별하고, 파쇄과정이 포함되어 있어 입도가 균질할 뿐 아니라 전처리과정에서 수분이 대부분 휘발되므로 발열량이 일정하고 높은 수준을 유지하게 되어 소각과정에서 낮은 발열량으로 인한 문제점을 해결할 수 있다. 또한 소각 시 부차적으로 발생하는 배가스 중의 주요 유해물질인 산성가스 또는 다이옥신 등의 원인물질이 되는 PVC류나 음식물류 등을 최대한 추출하여 선별적으로 제거할 수 있으므로 안정된 소각시설의 운전을 보장할 수 있게 된다. 특히, 기계－생물학적 처리는 기계적 선별과정에서 생분해성 유기물을 최대한 회수하여 생물학적인 처리과정을 거쳐 안정된 물질을 생산하므로 이를 토양개질재나 매립복토재로 활용할 경우 유용하게 재활용할 수 있다는 장점이 있다.

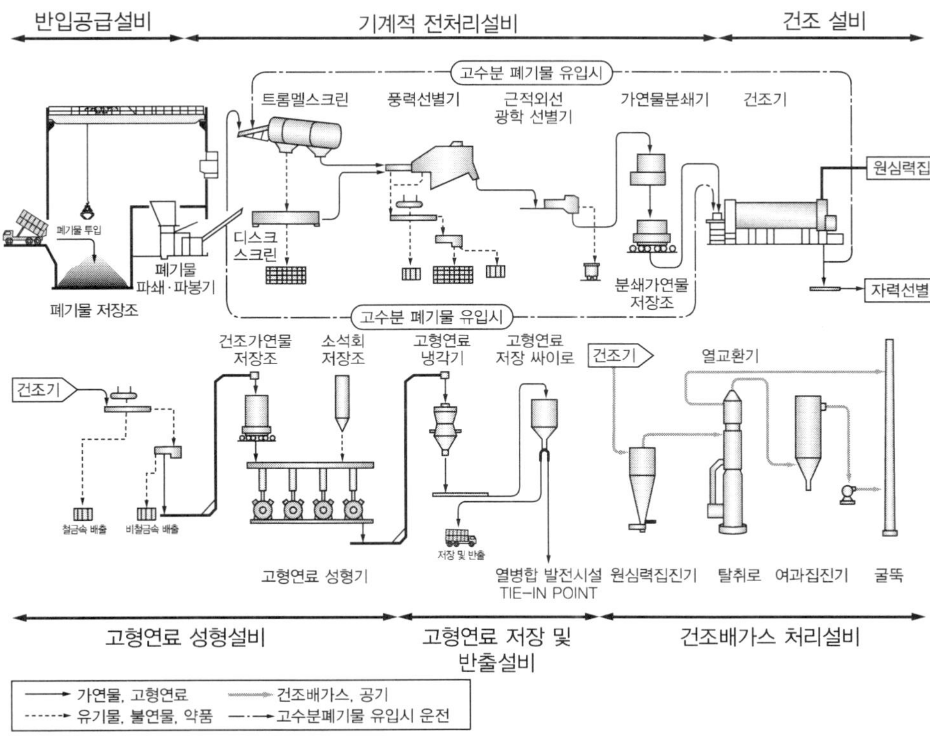

그림 8-6 기계-생물학적 처리 공정도

생물학적 처리공정은 기계적 처리과정에서 선별되거나 분리 수집되어 모여진 폐기물을 대상으로 한다. 유기물 농도와 함수율이 높은 경우 혐기성으로 처리하고, 함수율이 낮은 경우 호기성으로 처리하지만, 혐기성처리 후 잔재물의 안정화 공정으로 호기성 공정을 이용하기도 한다.

1.3 하 · 폐수 처리 및 배출

하수는 하수관거를 통해 하수처리장으로 유입되는 오수 및 우수 등을 말하며, 폐수는 가정 및 상업폐수가 아닌 제품 제조, 가공, 세척 등 산업시설에서 배출하는 폐수를 말한다. 하수처리시설에 들어가는 공정은 일반적으로 크게 하수처리시설, 예비전원설비, 건축전기설비 등이 있다. 하수처리는 일반적으로 1, 2, 3차 처리로 구분되며, 최초 침전까지를 1차 처리, 생물학적 처리가 이루어지는 2차 처리, 질소, 인, 무기염류 등을 제거하는 고도처리가 이루어지는 3차 처리로 구분된다. 하수 내 오염물질은 물리적, 화학적, 생물학적 방법으로 제거된다.

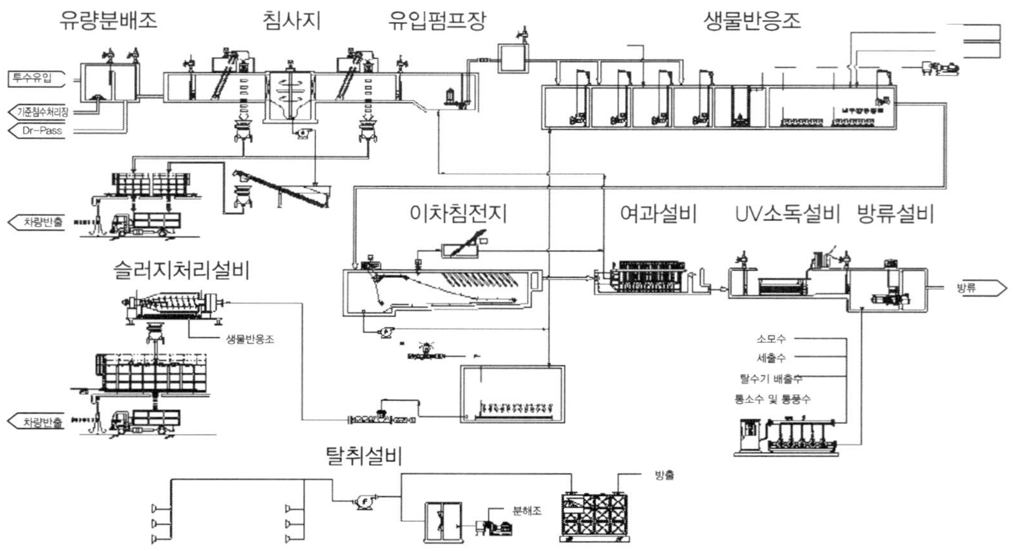

그림 8-7 하수처리시설 공정도

생물학적 처리가 이루어지는 2차 처리에서는 일반적으로 활성슬러지법과 생물막법으로 구분된다. 활성슬러지법은 생물반응조 내에 공기를 주입하면서 교반 시 미생물이 증가하여 플럭(Floc)을 형성하면서 하수 내 유기물질을 제거하는 방식이다. 생물막법은 미생물이 부착할 수 있는 여재에 미생물을 증식시켜 미생물막을 형성시킨 후 미생물막과 오염물질을 접촉시켜 유기물질을 제거하는 방식으로 살수여상법, 접촉산화법, 회전원판법 등이 있다. 하수처리시설의 구성은 그림 8-7과 같이 일반적으로 침사지, 유입펌프, 생물반응조, 송풍기, 이차침전지, 소독 및 용수공급, 방류펌프, 슬러지 및 탈취설비로 되어 있다.

폐수는 하수와 달리 그 종류에 따라 배출되는 폐수의 질과 양이 매우 다르다. 폐수는 일반적으로 유기성 폐수와 무기성 폐수로 분류되며, 업종에 따라서 폐수의 성상이 매우 다르다. 폐수 내 주요 오염물질 제거 방법은 표 8-2와 같다.

표 8-2 폐수 내 오염물질 처리방법

오염물	처리방법
부유물질	침강, 스크린 분리와 분쇄, 부상분리, 약품, 응집/침강
생분해성 유기물	활성슬러지법, 살수여상, 회전생물접촉법, 라군법, 간헐적 모래여과
난분해성 유기물	탄소 흡착, 3차 오존처리
질소	질화 및 탈질화 방법, 암모니아 스트리핑, 이온교환, 염소 처리
인	금속염 첨가, 석회 응집/침강, 생물학적-화학적 인 제거
병원균	염소처리, 하이포염소 처리, 오존처리
중금속	화학침전, 이온교환
용존 무기 고형물	이온 교환, 역삼투압, 전기투석

(출처 : 임재명 외, 2003)

1.4 폐기물의 소각

폐기물 소각은 폐기물 감량화 및 병원균 처리 등에 매우 우수하며, 여열을 이용하여 증기를 생산하는 등 에너지를 회수하여 이용할 수 있다. 그러나 초기 건설비가 높으며, 연소가 양호하지 못할 경우 다이오신을 포함한 대기오염물질 등의 2차 환경오염문제를 유발할 수 있는 단점이 있다. 따라서 소각시설 운전 시 공기와의 충분한 혼합(Turbulence), 고온(Temperature), 연소시간(Time) 등이 요구된다.

폐기물 소각의 주된 공정은 그림 8-8과 같이 소각과 여열이용 및 환경오염방지시설 등으로 구분할 수 있다.

소각방식은 소각로 형태에 따라 스토커 방식(Stocker type), 유동상 방식(Fludized bed), 회전방식(Rotary kiln type), 열분해 ~~용융~~방식(Pyrolysis type) 등으로 분류된다. 스토커 방식은 스토커 위에 폐기물을 공급하고 화격자의 하부에서 공기를 공급하여 800～950℃에서 연소시키는 방식이다. 유동상 방식은 노내에서 다공판 또는 다공관이 있어 하부에서 예열공기를 공급, 모래 ~~유동층~~을 형성시키고 상부에서 파쇄된 폐기물을 투입하여 고열의 모래(약 650～800℃)와 폐기물을 고르게 접촉시켜 연소하는 방식이다. 회전방식은 투입된 폐기물의 흐름방향으로 약간 경사진 원통형의 킬른(Kiln)을 저속(약 0.5～0.8rpm)으로 회전시켜 폐기물을 교반, 건조, 연소 등을 거쳐 소각하는 방식이다. 열분해 ~~용융~~은 폐기물을 무산소 또는 저산소 상태에서 가열하여 발생되는 가연성 가스 및 탄화물로 분리시키며, 이를 1,300℃ 이상의 고온 연소로에서 ~~용융~~/슬래그화 시키는 방식이다.

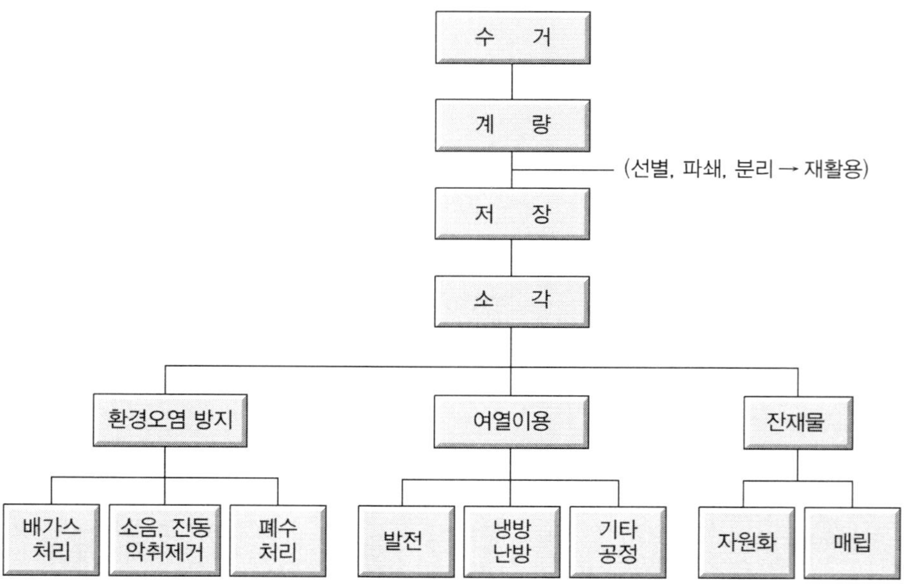

◎ **그림 8-8** 소각처리 공정 흐름도

(출처 : 권영배 외, 2006)

2 주요 배출시설의 이해

2.1 고형폐기물의 매립

고형폐기물 매립시설은 「폐기물 관리법 시행령」 제5조 별표 3(폐기물 처리시설의 종류)에 따른 매립시설 중 차단형 매립시설 및 관리형 매립시설(침출수 처리시설, 가스 소각・발전・연료화 처리시설 등 부대시설을 포함한다)을 말하며, 비관리형 매립시설은 관리형 매립시설의 설치기준에 적합하지 않은 시설을 일컫는다.

관리형 매립지는 폐기물 매립 시 일일복토, 중간복토 및 최종복토가 필요하고, 매립시설에서 침출수가 유출되는 것을 방지하기 위하여 점토, 고밀도 폴리에틸렌 등의 차수시설을 설치하여야 하며, 침출수 집수 및 처리 시설, 강우시의 침출수 저장을 위한 유량조정조, 그리고 매립가스 처리 시설을 갖추어야 한다. 관리형 매립지에는 매립되는 폐기물의 종류에 따라 두 가지로 구분하고 있는데, 먼저 중금속의 함유량이 비교적 적은 유・무기성폐기물, 즉 생활폐기물이나 사업장 폐기물을 매립할 수 있는 관리형 매립지와 지정폐기물을 매립할 수 있는 관리형 매립지가 있다.

<상주 매립지 내부>

<신안 매립지 전경>

그림 8-9 지붕형 매립지 사례

(출처 : 이남훈 외, 2006)

이들 매립지에 대한 특징의 가장 큰 차이는 차수시설의 설치방법을 달리하고 있다는 점이다. 최근 관리형 매립지는 매립지의 관리목적과 관리방법에 따라 다양한 형태로 발전하고 있다. 일례로 폐기물 매립지 관리상 가장 어려운 침출수 처리 문제를 해소하기 위해 그림 8-9와 같이 매립지 상부에 지붕을 설치하여 침출수의 원인이 되는 우수유입을 원천적으로 방지한 지붕형 매립지가 있으며, 또한 최근 소각시설의 보급률이 높아짐에 따라 소각재 매립전용으로 운영되고 있는 곳이 있다.

한편 차단형 매립지는 바닥, 외벽 및 내부칸막이를 철근콘크리트 구조물로 만들고 빗물을 차단하는 시설을 갖추어야 하며, 현행 「폐기물관리법」에서는 폐농약류를 매립하기 위한 시설로 지정하고 있으나 현재 우리나라에서 운영되고 있는 차단형 매립지는 없다.

2.2 고형폐기물의 생물학적 처리

「온실가스・에너지 목표관리 운영 등에 관한 지침」에 따르면 국내에서의 생물학적 처리시설은「폐기물 관리법 시행령」 제5조 별표 3(폐기물 처리시설의 종류)에 따라 사료화・퇴비화・소멸화・부숙토 생산 시설(1일 처리능력 100킬로그램 이상인 시설로 한정하며, 건조에 의한 사료화・퇴비화 시설을 포함한다) 및 호기성・혐기성 분해시설을 말한다.

사료화・퇴비화・소멸화・부숙토 생산시설은 폐기물을 선별・파쇄・혼합・발효・건조・소멸・소화 등의 공정을 거쳐 물리적・생물학적으로 안정된 상태의 물질로 만드는 시설을 갖추어야 한다. 또한 「폐기물관리법 시행규칙」[별표 11]에서는 이들 시설은 사료화・퇴비화분해를 위한 온도・습도・공기량을 유지하도록 되어 있다. 사료화 시설은 배합사료, 보조사료, 단미사료제조업의 기준에 적합한 시설을 갖추어야 하며, 시설에는 공장건물, 저장시설, 분쇄시설, 배합시설, 계량시설, 정선시설, 먼지제거시설, 포장시설, 수송장치, 작업공장 등이 있다. 퇴비화 시설은 검량포장장치(포장하여 판매하는 경우에 한함)와 발효시설 등 생산시설을 갖추어야 한다. 그리고 부숙토 생산시설은 제품명 및 원료 등을 표시하고, 제품의 제조에 관한 기록을 보존하여야 한다.

호기성・혐기성 분해시설은 미생물을 이용하여 생물학적으로 안정된 물질을 만드는 시설로 분해과정에서 발생하는 가스를 처리하는 시설을 갖추어야 한다. 표 8-3은 한국환경공단에서 발간한 「지자체 온실가스 배출량 산정지침」에서 제시하고 있는 고형폐기물의 생물학적 처리시설 선정 기준을 나타낸 것이다.

표 8-3 고형폐기물의 생물학적 처리시설 선정 기준

처리 유형	해당시설 종류[1)]
사료화·퇴비화	(음시물)[2)]자원화, (음식물)퇴비화, (음식물)사료화, 비료화 등
혐기성 소화시설[3)]	(음식물)사료화, (음식물)감량화, (음식물)건조발효, (음식물)고속발효, 발효시설, 메탄화기기, 선별기발효, 습식발효, 혐기성분해시설 등

1) 분류표 내 명칭은 시설 종류에 해당하며, 정확한 시설명은 다소 다를 수 있음.
2) 괄호( ) 안의 문구는 포함이 될 수도 안 될 수도 있음.
3) 혐기성 조건의 생물학적 처리가 이루어지나 처리 후 퇴비화 등 재활용 없이 소각 또는 매립처리될 경우 혐기성 소화시설로 분류

2.3 하·폐수 처리 및 배출

하·폐수 처리시설은 「가축분뇨의 관리 및 이용에 관한 법률」 제24조에 의한 축산폐수공공처리시설, 「수질 및 수생태계 보전에 관한 법률」 제2조에 의한 수질오염방지시설 및 제48조에 의한 폐수종말처리시설, 「하수도법」 제2조에 의한 분뇨처리시설, 제11조에 의한 공공하수처리시설, 「하수도법 시행령」 제24조 2항에 의한 오수처리시설을 말하며, 「온실가스·에너지 목표관리 운영 등에 관한 지침」에서 나타내는 각 시설의 종류 및 특성은 표 8-4에 나타내었다.

표 8-4 하·폐수 처리시설 종류 및 특성

종 류	특 성
축산폐수공공처리시설	소·돼지·말·닭과 같은 가축이 배설하는 분뇨 및 가축사육 과정에서 사용된 물 등이 분뇨에 섞여서 배출되는 것을 자원화 또는 정화하기 위해 지방자치단체의 장이 설치하는 시설
폐수종말처리시설	수질오염이 악화되어 환경기준의 유지가 곤란하거나 수질보전에 필요하다고 인정되는 지역 안의 각 사업장에서 배출되는 수질오염물질을 공동으로 처리하여 공공수역에 배출하게 하기 위하여 국가·지방자치단체 등이 설치하는 시설
공공하수처리시설	사람의 생활이나 경제활동으로 인하여 액체성 또는 고체성 물질이 섞여 오염된 물과 건물·도로 그 밖의 시설물의 부지로부터 하수도로 유입되는 빗물·지하수를 처리하여 하천·바다 그 밖의 공유수면에 방류하기 위하여 지방자치단체가 설치 또는 관리하는 처리시설과 이를 보완하는 시설을 말한다. 여기에는 기존에 처리용량(500 m^3/일) 기준으로 나누던 하수종말처리시설과 마을 하수도가 포함된다.
분뇨처리시설	분뇨를 침전·분해 등의 방법으로 처리하는 시설
수질오염방지시설	점오염원, 비점오염원 및 기타 수질오염원으로부터 배출되는 수질오염물질을 제거하거나 감소하게 하는 시설(환경부령이 정하는 것)
오수처리시설	1일 오수 발생량이 2세제곱미터를 초과하는 건물시설 등(이하 "건물 등")을 설치하려는 자가 건물 등에서 발생하는 오수를 처리하기 위해 설치한 시설

2.4 폐기물의 소각

우리나라에서는 폐기물 중간처리 방식 중 하나로 소각을 이용하고 있으며, 생활폐기물, 사업장 배출시설계 폐기물 등 다양한 폐기물이 소각처리 되고 있다. 폐기물 소각 시 배출되는 온실가스는 CO_2, CH_4, N_2O이며, 폐기물에 포함된 바이오매스에서 배출되는 CO_2를 제외하고 배출량을 산정한다. 「온실가스 · 에너지 목표관리 운영 등에 관한 지침」에서 나타내는 소각 배출시설의 종류 및 특성은 표 8-5와 같다.

표 8-5 소각시설 종류 및 특성

종 류	특 성
소각보일러	• 폐기물 등을 소각시켜 발생되는 열을 회수하여 보일러는 가동하고 이때 생산되는 증기나 열을 작업공정이나 난방 등에 재이용할 목적으로 보일러 등 열회수장치가 설치된 소각시설
특정폐기물 소각시설	• 특별히 고안된 폐쇄구조에서 특정폐기물을 연소시켜 그 양을 감소하든지 재이용할 수 있게 하는 시설 • 소소각시설의 구조에 따라 단실소각시설, 다실소각시설, 이동다실소각시설로 구분 – 단실소각시설은 점화, 연소, 연소찌꺼기의 제거 등이 모두 동일한 방에서 이루어짐. – 다실소각시설은 2개 이상의 내화벽돌로 설치된 연소실이 병렬로 연결된 형태로서 각 실은 내화벽으로 구분되어 있으며 연소가스 통로는 서로 연결되어 있고 폐기물의 연소효율을 최대로 하기 위한 모든 장치가 설치된 시설 – 이동다실소각시설은 연소실 내부의 화상을 가벼운 자재를 사용하고 바퀴가 있어 유동이 가능하게 만든 시설로서 유동층 소각시설이라고도 함.
일반폐기물 소각시설	• 특별히 고안된 폐쇄구조에서 일반폐기물을 연소시켜 그 양을 감소하든지 재이용할 수 있게 하는 시설 • 소각시설의 구조에 따라 단실소각시설, 다실소각시설, 이동다실소각시설로 구분 – 단실소각시설은 2개 이상의 내화벽돌로 설치된 연소실이 병렬로 연결된 형태로서 각실은 내화벽으로 구분되어 있으며, 연소가스의 통로는 서로 연결되어 있고 폐기물 연소효율을 최대로 하기 위한 모든 장치가 설치된 시설 – 이동다실소각시설은 연소실내부의 화상을 가벼운 자재를 사용하고 바퀴가 있어 유동이 가능하게 만든 시설로서 유동층 소각시설이라고도 함.
폐가스 소각시설	• 제조공정 중에 발생되는 각종 휘발성유기물질이나 가연성가스 또는 냄새가 심하게 나는 물질들을 모아 산화시키는 시설 • 직접연소시설, 촉매산화시설 등으로 구분 – 직접 연소시설은 내화물질로 구성된 연소시설과 한 개 내지 둘 이상의 연소장치, 온도조정장치, 안전장치 그리고 열교환기와 같은 연회수장치들로 구성되어 있음. 가스는 연소실 상부에서 화염과 혼합되어 산화되며 연소실내의 연도를 따라 밖으로 배출된다. 연소실의 형태는 보통 원형이나 각형으로 되어있고 내부는 내화물질로 되어 있으며 외부는 강철로 되어 있음. – 촉매산화연소시설은 주로 직접연소의 효율이 떨어지는 가스상물질을 촉매층을 통과시켜 연소하기 쉬운 물질로 만든 후에 산화시키는 시설임. 이것은 직접연소법에 비하여 비교적 내부온도가 낮은 상태에서도 산화가 잘 이루어질 수 있음. 예열연소장치와 촉매층이 부착된 연소실, 주연소시설, 온도조정장치, 안전장치, 그리고 열회수 장치로 이루어져 있다. 예

	열연소장치는 가스를 촉매층을 통과시키기 전에 일정한 온도를 유지시켜 줌으로서 산화와 연소가 비교적 쉽게 일어나게 하기 위한 시설임.
적출물 소각시설	• 의료법 규정에 의한 병원 적출물(피, 고름이 묻은 탈지면, 붕대, 일회용주사기, 수액셋트 등)을 처리하기 위한 시설 • 다습성 적출물과 수지계적출물로 구분 • 다습성 적출물은 수분함량이 높고 발열량이 낮아 자체의 열량으로 연소가 불가하므로 보조열원(버너)를 사용하는 2단연소 소각로가 적합 • 적출물중 일회용 주사기, 수액셋트 등의 수지계 적출물은 수분함량이 낮고 고분자화합물로서 다량의 대기오염물질이 배출될 가능성이 있으므로 건류식 또는 수냉식의 2단연소 소각로를 적용하는 것이 적합
폐수소각시설	• 폐수 중에 휘발성 물질이나 농도가 높은 폐수를 소각처리하기 위한 시설

3 물질, 에너지 수지 이해

3.1 고형폐기물의 매립

그림 8-10은 폐기물매립지의 물질 및 에너지 수지를 나타낸 것으로 폐기물매립지에 생활폐기물, 사업장 폐기물 등을 반입하면, 폐기물을 계량 후 매립을 실시하며, 매립 후 일일복토, 중간복토, 최종복토를 실시한다.

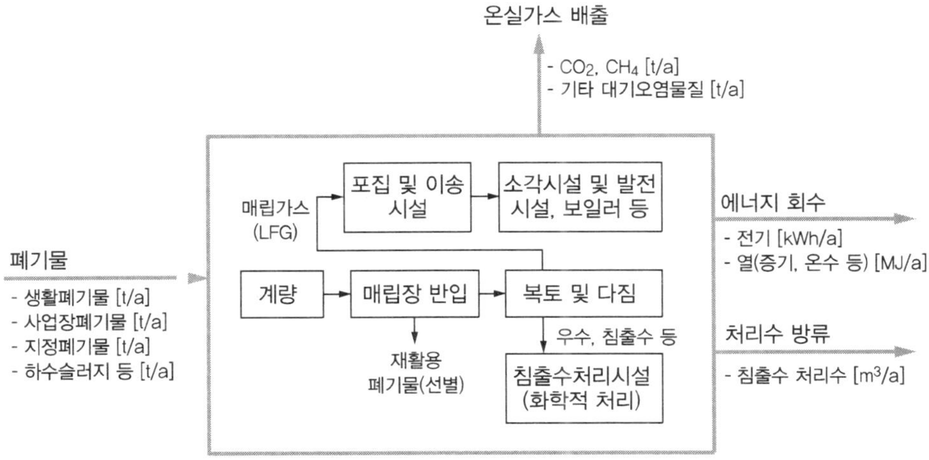

그림 8-10 고형폐기물 매립시설 물질 및 에너지 수지 (출처 : 환경부, 2012)

폐기물 매립지에서는 우수 유입 및 폐기물 분해에 의한 부산물로 침출수 및 매립가스가 발생하며, 침출수는 처리시설을 거쳐 처리수를 방류하게 된다. 매립가스는 온실가스인 CO_2와 CH_4 및 기타 대기오염물질로 구성되어 있다. 매립가스는 포집 후 소각 처리되거나 발전시설을 통해 전기 등의 에너지로 회수된다.

3.2 고형폐기물의 생물학적 처리

혐기성 소화조의 물질 및 에너지 수지의 경우 그림 8-11과 같이 음식물폐기물, 가축분뇨 등의 유기성 폐기물과 소화조 가온을 위한 보조 연료 등의 에너지를 투입한다. 투입된 폐기물은 파쇄 및 선별과정에서 유기성 폐기물 내에 포함되어 있는 철 등의 무기성 폐기물을 선별하여 반출된다. 선별된 유기성 폐기물은 산발효조 내로 투입하여 가수분해를 시킨 후 메탄 발효조에서 혐기성 분해 부산물로 바이오가스를 발생시킨다. 발생된 바이오가스는 가스저장조에 임시 저장되었다가 수분 및 탈황기를 통한 황화수소를 제거 후 열병합발전을 통해 전기를 생산하거나 바이오가스 정제를 통해 압축천연가스(Compressed natural gas)를 생산하여 차량 연료로 사용되기도 한다. 소화 후 소화액은 퇴비 및 사료 등으로 이용된다.

그림 8-12는 사료화 및 퇴비화 시설의 물질 및 에너지 수지 흐름도를 나타낸 것이다. 음식물류 폐기물과 에너지가 투입되며, 혐기성 소화조와 유사하게 선별 및 파쇄 후 발효시설을 통해 퇴비 및 사료를 생산하게 된다.

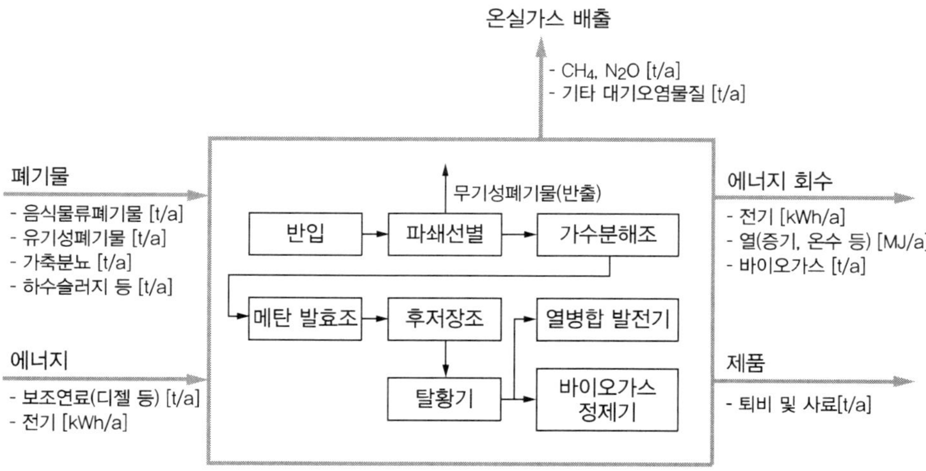

그림 8-11 혐기성 소화시설 물질 및 에너지 수지 (출처 : 환경부, 2012)

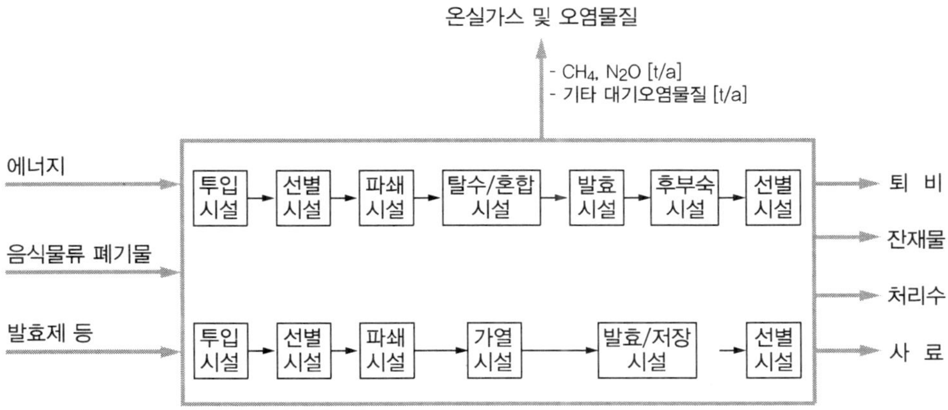

그림 8-12 사료화 및 퇴비화시설 물질 및 에너지 수지

(출처 : 환경부, 2012)

3.3 하 · 폐수 처리 및 배출

그림 8-13은 하 · 폐수 처리시설에서의 물질 및 에너지 수지 흐름도를 나타낸 것이다. 처리시설에 투입되는 것은 처리 대상인 하 · 폐수와 시설 가동을 위한 전력 그리고 하 · 폐수의 물리화학적 처리를 위한 응집제 및 활성탄 등이다. 수질은 1, 2, 3차 처리를 통해 처리되어 방류되며, 수처리 과정 중 발생하는 슬러지는 농축 후 소화조에서 혐기성 처리되며, 소화 후 발생하는 소화슬러지는 고형화, 매립, 소각, 해양투기 등을 통해 처리된다. 혐기성 소화를 통해 발생하는 CH_4은 터빈발전기를 돌려 전기로 회수하거나 소화조 가온을 위한 열 등의 에너지 회수할 수 있다. 하 · 폐수는 현장에서 처리되거나 중앙집중화된 시설을 통해 처리되며, 수처리 과정에서 CH_4 및 N_2O를 배출한다. CO_2는 생물 기원으로 배출량 산정 시 제외된다. CH_4는 유기물의 혐기성 분해과정에서 배출되며, N_2O는 질소 성분을 포함한 하수처리 과정에서 배출된다.

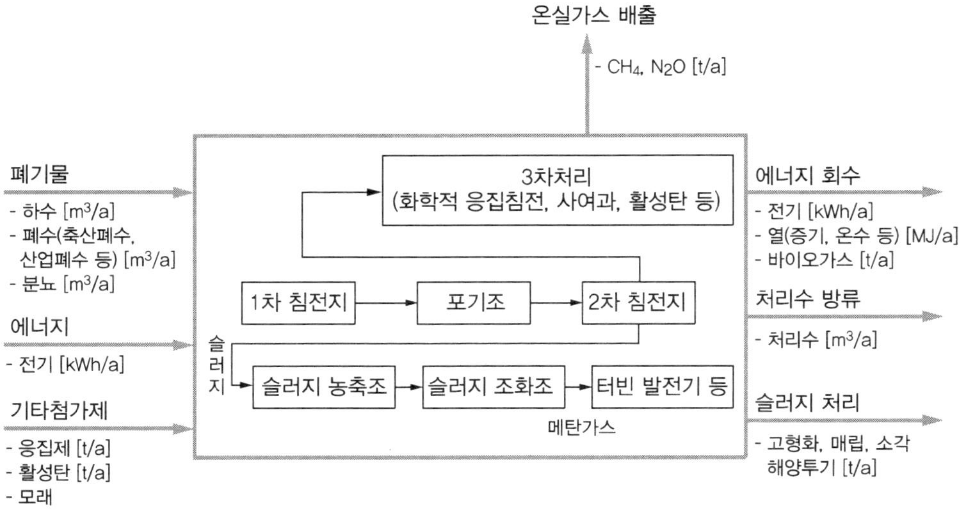

그림 8-13 하·폐수 처리시설 물질 및 에너지 수지 (출처 : 환경부, 2012)

3.4 폐기물의 소각

그림 8-14는 폐기물 소각시설에서의 물질 및 에너지 수지 흐름도를 나타낸 것이다.

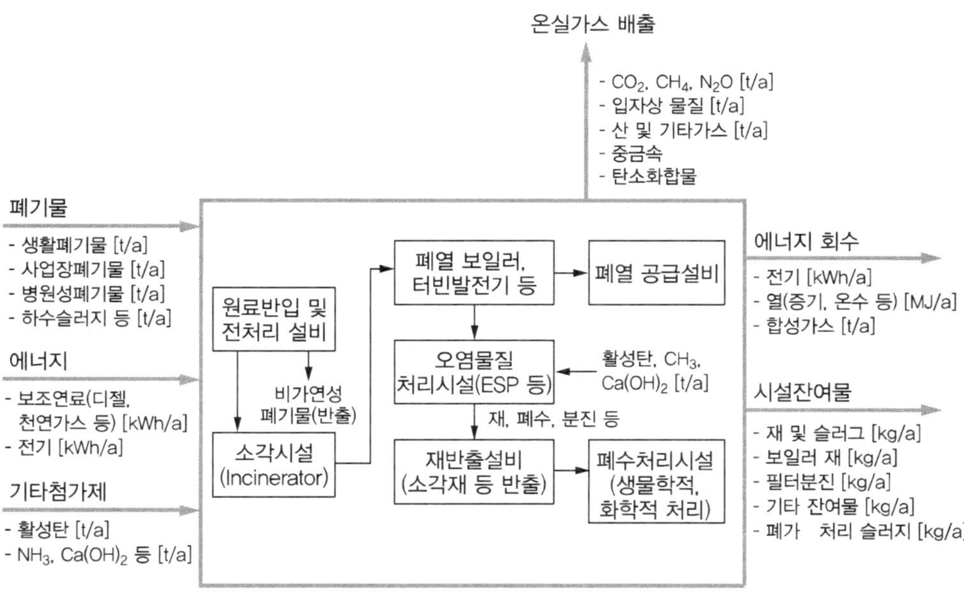

그림 8-14 소각시설 물질 및 에너지 수지 (출처 : 환경부, 2012)

투입되는 것은 고형 또는 액상폐기물과 소각 시 필요한 보조연료 등의 에너지, 그리고 배가스 처리를 위한 활성탄 등의 첨가제가 투입된다. 투입된 폐기물은 소각로에서 소각되며, 소각 시 발생하는 열은 폐열보일러 또는 터빈발전기에 투입되어 스팀을 폐열공급설비에 공급하여 에너지를 회수한다. 고형 및 액상폐기물의 연소로 인해 CO_2, CH_4, N_2O가 배출되며, 바이오매스 폐기물(음식물, 목재 등)의 소각으로 인한 CO_2 배출은 생물학적 배출량이므로 배출량 산정 시 제외한다.

4 온실가스 배출의 이해

4.1 고형폐기물의 매립

매립되는 폐기물은 다양한 물질로 구성되어 있어 물리·화학적으로 다른 특성을 나타낼 수 있으나, 폐기물에 포함된 유기물질 중 생물학적으로 분해 가능한 물질들은 매립지 내부의 미생물 활동에 의해서 분해과정을 거치게 된다. 이 분해과정은 호기성과 혐기성의 크게 두 가지 조건 하에서 이루어진다고 볼 수 있으며, 복잡한 구조의 물질에서 저분자화되어 안정한 물질토 전환된다. 호기성 조건의 분해단계는 비교적 짧은 시간에 이루어지는 것으로 미생물이 폐기물층 내부에 존재하는 산소를 이용하여 분해 가능한 유기물질을 빠른 속도로 분해하는 과정이며, 이를 통해 최종산물로서 이산화탄소, 물 등이 생성되고 일부는 미생물의 생체물질로 전환된다. 이산화탄소는 소비된 산소의 양 정도로 발생한다. 폐기물층 내의 산소가 호기성 분해에서 소모되고 외부에서 산소의 공급이 없으면, 매립지 내부는 혐기성 상태로 전환되어 혐기성 조건의 분해단계가 시작된다. 이는 매립지가 유지·관리되는 대부분의 기간을 차지하게 된다. 혐기성 분해에 의해 폐기물 중 유기물질로부터 메탄과 이산화탄소가 최종산물로 생성되므로 매립가스는 이 두 성분이 대부분을 차지하게 되며, 매립가스 발생량 예측의 관심대상도 혐기성 분해단계에 초점이 맞추어지는 것이다. 시간 경과에 따른 폐기물 분해에 의한 메탄발생량은 폐기물의 분해가 미생물의 증식속도와 상관성이 있으며, 폐기물 분해속도는 메탄발생량과 밀접하다고 가정하여 1차 반응식을 이용하여 나타낼 수 있다.

폐기물 매립지에서 발생한 CH_4는 그림 8-15와 같이 전부 대기 중으로 방출되는 것은 아니며, 에너지원으로 활용하기 위하여 회수되거나 소각 또는 복토층에서 미생물에 의하여 메탄이 산화되어 CO_2로 배출되기도 한다. 회수, 소각 또는 산화처리된 CH_4의 경우 온실가스 배출량 산정에서 제외된다. CH_4의 소각 또는 산화 처리 시 발생하는 CO_2는 생물학적 기원으로 간주되어 온실가스 배출량에 포함되지 않는다.

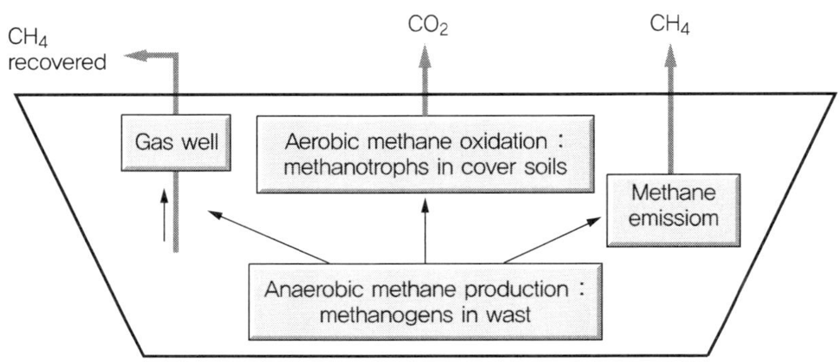

그림 8-15 폐기물 매립지 온실가스 배출 특성
(출처 : IPCC, 2007)

4.2 고형폐기물의 생물학적 처리

혐기성 소화 공정에서 복잡한 유기물들은 제1단계 가수분해단계를 통해 고분자 물질에서 저분자 물질로 전환된다. 제2단계는 산형성단계로 산생성 미생물의 작용으로 단당류, 아미노산, 지방산 등이 아세트산, 프로피온산, 부틸산 등의 저급지방산, 젖산, 에탄올 등으로 분해되고, 저급지방산 등은 수소생성 미생물에 의해 수소와 아세트산으로 변환된다. 제3단계는 메탄생성단계로서 산형성균에 의해서 생성된 아세트산과 수소를 메탄과 이산화탄소로 전환시키는 미생물인 메탄 생성균이 우세하게 된다. 이 시기에는 메탄과 이산화탄소의 농도가 비교적 일정하게 유지되며, 폐기물 중 유기물이 분해되는 동안 지속된다.

사료화 및 퇴비화의 경우 공기 주입 시 부분적으로 통기가 안되어 퇴비화 더미 내에서 혐기성 조건이 형성되어 CH_4가 발생할 수 있으며, N_2O는 질산화 과정에서 발생할 수 있다. 질산화 과정에서 N_2O 생성되는 이유는 정확히 알려지지 않았지만, N_2O 발생에 미치는 인자로는 산소농도, 온도, pH, 암모니아 농도, 아질산 축적 등으로 알려져 있다(임병란 외, 2011).

따라서 생물학적 처리과정 중 혐기성 소화시설에서 발생되는 온실가스는 일반적으로 CH_4이며, N_2O의 경우 발생량이 매우 미미하여 산정하지 않는다. 사료화 및 퇴비화 시설의 경우에는 CH_4 뿐만 아니라 N_2O도 포함하여 배출량을 산정한다.

4.3 하 · 폐수 처리 및 배출

하수처리(분뇨 포함)에서 배출되는 온실가스는 CH_4와 N_2O로 CH_4는 하수 내 유기물의 혐기성 처리과정에서 발생되며, N_2O는 하수 내 질소제거 과정에서 발생하게 된다. 하수처리 시 발생하는 CO_2는 생물기원이므로 산정에서 제외한다. 질소제거 공정은 일반적으로 암모니아성 질소(NH_3-N)를 질산성 질소(NO_3-N)로 산화시키는 질산화 공정과 질산성 질소를 질소가스(N_2)로 환원시키는 탈질 공정으로 구성된다. 탈질 과정은 무산소 조건에서 이루어지며, 이때 전자공여체로서 유기탄소를 필요로 하나 유기탄소가 부족할 경우 탈질 반응이 N_2로 완결되지 못하고, NO나 N_2O에서 반응이 멈추게 되어 N_2O가 발생되게 된다.

산업폐수는 다량의 유기물질을 함유하고 있으며, 처리공정도 유기물 제거를 위한 혐기성 반응조 또는 라군 등을 일반적으로 사용하고 있어 산업폐수처리의 경우에는 CH_4 배출량만을 산정한다.

4.4 폐기물의 소각

폐기물의 소각은 소각시설에서의 소각과 노천소각으로 구분되어진다. 소각에서 배출되는 온실가스 관련 가스는 CO_2, CH_4, N_2O이며, 폐기물에 포함된 바이오매스에서 배출되는 CO_2는 제외하여 산정한다. 일반적으로 폐기물 소각 시 CO_2의 배출량은 CH_4와 N_2O보다 많이 배출된다. 폐기물 소각 시 CH_4의 경우 불완전 연소, N_2O의 경우 상대적으로 낮은 연소 온도(500～950℃) 조건에서 주로 배출된다.

5 최적 실용화 기술 이해

최적 실용화 기술은 오염방지에 효과적인 모든 기술과 방법뿐만 아니라 경제성까지도 포함한 것을 의미하며, 최적 가용기술로 나타내기도 한다. 표 8-6은 각 나라별 유해대기오염물질 방지시설과 관련한 최적 가용기술의 정의를 정리한 것이다.

표 8-6 각 국가별 유해대기오염물질 방지시설과 관련한 최적가용기술 정의

<table>
<tr><th rowspan="2">국가</th><th colspan="3">최적가용기술 (Best Available Technology)</th></tr>
<tr><th>Best</th><th>Available</th><th>Technology</th></tr>
<tr><td>영국</td><td>• 가장 효과적인 방법을 의미</td><td>• 실제로 이용가능 하여야 함
• Pilot 규모로 증명된 기술도 포함
• 외국기술 포함</td><td>• 사후처리기술을 포함한 공정의 개선, 연료대체 등을 모두 포함
• 편익이 비용보다 커야 함.
• 개별 기업의 경영 여건을 고려하지는 않음.</td></tr>
<tr><td>미국</td><td colspan="3">• BACT(Best Available Control Technology) : 주요 배출원에서 배출되는 오염물질의 최대감축 정도에 근거한 배출한계. 허가기관이 사안별로 환경 및 에너지, 경제, 그리고 비용을 고려하여 결정하며 청정연료, 혁신적인 연소기술 등을 포함하여 공정, 시스템, 기술을 적용하여 달성 할 수 있는 값
• LAER(Lowest Achievable Emission Rate) : 같은 종류의 오염원에 대하여 각 주의 실행계획에 포함되어 있는 것 중 가장 엄격한 배출 한계치, 혹은 실제로 달성 가능한 가장 엄격한 배출 한계치를 반영한 배출율을 의미</td></tr>
<tr><td>독일</td><td colspan="3">• 배출수준을 실제로 저감할 수 있다고 여겨지는 최고수준의 공정, 시설 및 운전 모드를 모두 포함. 해당 기술이 다른 공정에서 성공적으로 사용되었을 경우에는 이용가능하다고 판단. 비용은 처음 최적가용기술을 규정할 때 고려되고 허가 과정에서는 반영하지 않음.</td></tr>
<tr><td>오스트리아</td><td>• 신뢰할만한 과학적 지식을 근거로 그 기능이 시험되고 증명되어진 최신의 기술과 공정, 설비, 운전방법</td><td>• 원칙적으로 새로운 기술의 성공예가 한번이라도 있으면 성립</td><td>• 직접적인 정의는 없음
• 대기배출시설의 경우 관리 방법의 개선은 법적인 최적가용기술 정의에 포함되지만, 에너지와 원료물질의 효율적 사용은 비포함
• 폐수의 경우 효율적인 물사용 방법은 포함</td></tr>
<tr><td>유럽연합</td><td>• 높은 수준의 환경보호를 달성하는데 있어서 가장 효과적인 것을 의미</td><td>• 경제적/기술적으로 가능한 조건하에서 관련 산업에서 적용할 수 있는 규모로 개발된 것을 의미</td><td>• 기술 그 자체뿐만 아니라 장치의 설계, 건설, 유지, 운전 및 해체를 포함</td></tr>
</table>

(출처 : 공성용, 2001)

표 8-7 일반연소기술 상의 스톡홀름협약 최적가용기술 가이드라인

항목	스톡홀름 협약
로의 설계	• 폐기물의 특성에 맞추어 설계
연소대 내의 가스상 온도	• 도시폐기물 : 850~950℃ • 염소함량이 높은 폐기물 : 1,000~1,200℃
연소실 조건	• 충분한 체류시간과 혼합 • 1차 및 2차 공기 예열 • 최적온도를 유지하기 위한 자동보조버너 설치 • 벙커 및 저장설비의 공기를 연소공기로 사용
운전형태	• 연속공정 • 최적온도 미달 시 폐기물공급 자동 중단 시스템 설치
모니터링 시스템	• 모니터링 시스템 구축(그레이트 속도, 온도, 압력차 및 CO, CO_2, O_2의 농도 등)
제어장치 구축	• 폐기물 공급, 그레이트 속도, 온도, 부피, 1차 및 2차 공기의 분배 조절

(출처 : Article 5 and annex C of the stockholm convention, 2004)

폐기물 소각시설의 경우 POPs와 같은 유해대기오염물질 저감을 위해 스톡홀름 협약 사무국에서 제시한 폐기물 소각의 최적가용기술 가이드라인이 있으며, 이를 표 8-7에 나타내었다. 또한, 스톡홀름협약에서 정한 폐기물 형태에 따른 소각 기술과 배가스 처리의 최적가용기술을 표 8-8과 표 8-9에 정리하였다.

표 8-8 도시폐기물/유해폐기물/하수슬러지 소각기술의 최적가용기술

폐기물	스톡홀름 협약
도시 폐기물	• 이동화격자 소각로 : 장시간의 운전 경험이 있음 • 수냉식 화격자 소각로 : 고열량의 도시폐기물 처리 • 화격자형 로타리킬른 : 처리량이 적은 도시폐기물 처리에 가능 • 유동층 소각로와 스프레더/스토커 소각로 : RDF와 같은 일정한 크기의 폐기물 처리
유해 폐기물	• 로타리킬른 사용(액체 및 고체와 같은 페이스트 처리 가능) • 수냉 킬른 : 더 높은 온도에서 운전 가능, 고열량의 폐기물 처리 • 열회수 보일러 설치 시 : 다이옥신류 배출을 조절할 수 있는 처리시설 준비(예, 활성탄 분사/흡착) • 포장된 폐기물의 파쇄 • 폐기물 공급균질화 시스템 필요
하수 슬러지	• 유동층 소각로 사용 • 순환유등층 소각로 사용 시 층물질을 보존하기 위한 싸이클론 설치 필요 • 건조공정에서 발생된 열의 회수 : 보조연료 사용량 저감 • 혼소 시 공급 기술의 중요성 (이송, 분배, 혼합)

(출처 : Article 5 and annex C of the stockholm convention, 2004)

표 8-9 배가스 처리의 최적가용기술

항목	스톡홀름 협약
입자제거 기술	• 배가스로부터의 먼지제거는 필수임 • 전기집진기(먼지의 전기저항값 고려)와 여과집진기가 효과적 : 다이옥신류 형성 최소화를 위해 200℃ 이하에서 운전 • 싸이클론과 멀티싸이클론 : 거대입자 제거하기 위한 전처리 단계로 활용 • 반건식세정탑 + 여과집진기 : 효과적 • 여과집진기 1) 수분응축 및 부식 방지를 위해 가스흐름은 이슬점(130～140℃) 이상 유지 2) 스크러빙 시스템 사용 시 모니터링 필요
산성가스 제거기술	• 습식스크러버 : 용해성 있는 산성가스의 제거에 가장 효율적 • 소용량의 스크러버 : 스크러버의 막힘을 방지하기 위해서 먼지의 사전제거 필요 • 활성탄 등의 스크러버 충진물 : 다이옥신류 70%까지 저감 • 반습식 스크러빙 : 높은 제거효율, 여과집진기 전단에 위치 • 여과집진기의 주입구 온도 : 130～140℃ 이상(백의 응축 및 부식 예방)
배가스 정화기술	• 추가적인 먼지제거 시 여과집진기, 습식전기집진기 및 벤츄리 스크러버 사용 • 이중필터 : 1 mg/m^3 이하의 집진효율 달성 • 효과적인 기법들의 기적용 : 비용효용성 측면에서 적절치 않음 • 설비 부담이 큼.
촉매에 의한 질소산화물 제거기술	• 선택적촉매환원 : 질소산화물 및 다이옥신류 제거(98～99.5%의 제거효율) • 배가스 온도 : 250～400℃로 재가열 • 먼지 및 산성가스의 제거 후에 설치 • 경제성 측면에서 대형설비에 적합

(출처 : Article 5 and annex C of the stockholm convention, 2004)

최적가용기술의 경우 기술이 급속하게 변하기 때문에 하나의 기준으로 정의하기가 어렵기 때문에 최적가용기술을 결정할 수 있는 방법론이 필요하다. 그림 8-16은 POPs (Persistent organic pollutants)에 대한 최적가용기술 선정 흐름도(정봉진 외, 2005)를 나타낸 것이다. 최적가용기술 선정 흐름도를 살펴보면 우선 POPs에 대한 감량 목표를 설정한 후 POPs를 근절 또는 저감할 수 있는 기술을 목록화 하였다. 목록화 된 기술에 대해서는 3단계 평가를 실시하여 최종적으로 배출원별 최적가용기술을 선정하도록 하고 있다. 첫 번째 단계는 기술성 평가 단계로서 특정 기술이 제시된 설비의 용량을 감당할 수 있는 가의 여부를 조사해야 한다. 기술별로 적용 가능한 규모가 달라질 수 있고, 어느 이상 또는 이하의 규모에는 적용이 불가능한 경우도 있을 수 있기 때문이다. 그러므로 배출원의 처리 규모에 적합한 기술로 압축하게 된다. 그 다음은 통과된 기술들의 POPs 감량 목표를 달성할 수 있는가의 여부를 조사한다. 이와 같은 두 단계의 기술성 평가를 거쳐 몇 가지 기술로 압축되면, 이 기술에 대해 경제성 평가 즉 설치 운영비를 조사하여 단위 저감량 소요 비용을 결정하여 경제성이 가장 탁월한 기술을 선정하게 된다.

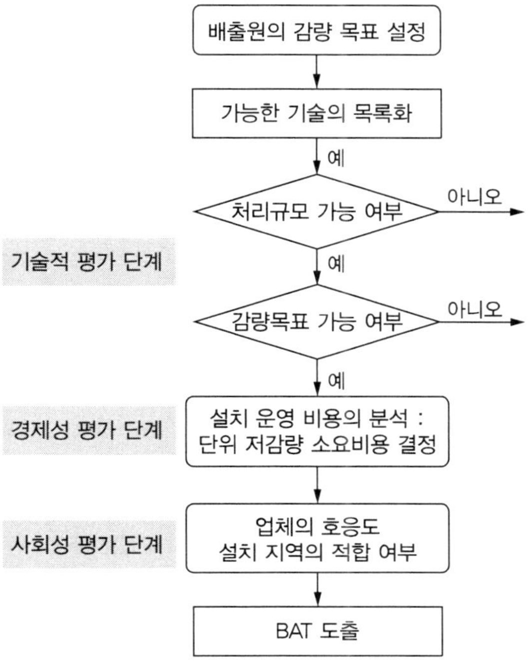

그림 8-16 최적가용기술 선정 흐름도

(출처 : 정봉진외, 2005)

기술성, 경제성 평가 단계를 거쳐 선정된 기술이 가장 최적이라고 할 수 있으나, 해당 업체의 호응도와 설치 예정 지역에 설치 가능성 여부를 종합적으로 조사·판단해야 한다. 예를 들어 선정된 최적가용기술을 설치할 지역의 부지가 너무 협소하여 적용이 불가능할 수도 있고, 주변 여건에 따라 가변적일 수 있기 때문이다. 이러한 경우는 Feedback 과정을 거쳐 차선의 방법에서 최적가용기술을 결정해야 한다.

이외에도 최적가용기술을 적용할 때 다음과 같은 일반적인 사항을 고려하도록 하고 있다.

(a) 배출의 특성, 효과, 배출량, 배출원 규모

(b) 신규 또는 기존시설에 대한 설치일자

(c) 최적가용기술을 적용하는데 필요한 시간

(d) 공정에 사용되는 원료의 특성 및 사용량과 에너지 효율성

(e) 배출물의 환경영향 및 그에 대한 위해성을 방지하거나 또는 최소화할 필요성

(f) 사고예방 및 사고에 따른 환경 피해를 최소화할 필요성

(g) 작업장에서의 산업 보건 및 안전 확보의 필요성

(h) 산업적용 규모로 검증된 비교 가능한 공정, 설비, 운용방법의 검토
(i) 과학적 지식을 기반으로 한 기술발전 및 변화 파악

6 배출특성 및 공정분석

6.1 고형폐기물의 매립

고형폐기물의 매립에서의 온실가스 배출량 산정은 고형폐기물 매립에 의한 온실가스 발생량을 대상으로 한다. 고형 폐기물 매립은 CH_4 뿐만 아니라 CO_2와 미량의 N_2O를 발생시키나, 2006 IPCC 가이드라인에서는 생물기원인 CO_2 배출은 산정하지 않으며 N_2O는 매우 미량으로 산정에서 제외하고 CH_4 배출량만 산정하도록 되어있다.

매립된 고형폐기물은 혐기성 미생물 활동에 의하여 분해가 일어나며, 이러한 분해 과정은 1차 반응을 따른다는 가정에 2006 IPCC 가이드라인에서는 1차 반응모델(FOD; First Order Decay)을 통하여 고형폐기물 매립지에서의 CH_4 배출량을 산정하고 있다.

6.2 고형폐기물의 생물학적 처리

고형폐기물의 생물학적 처리에서 발생하는 온실가스 배출활동에 대하여 「온실가스·에너지 목표관리 운영 등에 관한 지침」에서는 폐기물의 부피감소, 폐기물의 안정화, 폐기물의 병원균 사멸, 바이오 가스 생산 등을 목적으로 이루어지는 유기 고형폐기물의 생물학적 처리에 의한 온실가스 발생으로 정의하고 있다. 우리나라의 생물학적 처리시설은 사료화, 퇴비화, 소멸화, 호기성 및 혐기성 분해 시설로 구분되고 있으며, 이러한 시설에서는 음식물 폐기물, 탈리액 및 슬러지 등을 처리하고 있다.

생물학적 처리과정 중 혐기성 소화시설에서 발생되는 온실가스는 일반적으로 CH_4이며,

N_2O의 경우 발생량이 매우 미미하여 산정하지 않는다. 사료화 및 퇴비화 시설의 경우에는 CH_4 뿐만 아니라 N_2O도 포함하여 배출량을 산정한다.

6.3 하 · 폐수 처리 및 배출

하수처리(분뇨 포함)에서 배출되는 온실가스는 CH_4와 N_2O로 CH_4는 하수 내 유기물의 혐기성 처리과정에서 발생되며, N_2O는 하수 내 질소제거 과정에서 발생하게 된다. 하수처리 시 발생하는 CO_2는 생물기원이므로 산정에서 제외한다.

산업폐수는 다량의 유기물질을 함유하고 있으며, 처리공정도 유기물 제거를 위한 혐기성 반응조 또는 라군 등을 일반적으로 사용하고 있어 산업폐수처리의 경우에는 CH_4 배출량만을 산정한다.

6.4 폐기물의 소각

폐기물 소각에 의해 발생되는 온실가스는 CO_2, CH_4, N_2O로 알려져 있으나, CH_4의 경우 배출량이 매우 미미하여 소각에서 CH_4 발생량은 일반적으로 고려하지 않고, CO_2와 N_2O를 대상으로 배출량을 산정한다. CO_2 배출의 경우는 화석연료에 기반을 둔 비생물계 폐기물 연소에 의한 것만 배출량에 포함시키며, 생물계 폐기물 소각에 의한 CO_2는 배출량 산정에서 제외된다. 표 8-10은 폐기물 분야에서 배출량을 산정해야 하는 대상 온실가스를 정리한 것이다.

표 8-10 폐기물 분야 배출량 산정 온실가스

구 분	CO_2	CH_4	N_2O
매립시설	-	○	-
생물학적 처리	-	○	○
하수처리	-	○	○
폐수처리	-	○	-
소각시설	○	○	○

7 활동자료 수집

7.1 산업분야별 활동자료의 정의

활동자료는 사용된 에너지 및 원료의 양, 생산·제공된 제품 및 서비스의 양, 폐기물 처리량 등 온실가스 배출량 등의 산정에 필요한 정량적인 측정결과를 말한다. 이에 본 장에서는 폐기물 분야의 각 카테고리별 활동자료에 대해 나타내고자 한다.

7.1.1 고형폐기물의 매립

2006 IPCC 가이드라인에서 제시하고 있는 고형폐기물 매립에서의 활동자료는 전체 폐기물(bulk waste) 또는 폐기물 조성별 폐기물 발생량에 폐기물 매립지에 매립 처분된 고형폐기물의 비율로 구성된다. 폐기물 발생량은 각 폐기물 조성에 대한 1인당 폐기물 발생률(톤/인/년)과 인구수를 곱하여 산정된다.

폐기물 매립지에서 발생한 CH_4은 전부 대기 중으로 방출되는 것은 아니며, 에너지원으로 활용하기 위하여 회수되거나 소각 처리하여 CO_2로 배출되기도 한다. 회수되거나 소각 처리된 CH_4의 경우 온실가스 배출량 산정에서 제외되며, IPCC에서는 이 양을 CH_4 회수량(R)으로 나타내고 있다. CH_4의 소각 처리 시 발생하는 CO_2는 생물학적 기원으로 간주되어 온실가스 배출량에 포함되지 않는다.

7.1.2 고형폐기물의 생물학적 처리

생물학적 처리에서의 활동자료는 처리된 유기성 폐기물의 양과 에너지 이용을 위한 CH_4 회수량이다. 「지자체 온실가스 배출량 산정 지침」에서는 우리나라 고형폐기물의 생물학적 처리시설에 대한 활동자료를 환경부에서 매년 발간하는 「전국 폐기물 발생 및 처리현황」의 기타 처리시설 현황 및 중간처리업체 현황에서 확인하도록 하고 있다. 또한 배출계수가 건량 및 습량에 따라 따로 제시되어 있으므로 자료 수집 시 처리량의 무게 단위가 습량 또는 건량기준에 대한 자료도 함께 조사되어야 한다.

7.1.3 하·폐수 처리 및 배출

하수 처리시설에서의 활동자료는 표 8-11과 표 8-12와 같다. 하수의 경우 유입하수의 BOD_5 농도(BOD in), 유출 하수의 BOD_5 농도(BOD out), 유입 하수의 총 질소농도(N in) 및 유출 하수의 총 질소농도(N out) 등의 활동자료는 「환경분야 시험·검사에 관한 법률」 제6조에 따른 「수질오염공정시험기준」에 따라 측정하여야 한다.

폐수처리시설의 활동자료는 총 유기물질 부하량, 폐수처리 시 슬러지로서 제거되는 유기물질, CH_4 회수량이다. 총 유기물질 부하량 산정을 위해 폐수 농도 분석 시 COD를 기준으로 하며, 유입 COD와 유출 COD는 하수시설과 동일하게 「환경분야 시험·검사에 관한 법률」 제6조에 따른 「수질오염공정시험기준」에 따라 측정하여야 한다.

표 8-11 하수 CH_4 배출량 산정을 위한 활동자료

순서	활동자료 항목	단위
1	하수처리량	m^3/day
2	분뇨처리량	m^3/day
3	유입 하수 BOD 농도	mg/L
4	방류 하수 BOD 농도	mg/L
5	인구	Capita
6	하수처리효율(Plant eff.)	Fraction
7	하수 슬러지처리 CH_4 회수량	t-BOD/yr
8	1인 1일 급수량	L/Capita/day
9	유효수율	Fraction
10	오수전환율	Fraction
11	하수도 보급률	Fraction

(출처 : 윤용문 외, 2010)

표 8-12 하수 N_2O 배출량 산정을 위한 활동자료

순서	활동자료 항목	단위
1	인구	Capita
2	중앙집중식 고도처리시설 이용률	Fraction
3	1인당 1일 단백질 소비량	g-Protein/인/일
4	하수슬러지 발생량	t-Sludge/yr
5	슬러지 내 질소함량 비율	Fraction
6	슬러지 내 고형물 함량 비율	Fraction

(출처 : 윤용문 외, 2010)

7.1.4 폐기물의 소각

소각시설에서의 활동자료는 시설별 소각량, 소각 폐기물 조성, 시설별 운영/기술유형, 소각 처리에 따른 에너지 회수량(소각열을 이용한 열 공급, 전력 생산 등)이며, 자료는 시설별 자료 확보를 원칙으로 한다. 노천소각의 활동자료는 인구수, 폐기물 노천소각 인구비율, 생활폐기물 발생량, 생활폐기물 소각 처리비율이다.

7.2 배출시설/배출원별 활동자료 수집

7.2.1 고형폐기물의 매립

고형폐기물 매립시설의 활동자료를 수집하는 방법으로는 직접계량과 과거 매립실적 자료를 이용하여 추정하는 근사법이 있다. 「온실가스・에너지 목표관리 운영 등에 관한 지침」에서는 고형폐기물 매립시설의 폐기물 성상별 매립양 자료는 1981년 1월 1일 이후 매립된 폐기물에 대해서만 수집하도록 하였으며, 직접 분석법의 Tier는 다음 표 8-13과 같이 나타내고 있다.

표 8-13 활동자료 직접 분석 방법 기준

Tier	측정 불확도	시료 채취, 전처리, 분석방법	분석 횟수
1	±7.5%	「폐기물공정시험기준(환경부 고시 제2009-132호)」	분기별 1회 (각 3, 6, 9, 12월)
2	±5.0%		

그러나 과거 매립실적 자료를 보유하고 있지 않은 폐기물 매립시설은 「온실가스・에너지 목표관리 운영 등에 관한 지침」에서 다음 3가지 방법 중 시설의 조건 및 매립 이력 등을 기준으로 가장 적합한 방법을 해당 관장기관과 협의 하여 결정하도록 하고 있다. 첫 번째는 추정년도(과거 매립량 자료가 없는 년도)의 폐기물 매립량은 매년 동일하다고 가정한다. 두 번째는 추정년도에 대해 매년 해당 매립지의 관리 인구, 전국 평균 1인당 폐기물 발생량, 해당 지자체의 매년 폐기물 매립비율(또는 보유자료 중 가장 오래된 년도의 매립비율을 추정년도에 동일 적용)을 다음 식에 따라 계산하는 것이다.

$$W_x = POP_x \times WGR_x \times \frac{\%SWDS_x}{100\%} \tag{2-1}$$

여기서, W_x : x년도에 매립된 폐기물 양(톤, 습량기준)

POP_x : x년도에, 지자체 인구 중 매립지의 관리 인구

WGR_x : x년도에 전국 평균 1인당 폐기물 발생량(톤/인/년, 습량기준)

$\%SWDS_x$: x년도에, 해당 지자체의 폐기물 매립 비율(또는 보유자료 중 가장 오래된 년도의 매립비율을 추정년도와 동일하다고 가정

세 번째는 해당 매립지의 이용 가능한 기간의 자료를 근거로 아래의 식을 이용하여 평균 매립 량을 산출하여 추정년도에 매년 동일하게 적용하는 것이다. 단, 폐쇄된 매립지의 경우 *YrOpen*을 산정할 수 있는 자료를 이용할 수 없을 시, 매립지 운영기간을 기본 값으로 30년 사용가능하다.

$$WAR = \frac{LFG}{(YrData - YrOpen + 1)} \tag{2-2}$$

여기서, *WAR* : 연평균 폐기물 매립 량 (톤/년)

LFG : 자료가 이용 가능한 기간의 총 매립량 (톤)

YrData : 자료가 이용 가능한 기간의 최근 년도

YrOpen : 자료가 이용 가능한 기간의 가장 오래된 년도

상기의 활동자료 추정 시 이용되는 활동자료의 출처는 다음 표 8-14와 같다.

표 8-14 폐기물 매립시설 산정을 위한 활동자료 출처

항목	출처	비고
매립지별 매립량	1. 전국 폐기물 발생 및 처리현황(환경부)	
	2. 지정폐기물 발생 및 처리현황(환경부)	
	3. 환경부문 온실가스 배출통계 D/B 구축 (환경관리공단, 2006), 부록 4	1970～2005 기간 자료 수록
	4. 전국 사용 중인 매립시설 현황(환경부)	
매립폐기물 조성	1. 전국 폐기물 발생 및 처리현황(환경부)	
	2. 지정폐기물 발생 및 처리현황(환경부)	
	3. 전국 폐기물 통계조사(환경부, '96, '01, '06)	
메탄 회수량	1. 자원회수시설 회수량 조사보고서 (환경관리공단, 2009)	2008년 기준 전국 CH_4 자원회수시설 회수량(1998～2007)
	2. 수도권매립지 통계연감	수도권매립지 CH_4 회수량

(출처 : 윤용문 외, 2010)

메탄 회수량의 경우 측정불확도 ±5.0% 이내의 자료를 사용하여야 하며, 회수된 메탄가스가 외부 공급/판매, 자체 연료 사용 및 Flaring 등으로 처리되기 위한 별도의 측정이 없을 경우는 기본값 RT는 0으로 처리도록 「온실가스·에너지 목표관리 운영 등에 관한 지침」에서 규정하고 있다.

7.2.2 고형폐기물의 생물학적 처리

고형폐기물의 생물학적 처리의 경우 유기성 폐기물량의 자료는 측정불확도 ±7.5% 이내의 자료를 사용하도록 「온실가스·에너지 목표관리 운영 등에 관한 지침」에서 규정하고 있다. 만일, 측정자료가 없을 경우에는 환경부에서 매년 발간하는 「전국 폐기물 발생 및 처리현황」통계자료 내 기타 처리시설 현황 및 중간처리업체 현황 자료를 이용할 수 있다.

메탄 회수량의 경우 매립시설과 동일하게 측정불확도 ±5.0% 이내의 자료를 사용하여야 하며, 회수된 메탄가스가 외부 공급/판매, 자체 연료 사용 및 Flaring 등으로 처리되기 위한 별도의 측정이 없을 경우는 기본값 RT는 0으로 처리도록 「온실가스·에너지 목표관리 운영 등에 관한 지침」에서 규정하고 있다.

7.2.3. 하·폐수 처리 및 배출

하·폐수처리의 경우 직접 측정 시 측정불확도 ±7.5% 이내의 유입 하·폐수량 자료와 측정불확도 ±5.0% 이내의 메탄 회수량 자료를 사용하도록 「온실가스·에너지 목표관리 운영 등에 관한 지침」에서 규정하고 있다. 그러나 측정 자료가 없을 경우에는 환경부에서 발간한 「하수도 통계」, 「상수도 통계」, 「하수종말처리시설 운영·관리현황」 등의 자료를 이용하여 활동자료를 산정하도록 하고 있다.

7.2.4 폐기물의 소각

폐기물 소각시설의 경우 「온실가스·에너지 목표관리 운영 등에 관한 지침」에서 폐기물 성상별 소각량을 직접 계측하도록 하고 있으며, 측정불확도에 따라 Tier 1～Tier 3로 구분하고 있으며, 연속측정인 Tier 4도 제시하고 있다. Tier 1～Tier 3의 시료 분석은 매월 1회 이상 실시하도록 하고 있으며, 각 Tier별 측정불확도는 Tier 1 ±7.5% 이내, Tier 2 ±5.0% 이내, Tier 3 ±2.5% 이내로 규정하고 있다.

그러나 소각시설별 세부 자료가 없을 경우 「지자체 온실가스 배출량 산정지침」에서는 환경부에서 발간한 「전국 생활폐기물 자원회수시설 운영현황」, 「전국 폐기물 발생 및 처리현황」, 「지정폐기물 발생 및 처리현황」 등의 자료를 이용하여 활동자료를 산정하도록 하고 있다.

8 배출량 산정

8.1 단위환산 및 매개변수 확인

온실가스 배출량 산정을 위해서는 매개변수인 활동자료와 배출계수 자료 확보 수준에 근거하여 산정 방법을 결정하여야 한다. 각 확보 방안에 따라 산정 방법의 Tier를 결정하여 온실가스 배출량을 산정하게 된다. 폐기물분야의 경우 Tier 수준을 향상시키기 위한 다양한 연구가 진행되고 있으나, 현재 국내에서는 「저탄소 녹색성장 기본법」에 따라 제정·고시된 「온실가스·에너지 목표관리 운영등에 관한 지침」과 한국환경공단에서 발간한 「지자체 온실가스 배출량 산정지침」에서 매개변수인 활동자료와 배출계수를 제시하고 있다. 표 8-15～8-17은 「지자체 온실가스 배출량 산정지침」에서 제시한 배출계수를 정리한 것이다.

표 8-15 폐기물매립지 배출계수

분 야	항 목	내 용	2010년
폐기물매립	MCF	위생매립지 – 혐기성	1.0
		위생매립지 – 준호기성	0.5
		비위생매립지 – 매립고(5 m 이상 폐기물)	0.8
		비위생매립지 – 매립고(5 m 이하 폐기물)	0.4
		미분류 매립지	0.6

분 야	항 목	내 용		2010년
	DOC	생활폐기물	전체(Bulk)	0.14
			고무피혁류	0.39
			나무	0.43
			음식물채소류	15
			종이	40
			플라스틱류	0.00
			기타가연분	0.23
		사업장배출시설계 폐기물	전체(Bulk)	0.15
			폐지류	0.40
			폐목재류	0.43
			폐섬유천류	0.24
			폐합성수지류	0.00
			폐합성고무	0.39
			폐피혁	0.39
			폐수처리오니	0.09
			공정오니	0.09
			정수처리오니	0.09
			하수처리오니	0.05
			동식물성폐잔재물	0.11
			폐식용유	0.67
			기타가연분	0.23
			불연분(전체)	0.00
		건설폐기물	전체(Bulk)	0.15
			종이류	0.40
			나무류	0.43
			폐합성수지류	0.00
			폐섬유	0.24
			기타가연분	0.23
			혼합폐기물	0.01
			불연분(전체)	0.00
		지정폐기물	전체(Bulk)	0.15
			공정오니	0.09
			폐수처리오니	0.09
			폐합성수지류	0.00

분 야	항 목	내 용		2010년
			기타 전체	0.00
		병원성폐기물	전체(Bulk)	0.15
			조직물류	0.11
			폐합성수지류 등	0.00
	DOCF	고무피혁류		0.5
		기타		
		나무		
		천류		
		슬러지		
		음식물		
		종이		
	F(메탄가스 비율)			0.5
	R(회수율)			
	OX			0.1
	M			13개월
	k	생활폐기물	전체(Bulk)	0.09
			종이류	0.06
			목재류	0.03
			고무피혁류	0.03
			섬유류	-
			음식물채소류	0.185
			기타 가연물	0.09
			혼합폐기물/기타가연분	0.09
			플라스틱류	0.00
		사업장배출 시설계 폐기물	전체(Bulk)	0.09
			폐지류	0.06
			폐목재류	0.03
			폐섬유천류	0.06
			폐합성수지류	0.00
			폐합성고무	0.03
			폐피혁	0.03
			유기성오니	-
			폐수처리오니	0.185
			공정오니	0.185

분 야	항 목	내 용		2010년
			정수처리오니	0.185
			하수처리오니	0.185
			동식물성폐잔재물	0.10
			폐식용유	0.03
			기타가연분	0.09
			불연분(전체)	0.00
		건설폐기물	전체(Bulk)	0.09
			종이류	0.06
			나무류	0.03
			폐합성수지류	0.00
			폐섬유류	0.06
			기타가연분	0.09
			불연분(전체)	0.00
		지정폐기물	전체(Bulk)	0.09
			공정오니	0.185
			폐수처리오니	0.185
			폐합성수지류	0.00
			기타 전체	0.09
		병원성폐기물	전체(Bulk)	0.09
			조직물류	0.185
			폐합성수지류	0.00

표 8-16 소각시설 배출계수

분 야	항 목		내 용	2010년
폐기물소각	소각열 회수관련		CO_2 배출계수(kg/TJ)	91,700
			CH_4 배출계수(kg/TJ)	30
			N_2O 배출계수(kg/TJ)	4
	산화계수(OF)		소각시설	1.0
			노천소각	0.58
	CH_4 배출계수 (kg/Gg)	연속식	스토커	0.2
			유동상	0
		준연속식	스토커	6
			유동상	188

분 야	항 목	내 용		2010년
		배치식	스토커	60
			유동상	237
		노천소각		6.50 $kgCH_4$/ton(Wet)
	N_2O 배출계수 (kg/Gg)	연속식	스토커	47
			유동상	67
		준연속식	스토커	41
			유동상	68
		배치식	스토커	56
			유동상	221
		노천소각		0.15 kgN_2O/ton(Wet)
	건조함량 (dm)	생활폐기물	고무류	0.84
			피혁류	
			플라스틱류	1.00
			음식물채소류	0.40
			종이류	0.90
			나무류	0.85
			기타가연분	0.90
			불연분(전체)	0.90
		사업장 배출시설계 폐기물	폐피혁	0.84
			기타 가연분	0.90
			폐수처리오니	0.35
			공정오니	0.35
			정수처리오니	0.35
			하수처리오니	0.10
			동식물성폐잔재물	0.40
			폐식용유	0.40
			불연분(전체)	0.90
		지정폐기물	폐유	1.00
			폐유기용제	1.00
			공정오니	0.35
			폐수처리오니	0.35
			광재	0.50

분 야	항 목	내 용		2010년
			분진	0.50
			소각재	0.50
			안정화 또는 고형화처리물	0.50
			폐내화물 및 도자기조각	0.50
			폐석면	0.50
			폐수처리오니	0.35
			폐유독물	0.50
			폐주물사 및 폐사	0.50
			폐촉매	0.50
			폐흡착제 및 폐흡수제	0.50
			PCB함유 폐기물	0.50
			폐농약	0.50
			폐산	0.50
			폐알칼리	0.50
			폐페인트 및 폐락카	0.50
			할로겐족 유기용제	1.00
			기타 전체	0.50
		병원성 (감염성) 폐기물	폐합성수지류	1.00
			조직물류	0.65
			전체(Bulk)	0.65
		건설폐기물	기타가연분	0.90
			불연분(전체)	0.90
	건조탄소함량 (CF)	생활폐기물	고무류	0.67
			피혁류	
			플라스틱류	0.75
			음식물채소류	0.38
			종이류	0.46
			나무류	0.50
			기타가연분	0.03
		사업장 배출시설계 폐기물	폐피혁	0.67
			기타 가연분	0.03
			폐수처리오니	0.45
			공정오니	0.45

분 야	항 목	내 용		2010년
			정수처리오니	0.45
			하수처리오니	0.45
			동식물성폐잔재물	0.38
			폐식용유	0.38
		지정폐기물	폐유	0.80
			폐유기용제	0.80
			공정오니	0.45
			폐수처리오니	0.45
			폐수처리오니	0.45
			폐유독물	0.50
			폐주물사 및 폐사	0.00
			폐촉매	0.50
			폐흡착제 및 폐흡수제	0.50
			PCB함유 폐기물	0.50
			폐농약	0.00
			폐산	0.00
			폐알칼리	0.00
			폐페인트 및 폐락카	0.80
			할로겐족 유기용제	0.80
			기타 전체	0.80
		병원성 (감염성) 폐기물	폐합성수지류	0.60
			조직물류	0.60
			전체(Bulk)	0.60
		건설폐기물	기타가연분	0.03
	화석탄소 함량 (FCF)	생활폐기물	고무류	0.20
			피혁류	
			플라스틱류	1.00
			음식물채소류	0.00
			종이류	0.01
			나무류	0.00
			기타가연분	1.00
		사업장 배출시설계 폐기물	폐섬유천류	0.16
			폐지류	0.01

분 야	항 목	내 용		2010년
			폐목재류	0.00
			폐합성수지류	0.80
			폐합성고무류	0.17
			폐피혁	0.20
			기타 가연분	1.00
			폐수처리오니	0.00
			공정오니	0.00
			정수처리오니	0.00
			하수처리오니	0.00
			동식물성폐잔재물	0.00
			폐식용유	0.00
		지정폐기물	전체(Bulk)	0.275
			폐유	1.00
			폐유기용제	1.00
			폐합성고분자화합물	-
			공정오니	0.00
			폐수처리오니	0.00
			폐합성고무	0.17
			폐합성수지	0.80
			폐수처리오니	0.00
			폐유독물	0.90
			폐촉매	0.90
			폐흡착제 및 폐흡수제	0.90
			PCB함유 폐기물	0.90
			폐페인트 및 폐락카	1.00
			할로겐족 유기용제	1.00
			기타 전체	1.00
		병원성 (감염성) 폐기물	폐합성수지류	0.40
			조직물류	0.00
			전체(Bulk)	0.40
		건설폐기물	기타가연분	1.00

표 8-17 하폐수 처리 및 생물학적 처리 배출계수

<table>
<tr><th>분야</th><th>항 목</th><th colspan="2">내 용</th><th>배출계수</th></tr>
<tr><td rowspan="25">하·폐수처리</td><td rowspan="14">CH_4 배출계수 ($kgCH_4/kgBOD$)</td><td rowspan="2">하수</td><td>하수처리</td><td>0.015324</td></tr>
<tr><td>분뇨처리</td><td>3.8288×10^{-6}</td></tr>
<tr><td rowspan="12">폐수</td><td>화학</td><td>2.5324×10^{-5}</td></tr>
<tr><td>전기·전자</td><td>2.9398×10^{-3}</td></tr>
<tr><td>피혁·신발</td><td>4.2027×10^{-4}</td></tr>
<tr><td>음식료품</td><td>5.7589×10^{-3}</td></tr>
<tr><td>섬유</td><td>7.5604×10^{-4}</td></tr>
<tr><td>제지</td><td>5.5489×10^{-4}</td></tr>
<tr><td>비금속</td><td>4.2648×10^{-4}</td></tr>
<tr><td>발전수도</td><td>7.4021×10^{-3}</td></tr>
<tr><td>폐수처리업</td><td>1.7698×10^{-3}</td></tr>
<tr><td>금속</td><td>1.3685×10^{-2}</td></tr>
<tr><td>기타 산업</td><td>3.3919×10^{-3}</td></tr>
<tr><td rowspan="2">$B_0(kgCH_4/kgBOD)$</td><td colspan="2">하수</td><td>0.6</td></tr>
<tr><td colspan="2">폐수</td><td>-</td></tr>
<tr><td>MCF</td><td colspan="2">하수</td><td>2006 IPCC G/L
(시스템별 제시)</td></tr>
<tr><td>N_2O 배출계수(kgN_2O/kgN)</td><td colspan="2">하수</td><td>0.005</td></tr>
<tr><td rowspan="2">WS</td><td colspan="2">폐수</td><td rowspan="2">-</td></tr>
<tr><td colspan="2">하수</td></tr>
<tr><td rowspan="2">SS</td><td colspan="2">폐수</td><td rowspan="2">-</td></tr>
<tr><td colspan="2">하수</td></tr>
<tr><td>고형폐기물의
생물학적처리</td><td>CH_4 및 N_2O 배출계수</td><td colspan="2">-</td><td>2006 IPCC G/L</td></tr>
</table>

표 8-18은 2006 IPCC 가이드라인에서 제시하고 있는 생물학적 처리로 인한 CH_4와 N_2O에 대한 배출계수의 기본값을 나타낸 것이다.

표 8-18 2006 IPCC 가이드라인의 생물학적 처리 배출계수

생물학적 처리유형	CH_4 배출계수(gCH_4/kg)		N_2O 배출계수(gN_2O/kg)		비고
	건량 기준	습량 기준	건량 기준	습량 기준	
퇴비화	10 (0.08~20)	4 (0.03~8)	0.6 (0.2~1.6)	0.3 (0.06~0.6)	건조물질 DOC는 25~50%로 가정, 건조물질에서의 N은 2%, 수분함량 60%
바이오가스시설에서의 혐기성 소화	2 (0~20)	1 (0~8)	-	-	

8.2 폐기물 분야 온실가스 배출원

폐기물 분야의 온실가스 배출원은 크게 직접 배출원과 간접 배출원(Scope 2와 3)으로 구분할 수 있으며, 각 처리시설별 온실가스 배출원을 표 8-19~표 8-20에 나타내었다. 온실가스 배출원을 살펴보면, 일반적으로 고정연소, 이동연소, 구매전력, 발생폐기물 처리, 수도사용 등에서 전력, 연료 등의 에너지 사용에 의한 온실가스가 배출된다. 다만, 본 장에서는 이미 앞에서 설명한 고정연소, 이동연소 등의 배출량 산정 방법은 제외하고, 폐기물 분야별 공정배출원에서 배출되는 온실가스 배출량 산정 방법에 대해서만 설명하고자 한다.

표 8-19 폐기물매립지 온실가스 배출원

운영경계	배출원		온실가스	배출원
직접배출원 (Scope 1)	고정연소		CO_2	• 매립시설 보일러 가동, 난방 및 취사 등에 사용되어진 연료 연소에 의한 배출
			CH_4	
			N_2O	
	이동연소	도로 (차량)	CO_2	• 매립시설 내 업무차량 운행에 따른 온실가스 배출
			CH_4	
			N_2O	
		비도로 (중장비)	CO_2	• 매립시설에서 압축, 복토 등을 위해 사용되는 중장비와 같은 시설의 연료 사용에 따른 온실가스 배출
			CH_4	
			N_2O	
	공정배출원		CH_4	• 폐기물의 미생물 분해에 의한 매립지 표면에서의 온실가스 배출

간접배출원 (Scope 2)	구매전력	CO_2	• 매립지 운영시설에서의 전력사용에 따른 온실가스 배출
		CH_4	
		N_2O	
간접배출원 (Scope 3)	발생폐기물 처리	CO_2	• 매립시설 내 근로자들에 의해 발생하는 폐기물 처리에 의한 온실가스 배출
	수도사용		• 매립시설 내 근로자들이 사용하는 수도의 보급을 위한 수처리 과정에서 발생하는 온실가스 배출

(출처 : 한림대학교, 2009)

표 8-20 혐기성 소화시설 온실가스 배출원

운영경계	배출원	온실가스	배출원
직접배출원 (Scope 1)	고정연소	CO_2	• 혐기성 소화시설에서 보일러 가동, 난방 및 취사 등에 사용되어지는 연료 연소에 의한 배출
		CH_4	
		N_2O	
	이동연소	CO_2	• 혐기성 소화시설에서 업무차량 운행에 따른 온실가스 배출
		CH_4	
		N_2O	
	공정배출원	CH_4	• 유기성 폐기물의 혐기소화에 의한 CH_4 배출
간접배출원 (Scope 2)	구매전력	CO_2	• 혐기성 소화 운영시설에서의 전력사용에 따른 온실가스 배출
		CH_4	
		N_2O	
간접배출원 (Scope 3)	발생폐기물 처리	CO_2	• 혐기성 소화시설 내 근로자들에 의해 발생하는 폐기물 처리에 의한 온실가스 배출
	수도사용		• 혐기성 소화시설 내 근로자들이 사용하는 수도의 보급을 위한 수처리 과정에서 발생하는 온실가스 배출

(출처 : 한림대학교, 2009)

표 8-21 하·폐수 처리시설의 온실가스 배출원 세부 목록

운영경계	배출원	온실가스	배출원
직접배출원 (Scope 1)	고정연소	CO_2	• 하폐수처리시설에서 보일러 가동, 난방 및 취사 등에 사용되어지는 연료 연소에 의한 배출
		CH_4	
		N_2O	
	이동연소	CO_2	• 하폐수처리시설에서 업무차량 운행에 따른 온실가스 배출
		CH_4	
		N_2O	

	공정배출원	CH_4	• 하폐수 슬러지의 혐기소화에 의한 배출
		N_2O	• 하수처리 시 질산화 공정에서의 온실가스 배출
간접배출원 (Scope 2)	구매전력	CO_2	• 하폐수처리 운영시설에서의 전력사용에 따른 온실가스 배출
		CH_4	
		N_2O	
간접배출원 (Scope 3)	발생폐기물 처리	CO_2	• 하폐수처리시설 내 근로자들에 의해 발생하는 폐기물 처리와 관련된 온실가스 배출
	수도사용		• 하폐수처리시설 내 근로자들이 사용하는 수도의 보급을 위한 수처리 과정에서 발생하는 온실가스 배출

(출처 : 한림대학교, 2009)

표 8-22 소각시설 온실가스 배출원

운영경계	배출원	온실가스	배출원
직접배출원 (Scope 1)	고정연소	CO_2	• 소각시설에서 보일러 가동, 난방 및 취사 등에 사용되어지는 연료 연소에 의한 배출
		CH_4	
		N_2O	
	이동 연소	CO_2	• 소각시설에서 업무차량 운행에 따른 온실가스 배출
		CH_4	
		N_2O	
	공정배출원	CO_2	• 비생물계 폐기물 소각에 의한 배출
		CH_4	• 폐기물의 불완전 연소에 의한 배출
		N_2O	• 폐기물 중 질소성분의 불완전 연소 • NOx 처리과정에서 중간산물로 N_2O 배출
간접배출원 (Scope 2)	구매전력	CO_2	• 소각 운영시설에서의 전력사용에 따른 온실가스 배출
		CH_4	
		N_2O	
간접배출원 (Scope 3)	발생폐기물 처리	CO_2	• 소각시설 내 근로자들에 의해 발생하는 폐기물 처리에 의한 온실가스 배출
	수도사용		• 소각시설 내 근로자들이 사용하는 수도의 보급을 위한 수처리 과정에서 발생하는 온실가스 배출

(출처 : 한림대학교, 2009)

8.3 폐기물 분야별 온실가스 배출량 산정

8.3.1 고형폐기물의 매립

2006 IPCC 가이드라인에서는 매립지로부터 배출되는 메탄의 양을 산정하기 위해 1차 반응모델(First Order Decay, FOD)을 다음의 식과 같이 제시하고 있다. 1차 반응모델은 폐기물의 분해 또는 가스발생을 1차 반응으로 간주하여 매립가스 발생량을 추정한다. 1차 반응모델의 변수 중에 가장 중요한 변수는 메탄잠재발생량(L0)와 메탄 발생속도상수(k)이다. 메탄잠재발생량과 메탄 발생속도상수가 변할수록 메탄발생량과 발생기간이 변하게 되며, 이러한 특성은 그림 8-17과 같다. 그림 8-18은 FOD를 이용하여 폐기물매립지에서의 온실가스 발생량을 예측한 사례를 나타낸 것이다.

$$CH_4(t) = \sum[(MSW_T(x) \times MSW_F(x) \times L_O(x) \times e^{-k(t-x)}) - R] \times (1 - OX) \quad (2\text{-}3)$$

여기서, $CH_4(t)$: 어느 특정년도에서의 메탄 발생률(톤/년 또는 m^3/yr)

t : 메탄 발생량을 산정하는 해당년도

x : 메탄 발생과 관련된 폐기물 매립기간(년)

k : 메탄 발생속도상수

MSW_T : 어떤 시기 x년에 발생한 도시고형폐기물의 총량(Gg/year)

MSW_F : 어떤 시기 x년에 발생한 도시고형폐기물의 총량 중 매립되는 비율

L_O : 메탄 잠재발생량(톤/톤－폐기물 또는 m^3/톤－폐기물)

$$= MCF \times DOC \times DOC_F \times F \times \frac{12}{16}$$

MCF : 메탄보정계수(Methane Correction Factor)

DOC : 분해가 가능한 유기탄소 비율(Gg/Gg waste)

DOC_F : DOC 중에서 미생물에 의해 동화될 수 있는 비율

F : 매립가스 중에서 메탄이 차지하는 부피 비율

R : 회수율

OX : 산화율

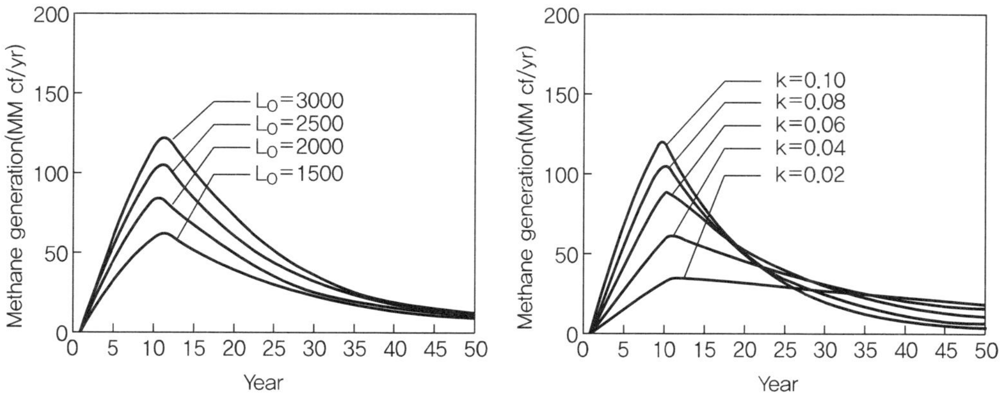

그림 8-17 1차 반응 모델 변수 영향

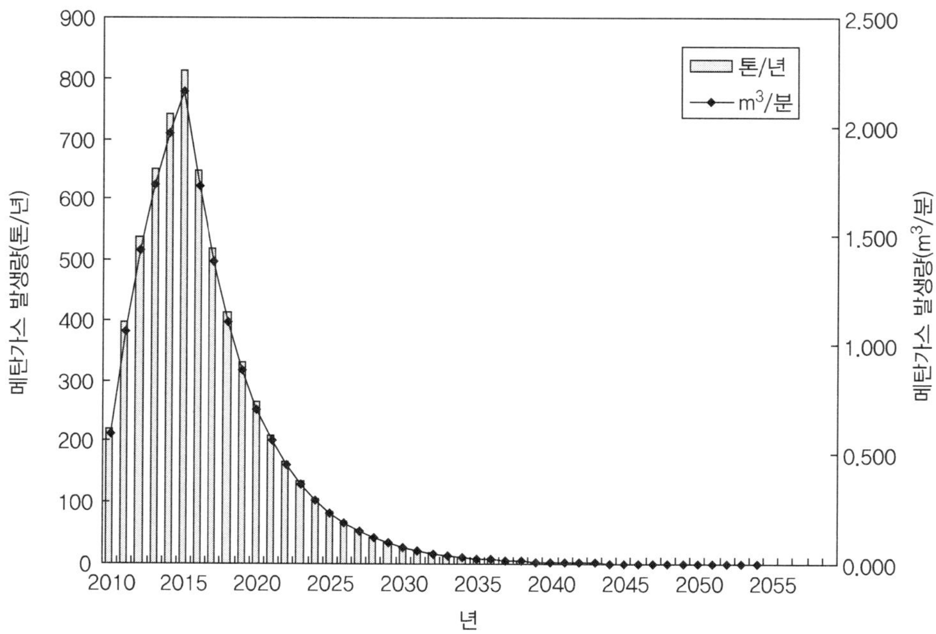

그림 8-18 FOD를 이용한 온실가스 발생량 예측 사례

FOD모델에 사용되는 변수들을 살펴보면 *MCF*는 매립된 폐기물 중의 생분해성 유기물이 혐기성 미생물에 의해 메탄가스로 전환되는 율로 메탄보정계수로 정의된다. 즉, 매립된 폐기물이 모두 혐기적으로 분해되지 않고, 상황에 따라서는 호기적으로 분해될 수 있기 때문에 온실가스 배출량을 정확히 산출하기 위해서는 매립지의 관리 상태를 반영하는 것이 마땅하다.

2006 IPCC 가이드라인에서는 매립지의 관리 상태별로 *MCF*값을 제시하고 있는데, 이는 표 8-23과 같다. 관리가 잘 되지 않는 비위생매립지에서는 폐기물의 압축다짐 등의 작업 없이 매립하는 경우가 많아 매립 폐기물층으로 공기의 침입 가능성이 높기 때문에 호기적으로 분해되어서 *MCF*값이 작게 된다.

반면에 관리가 잘 이루어지는 위생매립지에서는 철저한 복토작업과 매립지 표면을 다지고 폐기물을 압축다짐하기 때문에 공기가 침투할 가능성이 그만큼 적어져 혐기성 반응이 진행될 확률이 높아지는데, 이러한 매립지는 *MCF*값이 크게 된다. 다만, 위생매립지라 할지라도 우리나라와 일본에서 많이 채택하고 있는 준호기성매립지일 경우 *MCF*값을 0.5로 낮추어 온실가스 배출량이 적게 나오는 실제 현상을 반영하도록 하고 있다.

표 8-23 매립형태에 따른 MCF

매립지 종류	MCF
위생매립지 – 혐기성[a]	1.0
위생매립지 – 준호기성[b]	0.5
비위생매립지 – 매립고 > 5 m	0.8
비위생매립지 – 매립고 < 5 m	0.4
미분류 매립지[c]	0.6

[a] : 혐기성 위생매립지는 폐기물 매립을 매립구획 등 제반 계획 아래 추진하며, 복토재, 압축 및 평탄 작업을 실시하는 매립지

[b] : 준호기성 위생매립지는 투과성이 있는 복토재, 침출수 배수 시스템, 저수량 조절, 환기 시스템이 갖춰있는 매립지

[c] : 미분류 매립지의 기준 MCF는 0.6는 매립고가 낮은 비위생매립지를 많이 보유하고 있는 개발도상국에서는 적용하기에 부적절하고, 0.6을 적용하면 메탄가스 배출이 과다하게 산정될 공산이 있다. 그러므로 위생매립지라는 것을 나타낼 수 있는 자료 등이 없다면, 개발도상국에서는 0.4를 MCF로 사용하는 것이 바람직함

(출처 : IPCC, 2006)

*DOC*는 분해 가능한 유기탄소로서 생화학적 분해가 가능한 유기탄소를 의미하고, 단위는 Gg/Gg-폐기물이다. 2006 IPCC 가이드라인에서 제시한 폐기물 성상별 *DOC*값은 표 8-24에 나타내었다.

표 8-24 폐기물 성상별 DOC 값

폐기물 종류	DOC (%)
종이류	40
천류	24
음식물	15
나무	43
정원 폐기물류	17
기저귀류	24
슬러지	5
고무	64

(출처 : IPCC, 2006)

폐기물 중에 리그닌이나, 나무, 종이 등 일부 성분은 생분해가 되지 않거나 분해속도가 상당히 느린 것이 있다. DOC_F는 분해 가능한 유기탄소 함량의 실제 분해비율로서 이러한 특성을 반영하기 위해 도입되었다. 2006 IPCC 가이드라인에서는 기본값으로 0.5를 사용하도록 권장하고 있다.

분해속도는 매립지의 수분함량과 밀접하게 관련되어 있는 것으로 알려져 있다. 수분함량이 높은 매립지에서 음식물쓰레기의 k값은 가장 높은 0.2/yr이고, 반감기는 약 3년 정도로 상당히 짧은 것으로 알려지고 있다. 반면에 건조한 매립지에서 폐기물 중 생분해가 어려운 나무, 종이폐기물의 k값은 가장 낮은 0.03/yr, 반감기는 약 23년 정도인 것으로 알려지고 있다. 국가별로 k값을 결정하는 것이 필요하며, 연구 조사 등을 통해 국가별 고유의 k값을 결정하는 것이 바람직하다. 이를 위해서 상당 기간에 걸쳐 매립되는 폐기물의 성상과 양, 매립지의 조건 등을 조사 파악해야 한다. 2006 IPCC 가이드라인에서는 폐기물의 성상에 따라서 k의 값을 분류하여 표 8-25와 같이 제시하였다.

매립가스의 대부분은 메탄과 이산화탄소로 이루어져 있다. 메탄가스 비율인 F는 매립 폐기물의 성상 등 여러 요소에 의해 결정되는데, F값이 성상에 따라 주로 0.4～0.6사이에 존재하며 기본값으로 0.5를 제시하고 있다.

메탄가스 회수량(R)은 매립지에서 발생되는 메탄가스를 회수하여 에너지로 활용하거나 Flaring 설비에서 연소 처리되는 양을 의미한다. 이는 매립지의 매립가스 관리 상황과 밀접한 관련이 있다.

표 8-25 2006 IPCC 가이드라인에서 제시하는 k값

폐기물 종류			온도		열대	
			건조	습윤	건조	습윤
천천히 동화되는 폐기물	종이/제지	기본값	0.04	0.06	0.045	0.07
		범위	0.03～0.05	0.05～0.07	0.04～0.06	0.06～0.085
	나무/ 짚/ 고무	기본값	0.02	0.03	0.025	0.035
		범위	0.01～0.03	0.02～0.04	0.02～0.04	0.03～0.05
적당히 동화되는 폐기물	정원류	기본값	0.05	0.1	0.065	0.17
		범위	0.04～0.06	0.06～0.1	0.05～0.08	0.15～0.2
빨리 동화되는 폐기물	음식/ 하수 슬러지	기본값	0.06	0.185	0.085	0.4
		범위	0.05～0.08	0.1～0.2	0.07-0.1	0.17～0.7
생활폐기물과 산업폐기물 혼합	혼합	기본값	0.05	0.09	0.065	0.17
		범위	0.04～0.06	0.08～0.1	0.05～0.08	0.15～0.2

참고) 건조기온: MAT[a](0～20°C), MAP[b]/PET[c] (< 1)
습윤기온: MAT(0～20°C), MAP/PET (> 1)
건조열대성: MAT(> 20°C), MAP (< 1,000 mm)
습윤열대성: MAT(> 20°C), MAP (> 1,000 mm)

[a] : 연평균 온도(Mean annual temperature)
[b] : 연평균 강우량(Mean annual precipitation)
[c] : 잠재 증발산량(Potential evapotranspiration)

(출처 : IPCC, 2006)

메탄가스를 연소하면 CO_2와 H_2O로 배출되고, 여기서 CO_2는 생물계 폐기물의 분해로 인해 생성된 CH_4의 연소에 의해 발생한다. 소각에서 생물계 폐기물에 의해 배출되는 CO_2를 온실가스 배출량에서 제외시키는 것과 마찬가지로 회수되어 연소처리 되는 메탄량은 비록 CO_2를 발생시키나, 자연계에서 순환 재이용된다고 가정하여 온실가스 배출량에서 제외시킨다.

산화율(OX)은 대립지로부터 발생되는 메탄가스가 매립 복토층을 통과하면서 산화되는 비율을 의미한다. 이 값 역시 측정하기가 힘들고 동일한 매립지에서도 측정지점에 따라 달라지기 때문에 정확한 값을 산정하기 어렵지만, 궁극적으로 매립지에서 배출되는 메탄의 양을 좌우하는 매우 중요한 인자로 고려된다. 산화가 전혀 일어나지 않는다면 *OX*가 0인 반면 메탄가스가 100% 산화된다면, 값은 1이며, 비위생 매립지보다 위생 매립지의 *OX*가 더 높다. IPCC 지침서의 기본값은 0이지만, 일반적으로 선진국에서는 위생매립지로 관리가 잘 이루어지고 있어 0.1을 사용하고 있다. 우리나라의 경우 현재까지 진행된 대부분의 연구에서 우리나라의 매립지 관리가 비교적 잘 되고 있다고 보고 산화율을 0.1을 적용하여 왔다.

8.3.2 고형폐기물의 생물학적 처리

생물학적 처리의 CH_4와 N_2O 배출량은 다음의 식에 주어진 방법을 이용하여 산정한다.

$$CH_4\ Emissions = [\sum_i (M_i \times EF_i) \times 10^{-3} - R] \tag{2-4}$$

여기서, CH_4 Emissions : 고형폐기물의 생물학적처리 과정에서 배출되는 온실가스 (CH_4-ton/yr)

M_i : 생물학적 처리 유형 I에 의해 처리된 유기폐기물량(ton-Waste/yr)

EF_i : 처리유형 I에 대한 배출계수(g-CH_4/kg-Waste)

i : 퇴비화, 혐기성 소화 등 처리유형

R : 메탄 회수량 (ton-CH_4/yr)

$$N_2O\ Emissions = \sum_i (M_i \times EF_i) \times 10^{-3} \tag{2-5}$$

여기서, N_2O Emssions : 고형폐기물의 생물학적처리 과정에서 배출되는 온실가스 (N_2O-ton/yr)

M_i : 생물학적 처리 유형 I에 의해 처리된 유기폐기물량(t-Waste/yr)

EF_i : 처리유형 I에 대한 배출계수(g-N_2O/kg-Waste)

i : 퇴비화, 혐기성 소화 등 처리유형

8.3.3 하·폐수 처리 및 배출

하수와 폐수에 대해서는 아래의 식을 이용하여 온실가스 배출량을 산정하도록 하고 있다. 아래의 식은 하수에 대한 CH_4 배출량 산정식을 나타낸 것이다.

$$CH_4\ Emissions = [(BOD_{in} - BOD_{out}) \times 10^{-3} \times Q_{in} \times EF - R] \times 10^{-3} \tag{2-6}$$

여기서, CH_4 Emissions : 하수처리에서 배출되는 CH_4배출량(CH_4-ton/yr)

BOD_{in} : 유입 하수의 BOD_5농도(mg-BOD/L)

BOD_{out} : 유출 하수의 BOD_5농도(mg-BOD/L)

Q_{in} : 유입하수량(m^3/yr)

EF : 배출계수(kg-CH_4/kg-BOD)

R : 메탄 회수량(kg-CH_4/yr)

다음의 식은 하수에 대한 N_2O 배출량 산정식을 나타낸 것이다.

$$N_2O\ \text{Emissions} = \left[(TN_{in} - TN_{out}) \times 10^{-3} \times Q_{in} \times EF \times \frac{44}{28}\right] \times 10^{-3} \qquad (2\text{-}7)$$

여기서, N_2O Emissions : 하수처리에서 배출되는 N_2O배출량(N_2O-ton/yr)

TN_{in} : 유입 하수의 총 질소농도(mg-N/L)

TN_{out} : 유출 하수의 총 질소농도(mg-N/L)

Q_{in} : 유입하수량(m^3/yr)

EF : 아산화질소 배출계수(kg-N_2O-N/kg-N)

다음의 식은 폐수에 대한 CH_4 배출량 산정식을 나타낸 것이다.

$$CH_4\ \text{Emissions} = [(COD_{in} - COD_{out}) \times Q_{in} \times EF \times 10^{-6} - R] \qquad (2\text{-}8)$$

여기서, CH_4 Emissions : 폐수처리에서 배출되는 온실가스(CH_4-ton/yr)

COD_{in} : 유입 폐수의 COD_{Mn} 농도(mg-COD_{Mn}/L)

COD_{out} : 유출 폐수의 COD_{Mn} 농도(mg-COD_{Mn}/L)

Q_{in} : 유입폐수량(m^3/yr)

EF : 배출계수(ton-CH_4/tCOD)

R : 메탄 회수량(ton-CH_4)

폐수의 배출계수(EF)는 최대 CH_4 배출량 × CH_4 보정계수 로 산정할 수 있다. 폐수처리시설과 배출경로에 따른 배출계수의 결정은 최대 CH_4 배출량(maximum CH_4 producing potential)과 CH_4보정계수(methane correction factor)의 함수이다. 최대 CH_4 배출량이란 일정량의 유기물질로부터 배출될 수 있는 최대의 CH_4량을 의미하며, 관련 자료를 확보하고 있지 않을 경우 IPCC에서 제공하는 IPCC COD-default factor 0.25 kg-CH_4/kg-COD를 사용한다. CH_4보정계수(MCF)는 폐수처리시설이나 배출시스템에서 메탄 배출 정도를 나타내는 지수에 해당하는 것으로 폐수처리 형태에 따라 차이가 있으므로 표 8-26의 값을 참조한다.

표 8-26 산업폐수의 CH_4 보정계수 기본값

구분	처리형태와 폐기 경로 및 시스템	내 용	MCF (메탄보정계수)
Untreated	바다, 강, 호수로 배출	유기물이 많은 강은 혐기성으로 전환 가능하지만 여기서는 제외함	0.1
Treated	호기성 공정	관리 시 CH_4가 고여 있는 웅덩이 등에서 배출 가능	0
	호기성 공정	관리 부재시 과부하 가능	0.3
	슬러지의 혐기성 소화	CH_4의 회수는 고려하지 않음	0.8
	혐기성 반응 (UASB, 고정필름반응기 등)	CH_4의 회수는 고려하지 않음	0.8
	혐기성 얕은 라군	2 m 이하의 깊이	0.2
	혐기성 깊은 라군	2 m 이상의 깊이	0.8

(출처 : IPCC, 2006)

8.3.4 폐기물의 소각

폐기물 소각에 의해 발생되는 온실가스는 CO_2, CH_4, N_2O로 알려져 있으나, CH_4의 경우 고온에서 일정시간 동안 소각할 경우 배출량이 미미하여 소각에서 CH_4의 발생량은 고려하지 않는다. 또한 비생물계 폐기물의 소각에 의한 CO_2만 온실가스로 간주하고, 생물계 폐기물에 의한 CO_2는 자연계에서 순환 과정을 통해 동화 재이용되는 것으로 간주하여 온실가스 산정에서 제외된다. N_2O의 경우에는 생물계 및 비 생물계로 인한 온실가스 전부를 산정에 포함시키고 있다.

2006 IPCC 가이드라인에 제시된 소각에 의해 배출되는 CO_2 배출량 산정식은 다음과 같다. CO_2 배출량을 산정하기 위해서 필요한 활동량 자료는 소각로에 들어가는 폐기물 소각량이며, 배출계수는 화석연료에서 기인한 폐기물의 탄소함량에 근거한다.

$$CO_2 \text{ 배출량} = \sum i(SW_i \times dm_i \times CF_i \times FCF_i \times EF_i) \times 44/12 \qquad (2\text{-}9)$$

여기서, SW_i : i 형태의 폐기물 소각량(Gg/yr)

dm_i : 소각되는 폐기물에서 건조한 물질의 비(%)

CF_i : 건조한 물질에서 탄소의 비(%)

FCF_i : i 형태의 화석연료에서 기인한 탄소 함량 비

EF_i : 연소율(%)

44/12 : 탄소에 대한 이산화탄소 변환 계수

화석연료에서 기인한 탄소 비율(FCFi)은 화석연료에서 기인한 탄소비로 2006 IPCC 가이드라인에서는 표 8-27에 나타낸 바와 같이 폐기물 성상별 FCF 값을 달리 적용하고 있으나, 우리나라 폐기물의 분류체계가 다른 문제점이 있다.

표 8-27 건조물질의 비율과 탄소함량

MSW 구성성분	젖은 물질 무게에서 건조 물질비율 (%)	젖은 폐기물에서 DOC 비율		건조 물질에서 DOC 비율		건조 물질에서 총 탄소 비율		총 탄소에서 화석연료로부터 기인한 탄소 비율	
	Default	Default	Range	Default	Range	Default	Range	Default	Range
종이/보드	90	40	36～45	44	40～50	46	42～50	1	0-5
직물	80	24	20～40	30	25～50	50	25～50	20	0-50
음식폐기물	40	15	8～20	38	20～50	38	20～50	-	-
나무	85	43	39～46	50	46～54	50	46～54	-	-
정원/공원폐기물	35	17	16～19	49	45～55	49	45～55	0	0
유리/도자기	40	24	18～32	60	44～80	70	54～90	10	10
슬러지 (국내하수처리)	10	5	4～5	50	40～50	50	40～50	-	-
고무	84	64	64	54	54	67	67	20	20
플라스틱	100	-	-	-	-	75	67～85	100	95～100
금속	100	-	-	-	-	4	0～24	100	0～100
유리	100	-	-	-	-	3	0～5	100	100
기타	90	-	-	-	-	3	0～5	100	50～100

(출처 : IPCC, 2006)

소각 시설에서의 아산화질소의 배출량의 산정 방법은 2006 IPCC 가이드라인에서 제시하고 있는 방법은 다음과 같다. N_2O의 배출량을 산정할 때는 비생물계 폐기물뿐만 아니라 생물계 폐기물까지 모두 포함하여 계산한다.

$$N_2O \text{ 배출량}(Gg/yr) = \sum i(IW_i \times EF_{i)}) \times 10^{-6} \quad (2\text{-}10)$$

여기서, IW_i : 폐기물 종류 i의 소각된 양(Gg/yr)

EF_i : N_2O의 배출계수(kg-N_2O/Gg)

10^{-6} : kg에서 Gg으로 변환시키는 인자

연속측정방법을 이용한 배출량 산정과 관련하여 「온실가스 · 에너지 목표관리 운영등에 관한 지침」 [별표 22]에 연속측정방법의 배출량 산정 방법 및 측정기기의 설치 · 관리 기준 등에 관한 내용이 나타나 있다. 연속측정방법은 굴뚝연속자동측정기에 의한 배출량 산정 방법과 굴뚝연속자동측정기와 배출가스유량계 측정자료의 수치 맺음 및 배출량 산정 방법이 있다. 굴뚝연속자동측정기에 의한 배출량 산정은 다음의 식을 따른다.

$$E_{CO_2} = K \times C_{CO_2d} \times Q_{sd} \tag{2-11}$$

여기서, E_{CO_2} : CO_2배출량(g-CO_2/30분)

C_{CO_2d} : 30분 CO_2 평균농도 %(건 가스(dry basis)기준, 부피농도)

Q_{sd} : 30분 적산 유량(Sm^3) (건 가스 기준)

K : 변환계수(1.964 × 10, 표준상태에서 1 kmol이 갖는 공기부피와 이산화탄소 분자량 사이의 변환계수)

다만, 폐기물 분야의 경우 고형폐기물 소각 시설을 대상으로 Tier 4의 연속측정을 할 수 있는 것으로 나타나 있으나 연속측정을 소각 시설에 적용하기에는 아직 어려운 부분이 있기에, 이를 개선하기 위한 연구가 진행 중에 있다.

참고문헌

- 정봉진 · 이준일 · 고정민 · 박종경. 2005. 「소각시설의 최적가용기술(BAT) 및 최적환경관리방안(BET) 도출 연구」. 국립환경연구원.
- 공성용. 2001. 「외국의 BAT 제도분석과 국내도입을 위한 과제」. 환경정책평가연구원.
- 윤오섭 · 장용철 · 현재혁 · 김철규 · 이원준 · 이범재. 2009. 「폐기물처리자원화공학」. 동화기술.
- 임병란 · 조기중 · 정연훈 · 양재경 · 이수구. 2001. "축산폐수공공처리시설 주요공정에서의 온실가스 배출량 평가"「한국폐기물자원순환학회지」 28권. 2호, 175-183.
- 임재명 · 이상호 · 정재춘 · 유태종 · 이장훈 · 원찬희 · 배해룡 · 김동일. 2003. 「산업폐수처리공학」. 동화기술.
- 권영배 · 박준호 · 이협희 · 손양래 · 정윤영 · 이종연 · 김상중 · 나경주 · 양일웅. 2006. 「자원순환형 사회구축을 위한 생활폐기물의 적정처리기술」. 환경관리공단.
- 이남훈 · 이승묵 · 이채영 · 박진규 · 김혜진 · 송상훈 · 이승훈 · 김현선. 2006. 「환경부문 온실가스 배출통계 D/B 구축」. 환경관리공단.
- 환경부. 2012. 「온실가스 · 에너지 목표관리 운영 등에 관한 지침」
- 윤용문 · 이준홍 · 진병복 · 윤완우 · 홍대웅 · 문선정 · 김은영 · 현승진 · 오태식. 2010. 「지자체 온실가스 배출량 산정지침」. 한국환경공단.
- 한림대학교. 2009. 「전국 환경기초시설의 최적 탄소중립 프로그램 개발에 대한 연구」. 환경부.
- Article 5 and annex C of the stockholm convention. 2004.
- Rapport J., Zhang R., Jenkins B.M., Williams R.B. 2008. 「Current anaerobic digestion technologies used for treatment of municipal organic solid waste」. California Environmental Protection Agency.
- IPCC. 2007. 「Climate change 2007 –Mitigation of climate change」
- IPCC. 2006. 「2006 IPCC guidelines for national greenhouse gas inventories」

Chapter 9

간접배출(전기, 열, 스팀)

서울과학기술대학교 김대근

1 주요 공정의 이해

간접배출(indirect emissions)은 연료의 연소나 제품생산 공정에서 발생하는 온실가스가 아닌, 전력, 열 등 소비로 인한 것으로 소비재 생산시 온실가스의 간접적으로 온실가스의 배출을 유도한 것을 의미하며, '에너지 간접 온실가스 배출'이라고 할 수 있다. 전기와 열(스팀) 등이 대표적인 간접배출 공정에 해당된다. 표 9-1은 간접배출과 직접배출을 구분하여 준다.

온실가스의 배출량을 산정하고 보고가 원활하게 이루어지기 위해 배출에 대한 3개의 범위(Scope)가 설정된다. 직접배출(Scope 1)과 간접배출(Scope 2)를 구분하는 이유는 전력, 열 등을 공급하는 사업자(공급자)와 전력, 열을 공급받는 사업자(수급자)가 같은 운영경계(Scope)에서 배출량을 산정・보고할 경우 중복산정되므로, 이를 방지하기 위함이다. 다시 말하면, 간접배출은 경계 내에서 대기 중으로의 온실가스 배출은 아니지만 업체의 활동결과로 발생하기 때문에 전기, 열 등을 공급받는 사업자는 전기, 열 사용량 관리를 통하여 온실가스 배출량을 통제・감축하는 것이 가능하므로 간접배출 형태로 이를 보고하여야 한다. 이를 통해 직・간접 배출원을 규명하고, 투명성을 개선하며, 다양한 조직형태와 다양한 종류의 기후변화대책 및 사업목표의 효용성을 높이는 효과가 있다.

표 9-1 온실가스 배출의 구분

구분		배출활동 종류
직접배출 (Scope 1)	고정 연소시설에서의 에너지 사용에 따른 온실가스 배출	고체 연료연소 기체 연료연소 액체 연료연소
	이동연소시설에서의 에너지 사용에 따른 온실가스 배출	이동연소
간접배출 (Scope 2)	전기, 열(스팀) 사용에 따른 간접 온실가스 배출	외부에서 공급된 전기 사용 외부에서 공급된 열(스팀) 사용
그 외 간접배출 (Scope 3)	Scope2(외부 전기, 열 사용)를 제외한 모든 간접 배출	제품 생산과정
		제품 운반과정
		제품 소비과정

(출처 : 환경부, 2011)

2 주요 배출시설의 이해

온실가스의 간접배출에 기여하는 주요 배출시설은 표 9-2와 같다. 앞서 언급한 바와 같이 간접배출의 주요공정은 전력과 열의 소비로 인한 것이며, 이외에 수도 등의 소비도 포함될 수 있다.

전력의 사용은 가정용, 공공서비스용, 생산부분으로 크게 구분되며, 공공서비스는 공공용과 서비스업으로 생산부문은 농림어업, 광업, 제조업으로 세분화된다.

표 9-2 온실가스 배출의 구분

구분1	구분2	구분3	구분4	구분5	구분6	Scope구분
전력	사용	가정용				Scope2-A-b
		공공서비스	공공용	국군용		Scope2-B
				유엔군용		
				기타 공공용		Scope2-A-b
				관공용		

<table>
<tr><td rowspan="31"></td><td rowspan="31"></td><td rowspan="4"></td><td rowspan="4">서비스업</td><td colspan="2">전철</td><td rowspan="2">Scope2-B</td></tr>
<tr><td colspan="2">수도</td></tr>
<tr><td colspan="2">사업자용</td><td rowspan="29">Scope2-A-b</td></tr>
<tr><td colspan="2">순수서비스</td></tr>
<tr><td rowspan="27">생산부분</td><td>농림어업</td><td></td><td></td></tr>
<tr><td>광업</td><td></td><td></td></tr>
<tr><td rowspan="25">제조업</td><td rowspan="3">식료품</td><td>식료품 제조</td></tr>
<tr><td>음료품 제조</td></tr>
<tr><td>담배제조</td></tr>
<tr><td rowspan="3">섬유, 의복</td><td>섬유</td></tr>
<tr><td>의복, 모피</td></tr>
<tr><td>가죽, 신발</td></tr>
<tr><td colspan="2">목재, 나무</td></tr>
<tr><td colspan="2">펄프, 종이</td></tr>
<tr><td colspan="2">출판, 인쇄</td></tr>
<tr><td rowspan="3">석유, 화학</td><td>석유정제</td></tr>
<tr><td>화학제품</td></tr>
<tr><td>고무, 플라스틱</td></tr>
<tr><td rowspan="2">요업</td><td>유리</td></tr>
<tr><td>시멘트</td></tr>
<tr><td colspan="2">1차금속</td></tr>
<tr><td colspan="2">조립금속</td></tr>
<tr><td colspan="2">기타 기계장비</td></tr>
<tr><td colspan="2">사무기기</td></tr>
<tr><td colspan="2">전기기기 제조</td></tr>
<tr><td colspan="2">영상, 음향, 통신</td></tr>
<tr><td colspan="2">의료, 광학기기</td></tr>
<tr><td colspan="2">자동차 제조</td></tr>
<tr><td colspan="2">기타 수송장비</td></tr>
<tr><td colspan="2">가구 및 기타</td></tr>
<tr><td colspan="2">재생재료 처리</td></tr>
<tr><td>열</td><td colspan="5">사용</td><td>Scope2-A-b</td></tr>
<tr><td rowspan="5">수도</td><td colspan="2" rowspan="5">상수</td><td colspan="3">가정용</td><td rowspan="5">Scope2-A-b</td></tr>
<tr><td colspan="3">업무용</td></tr>
<tr><td colspan="3">영업용</td></tr>
<tr><td colspan="3">대중목욕탕</td></tr>
<tr><td colspan="3">기타</td></tr>
</table>

온실가스의 간접배출시설의 주요공정을 구분하여 살펴보면, 다음과 같다.

2.1 외부로부터 공급된 전기 사용

모든 사업장에서는 제품 생산 공정 또는 이와 관련된 각종 장치 및 설비 등을 가동하기 위하여 전기에너지를 사용하고 있으며, 이에 따라 온실가스 간접배출이 발생한다. 이 경우에는 사업자가 소유 또는 사용하고 있는 건물의 조명, 사무기기, 기계, 설비(에너지 관리의 연계성, 즉 공급되는 전기를 공유하고 있는 다른 건물 및 부대시설 등 포함)의 사용을 위한 전기 사용량을 산정하고, 이를 위해 발생하는 온실가스의 양을 산정하여 간접적으로 발생한 온실가스 배출량을 구할 수 있다. 단, 중복산정을 피하기 위해 업체 경계 내에 발전설비가 위치하여 자체적으로 생산한 전력에 대해서는 간접 배출량에서 제외한다. 위 경우는 그림 9-1을 통해 상세히 설명된다.

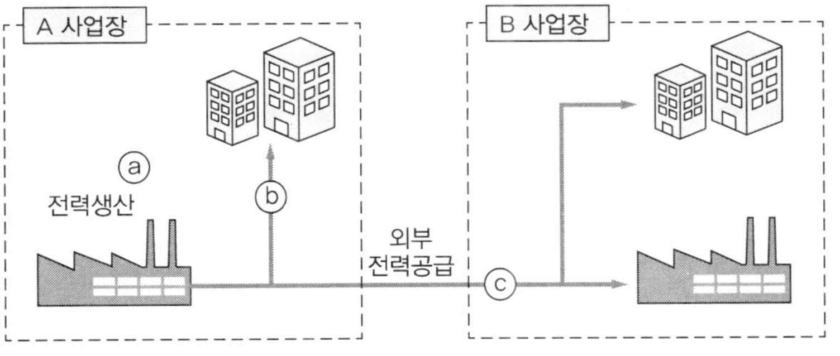

그림 9-1 전력사용에 따른 간접 온실가스 배출경로

ⓐ의 경우, A사업장 내에 발전설비가 위치하고 이를 이용하여 전력을 생산한다. 이 과정에서 발생하는 온실가스는 A사업장의 직접적인 온실가스 배출량(scope1)으로 산정한다.

ⓑ의 경우, 자체 생산된 전력을 동일 사업장 내에서 공급되기 때문에 이미 A사업장에서는 직접 온실가스 배출량으로 산정되었다. 따라서 전력사용에 따른 간접적인 온실가스 배출량 산정에서 제외된다.

ⓒ의 경우에만 간접 배출량(scope2)에 해당하는데, B사업장은 외부(A사업장)에서 생산한 전력을 구입하여 사용함으로써 A사업장에서 발전으로 생산된 온실가스에 대해 간접 온실가스 배출량으로 산정하여 보고하게 된다.

그림 9-2는 전력판매와 구입에 다른 온실가스 배출산정의 또 다른 예를 보여준다. 사업자 A는 전력발전소를 소유한 자립적인 전력 생산자이다. 발전소는 연간 100 MWh의 전력을 생산하며, 20톤의 배출량을 방출한다. 이 때, 사업자 B는 전력 무역업자이며, 필요한 모든 전력을 구매한다. B는 송・배전 시스템을 소유, 통제하고 있는 전력생산 공기업인 C에게 되판다. 사업자 C는 송・배전 시스템을 이용하여 최종소비자에게 전력을 공급하는데, 이 과정에서 5 MWh의 전력이 소모된다(송・배전과정). 결국 총 100 MWh 중에 5 MWh는 사업자 C에게 나머지 95 MWh는 사업자 D에게 온실가스 간접배출이 적용된다.

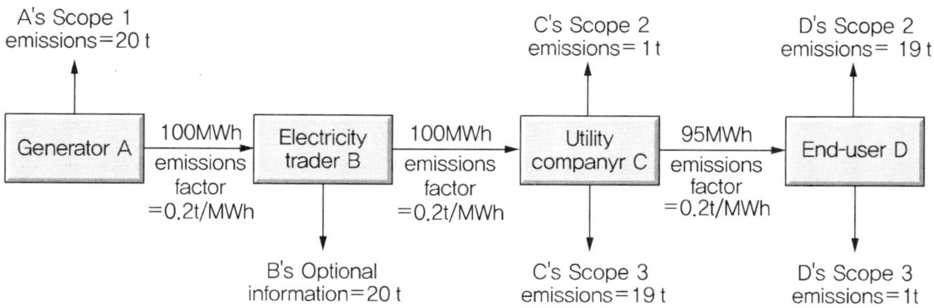

그림 9-2 전력 공급 및 사용에 따른 온실가스 산정
(출처 : The Greenhouse Gas Protocol, WBCSD/WRI)

2.2 송전・배전과 관련된 간접배출

전력생산공기업(Electric Utility Company)은 종종 독립된 발전소로부터 전력을 구매하고 송배전 시스템을 통해 최종소비자에게 다시 판매한다. 전력생산공기업이 구매한 전력의 일부는 최종 소비자에게 송전, 배전되는 과정에서 소모된다.

생산전력총량 =	송전・배전과정에서 전력생공기업이 소비한 구입전력 + 최종소비자가 소비한 구입전력

송전・배전과정에서 발생하는 전력 소모로 인한 온실가스의 배출은 송전・배전 운영권을 소유하거나 통제하는 사업자가 Scope 2를 통해 보고한다. 전력의 최종소비자는 전력이 소모되는 송전・배전 시스템에 대한 소유권이나 통제력이 없기 때문에 이와 관련된 간접배출에 대해서 보고하지 않는다.

2.3 외부로부터 공급된 열(스팀) 사용

열(스팀)의 사용도 전기의 사용과 마찬가지로 관리업체가 소유 및 통제하는 설비와 사업 활동에 의한 열(스팀)사용으로 인해 발생하는 간접적 온실가스 배출을 산정한다.

열(스팀)은 열(스팀) 생산을 목적으로 하는 시설을 통하여 공급될 수도 있으나, 열병합 발전설비 또는 폐기물 소각시설 등에서의 열(스팀) 회수를 통하여 공급될 수도 있다. 그림 9-3은 강남지역난방을 위해 열 생산시설을 모식화 한 것이다. 발전시설에서 생산한 열 에너지를 각 사업체에 공급하며, 공급받은 열의 에너지를 발생한 간접 온실가스(CO_2로 환산)를 산출한다. 열 사용에 의한 온실가스 배출의 예는 다음 3가지로 정리할 수 있다.

- 열병합 발전설비를 통하여 열(스팀)을 공급받을 경우에는 전력간접배출과 구분하여 열(스팀)간접배출계수를 개발하여 사용해야 한다.
- 폐기물 소각시설에서의 열 회수를 통하여 열(스팀)을 공급받을 경우에는 폐기물 열 회수용 열(스팀)간접배출계수를 개발하여 사용해야 한다.
- 다만 열(스팀)을 생산하여 외부로 공급하는 업체가 자체적으로 열(스팀) 간접배출계수를 제공할 수 없는 경우에는 센터가 검증·공표하는 국가 고유의 열(스팀) 간접배출계수 등을 활용할 수 있다.

이와 같이 열 발전시설에 따라 온실가스 배출을 산정하는 방법이 다르며, 배출계수 산정에 대해서는 뒤에서 더 다루기로 한다.

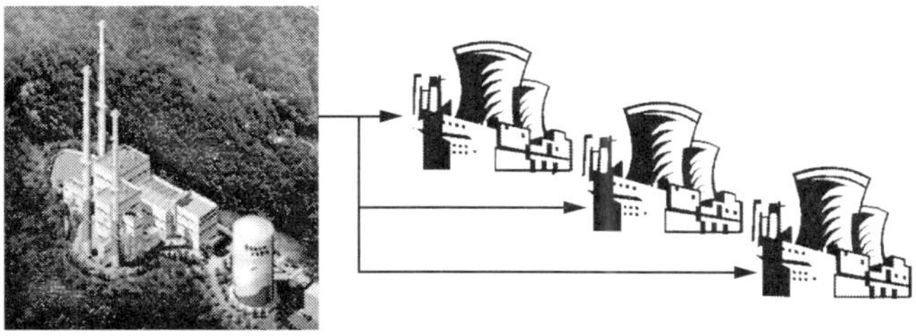

그림 9-3 강남지역난방 열 생산시설 열(스팀) 분배

3 물질 에너지 수지 이해

그림 9-4는 제품을 생산하기까지 물질수지를 보여주고 있다. 좌측에 투입되는 연료 및 전기(에너지), 생산에 필요한 원료 등을 투입하여 우측으로 최종 제품이 생산되고 있다. 이 과정에서 외부의 전기를 사용함으로써, 온실가스(간접배출)가 방출되며, 온실가스의 간접배출량은 업체 내에 있는 모든 전기 설비, 건물 등의 사용을 합산한 것으로 산출된다.

- 화석연료, 전기, 원료, 기타 보조원료 등을 투입
- 최종제품과 폐열, 폐기물 등 발생
- 화석연료, 기타 원료등 사용으로 인한 직접적인 온실가스 배출(scope 1)
- 외부로부터 공급된 전기, 열(스팀) 사용으로, 간접적인 온실가스 배출(scope 2)
- 배출되는 온실가스 종류 : CO_2 , CH_4 , N_2O 배출

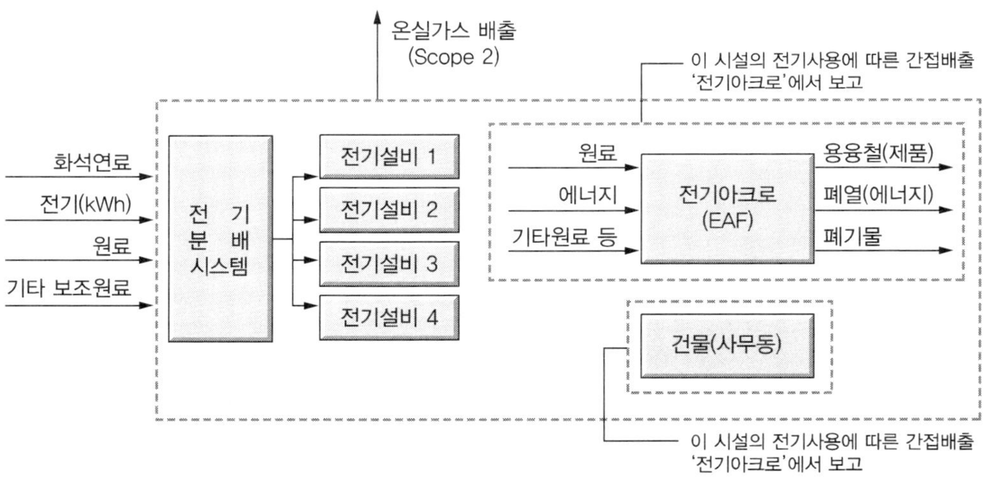

그림 9-4 온실가스 간접배출시설의 물질 · 에너지 수지 이해

4 온실가스 배출 이해

온실가스의 간접배출량 산정 방법은 전력사용량 또는 열사용량에 기반한 Tier 1 방법 (IPCC 기본계수)이 제시되고 있다. 간접배출의 산정대상 온실가스는 CO_2, CH_4, N_2O이다.

표 9-3 간접배출 산정대상 온실가스

구분		산정대상 온실가스		
		CO_2	CH_4	N_2O
간접배출 (Scope 2)	전력	O	O	O
	열(스팀)	O	O	O
	수도	O	O	O

그림 9-5는 온실가스 간접배출량을 산정하기 위한 사례를 보여준다. 전기·열 공급자인 A업체의 온실가스 배출량은 500 tCO_2이며, 에너지사용량은 400 TJ이다. 반면, 전기·열 수급자에 해당하는 B업체는 총 200 TJ의 에너지를 사용하고 100 tCO_2의 온실가스를 간접배출한 것으로 해석된다.

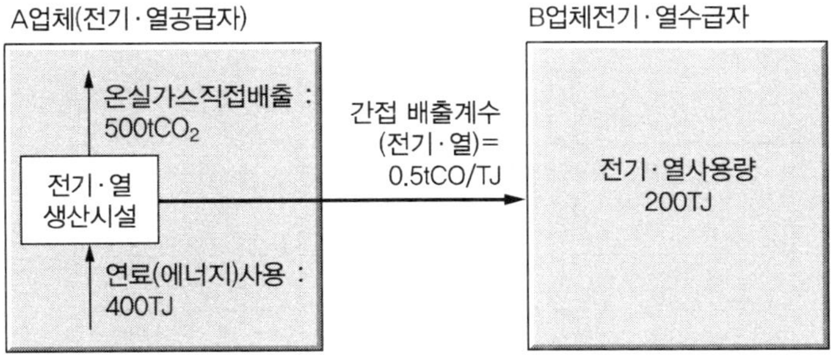

그림 9-5 온실가스 간접배출량 산정 예

5 최적 실용화 기술 이해

5.1 배출권 거래제도 도입

2012년 5월 2일 「온실가스 배출권의 할당 및 거래에 관한 법률안」이 국회 본회의에서 통과되었다. 이에 따라 우리나라에서는 2015년 1월 1일부터 「온실가스 배출권거래제」가 시행된다.

온실가스 배출권거래제는 온실가스 배출허용량을 할당받은 개별기업이 온실가스 감축에 따른 비용과 시장의 배출권 가격을 비교하여 온실가스를 감축하거나 배출권 구매를 선택하게 하는 제도로 시장 원리를 적용하여 온실가스 감축비용을 절감할 수 있는 비용효과적인 감축수단이다.

표 9-4 배출권거래제와 기존목표관리제의 비교

구분	목표관리제	배출권거래제
감축목표 · 경로	국가 목표('20년 BAU 대비 30%↓) – 부문별 · 업종별 감축목표와의 정합성을 유지하여 목표(= 배출권 할당량) 설정 ※ 목표관리제에서와 배출권거래제에서 감축목표 설정 방법 동일	
MRV	목표관리제 하에서 구축되는 MRV 공통 활용 ※ MRV(Measuring/Reporting/Verifying) : 배출량 측정/보고/검증	
작동방식	직접규제 (Command and Control)	시장 메커니즘 또는 가격기능
이행경계	단년도 / 자기 사업장에 한정	다년도(5년) / 외부감축(상쇄)인정
목표달성수단	감축 실시(유일한 수단)	감축 또는 구매, 차입 · 상쇄
초과감축시	인센티브 無(목표달성으로 종료)	판매 또는 이월 가능
제재수준	최대 1천만원 과태료(정액)	초과 배출량 비례 과징금

5.2 온실가스 저감을 위한 고려사항

전기와 열 등을 사용하는 시설은 모든 설비의 에너지효율을 향상시키고자 노력해야 한다. 예로서 토지이용 및 시설 배출 효율화, 고효율 에너지 이용시스템 및 설비의 설치 등 에너지 이용효율 향상을 위한 방안을 수립할 수 있다. 이외에 건물옥상 및 벽면녹화를 통한 열 손실 최소화, 일정지역의 가로등, 교통신호등, 주차장 조명 등에 태양광, 풍력 등을 이용한 신재생에너지 설비 또는 LED 조명 등 도입하여 전기의 사용을 절감할 수 있다.

지역의 지형, 기상 등을 고려하여 태양에너지, 바이오에너지, 풍력, 소수력 등 신재생에너지의 도입을 적극 검토해야 한다. 또한 폐자원 재이용을 통해 전기와 열 에너지의 사용이 효과적으로 절감될 수 있다. 생활폐기물 소각시설의 경우에는 발생되는 여열을 사업지내 난방열이나 전력생산 등으로 재활용할 수 있도록 여열회수시설 등의 설치를 검토할 수 있으며, 하수처리시설에는 슬러지 소화가스를 이용한 발전설비를 설치하여 에너지 자립을 유도할 수 있다. 비도시지역, 농촌지역 개발시 바이오매스 등은 지역내 폐자원을 이용한 에너지 이용시설을 설치를 검토해야 한다.

6 활동자료 수집

6.1 전력사용량 자료 수집 - Tier 2

전력사용은 한전계량에 의해 전기사용료를 지불하는 형태와 건물주에게 임대료를 지불하는 형태로 나누어 볼 수 있다. 그림 9-6과 같이 한전계량에 의해 전기사용료를 지불할 경우, 전력량계 등 법적계량기로 측정된 사업장별 총량 단위의 전력사용량을 활용한다. 임대계약의 경우, 관리비 전기료 부분의 금액을 토대로 전력사용량을 환산하여 총 사용전력량을 계산한다. 만일 관리비에 전기료가 합산되었을 경우, 임대면적을 이용하여 전력량을 배분한다.

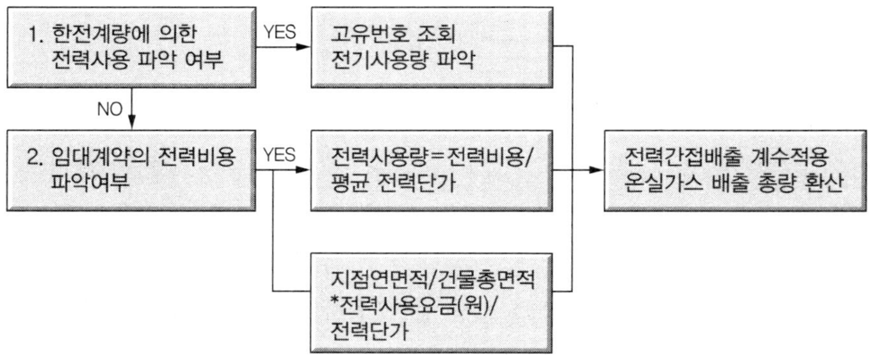

그림 9-6 전력사용량 자료수집 방법

7.2 열(스팀) 사용량 자료 수집 – Tier 2

배출시설별 외부(예, 지역난방공사)에서 공급받은 스팀량을 계측하고 관리한 자료를 이용한다. 측정 불확도 ±5.0% 이내의 배출시설별로 사용된 열(스팀) 공급량 또는 사용량 자료를 활용한다.

연료 사용량은 다음 두 가지 방법 중 택일하여 파악한다.

- 공급처 main 유량계 측정 데이터 파악
- 월별 스팀사용 요금고지서로부터 사용량 파악

7 배출량 산정

7.1 전기 사용에 의한 온실가스 배출량 산정

전기 사용에 의한 온실가스 배출량은 전력 계통망이나 직접 계약으로 구입한 전기에 평균 배출계수를 곱하여 산정한다. 다음은 전기사용에 의한 온실가스 배출량 산정을 위한 절차를 보여준다.

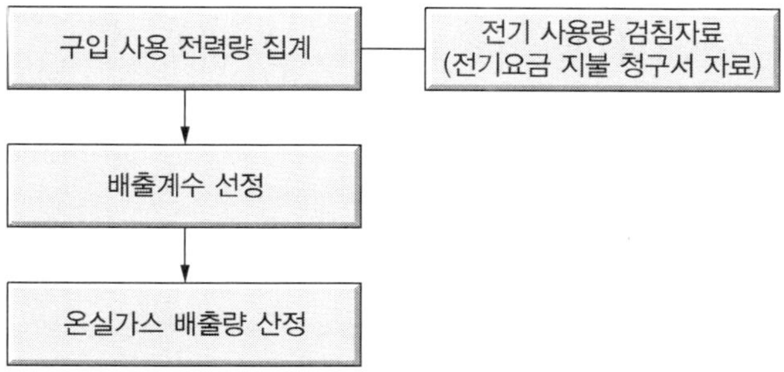

전력 사용단의 전력 간접배출계수는 전력 송・배전 시 발생하는 손실률이 고려된 값이며, 발전단의 전력 간접배출계수는 에너지원에 상관없이 국내 총 발전량을 이용하여 산정한 값이다. 전력 생산시 배출되는 온실가스 배출량은 동일한 전력을 생산하더라도 발전시설의 종류에 따라 다르나, 현재 국내 전력시스템으로는 이를 구분하는데 한계가 따른다. 원전 및 신재생에너지를 사용하는 발전시설은 온실가스가 배출되지 않거나 화력발전에 비해 상대적으로 매우 적게 배출되며, 화력발전의 경우에도 발전에 사용하는 연료에 따라 생산전력당 온실가스 배출량이 다르다.

지방자치단체의 온실가스 배출량을 산정하는 경우에는 국가의 전력수급계획에 따라 공급되는 전력에 대해서는 지자체에 관리권한이 없으므로 지역별 형평성을 위하여 전력 Scope2 배출량은 전력을 생산・공급하는 발전처의 형태와 상관없이 총 전력 생산량 및 소비량과 전력 간접배출계수를 이용하여 산정한다. 영광이나 울진 등과 같이 원자력 발전에 의한 전력 생산량이 큰 지자체의 경우, 혼합배출량 산정시 Scope2 전력생산(발전)에 의한 배출량이 매우 커 의미 없는 혼합배출량이 제시되는 경우가 있다. 간접배출에 의한 온실가스 배출량은 다음 식으로 산정되며, 배출계수와 전력 손실률은 표 9-5를 참고한다.

$$\text{전기사용에 의한 온실가스 배출량} = \text{전력소비량} \times \frac{1}{1-\text{손실률}} \times \text{배출계수}$$

7.2 열 사용에 의한 온실가스 배출량 산정

열 사용에 의한 온실가스 배출량은 구입한 열 사용량에 열 간접배출계수를 곱하여 산정한다. 다음은 열 사용에 의한 온실가스 배출량 산정을 위한 절차를 보여준다.

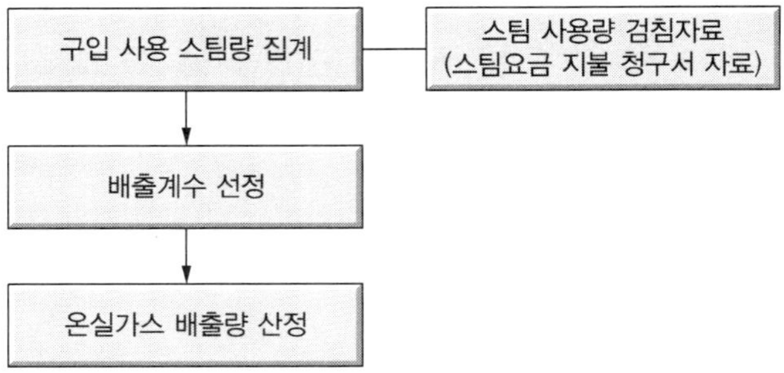

지방자치단체의 온실가스 배출량을 산정하는 경우, 열 부분 혼합배출량을 산정하기 위해서는 해당 지자체 내에서 생산되는 열의 소비처가 명확해야 하나, 일부 산업단지에서 생산되는 열의 경우 사용처 파악이 어려운 경우가 있다. 이 경우 산업단지에서 생산되는 열은 해당 지자체에서 모두 사용하며, 열 손실은 발생하지 않는 것으로 가정한다.

$$\text{열 사용에 의한 온실가스 배출량} = \text{열소비량} \times \frac{1}{1-\text{손실률}} \times \text{열 간접배출계수}$$

표 9-5 온실가스 간접배출계수 및 손실률

구분		단위	2000	2001	2002	2003	2004	2005	2006	2007	2008	2009	2010
전력	발전단	gCO_2eq/kWh	416	416	416	416	429	417	424	445	450	452	453
	사용단		435	435	435	435	449	436	442	463	469	472	471
열	지역난방	gCO_2eq/Gcal	0.2064	0.1516	0.1376	0.1436	0.1483	0.1553	0.1539	0.1379	0.1072	0.1166	0.1166
	산업단지		0.1519	0.2105	0.2150	0.1779	0.1803	0.1794	0.1890	0.2029	0.1895	0.1941	0.1941
	소각여열		0.3162	0.3048	0.2846	0.2715	0.2833	0.2744	0.2716	0.2758	0.2692	0.2478	0.2558
손실률	전력	%	0.0448										
	열	%	0.1258										

(출처 : 한국환경공단, 2012)

7.3 전력소비 배출계수 산정 방법 - Tier 2

전력간접배출계수는 위의 표 9-5에서 제시된 기준연도에 해당하는 배출계수 값을 이용한다. 향후 한국전력거래소에서 제공하는 전력간접배출계수를 센터에서 확인・공표하면 그 값을 적용한다.

7.4 열(스팀)소비 배출계수 산정 방법 - Tier 3

열(스팀) 공급자가 개발하여 제공한 열(스팀)간접배출계수를 사용한다. 열(스팀) 공급자가 간접배출계수 또는 이와 관련된 자료를 관리업체에게 제공할 수 없는 경우에는 온실가스・에너지 목표관리 운영 등에 관한 지침 제46조제2항에 따라 온실가스종합정보센터가 고시하는 간접배출계수를 사용할 수 있다.

1) 열(스팀) 생산에 따른 온실가스 배출계수 산출

$$EF_H = \frac{GHG_{emission}}{H}$$

EF_H : 열(스팀) 생산에 따른 온실가스 간접배출계수(tCO_2-eq/GJ)

$GHG_{Emission}$: 열(스팀)생산에 따른 해당 배출시설의 온실가스 배출량(tCO_2-eq/yr)

H : 열 생산량(GJ/yr)

2) 폐기물 소각에서 열 회수를 통한 외부 열 공급시 간접배출계수 개발방법

$$EF_H = \frac{\mathrm{CO}_{2\mathrm{Emission}} + \mathrm{CH}_{4\mathrm{Emission}} \times 21 + \mathrm{N}_2\mathrm{O}_{\mathrm{Emission}} \times 310}{\mathrm{H}}$$

EF_H : 열(스팀) 간접배출계수(tCO_2-eq/GJ)

$\mathrm{CO}_{2\mathrm{Emission}}$: 폐기물 소각 및 처리 산정 방법에 따라 산정된 이산화탄소 배출량(tCO_2/yr)

$\mathrm{CH}_{4\mathrm{Emission}}$: 폐기물 소각 및 처리 산정 방법에 따라 산정된 메탄 배출량(tCH_4/yr)

$\mathrm{N}_2\mathrm{O}_{\mathrm{Emission}}$: 폐기물 소각 및 처리 산정 방법에 따라 산정된 아산화질소 배출량(tN_2O/yr)

H : 열 회수량(GJ/yr)

참고문헌

- 국립환경과학원. 2012. 「배출권거래제 도입에 따른 온실가스 배출량 산정 · 보고 · 검증 체계」
- 한국환경공단. 2012. 「지자체 온실가스 배출량 산정지침」
- 환경부. 2011. 「공공부문 온실가스 · 에너지 목표관리 운영 등에 관한 지침」
- 환경부. 2012. 「온실가스 항목 · 환경평가지침」
- 환경부. 2012. 「온실가스에너지 목표관리 운영 등에 관한 지침 해설서」
- GHG Protocol. 2013. 「A Corporate Accounting and Reporting Standard」
- GHG Protocal. 2013. 「Objective and Background for GHG Protocol, Power Accounting Guidelines」

PART 02

온실가스 데이터 품질관리

1. 모니터링 계획 수립
2. 온실가스 산정 방법론 수립
3. 품질관리 및 품질보증
4. 온실가스 보고 및 검증

Chapter 1

모니터링 계획 수립

(주)KF 박성규, 동국대학교 박정훈, 한국화학융합시험연구원 박종호

1 경계범위 일반

1.1 경계범위의 이해

인벤토리 보고서에서 기업은 자신이 직접 운영하고 통제하는 직접 온실가스 배출량(Scope 1)과 타 사업자가 소유 및 통제하는 설비와 사업 활동에 의한 전력사용으로 인해 발생되는 간접 온실가스 배출량(Scope 2)으로 구분하여 산정・보고한다. 직・간접 온실가스 배출량 이외에도 기업 활동의 결과이지만, 기업이 소유하거나 통제하는 시설에서 발생하는 것이 아닌 기타 간접 온실가스 배출량(Scope 3)이 있다.

사업자는 투명성을 제고하거나 시간경과별 비교 가능성을 용이하게 하기 위해 같은 범위내의 배출량 데이터를 세분화하기도 한다. 예를 들면, 사업자는 사업단위/설비, 국가, 배출원 형태(고정연소, 과정, 비산배출원 등)와 사업 활동의 형태(전력생산, 전력소비, 최종 소비자의 구입전력 등)별로 데이터를 세분화하기도 한다.

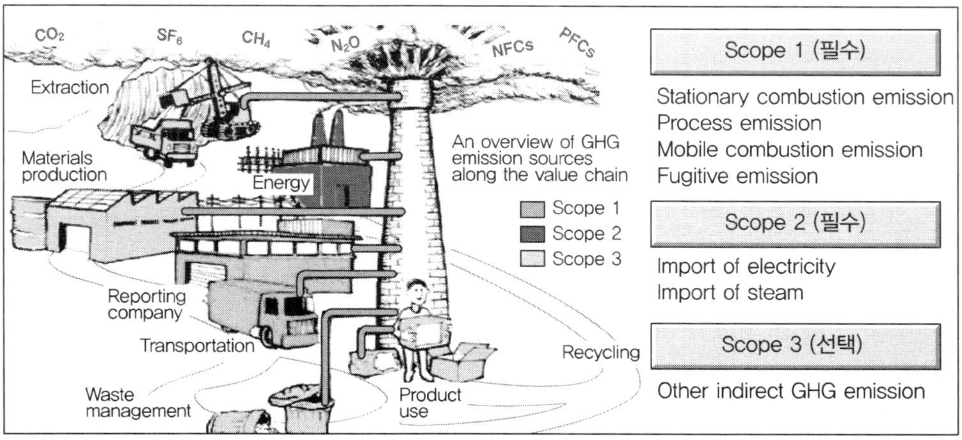

그림 1-1 관리업체 기정 기준
(출처 : 에너지관리공단)

1.2 경계범위의 적용

외부기관이 관리하고 있어서 정확한 데이터 산출이 어려운 기타 온실가스 배출량(Scope 3)의 경우, 또는 Scope 1, 2에 해당하는 배출량의 경우라 하더라도, 조직의 온실가스 배출량에서 차지하는 비중이 극히 미미하거나, 기술적으로 신뢰성 있고 정확한 데이터 수집을 통한 정량화에 어려움이 있는 경우, 또는 정량화 과정이 비용 효율적이지 않을 경우 조직의 판단에 따라 배출량 산정에 포함하지 않을 수 있다. 운영경계 구분에 대한 자세한 설명은 표 1-1과 같다.

표 1-1 운영경계 구분

구분		정의
SCOPE 1	고정연소 배출원	조직경계 내의 발전터빈, 보일러, 히터, 소각로 엔진, 난로 등과 같이 연료 연소를 통해 열, 스팀, 전력 생산하는 과정에서의 배출량
	이동연소 배출원	사업자가 소유 또는 관리하고 있는 운송수단(자동차, 트럭, 기차, 비행기, 선박 등)에서의 연료 연소로부터의 배출량
	공정연소 배출원	물리적 화학적 공정으로 인한 배출로, 시멘트, 알루미늄, 아이픽산, 암모니아 제조와 같은 화학물질 및 재료의 제조 또는 처리로 인한 배출
	탈루 배출원	조직이 소유 또는 관리하고 있는 비즈니스 활동과 관련하여 석탄더미, 폐수처리, 광산, 냉각탑, 가스 공정설비 등에서의 탈루 배출량뿐만 아니라 접합부위, 봉인부분, 틈 메운 곳, 가스켓의 장비 누출과 같은 의도적 및 비의도적인 배출량

SCOPE 2 간접배출원	외부로부터 구입되어 조직내에서 사용되는 전기, 열, 스팀의 생산과정에서 발생되는 간접배출량
SCOPE 3 기타간접배출원	SCOP 2의 간접배출원을 제외한 그 밖의 간접 배출원 1) 종업원들의 출퇴근 및 출장 2) 다른 조직에 의한 조직의 제품, 재료, 인원 또는 폐기물의 수송 3) 외주활동, 계약하청 생산 및 프랜차이즈 4) 한 조직에 의해 생산되었으나 다른 조직에 의해 관리되는 폐기물로부터 발생한 온실가스 배출량 5) 전기, 증기 및 열 이외의 조직이 소비한 에너지 제품의 생산 및 유통으로부터 발생한 온실가스 배출량 6) 구매된 원재료 또는 제1차 재료의 생산으로부터 발생한 온실가스 배출량

(출처 : 에너지관리공단, 2009)

2 조직경계 설정

2.1 조직경계의 정의

기업의 구조는 법적·조직적 구조에 따라 다양한 형태를 가지고 있으며, 사업을 효율적으로 운영하기 위해 사업 환경에 맞춰 조직 체제를 유연하게 변경하는 경우가 많다. 이 때문에 어떤 사업자가 스스로 온실가스 배출량을 산정할 때는 어떤 조직까지를 그 산정 범위에 포함할 것인가를 미리 명확하게 정의할 필요가 있다.

표 1-2 조직경계 설정 방법

구분	정의	
통제접근법	기업의 통제권 하에 있는 운영으로부터 나오는 온실가스 배출량을 100% 산정하는 방법	
	운영통제	기업 혹은 종속기업 중 하나가 운영상의 정책도입과 실행에 대한 모든 권리를 가지는 경우, 운영에 대한 통제권을 가짐
	재정통제	기업 혹은 종속기업이 경영활동에서 경제적 이득에 대한 재정상, 운영상 정책을 이끄는 경우, 재정통제권을 가짐
지분할당접근법	기업이 운영상 지분할당(소유비율)에 따라 온실가스 배출량을 산정	

(출처 : 에너지관리공단, 2004)

대부분의 국내외 가이드라인에서는 WRI/WBCSD의 'The Greenhouse Gas Protocol : A Corporate Accounting and Reporting Standard Reevelsed Edition(2004)'의 내용을 바탕으로 표 1-2와 같이 조직경계를 정의하고 있다.

조직경계 설정이란 특정 관리주체의 지배적인 영향력이 미치는 시설의 부지경계로의 설정을 의미하며, 지배적인 영향력이란 동일 법인 등이 당해 사업장의 조직 변경, 신규사업에의 투자, 인사, 회계, 녹색경영 등 사회 통념상 경제적 일체로써 주요 의사결정이나 온실가스 감축 및 에너지 절약 등의 업무 집행에 필요한 영향력을 행사하는 것을 의미한다. 주요 의사결정 주체는 회사 관계자 및 이해 관계자의 진술, 이사회 의사록 주주총회 의사록, 정관 및 법인 등기부 기재, 기타 계약서 등 관련 자료를 종합적으로 검토하여 판단하는 주체를 의미한다.

온실가스 배출량 보고 및 관리주체는 배출량 산정 및 보고, 감축목표 이행 등 목표관리 지침에 규정된 의무 이행 주체는 자연인(개인) 또는 법인이 되며, 이는 자연인 또는 법인이 권리 의무의 귀속 주체가 될 수 있다, 사업장 단독으로 관리업체가 지정되었다 하더라도 사업장의 배출량 보고 의무 미이행, 감축목표 미달성 등 온실가스· 에너지 목표관리제와 관련된 법적 책임은 그 사업장이 속한 법인에 귀속된다.

2.2 조직규모의 구분

관리업체란 일정기준 이상의 온실가스 다배출업체 및 에너지 다소비업체로서 온실가스 · 에너지 목표관리 운영 등에 관한 지침 제8조에 따라 지정되는 업체 또는 사업장을 말한다. 중앙행정기관, 지방자치단체, 공공기관, 지방공단 등 '공공부문 온실가스 · 에너지 목표관리'를 받는 공공부문도 관리업체의 지정기준을 충족할 경우 관리업체로 지정된다. 관리업체에 해당하는 업체는 관리업체 지정기준(업체 기준)을 충족하는 경우를 말하고, 관리업체에 해당하는 사업장은 관리업체 지정기준(사업장 기준)을 충족하는 경우를 말한다. 또한 관리업체 지정 기준(업체기준)을 충족하는 업체에 속하는 사업장은 업체 내 사업장이라고 지칭한다.

관리업체는 해당연도 1월 1일 기준으로 최근 3년간 업체의 모든 사업장에서 배출한 온실가스와 소비한 에너지의 연평균 총량을 기준으로 하며, 신설 등으로 최근 3년간 자료가 없을 경우에는 보유(최초 가동연도 포함)하고 있는 자료를 기준으로 한다.

◎ **표 1-3** 관리업체 지정기준

구분	2011.12.31. 까지		2012.1.1. 부터		2014.1.1. 부터	
	업체기준	사업장기준	업체기준	사업장기준	업체기준	사업장기준
온실가스배출량 (tCO_2eq)	125,000	25,000	87,500	20,000	50,000	15,000
에너지소비량 (TJ)	500	100	350	90	200	80

(출처 : 환경부, 2012)

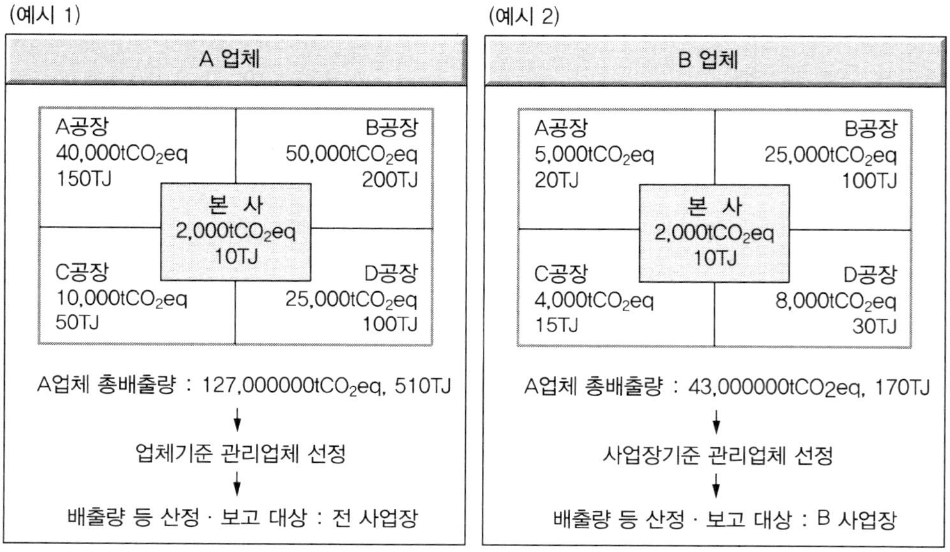

◎ **그림 1-2** 관리업체 기정 기준

(출처 : 환경부, 2012)

2.3 시설 구분

배출시설이란 일반적으로 공정을 의미한다. 배출시설의 경계는 연료 및 원료가 투입되는 지점부터 특정 제품(중간제품 포함)을 생산하거나, 에너지를 생산하는 지점까지 정한다. 배출시설 경계를 설정할 경우 설비군도 포함한다. 설비군이란 특정제품을 생산하는 과정에서 주 설비(unit)와 같은 목적을 가지고 동일한 연료를 사용하여 유사한 역할 및 기능을 수행하는 보조설비(unit)들의 집합을 의미한다. 다만, 사업장 내에서 동일한 보일러를 여러 대 운영하는 경우, 각각의 보일러(배출시설)는 특정 제품의 생산과정과 연관성이 낮고, 서로 독립적인 관계를 형성하므로 다수 보일러를 묶지 않고 개별 보일러를 간주하여 배출량을 보고하여야 한다.

표 1-4 고정연료시설 구분

배출시설	세부시설	
발전시설	(가) 고체 연료 사용시설	① 화력발전시설 ② 열병합발전시설 ③ 발전용 내연기관
	(나) 액체 연료 사용시설	① 화력발전시설 ② 열병합발전시설 ③ 발전용 내연기관
	(다) 기체 연료 사용시설	① 화력발전시설 ② 열병합발전시설 ③ 발전용 내연기관
일반보일러	(가) 고체 연료 사용시설	
	(나) 액체 연료 사용시설	
	(다) 기체 연료 사용시설	
공정연소시설	(가) 고체 연료 사용시설	
	(나) 액체 연료 사용시설	
	(다) 기체 연료 사용시설	
오염물질처리시설	(가) 배연탈질시설(선택적촉매환원법)	

(출처 : 환경부, 2012)

표 1-5 이동연료시설 구분

배출시설	세부시설
도로수송	승용자동차, 승합자동차, 화물자동차, 특수자동차, 이륜자동차
철도수송	고속차량, 전기기관차, 전기동차, 디젤기관차, 디젤동차, 특수차량
선박수송	수상항해, 국내항해, 어선, 기타선박
항공수송	국내항공(여객용, 화물용, 농업용)

(출처 : 환경부, 2012)

Example 1.1 고정 연소시설의 배출시설 경계 설정

- 연료가 투입되어 에너지(열, 일)를 생산하는 연소공정을 배출시설 경계로 설정한다.
- 연료시설 후단에 대기오염물질 처리시설이 부착되어 있을 경우 이를 각각 구분하여 배출량을 산정·보고하여야 한다.
  - (예시) 배연탈황시설에서 탄산염($CaCO_3$)을 사용할 경우, 또는 배연탈질시설에서 선택적 촉매환원법(SCR) 등 추가적인 연료 연소 등으로 인해 온실가스가 배출될 경우, 이를 구분하여 보고하여야 함을 의미한다.

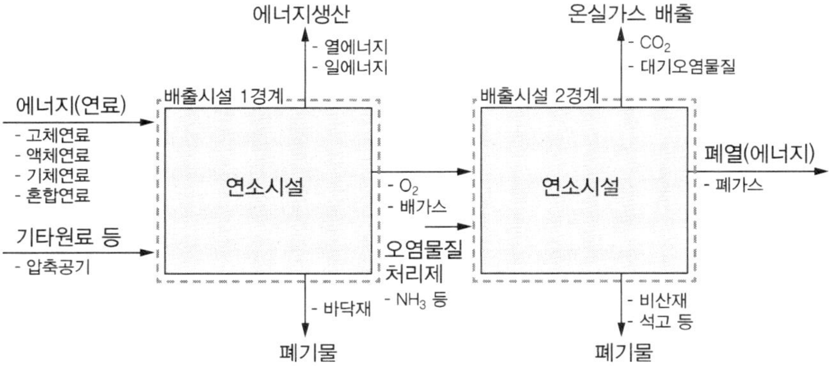

그림 1-3 고정연소시설의 배출시설 경계설정(예)

(출처 : 환경부, 2012)

Example 1.2 고정 연소시설의 배출시설 경계 설정

- 이동연소는 차량, 기관차, 항공기, 선박 등 각 운송수단의 합을 배출시설 경계로 설정한다.
- 교통분야 관리업체는 소유·운영하고 있는 개별 차량이나 기관차별로 목표를 설정하는 것이 아니라, 운송수단 종류별로 구분하여 배출량 합계치에 대하여 목표를 설정·관리하여야 한다.

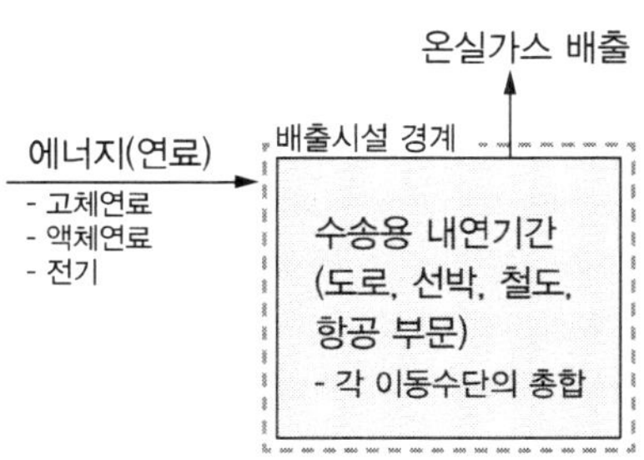

그림 1-4 이동연소의 배출시설 경계설정(예)

(출처 : 환경부, 2012)

2.4 소량배출 확인

온실가스 관리의 비용효율성 제고를 위하여 관리업체 내 소량배출사업장을 표 1-6의 기준에 따라 규정하였다. 즉, 특정법인이 관리업체로 지정되었을 경우 해당법인에 소속되어 있는 점포, 주유소, 대리점 등도 배출량 산정보고의 대상이 되나 이들 소규모 점포 등은 배출량 규모가 작은데 비하여 산정보고에 수반되는 비용부담이 높아 이 문제점을 해소하기 위하여 특례규정을 도입하였다.

소량배출사업장들의 온실가스 배출량 등의 합은 업체내 모든 사업장의 온실가스 배출량 등의 총합의 1,000분의 50 미만이어야 하고, 사업장의 일부를 포함시키거나 제외하여서는 안된다.

표 1-6 온실가스 소량배출 사업장 기준

온실가스 배출량(ktCO_2−eq)	에너지 소비량(Terajoules)
3 미만	55 미만

(출처 : 환경부, 2012)

3 운영경계 설정

3.1 운영경계의 정의

기업이 소유하거나 통제하는 조직과 관련하여 그 조직 경계가 결정되면, 운영경계를 설정해야 한다. 이는 기업의 운영과 관련하여 배출원을 규명하는 것과 직접・간접・기타 간접 배출원을 규명하고 분류하기 위해 일괄적으로 적용된다. 설정된 조직경계 및 운영경계는 함께 업체의 인벤토리 경계를 이루며, 두 개 이상의 기업이 같은 영역에서 나온 배출량을 중복 산정하지 않도록 하기 위하여 직접・간접・기타 간접 온실가스 배출원이 정의 되어야 한다.

표 1-7 온실가스 소량배출 사업장 기준

구분	정의	대상
직접 온실가스 배출원	기업이 소유하고 통제하는 발생원에서 발생된 온실가스 배출	보일러, 화로, 터빈, 운송수단, 소각로, 온실가스 발생 화합물공정
간접 온실가스 배출원	기업이 구매하여 소비한 전기와 스팀으로 인한 온실가스 배출	구입하거나 다른 경로를 통해 기업의 조직적인 경계로 들여온 전기와 스팀
기타 간접 온실가스 배출량	기업 활동의 결과이지만, 기업이 소유하거나 통제하지 않은 시설에서 발생한 온실가스 배출	– 구입한 물질의 추출과 생산 – 이동과 관련된 활동들 – 전기와 관련된 활동중 간접 온실가스 배출에 포함하지 않는 활동 – 임대한 자산, 프랜차이즈, 아웃소싱 활동 – 판매된 생산품과 용역의 이용 – 폐기물 처분

(출처 : 에너지관리공단, 2009)

표 1-8 온실가스 공통 배출 활동

대분류	중분류	온실가스 종류
직접배출	고정연소(보일러, 비상발전기 등)	CO_2, CH_4, N_2O
	이동연소(승용차량, 수송차량 등)	CO_2, CH_4, N_2O
	탈루성 배출(에어컨, 냉동기, 소화기, 가스절연개폐기 등)	HFC_s, SF_6
	폐기물처리(폐수처리장, 소각시설 등)	CO_2, CH_4, N_2O
간접배출	전력사용, 열(스팀, 증기 등) 사용	CO_2, CH_4, N_2O

(출처 : 환경부, 2012)

표 1-9 업종별 주요 온실가스 배출 활동

대분류	중분류	온실가스 종류
발전업종	고정연소(보일러, 화력발전시설 등)	CO_2, CH_4, N_2O
운수업종	이동연소(항공, 철도, 도로 등)	CO_2, CH_4, N_2O
시멘트요업업종	고정배출(소성공정)	CO_2
유리업종	공정배출(유리용융)	CO_2
제지업종	공정배출(석회소성로, 보일러 등)	CO_2
정유업종	공정배출(촉매재생, 수소생산, 코크스 제조시설 등)	CO_2
석유화학업종	공정배출(납사크래커, EO/EG 생산, VCM/EDC생산, AN 생산, 카본블랙생산 시설 등)	CO_2
철강업종	공정배출(소결로, 코크스로, 고로, 전로, 전기로 등)	CO_2, CH_4,
비철금속업종	공정배출(제련로, 용융로 등)	CO_2
반도체/LCD 전자	공정배출(식각공정, CVD 공정)	N_2O, HFC_S, PFC_S, SF_6
폐기물업종	폐기물처리(매립, 생물학적 처리, 하폐수처리, 소각)	CO_2, CH_4, N_2O

(출처 : 환경부, 2012)

3.2 이동연소 시설 파악

이동연소는 자동차, 트럭, 버스, 기차, 비행기, 보트, 선박, 바지선, 항공기 등과 같은 수송수단에서의 화석연료 연소를 의미한다.

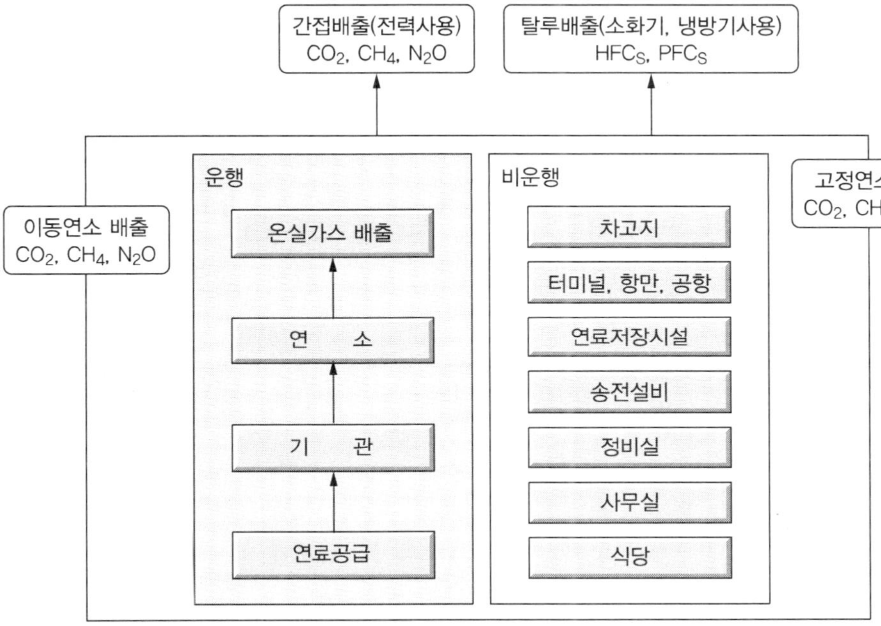

그림 1-5 이동연소 업종의 조직경계 및 배출 특성
(출처 : 에너지관리공단, 2010)

표 1-10 이동연소 업종의 온실가스 배출 활동

운영경계	배출원	온실가스	배출원
직접 배출원 (SCOPE 1)	고정연소	CO_2, CH_4, N_2O	사업장에 필요한 에너지 공급(보일러, 발전기 등)을 위한 연료연소에 의한 배출
	이동연소	CO_2, CH_4, N_2O	원자재 및 제품의 수송을 담당하는 이동수단 및 물자운송 및 하역 등을 담당하는 특수차량의 화석연료에 의한 배출
	탈루배출	CO_2	사업장 내 사용하는 냉방기, 냉동/냉장기기 소화설비 및 가스절연개계기 사용과 연관된 탈루배출
간접 배출원 (SCOPE 2)	구매전력 및 구매스팀	CO_2, CH_4, N_2O	사업장 외부에서 구입한 전력사용에 따른 온실가스 배출

(출처 : 에너지관리공단, 2010)

3.3 탈루성 배출원 파악

탈루 배출원은 석탄, 석유 및 천연가스 처리 및 취급 시 누출되는 온실가스 배출원이다.

① 석탄의 채굴, 처리 및 저장
석탄 취급 시 온실가스(CH_4)가 누출되며, 채굴, 처리 및 저장 단계에서 누출이 일어나며, 석탄 생산량을 파악하여야 한다.

② 원유(석유) 및 천연가스 시스템
원유(석유) 및 천연가스 취급시 온실가스(CH_4)가 누출되며, 생산, 수송, 정제, 및 저장 등 취급의 모든 단계에서 누출이 일어나며, 천연가스의 경우 국내에서는 수송부분만 적용가능한 누출원이라 할 수 있다.

표 1-11 석유취급에 의한 탈루 배출원

분류	주유 배출원	기타배출기능 요소
생산, 석유정 수집관, 처리설비	통풍 일반적 운영 : 누출, 공기역학적 설비와 공정 배출에서의 착오	Flaring, 유지, 시스템의 정지 및 사고
원유의 수송 및 정제 수송파이프, 유조선 저장탱크, 정제설비	일반적 운전 : 누출, 정제설비에서의 공정배출, 적하/하역 작업에서의 손실	Flaring, 유지, 시스템의 정지 및 사고

(출처 : 에너지관리공단, 2009)

표 1-12 천연가스 관련 주요 탈루 배출원

분류	주유 배출원	기타배출기능 요소
천연가스의 수송 및 정제 가스 채취 설비 지하저장설비 수송파이프 분배파이프	일반적 운전 : 누출, 정제설비에서의 공정배출, 적하/하역 작업에서의 손실	Flaring, 유지, 시스템의 정지 및 사고

(출처 : 에너지관리공단, 2009)

냉방기, 냉동기, 에어컨 등에 사용되는 냉매의 누출, 소화설비, 변전설비에 사용되는 가스의 누출 등이 포함되며, 각 사업장별 포함되는 항목은 사업장의 특성에 따라 다를 수 있다. 보통 사업장에서의 탈루 배출원으로는 냉방기, 냉동기, 소화설비 등이 해당된다. 냉방기, 냉동기 등은 사용하는 냉매가 6대 온실가스 중 하나일 경우 탈루 배출원으로 포함하며, 일반적으로 HFCs가 사용된다, 소화설비는 CO_2 소화기 및 자동소화설비 등에서 사용되는 CO_2나 PFCs가 배출되며, 변전설비(가스절연개폐기)에서는 SF_6가 배출된다.

3.4 조직의 제품 · 생산 공정 및 제품사용에 따른 배출원 파악

① 시멘트 생산

시멘트는 주로 석회질 원료와 점토질 원료를 적당한 비율로 혼합하여(규산질 원료와 산화철 원료를 일부 첨가) 미분쇄한 후 약 1,450℃의 고온에서 소성하여 얻어지는 클링커에 약간의 석고(응결조절제)를 가하여 미분쇄하여 만든 제품이다, 시멘트 생산 제조공정은 크게 "원분공정 → 소성공정 → 제품공정" 3단계로 구분되며, 이중 온실가스 공정배출시설은 소성시설이다.

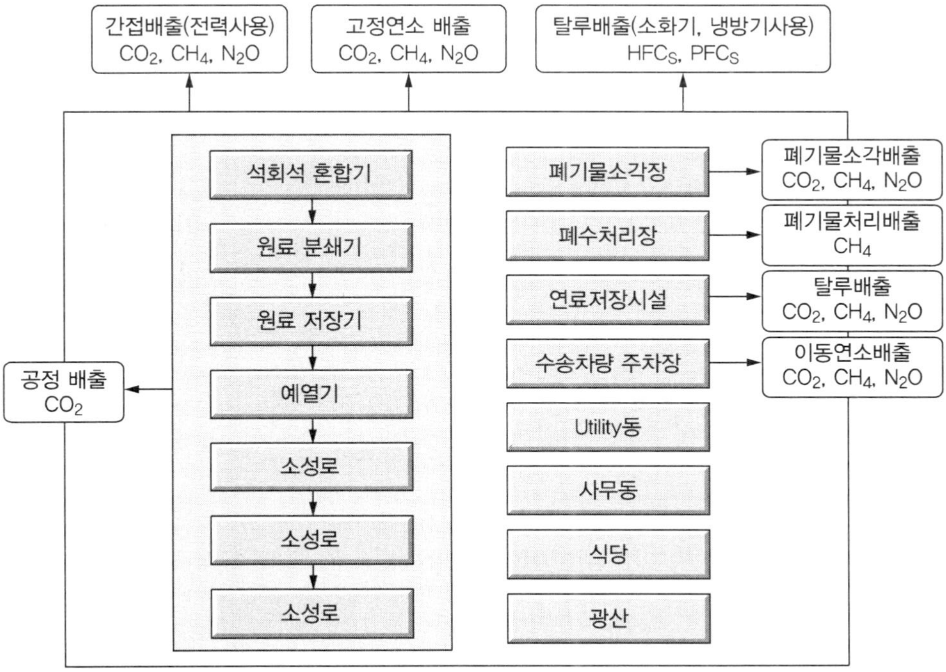

그림 1-6 시멘트 생산시설의 조직경계 및 배출 특성
(출처 : 환경부, 2012)

표 1-13 시멘트 생산시설의 온실가스 배출 활동

운영경계	배출원	온실가스	배출원
직접 배출원 (SCOPE 1)	고정연소	CO_2, CH_4, N_2O	시멘트 생산 및 부대시설에 필요한 에너지 공급을 위한 연료연소에 의한 배출
	이동연소	CO_2, CH_4, N_2O	시멘트 생산시설에서 업무차량 운행에 따른 온실가스 배출
	탈루배출	CH_4	시멘트 생산시설에서 사용하는 화석연료 사용과 연관된 탈루배출
	공정배출원	CO_2	소성시설에서의 공정반응에 의한 온실가스 배출
간접 배출원 (SCOPE 2)	구매전력 및 구매스팀	CO_2, CH_4, N_2O	시멘트 생산시설에서의 전력사용에 따른 온실가스 배출

(출처 : 환경부, 2013)

② 석회 생산

석회는 석회석을 주로 사용하거나 Dolomite 또는 Dolomite Limestone(석회석에 44% 이상의 탄산마그네슘이 포함된 것)을 사용하여 소성로(kiln)에서 900~1,500℃

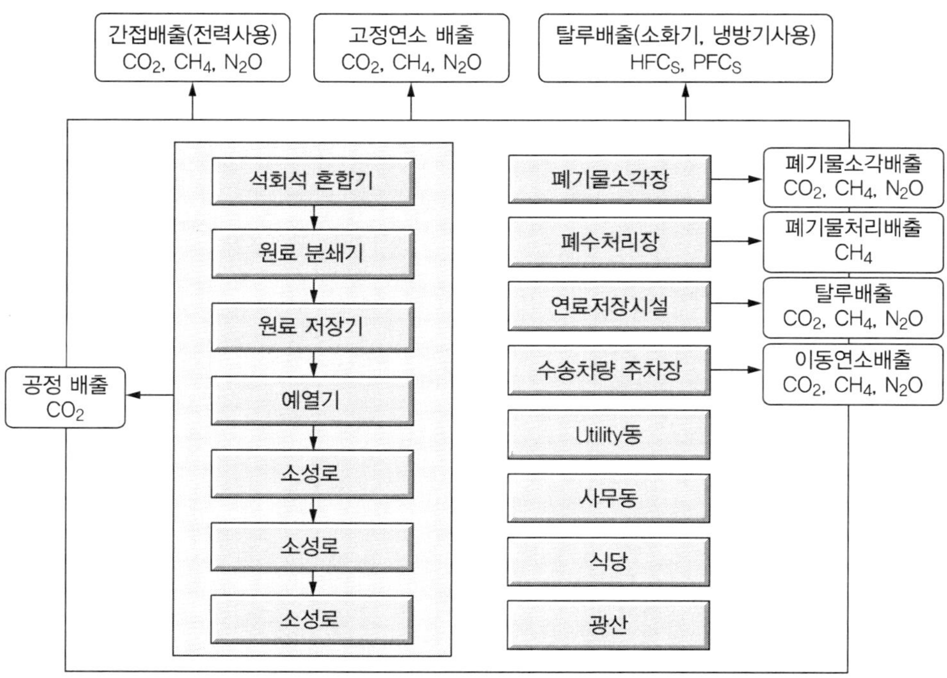

그림 1-7 석회 생산시설의 조직경계 및 배출 특성

(출처 : 환경부, 2012)

에서 다음의 반응에 의하여 석회를 생산한다. 석회공정은 크게 "석회석 채광→원료 석회석 준비 → 연료준비 및 저장 → 소성공정 → 석회공정 → 저장 및 이송" 6단계로 구분되며, 이중 온실가스 공정배출시설은 소성시설이다.

표 1-14 석회 생산시설의 온실가스 배출 활동

운영경계	배출원	온실가스	배출원
직접 배출원 (SCOPE 1)	고정연소	CO_2, CH_4, N_2O	석회 생산 및 부대시설에 필요한 에너지 공급을 위한 연료연소에 의한 배출
	이동연소	CO_2, CH_4, N_2O	석회 생산시설에서 업무차량 운행에 따른 온실가스 배출
	탈루배출	CH_4	석회 생산시설에서 사용하는 화석연료 사용과 연관된 탈루배출
	공정배출원	CO_2	소성시설에서의 공정반응에 의한 온실가스 배출
간접 배출원 (SCOPE 2)	구매전력 및 구매스팀	CO_2, CH_4, N_2O	석회 생산시설에서의 전력사용에 따른 온실가스 배출

(출처 : 환경부, 2013)

③ 탄산염의 기타 공정 사용

탄산염은 시멘트 제조, 석회 제조 및 유리 제조 등 뿐만 아니라, 세라믹 생산, 비－야금 마그네시아 생산 및 소다회 소비 등 다수의 산업에서 사용된다. 시멘트 제조 및 석회 제조 등 앞서 설명된 활동은 중복산정을 피하기 위하여 제외되며, 세라믹 생산, 비－야금 마그네시아 생산, 소다회 소비 및 유리생산과 같이 탄산염을 사용하는 공정 중 설명되지 않은 활동에서의 온실가스 배출량을 산정한다.

표 1-15 탄산염의 기타 공정사용시설의 온실가스 배출 활동

운영경계	배출원	온실가스	배출원
직접 배출원 (SCOPE 1)	고정연소	CO_2, CH_4, N_2O	탄산염의 기타 공정사용시설에 필요한 에너지 공급을 위한 연료연소에 의한 배출
	이동연소	CO_2, CH_4, N_2O	탄산염의 기타 공정사용시설에서 업무차량 운행에 따른 온실가스 배출
	탈루배출	CH_4	탄산염의 기타 공정사용시설에서 사용하는 화석연료 사용과 연관된 탈루배출
	공정배출원	CO_2	소성시설, 용융, 용해시설, 약품회수시설, 배연탈황시설에서의 공정반응에 의한 온실가스 배출
간접 배출원 (SCOPE 2)	구매전력 및 구매스팀	CO_2, CH_4, N_2O	탄산염의 기타 공정사용시설에서의 전력사용에 따른 온실가스 배출

(출처 : 환경부, 2013)

④ 암모니아 생산 공정 사용

암모니아 생산공정에서 수소 제조 공정과 변성공정에서 주로 CO_2가 발생함에 따라 암모니아를 생산하기 위하여 천연가스 또는 석유 대신에 수소를 사용하는 공장은 암모니아 합성과정에서 CO_2를 배출하지 않는다. 천연가스 산출량이 적은 우리나라나 일본에서는 납사를 가장 많이 사용한다. 일부 공장들은 연료 또는 부분적 산화화정에서 수소 공급원으로써 석유계 연료를 사용하고 있다.

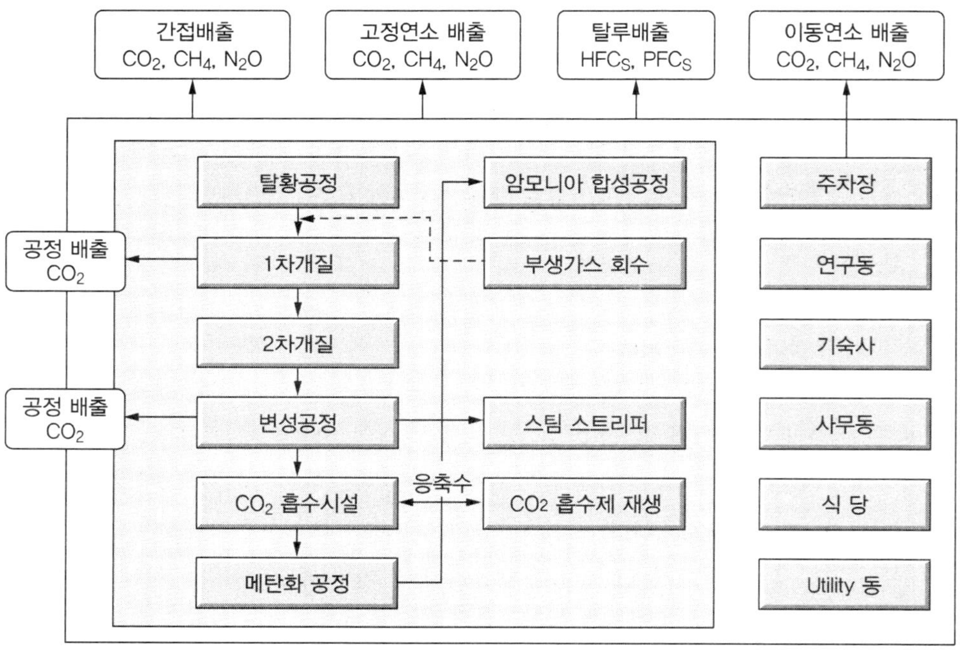

◎ **그림 1-8** 암모니아 생산시설의 조직경계 및 배출 특성

(출처 : 환경부, 2012)

◎ **표 1-16** 암모니아 생산시설의 온실가스 배출 활동

운영경계	배출원	온실가스	배출원
직접 배출원 (SCOPE 1)	고정연소	CO_2, CH_4, N_2O	암모니아 생산시설에 필요한 에너지 공급을 위한 연료 연소에 의한 배출
	이동연소	CO_2, CH_4, N_2O	암모니아 생산시설에서 업무차량 운행에 따른 온실가스 배출
	탈루배출	CH_4	암모니아 생산시설에서 사용하는 화석연료 사용과 연관된 탈루배출

	공정배출원	CO_2	수증기 개질 및 변성공정에서 수소 제조시 CO_2 배출 CO_2 제거 및 회수공정에서 CO_2 흡수용액 재사용 과정에서 CO_2 재배출
간접 배출원 (SCOPE 2)	구매전력 및 구매스팀	CO_2, CH_4, N_2O	암모니아 생산시설에서의 전력사용에 따른 온실가스 배출

(출처 : 환경부, 2013)

⑤ 질산 생산 공정 사용

암모니아 공정에서 형성되는 N_2O의 양은 연소 조건, 촉매 구성물과 사용 기간, 연소기의 디자인에 달려있기 때문에 연료의 투입과 N_2O 형성의 정확한 관계 도출에 어려움이 따른다. 또한 N_2O의 배출은 생산 공정에서 재생된 양과 그 후의 완화 공정에서 분해된 양에 따라 차이가 있다.

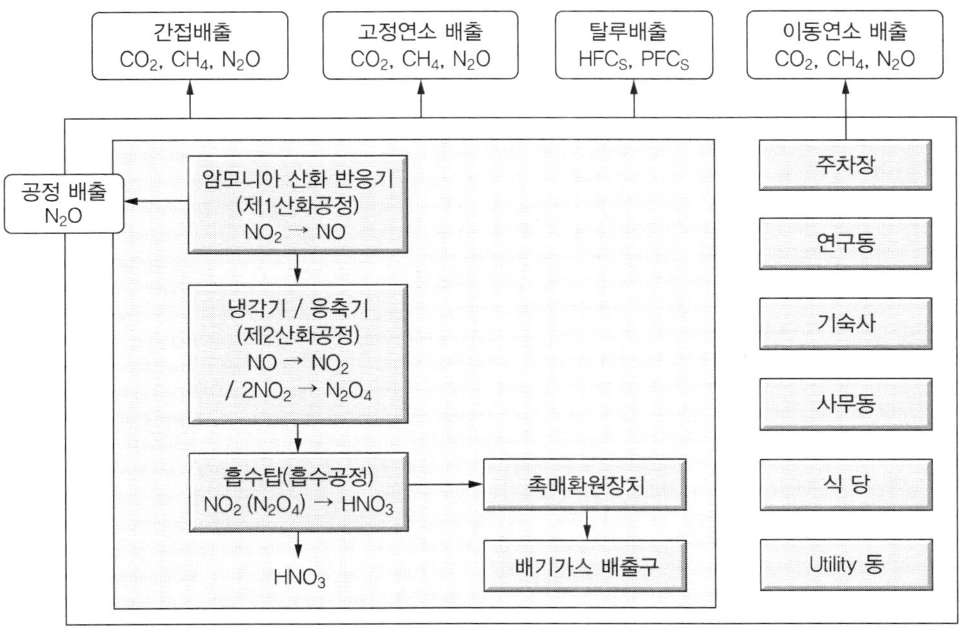

그림 1-9 질산 생산시설의 조직경계 및 배출 특성

표 1-17 질산 생산시설의 온실가스 배출 활동

운영경계	배출원	온실가스	배출원
직접 배출원 (SCOPE 1)	고정연소	CO_2, CH_4, N_2O	질산 생산시설에 필요한 에너지 공급을 위한 연료 연소에 의한 배출

	이동연소	CO_2, CH_4, N_2O	질산 생산시설에서 업무차량 운행에 따른 온실가스 배출
	탈루배출	CH_4	질산 생산시설에서 사용하는 화석연료 사용과 연관된 탈루배출
	공정배출원	N_2O	제1산화 공정 : 암모니아의 촉진산화 과정에서 부반응으로 인하여 N_2O 배출
간접 배출원 (SCOPE 2)	구매전력 및 구매스팀	CO_2, CH_4, N_2O	질산 생산시설에서의 전력사용에 따른 온실가스 배출

(출처 : 환경부, 2013)

⑥ 아디프산 생산 공정 사용

아디프산 공정 중 온실가스(N_2O)가 발생하는 시설은 산화반응이 일어나는 반응공정이다. 일반적으로 KA Oil 혼합과정에서 공정 중 질소가 고농도로 존재함에 따라 아산화질소(N_2O)가 발생하게 되는 가능성이 높다. 또한 후단의 가열로 공정에서는 공정 중 발생하는 N_2O를 LNG 가열로에서 약 99% 이상을 분해하고 있으며, 이 과정에서 CO_2가 발생한다(연료 연소). 일부 사업장에서는 KA 혼합공정으로 아디프산 1 kg를 생산하는데, 0.27 kg의 N_2O가 배출되며, N_2O의 저감을 위해 가열시설을 운용하고 있다.

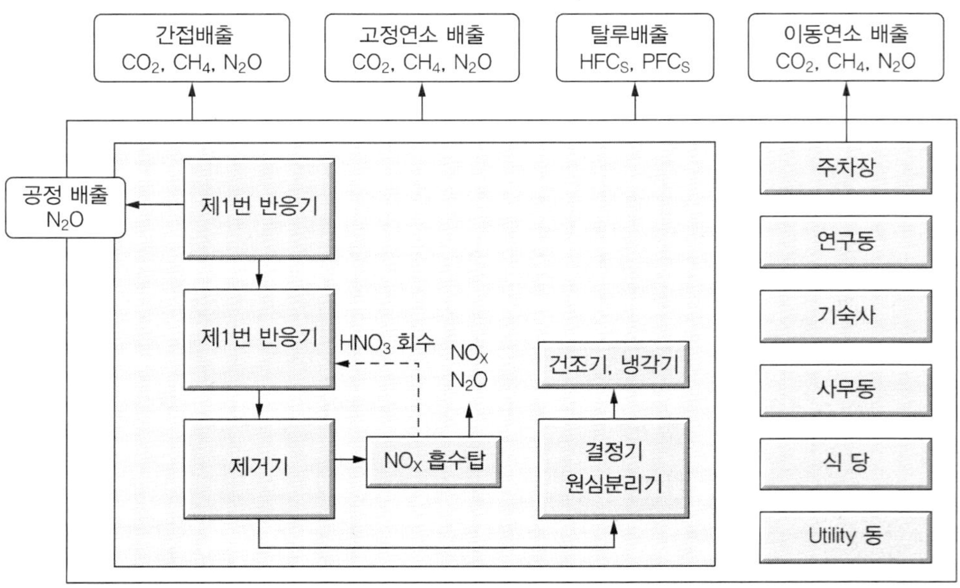

그림 1-10 아디프산 생산시설의 조직경계 및 배출 특성

표 1-18 아디프산 생산시설의 온실가스 배출 활동

운영경계	배출원	온실가스	배출원
직접 배출원 (SCOPE 1)	고정연소	CO_2, CH_4, N_2O	아디프산 생산시설에 필요한 에너지 공급을 위한 연료연소에 의한 배출
	이동연소	CO_2, CH_4, N_2O	아디프산 생산시설에서 업무차량 운행에 따른 온실가스 배출
	탈루배출	CH_4	아디프산 생산시설에서 사용하는 화석연료 사용과 연관된 탈루배출
	공정배출원	N_2O	반응공정 : 질산과 촉매 존재하에 700~100℃에서 KA Oil 용액의 산화반응에 인하여 N_2O 배출
간접 배출원 (SCOPE 2)	구매전력 및 구매스팀	CO_2, CH_4, N_2O	아디프산 생산시설에서의 전력사용에 따른 온실가스 배출

(출처 : 환경부, 2013)

⑦ 카바이드 생산

카바이드 생산 공정의 온실가스 배출은 탄화규소(SiC) 및 탄화칼슘(CaC_2) 생산과 관련하여 앞의 2가지 반응식에서 CO_2, CH_4, CO, SO_2의 배출이 발생한다. 생산공정에서 탄소함유원료를 사용하는 것은 CO_2와 CO의 배출을 발생시키고, 수소함유휘발성 화합물과 석유코크스에 있는 황은 대기 중에 CH_4와 SO_2의 배출을 발생시킨다.

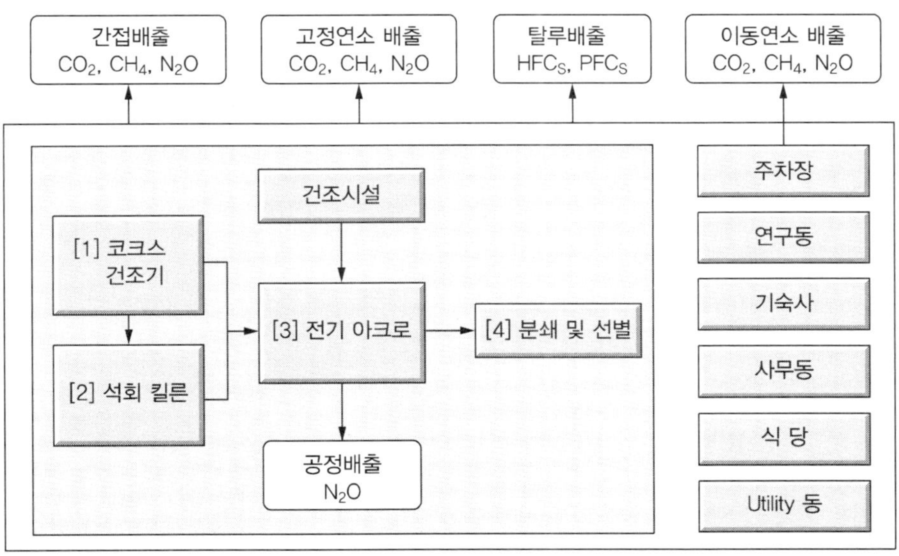

그림 1-11 카바이드 생산시설의 조직경계 및 배출 특성

◎ **표 1-19** 카바이드 생산시설의 온실가스 배출 활동

운영경계	배출원	온실가스	배출원
직접 배출원 (SCOPE 1)	고정연소	CO_2, CH_4, N_2O	카바이드 생산시설에 필요한 에너지 공급을 위한 연료연소에 의한 배출
	이동연소	CO_2, CH_4, N_2O	카바이드 생산시설에서 업무차량 운행에 따른 온실가스 배출
	탈루배출	CH_4	카바이드 생산시설에서 사용하는 화석연료 사용과 연관된 탈루배출
	공정배출원	N_2O	칼슘카바이드 제조시설 – 새석회 생산공정 – 전기아크로 실리콘카바이드 제조시설
간접 배출원 (SCOPE 2)	구매전력 및 구매스팀	CO_2, CH_4, N_2O	카바이드 생산시설에서의 전력사용에 따른 온실가스 배출

(출처 : 환경부, 2013)

⑧ 석유화학 제품생산 공정

석유화학산업은 천연가스 등의 화석연료나 나프타 등의 석유정제품 등을 원료로 하여 출발하는데 국내의 경우 주로 나프타를 분해 설비(Naphtha Cracking Center, NCC)에 투입하여 에틸렌, 프로필렌 등 기초 유분을 생산하고 이 과정에서 온실가스가 배출된다.

◎ **표 1-20** 석유정제시설의 온실가스 배출 활동

운영경계	배출원	온실가스	배출원
직접 배출원 (SCOPE 1)	고정연소	CO_2, CH_4, N_2O	석유화학 제품생산시설에 필요한 에너지 공급을 위한 연료연소에 의한 배출
	이동연소	CO_2, CH_4, N_2O	석유화학 제품생산시설에서 업무차량 운행에 따른 온실가스 배출
	탈루배출	CH_4	석유화학 제품생산시설에서 사용하는 화석연료 사용과 연관된 탈루배출
	공정배출원	CO_2, CH_4	메탄올 생산공정 2염화에틸렌 생산공정 에틸렌 옥사이드 생산공정 아크릴로니트릴 생산공정
간접 배출원 (SCOPE 2)	구매전력 및 구매스팀	CO_2, CH_4, N_2O	석유화학 제품생산 시설에서의 전력사용에 따른 온실가스 배출

(출처 : 환경부, 2013)

⑨ 불소화합물 생산 공정

온실가스로 규정된 불소화합물들(HFCs, PFCs, SF_6)은 생산과정에서 일부 부산물로 생산되어 대기 중으로 배출된다. 주요 온실가스 배출원은 불소화합물을 생성시키는 반응시설이고, HCFC-22 생산 공정 중 극소량의 HFC-23이 반응시설에서 부수적으로 생성되어 배출 되며, 기타 불소화합물 생산에서는 CFC-11 및 CFC-12 생산공정, PFCs 물질의 할로겐 전환 공정, NF_3 제조 공정, 불소비료나 마취제용 불소화합물 생산 공정들에서 불소화합물이 배출된다. 온실가스로 규정된 불소화합물들(HFCs, PFCs, SF_6)은 생산과정에서 일부 부산물로 생산되어 대기 중으로 배출된다.

표 1-21 불소화합물 생산시설의 온실가스 배출 활동

운영경계	배출원	온실가스	배출원
직접 배출원 (SCOPE 1)	고정연소	CO_2, CH_4, N_2O	불소화합물 생산시설에 필요한 에너지 공급을 위한 연료연소에 의한 배출
	이동연소	CO_2, CH_4, N_2O	불소화합물 생산시설에서 업무차량 운행에 따른 온실가스 배출
	탈루배출	CO_2, CH_4, N_2O	불소화합물 생산시설에서 사용하는 화석연료 사용과 연관된 탈루배출
	공정배출원	HCF-23	HCFC-22 생산과정에서 부산물로서 생성 배출
		CO_2	HCFC-2을 열분해에 의해 파괴하는 과정에서 생성 배출
간접 배출원 (SCOPE 2)	구매전력 및 구매스팀	CO_2, CH_4, N_2O	불소화합물 생산시설에서의 전력사용에 따른 온실가스 배출

(출처 : 환경부, 2013)

⑩ 철강 생산 시설

철강공정에서의 주요 배출원은 코크스로, 소결로 및 석회 소성로에서 원료 중 탄소성분에 의해 발생되는 CO_2로 구분할 수 있다. 이들 배출원에서 생산된 제품은 고로에 원료로써 재투입 되며 연소에 의해 다시 대기중으로 배출된다. 특히, 일관제철공정 중 코크스로, 고로 및 전로에서 발생되는 공정 부생가스는 각각 코크스 오븐가스(Cokes Oven Gas, COG), 고로가스(Blast Furnace Gas, BFG), 전로가스(Linz Donawitz converter Gas, LDG)라고 부르며, 중앙관리시스템에서 회수하여 일관제철 공정 중 주요 시설에 연료로써 재공급된다. 따라서 코크스로, 고로 및 전로 시설

에서 직접적으로 대기 중으로 배출되는 배가스는 거의 없으며, 이 배가스는 연료 재순환에 의하여 다른 배출시설에서 연료 연소에 의하여 배출될 것이다. 이러한 이유로 일관제철의 경우 전기로를 제외하고는 공정 특성에 의한 CO_2 배출보다는 이들 공정 부생가스에 의한 배출 특성이 주로 나타난다.

표 1-22 철강 생산시설의 온실가스 배출 활동

운영경계	배출원	온실가스	배출원
직접 배출원 (SCOPE 1)	고정연소	CO_2, CH_4, N_2O	철강생산 및 부대시설에 필요한 에너지 공급을 위한 연료연소에 의한 배출
	이동연소	CO_2, CH_4, N_2O	철강 생산시설에서 업무차량 운행에 따른 온실가스 배출
	탈루배출	CH_4	철강 생산시설에서 사용하는 화석연료 사용과 연관된 탈루배출
	공정배출원	CO_2, CH_4	코크스공정, 소결공정, 고로, 전로, 전기로
간접 배출원 (SCOPE 2)	구매전력 및 구매스팀	CO_2, CH_4, N_2O	철강 생산시설에서의 전력사용에 따른 온실가스 배출

(출처 : 환경부, 2013)

⑩ 합금철 생산 시설

합금철 제조공정에서의 CO_2 배출은 코크스 같은 환원제의 야금환원(metallurgical reduction) 과정 및 전극봉 사용에 의해서 발생한다. 전기아크로는 전기양도체인 전극(탄소봉)에 전류를 통하여 충진된 물질(철 스크랩 등)과 전극사이에 발생하는 아크열을 이용하여 충진된 내용물을 산화 정련하며, 산화정련 후 환원성의 광재로 환원정련함으로써 탈산·탈황작업을 하게 된다. 보통 1회에 2~3번의 원료투입(장입)이 이루어지는데 원료투입시에는 로 상부의 선회식 뚜껑이 열리고, 드롭보텀식 바켓(Dropbottom bucket)에 담겨진 충진물질 등을 기중기를 이용하여 로 상부에서 투입한다. 로의 형식에 따라 고정식과 경동식이 있으며, 고정식은 출강구를 통하여 경동식은 로 자체를 일정한 기울기만큼 기울여 출강한다. EAF를 사용하는 경우 모든 합금철 생산에서 CO_2가 발생하며, 실리콘(Si)계 합금철(ferrosilicon)을 생산 할 경우에는 CH_4가 발생한다.

◎ **표 1-23** 합금철 생산시설의 온실가스 배출 활동

운영경계	배출원	온실가스	배출원
직접 배출원 (SCOPE 1)	고정연소	CO_2, CH_4, N_2O	합금철생산 및 부대시설에 필요한 에너지 공급을 위한 연료연소에 의한 배출
	이동연소	CO_2, CH_4, N_2O	합금철 생산시설에서 업무차량 운행에 따른 온실가스 배출
	탈루배출	CH_4	합금철 생산시설에서 사용하는 화석연료 사용과 연관된 탈루배출
	공정배출원	CO_2	전로, 전기로
		CH_4	실리콘계 합금철 생산시 발생
간접 배출원 (SCOPE 2)	구매전력 및 구매스팀	CO_2, CH_4, N_2O	합금철 생산시설에서의 전력사용에 따른 온실가스 배출

(출처 : 환경부, 2013)

⑪ 아연 생산 시설

1차 아연 생산 공정은 3가지로 구분되는데, 첫 번째는 전기－열(electro-thermic) 증류법으로 이는 배소된 광석과 2차 아연 생산물을 융합하여 sinter feed를 생성해내기 위한 과정이다. 이렇게 생성된 결정을 산화시키기 위하여 환원제가 사용되는데, 이 환원제의 사용으로 인해 CO_2가 배출된다. 두 번째 방법으로는 ISF(Imperial Smelting Furnace)를 사용하는 건식 야금 과정으로 지속적인 납과 아연을 생산하는 과정에서 CO_2가 발생한다. 세 번째는 전해법으로 습식 제련 기술이 사용되어 CO_2가 발생하지 않는다. 이중 계산을 하지 않고, 배출량을 계산하기 위해서는 이 과정에서 사용된 야금 코크스/석탄의 환원제가 납과 아연 생산량에 배당되어야 한다.

$$ZnO(s) + C(s) = Zn(g) + CO(g)$$

2차 아연 생산 공정에서 소결, 제련, 정제 공정 등은 1차 아연 생산공정과 동일한 기술이 사용되는 경우가 대부분이며, 이에 따라 1차 아연 생산공정과 동일하게 사용되는 환원제의 종류 및 아연을 광물로부터 증류시키는 과정에서 CO_2가 발생한다.

표 1-24 아연 생산시설의 온실가스 배출 활동

운영경계	배출원	온실가스	배출원
직접 배출원 (SCOPE 1)	고정연소	CO_2, CH_4, N_2O	아연생산 및 부대시설에 필요한 에너지 공급을 위한 연료연소에 의한 배출
	이동연소	CO_2, CH_4, N_2O	아연 생산시설에서 업무차량 운행에 따른 온실가스 배출
	탈루배출	HFCs	냉매사용과정에서 탈루배출
간접 배출원 (SCOPE 2)	구매전력 및 구매스팀	CO_2, CH_4, N_2O	합금철 생산시설에서의 전력사용에 따른 온실가스 배출

(출처 : 환경부, 2013)

⑫ 납 생산 시설

■ 1차 생산공정

연정광으로부터 미가공 조연(Bullion)을 생산하는 1차 생산공정은 2가지로 구분된다. 먼저 소결과 제련과정을 연속적으로 거치는 소결/제련 공정으로 전체 1차 납생산 공정의 약 78%를 차지한다. 두 번째는 직접 제련공정으로 소결과정이 생략되며, 이 공정은 1차 납 생산 공정의 22%를 차지한다. 소결/제련 공정에서 소결 공정은 연정광을 재활용 소결물, 석회석과 실리카, 산소, 납 고함유 슬러지 등과 혼합하여 황과 휘발성 금속을 연소를 통해 제거한다. 산화납과 다른 금속 산화물을 함유한 소결물을 생산하는 공정은 이산화황(SO_2)을 배출하고, 납을 가열하는 천연가스로부터 에너지관련 이산화탄소(CO_2)를 배출한다. 이 소결물은 다시 다른 금속을 포함한 원석, 공기, 용해 부산물 및 야금 코크 등과 함께 고로에 투입된다. 코크는 공기와 반응하여 연소되면서 일산화탄소(CO)를 생성하고, 이것은 화학반응을 통해 산화납을 환원시킨다. 제련 공정은 일반적인 고로 또는 ISF(Imperial Smelting Furnace)를 이용하고 납산화물의 환원과정에서 CO_2가 배출된다. 직접제련 공정에서는 소결공정이 생략되고, 연정광과 다른 물질들이 직접 로에 투입되어 용융되고 산화된다. 다양한 종류의 로가 직접 제련 공정에 이용되는데, Isasmelt-Ausmelt, Queneau-Schumann-Lurgi 및 Kaldo로 등이 용융제련(bath smelting)에 사용되고 Kivcet로가 플래시용련(flash smelting)에 사용된다. 석탄, 야금 코크, 천연가스 등 다양한 물질들이 공정 중 환원제로 사용되는데 로의 타입에 따라 그 사용량이 달라지며, CO_2의 배출 수준이 달라진다.

- 2차 생산공정

정제납의 2차 생산은 재활용납을 재사용하기 위한 준비과정이다. 대부분의 재활용납은 버려진 납산배터리 스크랩으로부터 얻는다. 납산배터리는 해머밀로 분쇄되어 탈황공정을 거치거나 거치지 않고, 제련 공정으로 투입되기도 하고, 분쇄되지 않고, 통째 제련되기도 한다. 일반적인 고로, ISF, EAF, ERF, RF ,IF, ASL 및 Kivcet 로 등이 모두 이 배터리와 다른 재활용 스크랩납의 제련에 사용가능하다. 배출되는 CO_2는 사용하는 환원제의 종류에 양에 따라 달라진다. 일반적인 환원제로는 석탄, 천연가스, 야금 코크 등이 사용되며 ERF는 석유 코크를 사용한다.

표 1-25 납 생산시설의 온실가스 배출 활동

운영경계	배출원	온실가스	배출원
직접 배출원 (SCOPE 1)	고정연소	CO_2, CH_4, N_2O	납생산 및 부대시설에 필요한 에너지 공급을 위한 연료연소에 의한 배출
	이동연소	CO_2, CH_4, N_2O	납 생산시설에서 업무차량 운행에 따른 온실가스 배출
	탈루배출	HFC_S	냉매사용과정에서 탈루배출
	공정배출원	CO_2	소결 공정/용융・용해공정
간접 배출원 (SCOPE 2)	구매전력 및 구매스팀	CO_2, CH_4, N_2O	납 생산시설에서의 전력사용에 따른 온실가스 배출

(출처 : 환경부, 2013)

⑬ 전자산업

전자 산업에서는 실온에서 가스 상태인 CF_4, C_2F_6, C_3F_8, c-C_4F_8, c-C_4F_8O, C_4F_6, C_5F_8, CHF_3, CH_2F_2, NF_3, SF_6 등의 불소화합물이 사용되며, 주로 실리콘 포함 물질의 플라즈마 식각, 실리콘이 침전되어 있던 화학증착(CVD) 기구의 내벽을 세정하는데 사용된다. 그리고 생산과정에서 사용되는 불소화합물들 중 일부분은 부산물인 CF_4, C_2F_6, CHF_3, C_3F_8로 전환되기도 한다.

표 1-26 전자산업의 온실가스 배출 활동

운영경계	배출원	온실가스	배출원
직접 배출원 (SCOPE 1)	고정연소	CO_2, CH_4, N_2O	반도체/LCD/PV 생산 및 열전도유체 사용시설에서 필요한 에너지 공급을 위한 연료연소에 의한 배출
	이동연소	CO_2, CH_4, N_2O	반도체/LCD/PV 생산 및 열전도유체 사용시설에서 업무차량 운행에 따른 온실가스 배출
	탈루배출	CH_4, N_2O	반도체/LCD/PV 생산 및 열전도유체 사용시설에서 사용하는 화석연료 사용과 연관된 탈루배출
	공정배출원	FC_S	실리콘 포함 물질의 플라즈마 식각, 화학증착(CVD) 기구의 내벽을 세정시 배출
간접 배출원 (SCOPE 2)	구매전력 및 구매스팀	CO_2, CH_4, N_2O	반도체/LCD/PV 생산 및 열전도유체 사용시설에서 전력사용에 따른 온실가스 배출

(출처 : 환경부, 2013)

⑭ 오존파괴물질(ODS)의 대체물질 사용

불소계 온실가스는 화학 산업이나 전자 산업 등에서 제품 생산 공정 중에 사용되기도 하지만, 생산된 설비의 충진물 등 다양한 용도로 소비되기도 한다. 이 장에서 정의하는 오존대체물질은 제품 제작단계에서 주입 또는 사용되는 양을 별도 보고 대상으로 하며, 전기 설비를 제외한 사용단계에서의 탈루성 배출은 보고대상으로 하지 않는다.

표 1-27 오존파괴물질 대체물질 시설의 온실가스 배출 활동

운영경계	배출원	온실가스	배출원
직접 배출원 (SCOPE 1)	고정연소	CO_2, CH_4, N_2O	ODS 대체물질 사용하는 시설에서 필요한 에너지 공급을 위한 연료연소에 의한 배출
	이동연소	CO_2, CH_4, N_2O	ODS 대체물질 사용하는 시설에서 업무차량 운행에 따른 온실가스 배출
	탈루배출	CO_2, CH_4, HFC_S, PFC_S, SF_6	ODS 대체물질 사용하는 시설에서 화석연료 사용과 연관된 탈루배출
간접 배출원 (SCOPE 2)	구매전력 및 구매스팀	CO_2, CH_4, N_2O	ODS 대체물질 사용하는 시설에서 전력사용에 따른 온실가스 배출

(출처 : 환경부, 2013)

3.5 폐기물 처리과정에 따른 배출원 파악

① 고형폐기물의 매립

매립은 토양에 폐기물을 처분하기 위하여 사용되는 물리적 시설을 말하며, 매립지에 폐기물을 처분하는 것으로 반입되는 폐기물을 감시하고 배치 및 압축하는 작업을 말한다. 대립지는 토양에 폐기물을 처분하기 위하여 사용되는 물리적 시설을 말하며, 위생매립지는 폐기물의 매립처분으로 인한 공공의 건강과 환경적인 영향을 최소화시키기 위해 설계 운전하는 공학적인 시설을 의미하는 것으로 침출수 및 매립가스 처리를 안전하게 할 수 있도록 설계되어 있다. 반면에 비위생 매립지는 폐기물 관리에 대한 고려없이 폐기물을 단순 매립하는 형태이다.

고형폐기물 매립시설의 조직경계와 온실가스 배출특성은 그림 1-12와 같다. 배출형태는 크게 직접배출과 간접배출로 구분할 수 있으며, 직접배출은 고정연소에 의한 배출, 공정배출, 이동연소에 의한 배출, 탈루배출로 구분할 수 있다. 특히, 고형폐기물 매립과정은 혐기성 상태에서 공정배출인 CH_4가 다량 배출되는 특징을 지니고 있다.

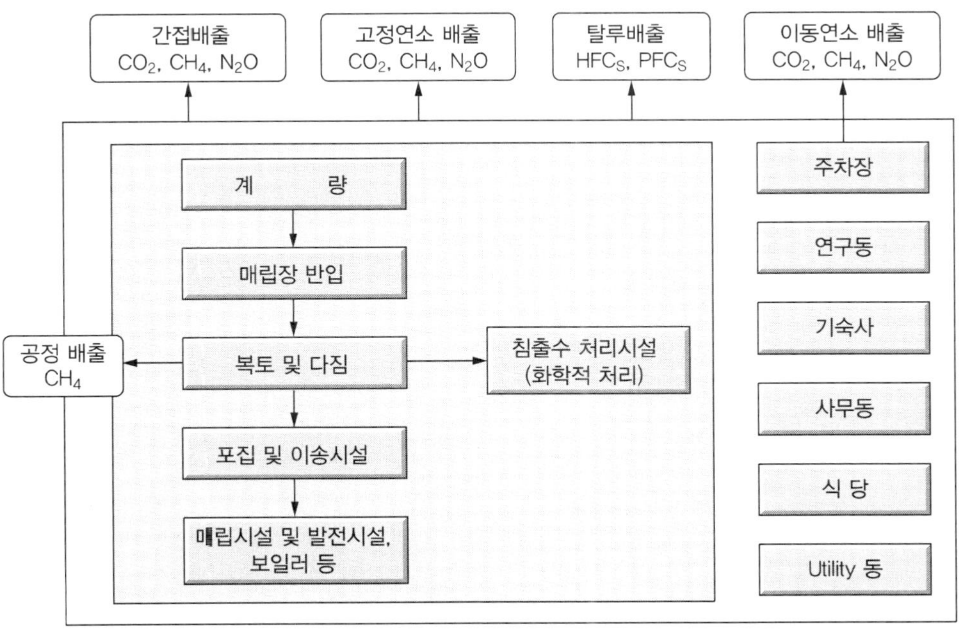

◎ **그림 1-12** 고형폐기물의 매립시설의 조직경계 및 배출 특성

(출처 : 환경부, 2012)

◎ **표 1-28** 고형폐기물 매립처리시설의 온실가스 배출 활동

운영경계	배출원		온실가스	배출원
직접 배출원 (SCOPE 1)	고정연소		CO_2, CH_4, N_2O	매립시설에서 보일러 가동, 난방 및 취사 등에 사용되어지는 연료 연소에 의한 배출
	이동 연소	도로 (차량)	CO_2, CH_4, N_2O	매립시설에서 업무 차량 운행에 따른 온실가스 배출
		비도로 (중장비)	CO_2, CH_4, N_2O	매립시설에서 압축, 복토 등을 위해 사용되는 중장비와 같은 시설의 연료 사용에 따른 온실가스 배출
	공정배출원		CH_4	폐기물의 미생물 분해에 의한 매립지 표면에서의 온실가스 배출
간접 배출원 (SCOPE 2)	구매전력 및 구매스팀		CO_2, CH_4, N_2O	매립 운영시설에서의 전력사용에 따른 온실가스 배출

(출처 : 환경부, 2013)

② 고형폐기물의 생물학적 처리

미생물의 작용을 이용하여 유기성 폐기물을 분해하는 방법으로 우리나라 폐기물 재활용 및 중간처리 방식으로 사료화·퇴비화 시설 또는 감량화·소멸화 시설 등을

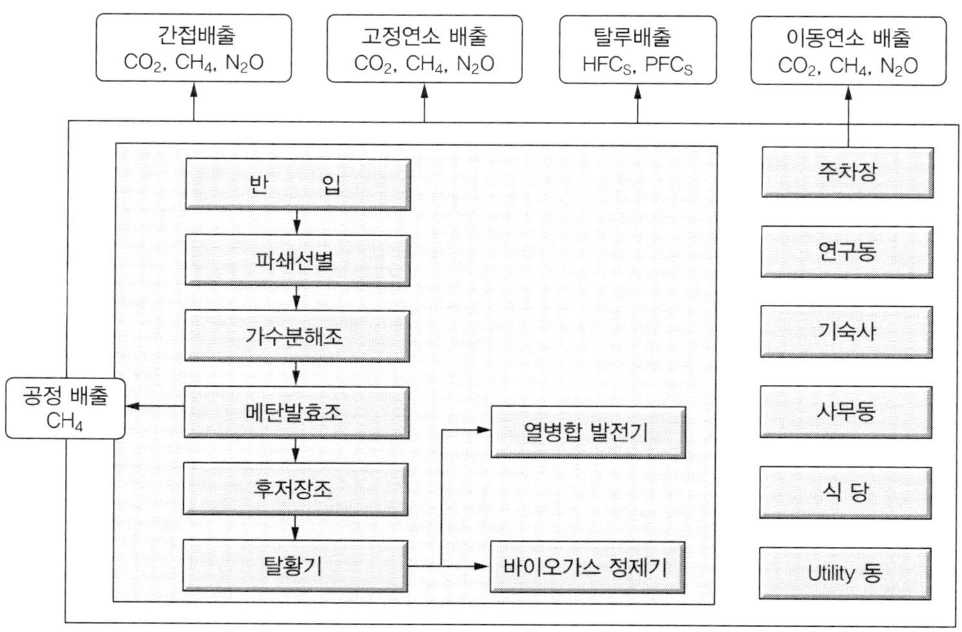

◎ **그림 1-13** 고형폐기물의 생물학적 처리시설의 조직경계 및 배출 특성

(출처 : 환경부, 2012)

이용하고 있으며, 이러한 시설은 음식물류, 동식물성폐잔재류, 오니류 등을 대상으로 혐기성 소화과정을 포함 한다. 폐기물의 부피 감소, 폐기물의 안정화, 폐기물의 원균 사멸, 에너지로 이용하기 위한 바이오가스를 생산하는데 그 목적이 있다.

표 1-29 고형폐기물 생물학적 처리시설의 온실가스 배출 활동

운영경계	배출원	온실가스	배출원
직접 배출원 (SCOPE 1)	고정연소	CO_2, CH_4, N_2O	생물학적 처리시설에서 보일러 가동, 난방 및 취사 등에 사용되어지는 연료 연소에 의한 배출
	이동연소	CO_2, CH_4, N_2O	생물학적 처리시설에서 업무 차량 운행에 따른 온실가스 배출
	탈루배출	CH_4, N_2O	생물학적 처리시설에서 사용하는 도시가스 사용 등과 연관된 탈루 배출
	공정배출원	CH_4	생물학적 처리시설에서의 혐기소화에 의한 온실가스 배출
간접 배출원 (SCOPE 2)	구매전력 및 구매스팀	CO_2, CH_4, N_2O	생물학적 처리 운영시설에서의 전력사용에 따른 온실가스 배출

(출처 : 환경부, 2012)

③ 하·폐수처리 공정

하수처리시설은 가정 및 사업장에서 배출되는 생활 오수로서 인체에 해를 미치는 유해한 성분이 많지 않고, 부유물질과 BOD가 높은 것이 특징이다, 하수처리시설은 하수 중의 부유물질과 BOD를 환경에 미치는 영향을 없을 정도의 수준으로 제거 처리하여 하천 또는 바다로 방류하는 시설로서 정의할 수 있다. 반면에 폐수처리시설은 산업공정에서 발생하는 폐수를 처리하여 하천 또는 바다 등으로 방류하는 시설로서 정의할 수 있으며, 부유물질과 BOD 이외에도 중금속 등의 유해한 오염물질이 포함되어 있는 것이 특징이라고 할 수 있다. 하·폐수 처리시설은 하·폐수에 포함되어있는 유·무기성 오염물질을 물리·화학·생물학적으로 처리하여 환경에 미치는 영향을 최소화하는데 그 목적을 두고 있다.

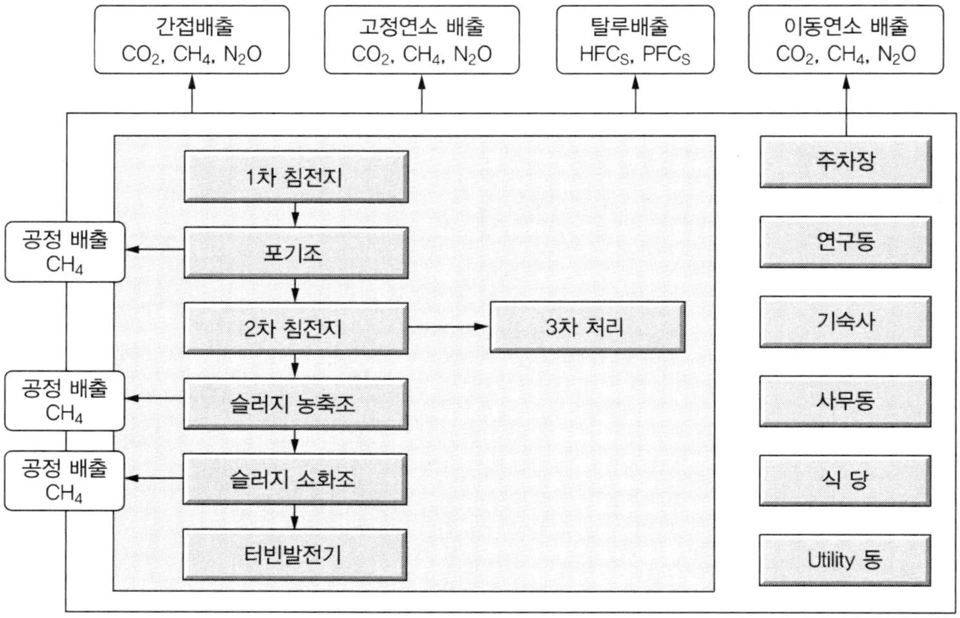

그림 1-14 고형폐기물의 생물학적 처리시설의 조직경계 및 배출 특성

(출처 : 환경부, 2012)

표 1-30 하수 처리시설의 온실가스 배출 활동

운영경계	배출원	온실가스	배출원
직접 배출원 (SCOPE 1)	고정연소	CO_2, CH_4, N_2O	하·폐수처리시설에서 보일러 가동, 난방 및 취사 등에 사용되어지는 연료 연소에 의한 배출
	이동연소	CO_2, CH_4, N_2O	하·폐수처리시설에서 업무 차량 운행에 따른 온실가스 배출
	공정배출원	CH_4	하·폐수처리시설에서의 혐기소화에 의한 온실가스 배출
		N_2O	하·폐수처리 시 질산화 공정에서의 온실가스 배출
간접 배출원 (SCOPE 2)	구매전력 및 구매스팀	CO_2, CH_4, N_2O	하·폐수처리 운영시설에서의 전력사용에 따른 온실가스 배출

(출처 : 환경부, 2013)

④ 폐기물의 소각

소각은 가연성분 폐기물이 공기중의 산소와 반응하여 열에 의해 산화 분해되면서 CO_2, H_2O, 소각잔재로 전환되는 발열반응으로 정의할 수 있다. 소각은 폐기물의 위생처리와 감량화가 주목적이며, 소각과정에서 발생되는 대기오염물질과 소각재를

환경 친화적으로 처리하여 환경에 미치는 영향을 최소화하는데 그 목적이 있다.

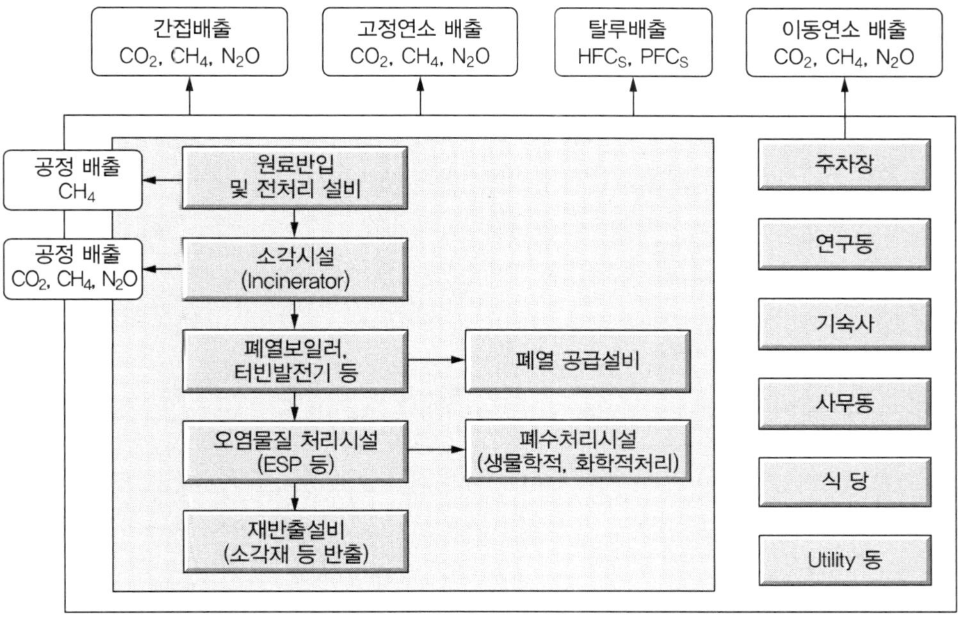

그림 1-15 폐기물의 소각시설의 조직경계 및 배출특성
(출처 : 환경부, 2012)

표 1-31 하수 처리시설의 온실가스 배출 활동

운영경계	배출원	온실가스	배출원
직접 배출원 (SCOPE 1)	고정연소	CO_2, CH_4, N_2O	소각시설에서 보일러 가동, 난방 및 취사 등에 사용되어지는 연료 연소에 의한 배출
	이동연소	CO_2, CH_4, N_2O	소각시설에서 업무 차량 운행 및 압축, 복토 등을 위해 사용되는 중장비와 같은 시설의 연료사용에 따른 온실가스 배출
	탈르배출	CH_4, N_2O	소각시설에서 사용하는 화석연료 사용 등과 연관된 탈루 배출
	공정배출원	CO_2	비생물계 폐기물 소각에 의한 배출
		CH_4	폐기물의 불완전 연소로 인한 배출
		N_2O	폐기물 중 질소성분의 불완전 연소 NO_X 처리과정에서 중간산물로 N_2O 배출
간접 배출원 (SCOPE 2)	구매전력 및 구매스팀	CO_2, CH_4, N_2O	하·폐수처리 운영시설에서의 전력사용에 따른 온실가스 배출

(출처 : 환경부, 2013)

3.6 간접 배출원 파악

목표관리제 지침에서는 온실가스 간접배출은 '관리업체가 외부로부터 공급된 전기 또는 열(연료 또는 전기를 열원으로 하는 것만 해당된다)을 사용함으로써 발생하는 온실가스 배출을 말한다'라고 정의하고 있다.

간접 온실가스 배출은 기업의 활동결과에 따라 배출되는 것이지만, 다른 기업에 의해 소유되거나 통제되는 배출원에 의해 발생된다. 여기에는 사업장에서 전력, 스팀 등을 외부로부터 공급받아 사용하는 경우가 해당하며, 외부로부터 공급받은 전력, 스팀을 공급업체에서 생산하는 과정에서 배출된 온실가스의 양이 간접 온실가스 배출로 분류된다.

1) 외부에서 공급된 전기

관리업체가 소유 및 통제하는 설비와 사업활동에 의한 전력 사용으로 인해 발생하는 간접적 온실가스 배출은 연료연소, 원료 사용 등으로 인한 직접적 온실가스 배출과 함께 관리업체의 온실가스 배출량에 포함되어야 한다. 대부분의 관리업체에 있어서 구입전력은 큰 비중을 차지하는 온실가스 배출원 중 하나이며, 동시에 감축목표 달성을 위한 기회요소이기도 하다. 또한 직접적 온실가스 배출뿐만 아니라, 간접적 온실가스 배출을 산정하는 것은 이러한 정보가 향후 온실가스와 관련된 다양한 프로그램에 적용될 수 있기 때문이다. 단, 관리업체의 조직경계 내에 발전 설비가 위치하여 생산된 전력을 자체적으로 사용할 경우에는 간접적 온실가스 배출량 산정에서 제외하도록 한다. 이는 발전설비에서 전력 생산으로 인해 배출된 직접적 온실가스가 해당 관리업체의 배출량으로 이미 산정되었기 때문이며, 자체 생산한 전력의 자체 사용에 따른 간접적 온실가스 배출량을 포함할 경우 직접적 온실가스 배출량과 함께 중복산정을 초래하기 때문이다.

외부에서 공급된 전기 사용에 따른 간접 배출량의 산정・보고 범위는 배출시설 단위가 아닌 사업장 단위로 정한다. 다만, 제품생산 용도가 아닌 업무용 건물, 폐기물 처리시설, 전력 다소비 시설인 전기아크로에 대해서는 전기사용량과 이에 따른 간접배출량을 구분하여 산정・보고하여야 한다. 기타 전력량계(법정계량기 및 내부관리용 계량기를 포함한다)가 부착되어 있는 배출시설의 경우 배출시설별로 전기사용량 등을 구분하여 보고할 수 있으며, 이 경우 각 배출시설별 전력사용량의 합계는 사업장 단위 총 사용량과 일치하여야 한다.

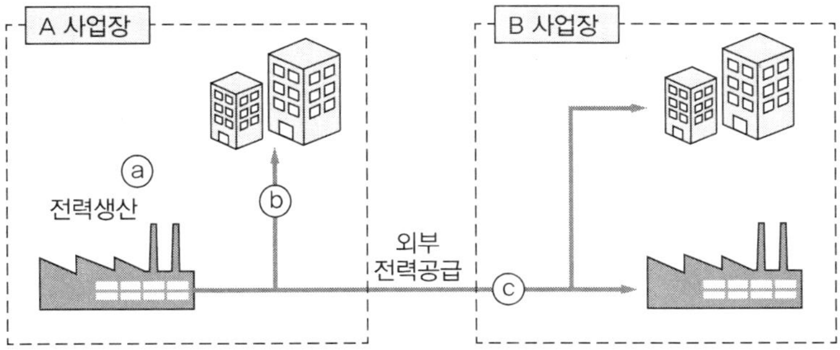

ⓐ : A 사업장 내에 위치한 발전설비에서의 전력생산에 따른 직접 온실가스 배출량
(A 사업장의 직접적 온실가스 배출량으로서 보고)
ⓑ : A 사업장에서 생산한 전력을 A 사업장 내에서 자체적으로 공급한 경우
(전력사용에 따른 간접적 온실가스 배출량 산정에서 제외)
ⓒ : A 사업장에서 생산한 전력을 B 사업장에 공급한 경우
(B 사업장의 간접적 온실가스 배출량으로서 보고)

그림 1-16 전력사용에 따른 간접 온실가스 배출가스 배출 경로
(출처 : 환경부, 2012)

2) 외부에서 공급된 열(스팀)의 사용

관리업체가 소유 및 통제하는 설비와 사업활동에 의한 열(스팀)사용으로 인해 발생하는 간접적 온실가스 배출은 연료연소, 원료사용 등으로 인한 직접적 온실가스 배출과 함께 관리업체의 온실가스 배출량에 포함되어야 한다. 열(스팀)은 열(스팀) 생산을 목적으로 하는 시설을 통하여 공급될 수도 있으나, 열병합 발전설비 또는 폐기물 소각시설 등에서의 열(스팀) 회수를 통하여 공급될 수도 있다. 열병합 발전설비를 통하여 열(스팀)을 공급받을 경우에는 전력간접배출과 구분하여 열(스팀)간접배출계수를 개발하여 사용해야 하며, 폐기물 소각시설에서의 열회수를 통하여 열(스팀)을 공급받을 경우에는 열(스팀)간접배출계수를 개발하여 사용해야 한다. 다만 열(스팀)을 생산하여 외부로 공급하는 업체가 자체적으로 열(스팀) 간접배출계수를 제공할 수 없는 경우에는 센터가 검증・공표하는 국가 고유의 열(스팀) 간접배출계수 등을 활용할 수 있다. 외부에서 공급된 열(스팀) 사용에 대한 간접배출량의 산정·보고범위는 관리업체의 배출시설 단위로 정한다.

4 모니터링 방법 및 유형의 결정

4.1 모니터링 유형 및 방법 정의

모니터링 방법 및 유형의 설정과 관련하여 온실가스·에너지 목표관리 운영등에 관한 지침에서는 온실가스 배출량 등의 산정에 필요한 자료와 기타 온실가스·에너지 관련 자료의 연속적 또는 주기적인 감시·측정 및 평가에 관한 세부적인 방법, 절차, 일정 등을 규정한 계획을 말한다.

온실가스 배출 및 제거의 산정 및 보고를 위한 조직 차원의 사용에 지침을 명시하고 있는 ISO 14064-1에서는 조직의 온실가스 인벤토리를 문서화 및 보고하는 절차중 모니터링는 배출량의 산정의 기본이 되는 배출시설의 모니터링 유형을 선정하고, 배출 시 및 배출량에 대한 산정등급을 결정하고, 활동자료의 계측 및 수집방법을 정의하는 단계이다.

모니터링에 대한 유형 및 방법이 정의는 2011년부터 시행 중인 온실가스 목표관리 및 운영에 관한 지침(이하 목표관리제)을 중심으로 설명한다.

조직차원의 온실가스 배출량 산정, 보고의 절차는 표 1-32와 같이 단계별로 세부 규정에 따라 수행되며, 조직의 경계 설정과 배출 활동의 확인과 구분이 완료된 후 배출량 산정시 배출량의 정확성을 확보하는데 가장 중요한 모니터링의 유형 및 방법의 설정 등의 절차를 통해 모니터링 계획을 수립하는 절차이다. 모니터링 계획에 해당하는 단계는 3단계부터 6단계까지의 절차가 모니터링 계획을 준비하고 작성하는 단계이다.

모니터링 계획의 수립단계는 보고하는 배출량의 신뢰성을 담보하는 절차 및 단계로 본 단계에서 각 배출 활동 및 배출시설에 대한 활동자료의 모니터링 유형, 활동자료의 불확도 수분, 시료 채취 및 분석방법의 빈도 등의 기준이 되는 관리기준 Tier를 결정하고, 결정된 Tier를 바탕으로 배출량 산정 방법론을 선정하고, 각 방법론별 활동자료, 매개변수들을 수집하여, 배출량 보고 즉 명세서 작성과 제3자 검증을 위한 자료 준비를 하는 단계이다.

표 1-32 온실가스 배출량 등의 산정 · 보고절차

1단계	조직 경계의 설정
「산업집적활성화 및 공장설립에 관한 법률」,「건축법」 등 관련 법률에 따라 정부에 허가받거나 신고한 문서(사업자 등록증, 사업보고서 등)을 이용하여 사업장의 부지경계를 식별한다.	

▼

2단계	배출 활동의 확인 · 구분
지침에서 제시하는 배출량 산정 방법론에 따라 사업장 내 온실가스 배출 활동을 구분하여 식별하고 지침에 따른 소량배출원을 확인한다. 보고대상 활동의 파악시 활용가능한 자료로는 공정의 설계자료, 설비의 목록, 연료 등의 구매전표 등이 있다.	

▼

3단계	모니터링 유형 및 방법의 설정
각 배출 활동 및 배출시설에 대하여 활동자료의 모니터링 유형을 선정한다. 모니터링 유형, 활동자료의 불확도 수준, 시료의 채취 및 분석 방법 및 빈도 등이 지침에서 요구하는 관리기준(Tier 구분 등)을 충족하는지 확인한다.	

▼

4단계	배출량 산정 및 모니터링 체계의 구축
사업장 내 온실가스 산정책임자(최고 책임자) 및 산정담당자와 모니터링 지점의 관리책임자·담당자 등을 정한다. 품질관리 및 품질보증에 따라 「누가」, 「어떤 방법으로」 활동자료 혹은 배출가스 등을 감시하고 산정을 하는지, 세부적인 방법론, 역할 및 책임을 정한다.	

▼

5단계	배출 활동별 배출량 산정 방법론의 선택
배출량 산정 방법론(계산법 혹은 연속측정방법) 및 최소 산정등급(Tier) 요구기준에 따라 사업자는 배출 활동별로 배출량 산정 방법론을 선택한다. 배출량 세부산정 방법론에서 정하는 활동자료, 배출계수, 배출가스 농도, 유량 등 각 매개변수에 대하여 자료의 수집 방법을 정하고 자료를 모니터링 한다.	

▼

6단계	배출량 산정(계산법 혹은 연속측정방법)
수집한 데이터를 이용하여 배출 활동별 세부 산정 방법에 따라 온실가스 배출량 등을 산정하고 배출량 산정보고서(명세서)를 작성한다.	

▼

7단계	명세서의 작성
명세서 작성 및 제출은 지침 서식에 따라 온실가스 배출량 등의 명세서를 작성한다. 자료의 기록 관리는 배출량 등의 산정 · 보고와 관련된 자료 등은 차기년도 배출량의 산정과 검증단계에서 활용하기 위하여 내부적으로 기록 · 관리한다.	

▼

8단계	배출량 등의 제3자 검증
환경부장관이 지정 · 고시한 검증기관을 활용하여 관리업체가 작성한 명세서에 대한 제3자 검증을 실시한다.	

▼

9단계	명세서 및 검증보고서의 제출
관리업체는 제3자 검증 종료 후 매년 3월 31일까지 온실가스 배출량 등의 명세서와 검증보고서를 부문별 관장기관에게 전자적 방식으로 제출한다.	

(출처 : 환경부, 2012)

온실가스 배출량의 산정 및 보고하는 조직(이하 관리업체)의 각 배출 활동 및 배출시설에 대하여 지침에서 정의한 활동자료의 모니터링 유형을 선정한다. 모니터링 유형, 활동자료의 불확도 수준, 시료의 채취 및 분석 방법 및 빈도 등이 지침에서 요구하는 관리기준(Tier 구분 등)을 충족하는지 확인한다.

4.2 배출시설 및 배출량의 산정 등급

목표관리제 지침에서는 산정등급(Tier)을 다음과 같이 정의하고 있다. "활동자료, 배출계수, 산화율, 전환율 및 온실가스 배출량 등의 산정 방법의 복잡성을 나타내는 수준을 말한다."라고 명시하고 있다. 또한, 배출량 등의 산정 방법 및 적용 기준을 관리업체는 배출시설의 규모 및 세부 배출 활동의 종류에 따라 최소 산정등급(Tier)을 준수하여 배출량을 산정·보고하여야 한다.

이 경우 세부적인 온실가스 배출량 등의 산정 방법 및 매개변수별 관리 기준은 배출공정 및 시설별 상세히 규정한다. 그리고 불확도 관리 기준 및 방법은 관리업체는 최소 산정등급(Tier) 및 배출량 산정 방법론에서 규정하고 있는 불확도 관리기준을 준수하여야 한다. 불확도 산정의 세부적인 방법은 표 1-35와 같다.

표 1-33 산정등급(Tier) 분류 체계

산정등급	내용
Tier 1	활동자료, IPCC 기본 배출계수(기본 산화계수, 발열량 등 포함)를 활용하여 배출량을 산정하는 기본방법론
Tier 2	Tier 1보다 더 높은 정확도를 갖는 활동자료, 국가 고유 배출계수 및 발열량 등 일정부분 시험 · 분석을 통하여 개발한 매개변수 값을 활용하는 배출량 산정 방법론
Tier 3	Tier 2보다 더 높은 정확도를 갖는 활동자료, 사업장·배출시설 및 감축기술단위의 배출계수 등 상당부분 시험 · 분석을 통하여 개발한 매개변수 값을 활용하는 배출량 산정 방법론
Tier 4	굴뚝자동측정기기 등 배출가스 연속측정방법을 활용한 배출량 산정 방법론

표 1-34 배출시설의 배출량 규모에 따른 산정등급(Tier) 분류 기준

그룹	내용
A 그룹	연간 5만톤 미만의 배출시설
B 그룹	연간 5만톤 이상, 연간 50만톤 미만의 배출시설
C 그룹	연간 50만톤 이상의 배출시설

표 1-35 산정등급에 따른 매개변수 관리 기준

구분	계산법			연속측정법
	Tier 1	Tier 2	Tier 3	Tier 4
산정 방법론(산정식)	가장 단순	약간 복잡	물질수지법기반	30분단위실측
활동자료 불확도(%)	± 7.5% 이내	± 5.0% 이내	± 2.5% 이내	CO_2 불확도 ±2.5% 이내
배출계수 적용	IPCC 기본계수	국가고유계수	시설단위계수	

(출처 : 환경부, 2012.12)

산정등급(Tier 1～4)이 높을수록 배출량 산정의 정확도는 높아지며, 배출량 산정 방법론 등 배출량 산정의 복잡성도 증가하는 경향이 있다. 지침에서 Tier 1～3은 계산법(연료·원료 등 활동자료를 측정), Tier 4는 연속측정방법(CO_2 농도, 배가스 유량을 연속측정)으로 규정하고 있다.

4.2.1 배출 활동별 및 시설규모별 산정등급(Tier) 최소 적용기준

표 1-36～표 1-40에는 배출 활동별 및 시설규모별의 산정등급의 최소 적용기준을 나타낸 것이며, 연소시설(고정연소)를 대상으로 예시를 제시하였다. 이러한 산정등급의 적용은 국가 고유발열량 등 정확도가 높은 자료를 활용할 수 있을 경우에는 이를 사용할 것을 권고한다.

배출 활동 및 시설규모별 산정등급의 최소 적용기준은 5개 배출 활동인 '연소시설에서 에너지 이용에 따른 온실가스 배출', '제품 생산공정 및 제품사용 등에 따른 온실가스 배출', '오존층 파괴물질(ODS)의 대체물질 사용 등', '폐기물 처리과정에서의 온실가스 배출', '외부 전기 및 열(스팀) 사용에 따른 온실가스 간접배출' 등을 중심으로 세부 활동을 구분하여 제시하였으며, 각 배출 활동별의 규모 및 매개변수의 종류에 따라 상세히 제시하였다. 또한, 산정등급 최소 적용기준은 온실가스 간접 배출량을 제외한 직접 배출량만을 기준으로 적용한다.

배출 활동별 매개변수 관리기준는 표 1-41에 제시한 고정연소 부분의 예시와 같이 세부 매개변수인 활동자료와 열량계수에 대한 적용을 상세히 명시하고 있으며, 다른 배출 활동의 경우도 세부 산정 방법론(산정식)에 적용되는 매개변수별로 제시하고 있어, 대사업체는 모니터링 계획 및 배출량 산정보고 시 지침에 규정을 준수하여야 한다.

표 1-36 연소시설에서 에너지이용에 따른 온실가스 배출의 산정 등급 최소 적용 기준

배출 활동	산정 방법론			활동자료						배출계수			산화계수		
				연료사용량			순발열량								
시설규모	A	B	C	A	B	C	A	B	C	A	B	C	A	B	C
1. 고정연소															
① 고체 연료	1	2	3	1	2	3	2	2	3	1	2	3	1	2	3
② 기체 연료	1	2	3	1	2	3	2	2	3	1	2	3	1	2	3
③ 액체 연료	1	2	3	1	2	3	2	2	3	1	2	3	1	2	3
2. 이동연소*															
① 항공	1	1	2	1	1	2	2	2	2	1	1	2	-	-	-
② 도로	1	1	2	1	1	2	2	2	2	1	1	2	-	-	-
③ 철도	1	1	1	1	1	1	2	2	2	1	1	1	-	-	-
④ 선박	1	1	1	1	1	1	2	2	2	1	1	1	-	-	-

표 1-37 제품 생산공정 및 제품사용 등에 따른 온실가스 배출의 산정 등급 최소 적용 기준

배출 활동	산정 방법론			활동자료						배출계수		
				원료사용량/제품생산량			순발열량					
시설규모	A	B	C	A	B	C	A	B	C	A	B	C
3. 광물산업												
① 시멘트생산	1	2	3	1	2	3	-	-	-	1	2	3
② 석회생산	1	2	2	1	2	2	-	-	-	1	2	2
③ 탄산염사용	1	2	2	1	2	2	-	-	-	1	2	2
4. 석유정제활동												
① 수소제조공정	1	2	3	1	2	3	-	-	-	1	2	3
② 촉매재생공정	1	1	3	1	1	3	-	-	-	1	1	3
③ 코크스 제조공정	1	1	1	1	2	3	-	-	-	1	2	3
5. 화학산업												
① 암모니아 생산	1	1	1	1	2	2	-	-	-	1	2	2
② 질산 생산	1	1	1	1	2	2	-	-	-	1	2	2
③ 아디프산 생산	1	1	1	1	2	3	-	-	-	1	2	3

④ 카바이드 생산	1	1	1	1	2	2	-	-	-	1	2	2
⑤ 소다회 생산	1	1	1	1	2	2	-	-	-	1	2	2
⑥ 석유화학제품 생산	1	2	3	1	2	3	-	-	-	1	2	3
⑦ 불소화합물 생산	1	2	3	1	2	3	-	-	-	1	2	3
6. 금속산업							-	-	-			
① 철강 생산	1	2	3	1	2	3	-	-	-	1	2	3
② 합금철 생산	1	2	3	1	2	3	-	-	-	1	2	3
③ 아연 생산	1	2	3	1	2	3	-	-	-	1	2	3
④ 납 생산	1	2	3	1	2	3	-	-	-	1	2	3
7. 전자산업												
① 반도체/LCD/PV	1	2	2	1	2	2	-	-	-	1	2	2
② 열전도유체	1	1	1	1	2	3	-	-	-	-	-	-

표 1-38 오존층 파괴물질(ODS)의 대체물질 사용 등의 산정 등급 최소 적용 기준

배출 활동	산정 방법론			활동자료						배출계수		
				ODS 대체물질 사용량			순발열량					
시설규모	A	B	C	A	B	C	A	B	C	A	B	C
8. 오존층파괴물질의 대체물질 사용	1	1	1	1	1	1	-	-	-	1	1	1
9. 기타온실가스 배출 및 사용	-	-	-	-	-	-	-	-	-	-	-	-

표 1-39 폐기물 처리과정에서의 온실가스 배출

배출 활동	산정 방법론			활동자료						배출계수		
				폐기물처리량			순발열량					
시설규모	A	B	C	A	B	C	A	B	C	A	B	C
10. 폐기물의 처리												
① 고형폐기물 매립	1	1	1	1	1	1	-	-	-	1	1	1
② 고형폐기물의 생물학적 처리	1	1	1	1	1	1	-	-	-	1	1	1
③ 폐기물의 소각	1	1	1	1	2	3	-	-	-	1	2	3
④ 하수처리	1	1	1	1	1	1	-	-	-	1	1	1
⑤ 폐수처리	1	1	1	1	1	1				1	1	1

표 1-40 외부 전기 및 열(스팀) 사용에 따른 온실가스 간접배출

배출 활동	산정 방법론			활동자료						간접 배출계수		
				외부에너지 사용량			순발열량					
시설규모	A	B	C	A	B	C	A	B	C	A	B	C
11. 외부 전기사용	1	1	1	2	2	2	-	-	-	2	2	2
12. 외부 열・증기사용	1	1	1	2	2	2	-	-	-	3	3	3

표 1-41 연소시설의 매개변수별 관리기준 예시

산정등급	① 활동자료(Q_i)	② 열량계수(EC_i)
Tier 1	측정불확도 ±7.5% 이내의 연료 사용량 자료를 활용한다.	IPCC 가이드라인 기본 발열량 값을 사용한다.
Tier 2	측정불확도 ±5.0% 이내의 연료 사용량 자료를 활용한다.	국가 고유발열량 값을 사용한다.
Tier 3	측정불확도 ±2.5% 이내의 연료 사용량 자료를 활용한다.	제47조에 따라 사업자가 자체 개발하거나 연료공급자가 분석하여 제공한 발열량 값을 사용한다.
Tier 4	연속측정방법(CEM)을 사용한다.	

배출시설의 배출량 산정을 위하여 가장 우선적으로 실시해야할 일은 해당 배출시설의 배출량 규모를 확인하여(A그룹, B그룹, C그룹) 지침의 최소 산정등급(Tier) 적용기준을 파악하는 것이다.

고정연소(고체 연료연소)를 예를 들면, 시설규모가 B그룹(5만 tCO_2 이상, 50만 tCO_2 미만)인 배출시설은 최소 산정등급 기준에 따라 연료사용량, 순발열량, 배출계수, 산화계수 4가지 항목에 대해 모두 Tier 2 이상을 적용하여야 하며, Tier 2 이상의 각 매개변수(활동자료, 발열량, 배출계수 등)의 관리기준은 지침의 '매개변수별 관리기준'에 따라야 한다.

산정등급이 Tier 1 또는 Tier 2인 경우 지침에서 제시하는 대다수 배출 활동에서는 연료 사용량 등 활동자료의 불확도 관리기준을 준수하면, 비교적 손쉽게 온실가스 배출량을 산정할 수 있다. 이는 Tier 1과 2에 해당하는 순발열량, 배출계수, 산화계수 등은 지침의 IPCC 기본배출계수(Tier 1) 또는 '온실가스 종합정보센터'에서 검증·공표하는 국가 고유배출계수(Tier 2)를 적용할 수 있기 때문이다.

고정연소(고체 연료연소) 배출 활동 등에서 시설규모가 C그룹(50만 tCO_2 이상)인 대형 배출시설의 경우 활동자료에 대한 불확도 관리 뿐만 아니라 순발열량, 배출계수, 산화계수에 대해서도 사업자가 직접 측정·분석하여 개발한 값을 사용하도록 규정하고 있다.

이는 배출량 규모가 클수록 배출계수 값이 총 배출량에 미치는 영향이 매우 크므로, 사업자 특성 및 배출시설 고유특성을 반영한 정확도 높은 고유 배출계수(Tier 3)를 사용하기 위한 목적이다.

4.3 활동자료의 계측 및 수집 방법

활동자료의 수집방법은 관리업체의 배출량 등의 산정에 필요한 활동자료의 수집방법론은 지침 별표에 규정된 사항을 따른다.

사업장 내 개별 배출시설(공정) 단위로 배출량을 산정·보고하기 위하여 가장 중요한 것은 배출시설 단위로 활동자료를 수집・관리하는 것이다. 이는 지침의 불확도 관리기준 이내에서 활동자료를 정량화, 측정, 기록하는 것을 포함한다. 지침에서는 배출시설 단위에서 활동자료를 수집・결정하기 위한 여러 가지 접근방법을 제시하고 있다.

관리업체는 목표관리제 지침의 활동자료 수집방법론에 의해 제시된 모니터링 유형에 따라 배출시설별로 활동자료를 수집 및 결정할 수 있다. 측정기기의 기호 및 종류 등의 표 1-42와 같이 세부사항을 정의하고 있다.

표 1-42 측정기기의 기호 및 종류

<table>
<tr><th>기호</th><th>세부 내용</th><th>측정기기 예시</th></tr>
<tr><td>WH</td><td>상거래 또는 증명에 사용하기 위한 목적으로 측정량을 결정하는 법정계량에 사용하는 측정기기로서 계량에 관한 법률 제2조에 따른 법정계량기</td><td>가스미터, 오일미터, 주유기, LPG 미터, 눈새김 탱크, 눈새김 탱크로리, 적산열량계, 전력량계 등 법정계량기</td></tr>
<tr><td>FL</td><td>관리업체가 자체적으로 설치한 계량기로서, 국가표준기본법 제14조에 따른 시험기관, 교정기관, 검사기관에 의하여 주기적인 정도검사를 받는 측정기기</td><td rowspan="2">가스미터, 오일미터, 주유기, LPG 미터, 눈새김 탱크, 눈새김 탱크로리, 적산열량계, 전력량계 등 법정계량기 및 그외 계량기</td></tr>
<tr><td>FL</td><td>관리업체가 자체적으로 설치한 계량기이나, 주기적인 정도검사를 실시하지 않는 측정기기</td></tr>
</table>

(출처 : 환경부, 2012)

4.3.1 계량기의 종류

계량기의 종류는 "계량에 관한 법률"에서 법정 계량기의 정의, 형식 승인 및 형식 승인 대상 계량기의 종류 등을 규정하고 있다. 계량기 제작·수입업자는 형식 승인을 거치도록 의무화하고 있으며, 형식 승인 대상 계량기의 종류를 「계량에 관한 법률 시행령」 [별표]에서 제시하고 있다.

4.3.2 계량기에 대한 주기적 교정검사 등의 실시

계량기의 측정 결과에 대하여 공신력 있는 공인기관(「국가표준기본법」 제14조 및 같은 법 시행령 제12조에 따른 교정기관을 말한다)을 통해 일련의 절차에 따라 검사하는 것을 교정이라 말한다.

참고로, 「계량에 관한 법률」 및 「환경분야 시험·검사 등에 관한 법률」에서도 측정기기에 대한 주기적 교정 실시를 규정하고 있다.

활동자료 또는 매개변수(필요시)에 대한 불확도를 파악하기 위해서는 '국가교정기관'을 통해 주기적으로 교정시험을 받아야 한다. 교정기관을 통하여 측정기기에 대한 교정을 받을 경우 '시험성적서'에 기재된 측정불확도를 활용하여 활동자료의 불확도를 확인할 수 있다.

4.3.3 모니터링 세부 방법 및 유형

배출량 산정의 중요한 요소인 활동자료의 계측 및 수집방법 모니터링 방법에 따라 1) 연료 및 원료 등의 구매량 기반 모니터링 방법, 2) 연료 및 원료 등의 직접계량에 따른 모니터링 방법, 3) 근사법에 따른 모니터링 유형, 4) 모니터링 기타 유형으로 분류하여 모니터링의 세부 유형을 제시하고 있다.

1) 연료 및 원료 등의 구매량 기반 모니터링 방법

연료 및 원료의 구매량 기반으로 하는 방법으로 연·원료의 공급자가 상거래 등의 목적으로 설치 및 관리 하는 측정기기를 이용하여 활동자료의 양을 수집하는 방법이다.

본 방법은 목표관리제 지침에서 모니터링 A유형으로 정의하였으며, 4가지의 유형으로 세분류하였다.

1 모니터링 유형(A-1)

A-1 유형은 연료 및 원료 공급자가 상거래 등을 목적으로 설치·관리하는 측정기기(WH)를 이용하여 연료사용량 등 활동자료를 수집하는 방법이다. 이는 주로 전력 및 열(증기), 도시가스를 구매하여 사용하는 경우 혹은 화석연료를 구매하여 단일 배출시설에 공급하는 경우에 적용할 수 있다.

2 모니터링 유형(A-2)

A-2 유형은 연료 및 원료 공급자가 상거래 등을 목적으로 설치·관리하는 측정기기(WH)와 주기적인 정도검사를 실시하는 내부 측정기기(FL)가 같이 설치되어 있을 경우 활동자료를 수집하는 방법이다. 이 경우 각 배출시설에 설치된 내부 측정기기의 측정값을 기준으로 배출시설별 활동자료를 결정한다. 다만, 상거래를 목적으로 연료나 원료공급자가 설치·관리하는 측정기기의 계측자료는 참고자료로 활용할 수 있다.

3 모니터링 유형(A-3)

A-3 유형은 연료·원료 공급자가 상거래를 목적으로 설치·관리하는 측정기기(WH)와 주기적인 정도검사를 실시하는 내부 측정기기(FL)를 사용하며, 저장탱크에서 연료나 원료가 일부 저장되어 있거나, 그 일부를 판매 등 기타 목적으로 외부로 이송하는 경우 배출시설의 활동자료를 결정하는 방법이다. 이 유형은 주로 화석연료의 사용, 불소계 온실가스를 구매하여 사용하는 경우에 적용할 수 있다. 다음 식에 따라서 연료 및 원료의 구매량, 재고량, 판매량 등의 물질수지를 활용하여 활동자료를 결정할 수 있다.

활동자료 = 신규구매량 + (회계년도 시작일 재고량 − 차기년도 시작일 재고량)
− 기타용도(판매·이송 등) 사용량

4 모니터링 유형 (A-4)

A-4 유형은 연료나 원료 공급자가 상거래를 목적으로 설치·관리하는 측정기기(WH)와 주기적인 정도검사를 실시하는 내부 측정기기(FL)를 사용하며, 연료나 원료 일부를 파이프 등을 통해 연속적으로 외부 사업장이나 배출시설에 공급할 경우 활동자료를 결정하는 방법이다. 사업장에 공급된 화석연료 사용량에서 외부 사업장

혹은 배출시설에 판매하거나 공급한 양을 제외하여 배출시설의 활동자료를 결정한다. 만약 열(스팀), 전기 등 에너지의 경우, 외부 사업장에 공급하는 과정에서 손실이 발생할 경우 손실분은 해당 사업장에서 에너지를 사용한 것으로 간주한다.

2) 연료 및 원료 등의 직적계량에 따른 모니터링 방법

연료 및 원료 등의 계측을 위해 관리업체가 계량기를 설치하여 직접계량하여 활동자료의 양을 수집하는 방법이다. 본 방법은 목표관리제 지침에서 모니터링 B유형으로 정의하였다.

B 유형은 배출시설별로 정도검사를 실시하는 내부 측정기기(FL)가 설치되어 있을 경우 해당 측정기기를 활용하여 활동자료를 결정하는 방법이다. 이 유형은 이 지침에서 가장 권장하고 있는 활동자료의 결정방법이며, 주기적인 정도검사를 받지 않을 경우 정확한 활동자료 결정을 위하여 시설별로 정도검사/정도관리를 실시하는 등 품질관리를 할 필요성이 있다. 이 유형은 배출시설별로 연료 및 원료(부생가스 등을 포함한다). 폐기물 처리량, 제품 생산량, 불소계 온실가스 사용량 등의 활동자료 결정과정에 광범위하게 사용된다.

3) 근사법에 따른 모니터링 유형

활동자료를 결정하는 과정에서 부득이한 사유로 인하여 모니터링 유형 A(구매량 기준에 따른 모니터링), 유형 B(직접계량에 따른 모니터링)를 적용하지 못할 경우에는 다음과 같은 근사법을 통하여 활동자료를 결정할 수 있다. 이 경우 관리업체는 근사법을 사용할 수밖에 없는 합당한 이유, 배출시설단위로 측정기기의 신규설치 및 정도검사/관리 일정 등의 사항을 이행계획에 포함하여 관장기관에게 전자적 방식으로 제출하여야 한다. 아래의 C-1유형 및 C-2 유형과 같이 구매한 연료 및 원료 등의 활동자료가 측정기기가 설치되어 있지 않거나, 정도관리를 받지 않은 측정기기를 지나 각 배출시설로 공급된다고 가정할 때 각 배출시설별 활동자료의 불확도는 구매 연료 및 원료의 측정을 위한 메인 측정기기(WH)의 불확도 값을 준용하여 결정할 수 있다.

다음과 같은 배출시설 등에 대하여 모니터링 유형 C(근사법에 따른 모니터링)를 적용할 수 있다.

① 식당 LPG, 비상발전기, 소방펌프 및 소방설비 등 저배출원

② 이동연소배출원(사업장에서 개별 차량별로 온실가스 배출량을 산정하는 경우를 의미한다)

③ 타 사업장 또는 법인과의 수급계약서에 명시된 근거를 이용하여 활동자료를 배출시설별로 구분하는 경우

④ 기타 모니터링이 불가능하다고 관장기관이 인정하는 경우

1 모니터링 유형 (C-1)

C-1 유형은 구매한 연료 및 원료, 전력 및 열에너지를 정도검사를 받지 않은 내부 측정기기를 이용하여 활동자료를 분배·결정하는 방법이다. 이 경우 사업장 총 사용량은 공급업체에서 제공된 연료 및 원료량을 바탕으로 하되 각 배출시설별로는 정도검사를 받지 않은 내부 측정기기의 측정값을 이용하여 활동자료를 분배·결정하는 방법이다. 가능하다면, 이때 다음 예시와 같은 유형으로 산출한 활동자료값과 비교하여 큰 차이가 없어야 한다.

2 모니터링 유형 (C-2)

C-2 유형은 구매한 연료 및 원료, 전력 및 열 에너지를 측정기기가 설치되지 않았거나 일부 시설에만 설치되어 있는 배출시설로 공급하는 경우 배출시설별 활동자료를 결정할 수 있는 근사법이다.

관리업체는 배출시설별로 측정기기가 설치되지 않았거나 검·교정 등 정도검사를 받지 않은 측정기기가 있을 경우 이때 총 사용량은 공급업체에서 제공된 연료 및 원료량을 바탕으로 하되 각 배출시설별로는 배출시설 및 공정상의 운전기록일지, 물 사용량, 근무일지, 생산일지 등을 활용하여 활동자료를 분배·결정하는 방법이다.

3 모니터링 유형 (C-3)

C-3유형은 연료 및 원료 공급자가 상거래 등을 목적으로 설치·관리하는 측정기기(WH), 주기적인 정도검사를 실시하는 내부 측정기기(FL)와 주기적인 정도검사를 실시하지 않는 내부 측정기기(FL)가 같이 설치되어 있거나 측정기기가 없을 경우 활동자료를 수집하는 방법이다.

4 모니터링 유형 (C-4)

C-4 유형은 연료의 사용량을 측정하는데 있어 생산 공정으로 투입된 원료 및 연료

의 누락 값, 공정과정의 변환으로 투입된 원료 및 연료의 누락 값, 시설의 변형 및 장애로 인한 원료 및 연료의 누락 값, 유량계의 정확도나 정밀도 시험에서 불합격할 경우 및 오작동 등이 생길 경우 등 각각의 누락데이터에 대한 대체 데이터를 활용·추산하여 활동자료를 결정하는 방법이다. 예를 들어 고장난 계측기의 유량측정값은 유용하지 않고, 계측기의 질량 및 유량측정은 제품생산량으로 추정해야 한다. 즉, 이전의 제품생산량 대비 연료 유량값과 질량값을 추정한다.

결측기간의 연료(또는 원료) 사용량=

$$\frac{\text{정상기간 중 사용된 연료(또는 원료)사용량}(Q)}{\text{정상기간 중 생산량}(P)} \times \text{결측기간 총 생산량}(P)$$

⑤ 모니터링 유형 (C-5)

C-5 유형은 사업장에서 운행하고 있는 차량 등의 이동연소 부문에 대하여 적용할 수 있는 방법으로 다음 식과 같이 차량별 연료의 구매비용(주유 영수증 등)과 연료별 구매단가를 활용하여 차량별 연료 사용량을 결정할 수 있다.

$$\text{연료 사용량} = \sum \frac{\text{연료별 이동연소 배출원별 연료구매비용}}{\text{연료별 이동연소 배출원별 구매단가}}$$

⑥ 모니터링 유형 (C-6)

C-6 유형은 사업장에서 운행하고 있는 차량 등의 이동연소 부문에 대하여 적용가능한 방법으로 차량별 이동거리 자료를 자료와 연비 자료를 활용하여 계산에 따라 연료 사용량을 결정하는 방식이다.

$$\text{연료 사용량} = \sum \frac{\text{연료별 이동연소 배출원별 주행거리}(\mathrm{km})}{\text{연료별 이동연소 배출원별 연비}(\mathrm{km}/l)}$$

4) 모니터링 기타 유형

D유형은 A～C 유형 이외 기타 유형을 이용하여 활동자료를 수집하는 방법으로서, 제37조에 따른 이행계획에 세부 사항을 포함하여 관장기관에 전자적 방식으로 제출하여야 한다.

5 모니터링 계획서 작성

5.1 모니터링 계획 중요성 및 요구사항

목표관리제 지침에서는 모니터링 계획을 다음과 같이 정의하고 있다. '모니터링 계획이란 온실가스 배출량 등의 산정에 필요한 자료와 기타 온실가스·에너지 관련 자료의 연속적 또는 주기적인 감시· 측정 및 평가에 관한 세부적인 방법, 절차, 일정 등을 규정한 계획을 말한다.'라고 명시하고 있다.

이러한 모니터링 계획은 목표관리제 및 배출권거래제에 참여하는 모든 대상업체와 MRV(monitoring, reporting, verification) 관련된 사항 중 가장 중요한 문서이다. EU-ETS에서는 모니터링 계획의 중요성을 다음과 같이 예를 들어 설명하였다. '요리에 있어서 조리법이 요리에 맛을 좌우하고, 품질관리에 있어서는 관리핸드북이 중요하듯이', 모니터링 계획은 할당대상업체들이 수행해야 할 일들에 대한 전체 운영 매뉴얼 기능을 한다.

따라서 모니터링 계획은 할당대상업체의 모든 직원이 해당 지침을 즉각적으로 실행 가능하도록 작성되어야 하며, 주무관청이 할당대상업체의 모니터링 활동을 쉽게 이해할 수 있도록 기술되어야 한다.

이러한 모니터링 계획은 검증기관이 해당 할당대상업체의 명세서를 검증 시 명세서에 작성된 활동자료 및 변수 등의 항목들을 확인할 수 있는 지침이 되어야 하기 때문에 배출권거래제의 핵심이 되는 문서이다.

배출권거래제에서는 이렇게 문서화된 방법을 배출시설에 대한 모니터링 계획이라고 하며, 이 모니터링 계획은 모든 배출시설이 온실가스 배출에 관하여 사항을 확보해야 한다. 이러한 모니터링 계획에 대해 EU ETS에서는 아래와 같은 사항을 포함하여야 한다고 명시하고 있다.

- 데이터 수집(계측 데이터, 송장, 생산, 생산 프로토콜 등)
- 연료 및 재료의 시료채취
- 계측기의 유지보수 및 교정
- 배출량 산정에 사용될 계산법 및 계산식에 대한 설명

- 통제 활동(데이터 수집에 대한 "Four-Eyes Principle(Two-man rule)"5))
- 데이터 백업(Archiving)(조작 방지대책 포함)
- 개선 가능성에 대한 정기적인 검토

또한, 모니터링 계획은 주무관청에 의해 승인되므로, 모니터링 계획상 변경사항들은 주무관청의 동의(승인)한 경우에만 허용된다. 모니터링 계획 작성지침은 모니터링 계획 작성 시 고려되어야만 하는 두 가지 접근법을 고려함으로써 관리적 부담을 줄일 수 있다. 첫 번째 모니터링 계획상 '중요한' 변경들은 주무관청의 승인이 필요로 한다. 두 번째 중요하지 않는 모니터링 활동과 본질적으로 빈번한 수정이 필요한 활동들은 '절차서'에 포함할 수 있다. 절차서는 모니터링 계획상 간단하게 언급 및 기술되지만, 그 상세 내용은 모니터링 계획의 일부로 간주하지 않는다.

모니터링 계획은 관리업체의 연간 배출량 산정・보고 계획이라 할 수 있으며, 모니터링 계획의 품질은 곧바로 명세서의 정확성과 신뢰성에 영향을 미치는 중요한 요소이다. 제3자 검증시 검증심사원이 모니터링 계획에 근거하여 명세서를 검토함으로써 배출량 산정리스크를 효과적으로 파악하는 등 검증비용을 절감하고 검증효과를 높일 수 있다.

5.2 모니터링 계획 세부 항목

목표관리제 지침에서는 모니터링 계획의 작성에 관하여 관리업체는 온실가스 배출량 등의 산정・보고의 정확성과 신뢰성 향상을 위해 모니터링 계획을 작성하고 이를 이행계획에 반영하여 부문별 관장기관에 제출하여야 한다고 명시하고 있다.

관리업체들은 다음의 사항이 포함된 모니터링 계획서를 작성하여야 한다.

- 사업장의 조직경계에 대한 세부내용(사업장의 위치, 조직도, 시설배치도 등을 포함한다. 단, 동일한 형태의 시설이 다수인 경우 대표 시설에 대한 세부내용으로 갈음할 수 있다)
- 배출시설 및 배출 활동의 목록과 세부 내용

5) 기업의 모든 결정은 서로 견제할 수 있는 두 개 부서의 관계자가 확인하고, 동의해야 비로소 효력을 발휘한다는 것이다.

- 각 배출 활동별 배출량 산정 방법론(계산방식 또는 측정방식) 및 산정등급(Tier)의 적용현황과 이와 관련된 내용
- 온실가스 배출량 등의 산정 · 보고와 관련된 품질관리(QC) 및 품질보증(QA)의 내용
- 활동자료의 설명 및 수집방법 등 온실가스 배출량 등의 모니터링에 관한 내용
- 이 지침에서 요구하는 산정등급과 관련하여 활동자료의 불확도 기준의 준수여부에 대한 설명
- 이 지침에서 요구하는 산정등급을 준수하지 못하는 경우 이를 준수하기 위한 조치 및 일정 등에 관한 사항
- 배출시설 단위 고유 배출계수 등을 개발 또는 적용하여야 하는 관리업체의 경우에는 고유 배출계수 등의 개발계획 또는 개발방법, 시험 분석 기준 및 그에 따른 결과 등에 관한 설명
- 연속측정방법을 사용하는 관리업체의 경우에는 굴뚝자동측정기기 설치시기, 굴뚝자동측정기기에 의한 배출량 산정 방법 적용시기 등에 관한 설명
- 조직경계, 배출 활동, 배출시설, 배출량 산정 방법론 및 산정등급(Tier) 등과 관련하여 이전 방법론 대비 변동사항에 대한 비교 · 설명 자료

표 1-43 이행계획서 작성 항목 및 세부내용

항목	세부 내용
업체 및 사업장 일반 정보	• 관리업체 총괄정보 • 사업장 일반정보 • 사업장별 배출시설 현황
모니터링 계획 및 QA/QC 수립	• 배출시설별 활동자료의 측정지점 • 활동자료의 모니터링(측정) 방법 • 배출 활동별 산정등급 적용계획 • 품질관리/품질보증(QA/QC)
사업장별 계획 및 목표	• 사업장별 연차별 목표 • 기존 배출시설의 가동률 등의 운영계획 • 배출시설의 신설 및 증설 계획 • 배출시설별 온실가스 감축목표 이행계획 • 개선명령에 따른 이행계획
해당시에만 작성	• 정도검사 미 실시 측정기기의 실시계획 등 • 고유 배출계수 등 개발계획 • 최초 산정등급 미 충족 사유 등

5.3 모니터링 계획 작성

모니터링 계획의 제출내용은 대상업체 대한 조직경계 변경 및 기존 배출시설, 신증설, 폐쇄 등을 모두 고려하여 작성하여야 한다. 또한, 모니터링 계획의 일반정보는 배출권할당신청서의 대상업체 일반정보와 일관성이 유지되어야 하고, 대상업체 최고책임자의 승인을 받아 제출하여야 한다.

5.3.1 모니터링 계획의 작성 원칙

모니터링 계획의 작성과 관련하여 다음과 같은 원칙을 적용한다.

- 완전성 : 대상업체의 모니터링 계획은 해당 배출 활동에 속하는 모든 배출시설 및 배출원을 다루어야 한다.
- 일관성, 비교가능성 및 투명성 : 대상업체의 모니터링 계획 보고는 오랜 기간 동안 일관되고 비교할 수 있어야 한다. 모니터링 계획의 결정을 확인할 수 있도록 투명한 방법을 사용하여 문서화해야 한다.
- 정확성 : 대상업체의 모니터링 계획이 현장과 일치되어 정확함을 보장하여야 한다. 모니터링계획의 정확성을 확인하기 위해 증빙자료 제출 및 현장검증이 이루어져야 한다.
- 방법론의 완결성 : 대상업체는 배출량 산정 및 모니터링 방법론의 결정이 타당함을 합리적으로 보장할 수 있어야 한다.
- 지속적 개선 : 할당대상업체는 모니터링 계획의 개선 및 권장사항을 후속 모니터링 계획에서 고려되어야 한다.

상기의 작성 원칙에 따라 대상업체는 다음 사항을 준수하여야 한다.

① 작성된 모니터링 계획서는 정부의 승인 및 변경승인을 받아 사용하는 것을 원칙으로 하며 제3자 검증기관의 검증을 통해 그 적절성 및 타당성이 입증되어야 한다.

② 모니터링 계획에서 보고된 동일한 배출시설 및 배출 활동에 대해서는 배출시설 명, 배출 활동 명, 시설번호 등은 일관성이 유지되어야 하며 변경 시 정부의 승인을 받아야 한다.

③ 배출시설 명 및 활동자료 명은 별지 제1호 서식 참고 기준에 따라 규정된 배출시설 명과 활동자료 명이 일치되도록 작성하여야 한다. 해당되는 명칭이 없는 경우 '기

타' 항목과 구체적인 명칭을 포함하여 작성하여야 한다.

④ 모니터링 계획 관련하여 변동사항이 발생 시에는 변동 사항 및 변동 사유를 변경 승인 신청서에 작성하여 신청하여야 한다.

⑤ 법인기준의 대상업체의 경우, 소량 배출사업장(3,000톤 미만, 배출권거래 제외 대상)은 계획서 세부 내용에 대한 작성을 생략할 수 있다.

⑥ 다음의 두 가지 항목 중 하나의 조건에 해당하는 배출시설에 대해서는 계획서 서식 세부 내용을 작성하여야 한다.

- 전체 배출량 규모의 95% 이상인 배출시설
- 온실가스 배출량 100톤 이상의 배출시설

⑦ 이행 기간 내에 발생한 변경사항(산정등급, 산정식, 배출계수 등)으로 인해 온실가스 배출량 및 에너지 사용량에 영향을 끼칠 경우 해당 변경사항을 기준 연도에 소급적용하여야 한다.

5.3.2 작성 방법

대상업체는 모니터링 계획 수립 시 동 지침 및 동 지침의 별표(조직경계 결정 지침, 기존시설과 신·증설시설, 폐쇄, CDM시설 구분 결정 지침, 모니터링 계획서의 활동자료 수집방법 결정 지침, 고유 배출계수 개발 지침, 활동자료 불확도 평가 세부지침)를 기준으로 하여야 한다.

대상업체는 지침을 근거로 모니터링 계획을 수립한 후 계획서 서식 작성기준에 따라 작성되어야 한다. 모니터링 계획서 및 관련 근거자료를 국가온실가스종합관리시스템(MGMS)에 제출하여야 한다. 모니터링 계획서 서식은 아래의 항목으로 구성되어 있다.

⓪ 모니터링계획서 개정정보

① 할당대상업체 총괄정보

② 사업장 일반정보

③ 배출시설별 산정방식과 활동자료의 측정지점 등

④ 활동자료의 모니터링(측정) 방법

⑤ 배출시설별 배출 활동의 산정등급 적용계획

⑥ 고유 배출계수 등 개발계획

⑦ 사업장별 품질관리/품질보증 활동 계획

⑧ 모니터링계획 작성 관련 기타사항

참고문헌

- 교통안전공단. 2010.「물류기업 온실가스 인벤토리 구축 지침서」
- 에너지관리공단. 2010.「업종별 온실가스 배출량 산정 Good Practice 가이드라인」
- 환경부. 2013.「온실가스관리 전문인력 양성과정」
- 환경부. 2012.「온실가스·에너지 목표관리 운영 등에 관한 지침」
- 환경부. 2012.「온실가스·에너지 목표관리 운영 등에 관한 지침 해설서」
- EU, 2012.「COMMISSION REGULATION (EU) No 601/2012 of 21 June 2012; on the monitoring and reporting of greenhouse gas emissions pursuant to Directive 2003/87/EC of the European Parliament and of the Council」
- EU, 2009.「DIRECTIVE 2009/29/EC OF THE EUROPEAN PARLIAMENT AND OF THE COUNCIL of 23 April 2009; amending Directive 2003/87/EC so as to improve and extend the greenhouse gas emission allowance trading scheme of the Community 」
- EU, 2009.「ommission Decision 2007/589/EC establishing guidelines for the monitoring and reporting of greenhouse gas emissions pursuant to Directive 2003/87/EC, as amended 」
- ISO, 2005.「ISO 14064-1; Greenhouse gases –Part 1: Specification with guidance at the organization level for quantification and reporting of greenhouse gas emissions and removals」

Chapter 2

온실가스 산정 방법론 수립

세종대학교 사재환

1 매개변수 파악

1.1 매개변수의 이해

매개변수란 두 개 이상 변수 사이의 상관관계를 나타내는 변수로서 온실가스 배출량 등을 산정하는데 필요한 배출계수, 발열량, 산화율, 탄소함량 등을 말한다.

1.2 산정 방법에 따른 매개변수 파악 및 관리

1.2.1 고정연소

1) 활동자료(연료 사용량)

사업자 또는 연료공급자에 의해 측정된 측정불확도를 적용하는데, Tier 1은 ±7.5%, Tier 2는 ±5.0%, Tier 3은 ±2.5% 이내의 연료 사용량 자료를 활용한다. 그리고

Tier 4는 연속측정방식(CEM)을 사용한다.

2) 열량계수 배출계수

열량계수(순 발열량) 및 배출계수의 매개변수 관리를 위해 Tier 1은 IPCC 가이드라인 기본 발열량 값, Tier 2는 국가 고유 발열량 값, Tier 3은 사업자가 자체적으로 개발하거나, 연료공급자가 분석하여 제공한 발열량 값을 사용한다. 그리고 Tier 4에는 연속측정방식(CEM)을 사용한다.

3) 산화계수

고정연소에서의 산화계수 관리는 연료별로 차이를 보이는데, 고체 연료의 경우 Tier 1은 기본값인 1.0을 적용하고, Tier 2는 발전 부문은 산화계수 0.99, 기타부문은 0.98을 적용한다. Tier 3은 사업자가 자체 개발하거나 연료공급자가 분석하여 제공한 고유 산화계수를 사용한다. 그리고 Tier 4는 연속측정방식(CEM)을 사용한다. 기체 연료의 경우 Tier 2는 산화계수 0.995를 적용하고, Tier 1, 3, 4는 고체 연료와 동일하게 적용한다. 액체 연료의 경우 Tier 3은 산화계수 0.99를 적용하고, Tier 1, 2, 4는 고체 연료의 산화계수와 동일하게 적용한다.

1.2.2 이동연소(항공)

1) 활동자료(연료 사용량)

사업자 또는 연료공급자에 의해 측정된 측정불확도를 적용하는데, Tier 1은 ±7.5%, Tier 2는 ±5.0% 이내의 사업자 또는 연료공급자에 의해 측정된 연료사용량, 이착륙 횟수 자료 등을 사용한다.

2) 배출계수

Tier 1은 연료별, 온실가스별 기본 배출계수를 사용한다. 기종별 이착륙(LTO) 당 배출계수는 2006 IPCC 국가 인벤토리 작성을 위한 가이드라인에서 제시된 배출계수를 사용한다. 순항모드(Cruise)의 배출계수는 국가별 고유 계수를 개발하여 사용한다.

1.2.3 이동연소(도로)

1) 활동자료

Tier 1은 도로 또는 비도로 차량 운행을 위해 사용된 연료 종류별 사용량을 활동자료로 하고 사업자 혹은 연료공급자에 의해 측정된 측정불확도 ±7.5% 이내의 연료 사용량을 활용한다. 그리고 Tier 2는 측정불확도 ±5.0%, Tier 3은 차량의 종류, 사용 연료, 배출 제어기술 등에 따른 각각의 운행거리(주행거리)를 활동자료로 하고, 측정불확도 ±2.5% 이내의 활동자료를 활용한다.

2) 배출계수

Tier 1은 2006 IPCC 국가 인벤토리 작성을 위한 가이드라인에서 제시하고 있는 연료별, 온실가스별 기본 배출계수를 사용하고, Tier 2는 연료별, 온실가스별 국가 고유 배출계수를 사용한다. 그리고 차종별, 연료별, 연식별 국가 고유배출계수를 적용한다.

1.2.4 이동연소(철도)

1) 활동자료

Tier 1은 연료종류별 연료사용량을 활동자료로 하고, 사업자 혹은 연료공급자에 의해 측정된 측정불확도 ±7.5% 이내의 활동자료를 사용한다. Tier 2는 연료 종류, 기관차 종류, 엔진 종류별 연료 사용량을 활동자료로 하고, 사업자 혹은 연료공급자에 의해 측정된 측정불확도 ±5.0% 이내의 활동자료를 사용한다. 그리고 Tier 3은 기관차 종류별 연간 사용시간, 정격출력, 부하율 등을 활동자료로 하고, 측정불확도 ±2.5% 이내의 활동자료를 사용한다.

2) 배출계수

Tier 1 방법을 이용하여 배출량을 산정하는 경우에는 철도부문 기본 배출계수를 이용한다. Tier 2는 국가 고유 배출계수를 사용하고, Tier 3은 기관차 종류별 연간 사용시간, 정격출력, 부하율 등을 고려하여 고유 배출계수를 개발하여 사용한다.

표 2-1 철도부문 기본 배출계수(kg/TJ)

구 분	CO_2	CH_4	N_2O
디 젤	74,000	4.15	28.6
아역청탄	96,100	2	1.5

(출처 : IPCC, 2006)

1.2.5 시멘트 생산

1) 활동자료

Tier 1은 클링커(*i*) 생산량 등 활동자료의 측정불확도 ±7.5%, Tier 2는 측정불확도 ±5.0% 이내를 사용한다. 그리고 Tier 3A는 측정불확도 ±2.5% 이내의 클링커(*i*) 생산량 자료 및 원료 투입량(*toc*) 등의 활동자료를 사용한다. Tier 3B는 측정불확도 ±2.5% 이내의 순수 탄산염(*i*) 원료 사용량 등 활동자료를 사용한다. 이 경우에는 원료 및 부원료에 대한 성분분석을 실시하여 순수 탄산염(*i*)에 대한 활동자료를 결정한다. 원료 물질 내 탄산염 성분이 아닌 탄소의 함량은 산업계 최적관행(best practice)에 따라 분석할 수 있다. Tier 4는 연속측정방식(CEM)을 사용한다.

2) 배출계수

Tier 1은 클링커 생산량 당 배출계수(*EFi*)는 IPCC 가이드라인의 기본 배출계수를 사용한다. 시멘트킬른먼지(CKD)의 하소율(*Fckd*)은 공장 내 측정값이 있다면 측정값을 적용하고, 측정값이 없다면 1.0 (100% 하소 가정)을 적용한다. Tier 2는 클링커 생산량 당 국가 고유 배출계수를 적용한다. 다만, 동 자료가 없을 경우에는 사업자가 클링커의 CaO 및 MgO 성분을 측정・분석하여 배출계수(*EFi*)를 개발하여 활용한다. Tier 3A는 사업자가 클링커의 CaO 및 MgO 성분을 측정·분석하여 배출계수(*EFi*)를 개발하여 활용한다. CaO 및 MgO 성분은 산업계 최적 관행(best practice)에 따라 분석할 수 있다. 그리고 Tier 4는 연속측정방식(CEMS)을 사용한다.

1.2.6 석회 생산

1) 활동자료

Tier 1은 측정불확도 ±7.5%, Tier 2와 3은 각각 측정불확도 ±5.0% 이내의 석회생산량(Qi) 자료를 사용한다. Tier 3는 측정불확도 ±2.5% 이내의 순수 탄산염사용량(Qi) 및 유실된 석회킬른먼지(QLKD) 등 활동자료를 사용한다. 이 경우 원료 및 부원료에 대한 성분분석을 실시하여 순수 탄산염(i)에 대한 활동자료를 결정한다. 그리고 Tier 4는 연속측정방식(CEM)을 사용한다.

2) 배출계수

Tier 1은 IPCC 가이드라인 기본계수(석회생산량 당 CO_2 배출량)를 사용한다. Tier 2는 국가 고유 배출계수를 사용하지만, 값이 없는 경우에는 사업자가 석회석의 성분을 분석하여 따른 고유 배출계수(EFi)를 활용한다. Tier 3 사업자가 석회소성시설에 투입되는 원료 및 부원료 성분을 측정・분석하여 고유 배출계수를 개발하여 활용한다. 각 탄산염의 하소율(Fi) 및 석회킬른먼지의 하소율(FLKD)은 사업장 측정값을 활용하며, 측정값이 없을 경우 1.0을 적용한다. 그리고 Tier 4는 연속측정방식(CEM)을 사용한다.

1.2.7 아연 생산

1) 활동자료

Tier 1A는 측정불확도 ±7.5% 이내의 아연 생산량 자료를 사용하며, Tier 1B는 측정불확도 ±7.5% 이내의 아연 생산량(전기열 증류법, 건식야금, Waelz kiln 생산 등) 자료를 사용한다. Tier 2는 측정불확도 ±5.0% 이내의 아연 생산량(전기열 증류법, 건식야금, Waelz kiln 생산 등) 자료를 사용한다. Tier 3 측정불확도 ±2.5% 이내의 아연함유물질량, 석회석・백운석 등 환원제, 탄소전극 소비량, 탄소계 물질 충진량 등의 활동자료를 사용한다. 그리고 Tier 4는 연속측정방식(CEM)을 사용한다.

2) 배출계수

Tier 1A, 1B는 IPCC 가이드라인 기본 배출계수를 사용한다. 여기에서 아연생산공정 구분이 안될 경우 Tier 1A의 기본계수를 사용하고, 공정별 배출계수(Tier 1B)를 적용한다. Tier 2는 국가 고유 배출계수를 활용하고, Tier 3은 사업자가 자체적으로 분석한 아연함유물질, Flux Material, 탄소전극 및 탄소계물질 등의 탄소함량 값을 사용한다. 그리고 Tier 4는 연속측정방법(CEM)을 사용한다.

1.2.8 전자산업

1) 활동자료

Tier 1은 측정불확도 ±7.5% 이내의 사업장별 제품 생산량 등 활동자료를 사용한다. Tier 2a, 2b 측정불확도 ±5.0% 이내의 사업장별 FC 가스 사용량 등의 활동자료를 사용한다. Tier 3은 측정불확도 ±2.5% 이내의 사업장별 FC 가스 사용량 등의 활동자료를 사용한다.

2) 배출계수

Tier 1은 IPCC 가이드라인 기본 배출계수를 사용한다. Tier 2a는 국가 고유 배출계수(FC가스 사용비율, 부생가스 배출계수 등)를 사용한다. 다만, 국가고유계수를 사용하지 못할 경우에는 IPCC 가이드라인 기본 배출계수를 사용한다. Tier 2b 국가고유배출계수(FC가스 사용비율, 부생가스 배출계수 등)를 사용한다. 다만 국가고유계수를 사용하지 못할 경우에는 IPCC 가이드라인 기본 배출계수를 사용한다. Tier 3는 사업자가 자체 개발한 고유 배출계수(공정별 FC가스 사용비율, 부생가스 배출계수, 배출저감기술 적용에 따른 저감 효율 등)를 사용한다.

1.2.9 고형폐기물의 매립

1) 활동자료

Tier 1은 측정불확도 ±7.5% 이내, Tier 2는 측정불확도 ±5.0% 이내의 활동자료(반입폐기물의 양)를 사용한다. 폐기물 성상분석을 위한 시료의 채취, 전처리, 시료 분석 분기별 1회(각 3, 6, 9, 12월) 이상 실시한다.

① 과거 매립실적자료 추정방법

과거 매립실적자료를 보유하고 있지 않은 생활폐기물 매립장은 3가지 방법이 있으며, 이 중에서 시설의 조건 및 매립 이력 등을 기준으로 가장 적합한 방법을 해당 관장기관과 협의 하여 결정할 수 있다. 첫 번째 방법은 추정년도(과거 매립량 자료가 없는 년도)의 폐기물 매립량은 매년 동일하다고 가정하여 추정한다. 두 번째 방법은 추정년도에 대해 매년 해당 매립지의 관리 인구, 전국 평균 1인당 폐기물 발생량, 해당 지자체의 매년 폐기물 매립비율(또는 보유자료 중 가장 오래된 년도의 매립비율을 추정년도에 동일 적용)을 적용하여 계산한다. 세 번째 방법은 해당 매립지의 이용 가능한 기간의 자료를 근거로 평균 매립 량을 산출하여 추정년도에 매년 동일하게 적용한다.

2) 활동자료(메탄 회수량)

Tier 1은 측정불확도 ±5.0% 이내의 메탄 회수량(회수한 LFG 중 순수메탄만을 회수량으로 활용한다) 자료를 사용한다. 다만, 회수된 메탄가스가 외부 공급/판매, 자체 연료 사용 및 Flaring 등으로 처리되기 위한 별도의 측정이 없을 경우는 기본값 RT는 0으로 처리한다.

3) 배출계수

분해가능한 유기탄소 비율(DOC), 메탄으로 전환가능한 DOC 비율(DOCf), 메탄 보정계수(MCF), 산화율(OX), 메탄 부피비(F), 메탄 발생 속도상수(K)를 위한 Tier 1은 폐기물 종류 및 성상별 IPCC 가이드라인 기본 배출계수를 사용한다.

1.2.10 고형폐기물의 생물학적 처리

1) 활동자료

처리된 유기폐기물의 양을 위한 Tier 1은 측정불확도 ±7.5% 이내의 처리된 유기폐기물량 자료를 사용한다. 메탄 회수량을 위한 Tier 1 측정불확도 ±5.0% 이내의 메탄 회수량(회수한 LFG 중 순수메탄만을 회수량으로 활용한다) 자료를 사용한다. 다만, 회수된 메탄가스가 외부 공급/판매, 자체 연료 사용 및 Flaring 등으로 처리되기 위한 별도의 측정이 없을 경우는 기본값 RT는 0으로 처리한다.

2) 배출계수

Tier 1은 고형폐기물의 생물학적 처리유형별 IPCC 기본 배출계수를 사용한다.

1.2.11 하 · 폐수 처리

1) 활동자료

Tier 1은 측정불확도 ±7.5% 이내의 유입 하수량 자료를 사용한다. Tier 2는 측정불확도 ±5.0% 이내의 메탄 회수량 자료를 사용한다. 다만, 회수된 메탄가스가 외부 공급/판매, 자체 연료 사용 및 Flaring 등으로 처리되기 위한 별도의 측정이 없을 경우는 R=0으로 처리한다. 유입 하수의 유입 하수의 BOD_5 농도(BOD_{in}), 유출 하수의 BOD_5 농도(BOD_{out}), 유입 하수의 총 질소농도(N_{in}) 및 유출 하수의 총 질소농도(N_{out}) 등의 활동자료는「환경분야 시험 · 검사에 관한 법률」제6조에 따른「수질오염공정시험기준」에 따라 측정하여 사용한다.

2) 배출계수

Tier 1은 고형폐기물의 생물학적 처리유형별 IPCC 기본 배출계수를 사용한다.

2 배출계수 개발 및 관리

2.1 배출계수 개발 방법에 대한 이해

배출계수란 인간활동이 행해지는 영역(활동 자료)에 대한 정보와 단위 활동 당 배출 또는 흡수를 정량화하는 계수를 결합하는 것을 말하며, 온실가스 배출량 산정에 활용된다.

$$배출량 = 활동도(AD) \times 배출계수(EF)$$

예를 들어, 에너지 부분에서는 연료의 소비량이 활동도에 해당되며, 사용된 연료 당 배출되는 이산화탄소량은 배출계수가 된다.

IPCC는 온실가스 통계 작성 지침인 Revised 1996 IPCC Guidelines for National Greenhouse Gas Inventories, Good Practice Guidance and Uncertainty Management in National Greenhouse Gas Inventories, 2006 Guidelines for National Greenhouse Gas Inventories를 통해 온실가스 배출량 산정 방법론을 제시하고 있다. 특히, 1996 IPCC 가이드라인 개정판에서는 배출분류체계 및 연료, 기술, 활동도의 3 가지 기술에 따른 배출계수를 이용하여 배출량을 산정하는 방법론을 제시하고 있다.

IPCC에서는 1996년에 제시한 국가온실가스배출량 산정을 위한 지침서를 제시하였으며, 이를 근거하여 2006년에 개정된 지침서(2006 IPCC 가이드라인)를 발간하였다. 2006 IPCC 가이드라인에서는 온실가스 배출원 부문별로 국가 온실가스 배출량 산정 방법론을 설명하고 있다. 온실가스 배출계수는 국가 온실가스 배출통계 작성과정에서 필요한 기본적인 자료로 국가고유 배출계수를 개발하지 못한 경우에는 IPCC에서 제시하고 있는 기본 배출계수(default emission factor)를 사용하도록 권고하고 있다. IPCC에 따르면 배출계수 개발은 산정등급(Tier)으로 표기되는 계층구조로 이루어져 있으며, Tier 단계가 높아질수록 적용되는 국가나 지역의 경제규모, 기술개발 및 적용 현황에 따라 점차 세부적인 자료(data)를 이용하여 보다 세분화되고 정확한 값을 산정할 수 있도록 하고 있다.

Tier 1 : 국가 에너지 통계량에 의한 연료 소비량 및 IPCC 가이드라인에서 제시하고 있는 기본 배출계수이다.

Tier 2 : 국가 에너지(연료) 통계량 자료에 따른 연료 소비량과 그에 따른 각 국가의 연료 특성을 고려한 국가고유배출계수(Country-specific emission factor)이다. Tier 2는 Tier 1에 비해 세분화된 관련 자료 등을 적절히 반영하기 위해 활동자료 역시 보다 세분시키기 때문에 신뢰성은 높고 불확도가 낮으며, 시간에 따른 추세가 보다 잘 산정될 수 있다. 그리고 해당 국가의 실정이 잘 반영된 자료를 활용함으로써 불확도가 개선된 배출량 산정 결과를 얻을 수 있다.

Tier 3 : 사업장 단위의 연료 소비 및 저감기술, 연소기술 등의 특성을 고려한 사업장 고유배출계수(Plant-specific emission factor)이며, 이는 모형 및 시설수준의 배출자료를 이용하는 것을 포함한다. Tier 3은 개별적인 공장 수준의 상세한 배출모형 내지 측정값 및 자료가 이용된다. 그리고 Tier 1 또는 2에 비해 보다 상세한 정보 및 비용이 필요하지만, 보다 정확한 배출계수를 개발할 수 있다. Tier 3은 측정자료 이용을 고려할 때, 표본의 대표성과 측정방법의 적합성을 평가하는 것이 바람직하다. 가장 좋은 측정방법은 공식적인 표준기구에 의해 개발되고, 개발된 측정방법의 특성을 결정하기 위해 현장에서 시험된 방법이다.

2.2 발열량 개발을 위한 자료 파악

발열량은 단위 중량의 물질이 완전 연소하는 경우 발생되는 열량으로 연소과정에서 발생하는 수증기의 잠열 포함 여부에 따라 총발열량(Gross Calorific Value)과 순발열량(Net Calorific Value)으로 구분된다. 총발열량은 열량계에 의해 측정된 값으로 연소가스 중에서 수증기를 완전 응축시켜 제거된 후에 방출되는 열량으로 에너지 사용계획 협의, 에너지 사용량 신고, 에너지 진단의 대상여부 판단, 국가 에너지통계 작성 등에 활동된다.

에너지(연료)를 연소하는 연소장치의 경우, 수증기를 응축하지 않은 상태로 외부로 배출되기 때문에 실제 발열량은 총발열량에서 수증기 잠열을 제외시켜야 한다. 연료의 연소과정에서 발생되는 수증기는 연료 중의 수소(H)가 연소되어 생성되며, 연료 중의 함유된 수분에 의해서도 발생된다.

우리나라는 2006년에 제정된 「에너지법」의 "에너지열량환산기준"을 에너지원별 제품별 단위열량으로 적용하고 있다. 국내 에너지열량 환산기준은 5년을 주기로 하여 개정하고 있으나, 관련 부처 장관이 필요하다고 인정할 경우에는 개정할 수 있다. 각 에너지원별 발열량 산정은 시료채취에 의한 실제 측정값을 근거로 산정함을 원칙으로 하고, 에너지원별 실측 또는 환산에 의한 자료를 보조 자료로 활용하고 있다.

1) 일본의 발열량 산정

일본은 총발열량을 기준으로 하고 있으며, 교토의정서에 의해 CO_2 감축 의무로 매년 표준발열량 자료를 분석하고 통계를 작성하고 있다. 일본은 표준발열량 개정 시 국제연맹 등의 국제심사를 통해 재·개정이 가능하여 표준발열량 개정은 5년, 종합에너지원통계는 1년에 한번 개정을 원칙으로 한다. 일본의 경우, 총발열량을 표준발열량과 실질발열량으로 구분하고 있다. 표준발열량은 기본적인 에너지원(126종)을 모두 조사한다. 하지만 석유대체연료 중 바이오 에탄올은 에너지원으로 포함되어 있으며, 바이오 ETB는 생산제품 또는 에너지원으로 사용하지 않으므로 에너지원으로 포함하지 않고 있다. 실질발열량은 1년마다 발표되는 발열량을 말한다.

2) 미국의 발열량 산정

미국은 미국에너지부(DOE ; Department of Energy) 산하 에너지정보청(EIA ; Energy Information Administration)에서 매년 에너지 발열량을 발표한다. 미국의 연간 에너지 통계에서는 물질적 단위로 측정된 에너지의 양(배럴 또는 m^3)을 BTU 단위의 열량으로 계산할 때 열량환산계수를 사용하고 있다. 열량환산계수는 연간 최종 자료 또는 가장 활용성이 높은 자료로부터 계산되며, 이러한 계수를 예비계수(Preliminary)라고 한다. 일반적으로 계수를 당해 연도에 적합한 환산계수를 계산하기 위한 자료가 완성될 때까지 예비계수가 사용된다.

3) 국제에너지기구(IEA)의 발열량 산정

국제에너지기구는 우리나라와 달리 순발열량을 도입하고 있으며(단, 가스는 총발열량을 사용) 에너지밸런스에서 이용하는 공통 단위는 원유 1톤의 순발열량과 매우 비슷한 열량 단위인 석유환산톤(TOE : Ton of Oil Equivalent)을 사용하고 있다.
국제에너지기구에서는 두 가지 원칙에 따라 제품의 열량 및 전환계수를 적용 및 조정한다. 두 가지 원칙은 '국가, 시간대별, 혹은 흐름상 특정 계수는 제품 및 품질에 따라 큰 차이를 보이고 있고', '동일제품에 대해서는 모든 국가, 시간대, 흐름에 관계없이 한 가지 공통 계수를 이용한다.'이다.

2.2.1 석유류 발열량 분석 관련 규격

1) 시료채취 관련 국내·외 규격

시료란 시험·분석하고자 하는 대상의 평균 또는 대표되는 부분을 말한다. 석유제품의 시료채취는 균질성이 유지될 수 있도록 실시하여야 하며, 침전물 등이 혼입되지 않도록 해야 한다. 채취된 시료는 즉시 분석하고 그렇지 못한 경우에는 보존방법에 따라 보존하여 규정된 시간 내에 실험하여야 한다.
원유 및 석유제품 시료채취와 관련한 국내 규격은 KS M ISO 3171과 KS M 2001

이 있다. KS M ISO 3171은 파이프라인에 의해서 수송되는 액체 석유제품과 원유의 대표시료를 자동화 된 방법에 의해 채취하는 방법에 대하여 규정하고 있다. 파이프라인을 통한 유동물질의 시료채취 목적은 평균 구성 및 물질을 알아내는 것이므로 파이프라인에서 대량으로부터 채취된 시료는 구성, 침전물의 성분 또는 밀도, 점도 등을 분석한다. KSM 2001은 1로트의 원유 및 석유제품의 품질을 평가하기 위한 대표 시료를 재고품, 적하품 등으로 채취하는 방법에 대하여 규정하고 있다. 시료채취는 1로트에서 1차 시료를 채취하고, 이 1차 시료를 충분히 교반한 후에 3개의 2차 시료를 채취한다.

주요 국외 규격으로는 미국재료시험규격인 ASTM D 4057, ASTM D 5842와 국제표준규격인 ISO 3170, ISO 3171이 있다. ASTM D 4057은 실온에서 증기압 101 kPa 이하인 액체 및 반 액체, 고체 상태의 석유제품 시료채취 방법의 규격이며, ASTM 5841은 증기압 13～105 kPa 범위의 휘발성 연료의 시료채취 방법에 대한 규격이다. ISO 3170은 고정 탱크, 화차, 선박 및 드럼, 깡통 또는 파이프라인으로부터의 액체 또는 반액체 탄화수소 시료채취 방법에 대한 규격이다. ISO 3171은 파이프라인을 통해 수송되는 원유 및 석유제품의 자동 시료채취 방법에 대한 규격이다.

2) 발열량분석 관련 국내·외 규격

석유제품의 발열량분석과 관련한 국내 규격으로는 KS M 2057과 KS M ISO 3648이 있다. KS M 2057은 원유 및 석유제품의 발열량 분석방법 및 계산에 의한 추정방법에 관한 규격이며, KS M ISO 3648은 ISO 3648과 동일한 내용으로서 아닐린 점도, 밀도, 황분으로부터 순발열량을 추정하는 규격이다. 국외 규격으로는 JIS K 2279, ASTM D240, IP 12, DIN 51900이 있다.

2.2.2 석탄의 발열량 분석 관련 규격

1) 석탄의 분석 결과 표시 기준

① 인수식 기준(As Recieved Basis)

인수식 기준은 보통 상업적 거래에서 널리 사용되는 기준으로, 석탄의 고유수분과 부착수분을 포함한 상태를 말한다. 국제적으로 석탄이 거래되는 형태인 인수식 기준은 시료가 실험실에 도착했을 때를 기준으로 하여 총수분, 회분, 광물질들이 혼합되어 있는 상태이다.

② 기건식 기준(Air Dried Basis)

기건식 기준은 실험실의 오븐(Oven) 또는 공기 중에서 석탄의 표면에 부착되어 있는 '부착수분'을 제거한 상태로, 석탄시료를 건조 장치에 넣어 실온보다 10~15℃ 높게 유지하며 공기로 건조시킨 상태를 말한다. 석탄을 건조할 때, 오븐 온도는 최고 40℃를 넘지 않도록 하며, 대기온도가 40℃를 넘을 때에는 대기온도로 한다.

③ 건식 기준(As Dry Basis)

건식 기준은 석탄의 수분을 100% 제거한 상태로 Moisture Free Basis라고도 하며, 3 mm 이하의 석탄 시료를 107±3℃의 건조기에서 60분간 가열하여 석탄의 '고유수분'과 '부착수분' 등 '총수분'을 제거한 시료 상태를 말한다.

④ 항습 기준(Equilibrium Basis, Wet Basis)

항습 기준은 도착탄을 대기의 평균온도(20℃, 상대습도 75%) 상태에서 NaCl을 포화시킨 용액을 넣은 실온 항습기를 이용하여, 항습기 내의 습도가 평형상태에 도달하였을 때의 시료 상태를 말한다.

⑤ 무수무회 기준(Dry, Ash-Free basis)

무수무회 기준은 석탄 시료의 부착수분과 고유수분, 연소 후 잔류성분인 회분을 제거하여 가연성분만을 기준으로 한 상태를 말한다. 석탄에서 순수 열에너지로 사용되는 것은 휘발성분과 탄소성분이다. 석탄에 혼합된 회분은 발열량에 영향을 주지 못하고, 연소 후 재로 남아있게 되는데, 이때 재로 남아있는 회분을 제외한 기준을 무회기준(Ash-Free Basis)이라고 한다.

⑥ 무수무광 기준(Dry, Mineral-Matter Free Basis)

무수무광 기준은 건조광물질 제외기준이라고도 하며, 석탄의 부착수분 및 고유수분, 그리고 광물질의 양을 뺀 시료 상태를 말한다.

⑦ 석탄의 발열량 분석(ASTM D 5865-10a)

본 규격은 항온 혹은 단열 봄베 칼로리미터를 이용하여 석탄 및 코크스류의 총발열량을 측정하는데 사용된다. 열량계의 열용량은 명시된 질량의 벤조산을 산소 내에서 연소하여 측정한다. 발열량 측정 시에는 0.8~1.2 g의 시료를 사용하며, 시료는 0.0001 g 단위의 저울로 무게를 측정한다.

⑧ 석탄의 발열량 분석(ASTM D 5865-10a)

석탄류 및 코크스류의 발열량 측정 방법은 B형 열량계 또는 자동열량계로 시료를 연소시켜 그 동안의 온도 상승을 측정하고, 시료 1 g에 대한 Joule(J) 값(20℃ 기준)을 구하여 발열량을 측정하는 방법이다. 석탄류에 대하여는 건식 기준 또는 기건식 기준의 총발열량을 발열량으로 나타내고, 코크스류에 대하여는 건식 기준의 총발열량을 발열량으로 나타낸다. 이때 석탄류의 발열량을 표시하는 경우에는 그 기준(base)명을 명시하여야 하며, 기건식 기준일 때에는 그 기건 시료의 수분을 표기하여야 한다. 따라서 그 경우에는 동시에 기건식 시료의 수분을 측정할 필요가 있다.

2.2.3 발열량 및 배출계수 개발

1) 발열량 산정

배출계수 개발 시 순 발열량을 사용해야 하며, 분석값이 총발열량일 경우 발열량 전환식을 활용하여 반드시 순발열량으로 전환하여 사용하여야 한다. 액체와 기체 연료의 발열량 변환방법 및 고체 연료의 발열량 변환 방법은 다음과 같다.

표 2-2 액체와 기체 연료의 발열량 변환

구분	액체 연료 발열량 변환	기체 연료 발열량 변환
변환방법	총발열량 − 6×4.1868×(9H +M)÷1000	KS I ISO 6976, ASTM D3588
단 위	MJ/kg	MJ/m^3, MJ/kg
Factor	H(수소 함유량), W(수분)	-

표 2-3 고체 연료의 발열량 변환

구 분	계산식	적용기준
KS E 3707	Hh − 600(9H+M)	M : 인수식, H : 인수식
2006 IPCC G/L	Hh − 50.6H − 5.85M − 0.191Y	M,H,Y : 인수식
ASTM D5865	(Hh+Qv − p − Qh)×(100−Mar)/(100 − Mad) − Qmar	H: 수소, O: 산소 N: 질소, M: 수분 ar: 인수식, ad: 기건식
	Qv − p = 0.01×RT×(Had/(2×2.016) − 2Oad/31.9988 − Nad/28.0134)	
	Qh = 0.01×Hvap×(Had/2.016)	
ASTM D2015	Hh − 5.72×9×Har	M : 인수식, H : 무수
	Har = H×(100 − M/100)+0.1119×M	

2.2.4 배출계수 관리

2006 IPCC 가이드라인에서는 국가에서 개발하여 적용되는 배출계수에 대한 품질관리를 위하여 다음과 같이 수행하도록 권고하고 있다.

표 2-4 IPCC 2006 가이드라인의 온실가스 배출계수 관리(QC)방안

배출계수	배출계수 관리(QC) 방안
국가고유배출계수	• 배출계수를 개발하는데 사용된 자료에 대한 QC 검사 • 모형에 대한 QC 검사 • IPCC 기본값 계수와의 비교 • 국가간 배출계수와의 비교 • 사업장 수준의 배출계수와의 비교

1) IPCC 가이드라인의 배출계수 관리

① 배출계수 개발에 사용된 자료의 QC 검사

국가 배출계수는 해당 국가의 기술, 과학, 지역특색 등이 반영되기 때문에 개발과정에서 사용된 QA/QC와 배출계수의 적합성을 검토하는 것은 매우 중요하다. 국가 배출계수는 국가 통계 데이터베이스, 과학문헌 및 관련 기관에서 연구한 자료 등의 2차 자료를 기초로 한다. 따라서, 이러한 경우에는 자료를 최초로 준비하는 과정에서 QC 절차가 표 2-5에 따른 활동과 일치하고 있고 자료의 한계에 대해 확인되고 문서화된 적이 있는지 여부에 대해 확인하여야 한다. 그리고 2차 자료가 동료간 검토(Peer Review)를 수행하고, 검토의 범위가 기록되었는지를 확인하여야 한다. 특히, 자료 제공자의 이해관계가 결과에 영향을 미칠 때는 잠재적인 이해의 충돌에 대해 조사하는 것이 매우 중요하다. 만약 2차 자료와 관련된 QA/QC가 부적절하다면, 2차 자료에서 기인하는 모든 배출량 산정치의 불확도를 재평가하여야 한다.

표 2-5 일반적인 인벤토리 절차

QC 활동	절차
활동도 자료, 배출계수 그리고 다른 평가 변수의 선택을 위한 가정과 기준이 문서화 되었는지를 검사하라.	• 활동도 자료, 배출계수, 그리고 다른 평가 변수에 대한 서술을 카테고리의 정보와 다른 각도에서 비교 검토하고, 이것이 적절하게 기록되고 보존되었는지 확인하라.

자료의 입력과 참조문헌에서 사본의 오류를 검사하라.	• 서적 해제의 (bibliographical) 자료 참조가 내부의 문서 조사에 의해 적절하게 인용되었는지 확인하라. • 사본의 오류에 대비하여, 각각 카테고리의 input 자료의 표본을 (또는 계산에 사용된 측정이나 변수) 다른 각도에서 검사해보아라.
변수와 단위가 정확하게 기록되었고 적절한 전환계수가 사용되었는지 검사하라.	• 단위가 적절하게 계산 시트에 표시되어 있는지 검사하라. • 단위가 계산의 처음부터 끝까지 정확하게 유지되어있는지 검사하라. • 변환 인자가 정확한지 검사하라. • 시간적이고 공간적인 조정 인자가 정확하게 사용되었는지 검사하라.
데이터베이스 파일의 완전성을 검사하라.	• 포함된 원본(intrinsic documentation)을 검사하라. - 적절한 자료 처리 단계가 데이터베이스에 정확하게 나타나있는지 확인하라. - 자료 관계가 정확하게 데이터베이스에 나타나있는지 확인하라. - 데이터 필드가 적절하게 표시되고, 설계 규격에 맞는지 확인하라. - 데이터베이스와 모형 구조의 적절한 문서가 보존되어있는지 확인하라.
카테고리들 간의 자료의 일관성을 검사하라.	• 다수의 카테고리에 공통으로 적용되는 변수(e.g. 활동도 자료, 상수)를 확인하고, 배출량/저감량 계산 내 이런 변수가 사용된 값에 일관성이 있는지 확인하라.
시계열 일관성을 검사하라.	• 각각의 카테고리에 대해 시계열 자료의 한시적인 일관성을 검사하라. • 시계열 자료에서 계산을 위해 사용된 알고리즘/방법의 일관성을 검사하라. • 재계산을 하게하는 방법, 자료 변화를 검사하라. • 완화 활동의 효과가 적절하게 시계열 계산에 반영되었는지 검사하라.
완전성을 검사하라.	• 산정이 모든 카테고리에 대해, 기준년도부터 현재까지 모든 시간들에 대해 보고되었는지 확인하라. • 하위 카테고리에 대해서는, 모든 카테고리가 망라되어 있는지 검사하라. • '다른' 유형의 카테고리에 대해 명확한 정의를 내려라. • 불완전한 산정을 가져오는 알려진 자료의 결함이, 전체 배출량과 관련한 정성적인 중요성 평가를 포함하여, 기록되었는지 검사하라.
추세 검사	• 각각의 카테고리에서, 가능하다면 현재의 인벤토리 산정은 그 전의 산정치와 비교되어야 한다. 만약 예상되는 추세로부터 명백한 변화나 이탈이 있다면, 산정치를 검토하고, 그 차이에 대한 설명이 있어야 한다. 이전 연도에 비해서 배출량이나 저감량에 큰 변화가 있으면 이는 입력 내지 계산 오류일 수 있다. • 시계열 동안 배출계수(배출량을 활동도 자료로 나눈 값) 값을 검사하라. - 설명되지 않은 이상치가 존재하는 연도가 있는가? - 만약 시계열 동안 변화가 없다면, 배출량이나 저감량의 변화가 포착될 수 있는가? • 시계열 동안 활동도 자료나 다른 변수들에 비정상적이거나 설명되지 못하는 추세가 존재하는지 검사하라.
내부 문서화 및 보존에 대한 검토	• 배출량, 저감량, 불확도 산정치를 재생산하거나 가능하게 해주는 상술된 내부의 문서가 있는지 검사하라. • 인벤토리 자료, 근거 자료, 인벤토리 기록이 상술된 검토를 용이하게 하기 위해 보존되고 저장되는지 검사하라. • 인벤토리가 완성되면 안전한 장소에 보존될 수 있는지 검사하라. • 인벤토리 준비에 관련된 외부조직의 보존 자료의 완전성을 검사하라.

(출처 : 환경부, 환경관리공단, 국가 온실가스 인벤토리 작성을 위한 2006 IPCC 가이드라인 제1권)

② 모형에 대한 QC 검사

모형은 주어진 제한된 자료로부터 외삽 및 내지 보간을 하는 수단이기 때문에 모형은 전체 인벤토리 영역을 나타내기 위해 가정이나, 절차상의 단계를 요구한다. 만약 모형과 연관된 QA/QC가 부적절하거나, 투명하지 못하다면, 인벤토리 작성자는 모형 및 자료에 대해 검토를 추진해야 한다. 특히, 인벤토리 작성자는 다음을 확인해야 한다.

(i) 모형의 가정, 외삽법, 보간법, 수치조정에 기초한 수정, 자료 특성의 적절성과 그것들의 온실가스 인벤토리 방법과 국가적인 환경에의 적용 가능성
(ii) 설명, 가정, 이론적 근거, 및 모형화에 사용된 접근법 및 입력변수를 지원하는 과학적 증거 및 참고문헌을 포함한 모형 문서화의 가용성
(iii) 모형 개발자와 자료 공급자에 의해 수행된, 모형 타당성 입증 단계를 포함하는 QA/QC 절차의 유형 및 결과(이들의 결과에 대한 응답은 문서화되어야 한다.)
(iv) 주기적으로 가정을 평가 및 갱신 내지 적절한 새로운 측정치와 대체하기 위한 계획(핵심적인 가정은 민감도 분석을 통해 확인될 것이다.)
(v) IPCC 배출원/흡수원 카테고리에 관한 완전성

③ IPCC 기본배출계수와의 비교

기본배출계수가 기초하고 있는 특징과 성격을 고려하면서 국가별 배출계수와 관련된 IPCC 기본배출계수를 비교해야 한다. 이는 기본값에 의해 나타난 평균적인 카테고리와 국가별 배출원/흡수원 카테고리와의 유사점과 차이점이 주어진 상태에서 국가별 배출계수가 합리적인지 아닌지의 여부를 판단하기 위해서이다. 국가별 배출계수와 기본값 계수의 큰 차이가 필연적으로 문제가 있음을 의미하지는 않지만, 그 차이가 설명될 수 없으면 품질에 관한 논쟁을 발생될 수 있다.

④ 국가간 배출계수의 비교

국가들 간의 배출계수에 대한 비교는 국가별, 기준년도, 가장 최근 연도, 최대 최소값 등을 도표로 표시해 봄으로써 추세를 묶을 수 있다. 이 분석은 각각의 배출원/흡수원 카테고리 및 가능한 통합(aggregation)을 대상으로 이루어질 수 있다. 국가 간의 비교는 활동도 자료에 의해 구분된 총배출량을 사용함으로써 만들어질 수 있다. 이 형태의 비교는 고려된 국가의 자료들로부터 이상치의 감지도 가능할 수 있다. QC 검사로써 국가들 간의 배출계수 비교를 활용할 때 관련된 카테고리에서 국가적

인 환경의 유사점과 차이점을 조사하는 것은 매우 중요하다. 만약, 배출원/흡수원 카테고리의 성격이 국가 간에 유사하지 않을 때에는 이 검사의 효과를 감소시킨다.

⑤ 사업장 수준의 배출계수와의 비교

보조적인 단계로서 가능하다면 국가별 배출계수와 특정지역 혹은 공장 수준의 배출계수를 비교하는 것이 있다. 예를 들어, 만약 적은 수의 공장에게 가용한 배출계수가 있다면, 이 공장별 배출계수는 인벤토리에서 사용되는 집합된 계수들과 비교될 수 있을 것이다. 이런 형태의 비교는 국가별 배출계수의 합리성과 대표성에 대한 지표를 제공한다.

⑥ 문서화, 보관 및 보고

인벤토리 활동을 계획, 준비 및 관리와 관련된 모든 정보를 문서화하고 보존하는 것이 바람직하다. 이는 다음 사항을 포함한다.

- 인벤토리 처리의 설계, 준비, 관리를 위한 책임, 기관 내 조정 및 절차
- 활동 자료의 선택 및 배출계수을 위한 가정과 criteria
- 배출계수 및 기타 산정 입력변수(예를 들어 기본값 계수를 위한 IPCC 문서 또는 높은 Tier 방법에 이용되는 출판된 참고문헌 내지 배출계수에 대한 기타 문서의 참조)
- 활동자료 즉, 인용된 배출원의 추적을 가능하게 하는 활동자료에 대한 충분한 정보
- 활동 자료와 배출계수과 연관된 불확도에 대한 정보
- 방법의 선택을 위한 논리적 근거
- 사용된 방법(불확도를 산정하기 위한 방법 및 재계산을 위한 방법을 포함한다.)
- 이전 인벤토리의 자료 입력 내지 방법의 변화(재계산)
- 불확도 측정에 대한 전문가적 판단이 필요했다면 전문가의 신원 및 자질 확인
- 인벤토리를 만들 때 쓰인 전자 데이터베이스나 소프트웨어의 세부 항목(버전, 작동 매뉴얼, 필요한 하드웨어 및 여타 정보들은 나중에도 쓰일 수 있도록 포함하여야 한다.)
- 카테고리 평가를 위한 워크시트와 중간 계산, 그리고 전단계 평가의 재계산 및 결집된 평가
- 최종 인벤토리 보고서와 전년도에서 부터의 추세 분석
- QA/QC 계획 및 QA/QC 절차의 결과

- 인벤토리 개발에 쓰이는 공유 데이터베이스 포함한, 전체 자료집합의 안전한 보관. 이는 외부 원천의 대규모 주요 자료로부터 배출의 다단계 개발에 의존하는 카테고리에 특히 중요하다.

온실가스 배출계수 개발자는 생산된 모든 인벤토리를 위해 이러한 문서를 유지하고 검토를 위해 제공할 수 있고, 모든 인벤토리 산정이 완전히 문서화되어야 하며, 필요한 경우에는 복사될 수 있는 방식으로 관련 문서를 유지 및 보관하는 것이 바람직하다.

3 산정 방법론 적용

3.1 산정 방법론 이해

3.1.1 사업장 온실가스 배출량 산정·보고 절차

사업장 온실가스 배출량 등의 산정·보고 절차 규정은 다음과 같이 크게 9단계로 구분된다.

1단계 : 조직 경계의 설정 「산업집적활성화 및 공장설립에 관한 법률」,「건축법」등 관련 법률에 따라 정부에 허가받거나 신고한 문서(사업자 등록증, 사업보고서 등)을 이용하여 사업장의 부지경계를 식별한다.
2단계 : 배출 활동의 확인·구분 온실가스·에너지 목표관리 운영 등에 관한 지침 별표 14에서 제시하는 배출량 산정 방법론에 따라 사업장 내 온실가스 배출 활동을 구분하여 식별하고 제41조제4항에 따른 소량배출원을 확인한다. 보고대상 활동의 파악시 활용 가능한 자료로는 공정의 설계자료, 설비의 목록, 연료 등의 구매전표 등이 있다.

3단계 : 모니터링 유형 및 방법의 설정 각 배출 활동 및 배출시설에 대하여 별표 15를 참조하여 활동자료의 모니터링 유형을 선정한다. 모니터링 유형, 활동자료의 불확도 수준, 시료의 채취 및 분석 방법 및 빈도 등이 지침에서 요구하는 관리기준(Tier 구분 등)을 충족하는지 확인한다.
4단계 : 배출량 산정 및 보고 체계의 구축 사업장 내 온실가스 산정책임자(최고 책임자) 및 산정담당자와 모니터링 지점의 관리책임자·담당자 등을 정한다. 제53조(품질관리 및 품질보증)에 따라 「누가」, 「어떤 방법으로」 활동자료 혹은 배출가스 등을 감시하고 산정을 하는지, 세부적인 방법론, 역할 및 책임을 정한다.
5단계 : 배출 활동별 배출량 산정 방법론의 선택 배출량 산정 방법론(계산법 혹은 연속측정방법) 및 별표13의 최소 산정등급(Tier) 요구기준에 따라 사업자는 배출 활동별로 배출량 산정 방법론을 선택한다. 별표 14 배출량 세부산정 방법론에서 정하는 활동자료, 배출계수, 배출가스 농도, 유량 등 각 매개변수에 대하여 자료의 수집 방법을 정하고 자료를 모니터링 한다.
6단계 : 배출량 산정(계산법 및 연속측정법) 수집한 데이터를 이용하여 별표 14의 배출 활동별 제52조(명세서의 작성 및 제출) 세부 산정 방법에 따라 온실가스 배출량 등을 산정하고 배출량 산정보고서(명세서)를 작성한다.
7단계 : 명세서 작성 제52조(명세서 작성 및 제출)에 따라 관리업체는 별지 제8호 서식에 따라 온실가스 배출량 등의 명세서를 작성한다. 제54조(자료의 기록관리 등)에 따라 배출량 등의 산정・보고와 관련된 자료 등은 차기년도 배출량의 산정과 검증단계에서 활용하기 위하여 내부적으로 기록・관리한다.
8단계 : 배출량 등의 제3자 검증 환경부장관이 지정・고시한 검증기관을 활용하여 관리업체가 작성한 명세서에 대한 제3자 검증을 실시한다.
9단계 : 명세서 및 검증보고서의 제출 관리업체는 제3자 검증 종료 후 매년 3월 31일까지 온실가스 배출량 등의 명세서와 검증보고서를 부문별 관장기관에게 전자적 방식으로 제출한다.

3.2 산정 방법론 적용기준

3.2.1 산정등급(Tier) 분류체계

온실가스 배출량 산정 방법은 산정등급(Tier 4)에 따라 크게 4가지로 구분된다.

• Tier 1 : 활동자료, IPCC 기본 배출계수(기본 산화계수, 발열량 등 포함)를 활용하여

배출량을 산정하는 기본방법론

- Tier 2 : Tier 1보다 더 높은 정확도를 갖는 활동자료, 국가 고유 배출계수 및 발열량 등 일정부분 시험 · 분석을 통하여 개발한 매개변수 값을 활용하는 배출량 산정 방법론
- Tier 3 : Tier 2보다 더 높은 정확도를 갖는 활동자료, 사업장·배출시설 및 감축기술 단위의 배출계수 등 상당부분 시험·분석을 통하여 개발한 매개변수 값을 활용하는 배출량 산정 방법론
- Tier 4 : 굴뚝자동측정기기 등 배출가스 연속측정방법을 활용한 배출량 산정 방법론

1) 배출시설의 배출량 규모에 따른 산정등급(Tier) 분류 기준

① A 그룹 : 연간 5만톤 미만의 배출시설

② B 그룹 : 연간 5만톤 이상, 연간 50만톤 미만의 배출시설

③ C 그룹 : 연간 50만톤 이상의 배출시설

2) 연소시설에서 에너지이용에 따른 온실가스 배출

3) 제품 생산공정 및 제품사용 등에 따른 온실가스 배출

4) 오존층 파괴물질(ODS)의 대체물질 사용 등

5) 폐기물 처리과정에서의 온실가스 배출

6) 외부 전기 및 열(스팀) 사용에 따른 온실가스 간접배출

7) 온실가스 배출량 산정 · 보고 원칙

① 적절성(Relevance) : 이 지침에 적합한 온실가스 배출원, 온실가스 흡수원, 온실가스 저장소, 데이터 및 방법론을 채택한다. 관리업체의 온실가스 배출량 보고서는 이 지침의 목적에 맞도록 작성되어 정보 이용자가 의사결정을 하는데 도움이 되어야 한다.

② 완전성(Completeness) : 모든 관련 온실가스 배출량 및 제거량을 포함한다. 조직/운영 경계 내의 모든 온실가스 배출원의 배출량을 산정 · 보고한다. 제외된 배출원이나 활동이 있으면 그 이유를 설명하여야 한다.

③ 일관성(Consistence) : 온실가스 관련 정보에 대해 의미 있는 비교가 될 수 있도록 한다. 배출량이 시간 경과에 따라 비교 가능하도록 하기 위해서 일관된 방법을 사

용해야 하며, 시간이 경과해서 데이터, 조직/운영 경계, 방법론 또는 그 외의 관련 요소를 변경할 경우에는 명확하게 언급해야 한다.

④ 정확성(Accuracy) : 가능한 한, 편향성(bias) 및 불확도를 감소시킨다. 온실가스 배출량의 산정 결과가 추정 가능한 실제의 배출량을 과대 또는 과소 평가 되지 않도록 체계적이어야 하고 불확도를 최소화해야 한다. 정보 이용자가 보고된 정보를 기초로 의사결정을 하는데 충분한 정확성을 보증한다.

⑤ 투명성(Transparency) : 사용 예정자가 적절한 확신을 가지고 의사결정을 할 수 있도록 충분하고 적절한 온실가스 관련 정보를 공개한다. 모든 관련 사항에 대해 감사 증거를 명확히 남길 수 있도록 하고, 객관적이고 일관된 형태로 게시하는 것. 추정이나 사용한 산정·계산 방법, 정보원의 출처는 분명하게 해야 한다

참고문헌

- 환경부(2012). 온실가스・에너지 목표관리 운영 등에 관한 지침.
- 환경관리공단(2008). 국가 온실가스 배출계수 총괄관리방안 수립 연구. Ⅲ 검증방법(1) – 에너지부문.
- 에너지관리공단(2008). 국가 온실가스 배출계수 개발(1차년도)
- 에너지관리공단(2010). 발열량 고시개정을 위한 에너지원별 분석 및 연구
- 온실가스종합정보센터(2011). 2009년도 국가 온실가스 인벤토리 보고서

Chapter 3
품질관리 및 품질보증

TUV SUD 원희철

1 배출량 산정의 품질관리

1.1 품질관리 / 품질보증 개요[6)]

1.1.1 배출량을 산정하고자 하는 업체 및 기업 등의 대상은 온실가스 배출량 등의 산정에 대한 정확도 향상을 위해 활동자료 수집, 배출량 산정, 불확도 관리, 정보 보관 및 배출량 보고에 대한 품질관리 활동을 수행하여야 한다.

1.1.2 배출량을 산정하고자 하는 업체 및 기업 등의 대상은 자료의 품질을 지속적으로 개선하는 체제를 갖추는 등 배출량 산정·보고의 품질보증 활동을 수행하여야 한다.

---

6) 온실가스에너지 목표관리 운영 등에 관한 지침(환경부 고시 제2012-211호) 제53조(품질관리 및 품질보증)

1.2 품질관리 의미

1.2.1 품질관리(Quality Control)는 배출량 산정결과의 품질을 평가 및 유지하기 위한 일상적인 기술적 활동의 시스템이다. 이는 배출량 산정담당자에 의해 수행된다. 품질관리는 다음 각 목의 목적을 위하여 설계・실시된다.

1) 자료의 무결성, 정확성 및 완전성을 보장하기 위한 일상적이고 일관적인 검사의 제공
2) 오류 및 누락의 확인 및 설명
3) 배출량 산정자료의 문서화 및 보관, 모든 품질관리 활동의 기록

1.2.2 품질관리(QC) 활동에는 자료 수집 및 계산에 대한 정확성 검사와, 배출량 감축량의 계산・측정, 불확도 산정, 정보의 보관 및 보고를 위한 공인된 표준 절차의 이용과 같은 일반적인 방법이 포함된다. 품질관리(QC) 활동에는 배출 활동, 활동자료, 배출계수, 기타 산정 매개변수 및 방법론에 관한 기술적 검토를 포함한다.

1.3 품질보증의 의미

1.3.1 품질보증(Quality Assurance)은 배출량 산정(명세서 작성 등) 과정에 직접적으로 관여하지 않은 사람에 의해 수행되는 검토 절차의 계획된 시스템을 의미한다. 독립적인 제3자에 의해 산정절차 수행 이후 완성된 배출량 산정결과(명세서 등)에 대한 검토가 수행된다. 검토는 측정가능한 목적(자료품질의 목적)이 만족되었는지 검증하고 주어진 과학적 지식 및 가용성이 현재 상태에서 가장 좋은 배출량 산정결과를 나타내는지 확인하고, 품질관리(QC) 활동의 유효성을 지원한다.

2 품질관리 / 품질보증 활동내용

2.1 품질관리(Quality Control) 활동내용

구분	세부내용
기초 자료의 수집 및 정리	① 측정자료(연료 · 원료 사용량, 제품생산량, 전력 및 열에너지 구매량, 유량 및 농도 등)의 정확한 취합 · 보관 · 관리 ② 측정기기의 주기적인 검 · 교정 실시 ③ 측정지점(하위레벨)에서 배출량 산정담당자(부서)(상위레벨)까지의 정확한 자료 수집 · 정리체계의 구축 ④ 측정관련 담당자가 직접 자료를 기록하는 과정에서 발생할 수 있는 오류의 점검 ⑤ 산정 방법론, 발열량, 배출계수의 출처 기록관리 ⑥ 내부감사(internal audit) 및 제3자 검증을 위한 온실가스 배출량 관련 정보의 보관·관리 ⑦ 보고된 온실가스 배출량 관련 데이터의 안전한 기록·관리
산정 과정의 적절성	① 각 자료의 단위에 대한 정확성 확인 ② 각 매개변수(활동자료, 발열량, 배출계수, 산화율 등) 활용의 적절성 확인 ③ 내부감사(internal audit) 및 제3자 검증단계에서, 배출량 산정의 재현가능성 여부의 확인 ④ 배출량 산정과 관련한 정보화시스템을 구축하거나 활용할 경우, 자료의 입력 및 처리과정의 적절성 여부 확인 ※ 지침 산정 방법론과의 일치여부, 자체 매뉴얼 구축여부 등 ⑥ 온실가스 배출량의 직접배출 및 간접배출 구분여부 ⑦ 조직경계설정의 적절성 여부 확인 ⑧ 제외된 배출 활동과 배출시설에 대한 명확한 사유 제시 여부 ⑨ 활동자료의 불확도 평가의 적절성 여부 ⑩ 배출량 산정 방법론의 변경의 적절성 여부
산정 결과의 적절성	① 조직경계 내 모든 온실가스 배출원의 포함여부 ② 각각 배출 활동에 입력된 데이터의 일관성 유지 여부 확인 ③ 배출량 산정시 사용된 알고리즘/방법론들의 일관성 유지 여부 확인 ④ 배출량 산정시 사용된 연도별 산정 방법론/발열량/배출계수의 변동사항 확인 ⑤ 기준년도부터 현재까지의 온실가스 배출량 산정 관련기록의 보관여부 확인 ⑥ 파악된 불확실성(측정기기/발열량/배출계수)의 정확한 산정과 개선활동 실시여부 확인 ⑦ 산정결과에 대한 Cross-Check 실시 ※ 배출시설별 온실가스 배출량 총합과 사업장 총 에너지사용량 등을 통한 배출량 총합의 비교 ⑧ 소량배출사업장에 대한 산정 누락여부 ⑨ 온실가스 배출량 등의 산정결과가 이행계획서(모니터링 계획)와의 일치여부 ⑩ 배출량 산정시 계산 오류 등 발생여부

보고의 적절성	① 조직경계 설정의 적절성·정확성 확인 ※ 사업자 등록증 등 정부에 허가받거나 신고한 문서를 근거로 수립한 조직경계와 실제 온실가스 배출시설, 배출 활동에 따라 수립된 조직경계의 일치여부 확인 ② 배출량 산정 및 보고 업무 담당자(실무자, 책임자) 및 내부감사 담당자 등에 책임·권한의 문서화 여부 ③ 이행계획, 명세서, 이행실적 등 지침에서 요구하는 자료의 목차, 내용, 서식에 따라 적절하게 배출량을 보고하는 지 여부 ④ 품질보증(QA) 활동과 관련하여, 내부감사 담당자의 감사·검토 활동의 실시여부 및 관련 규정(매뉴얼 등) 존재 여부

2.2 품질보증(Quality Assurance) 활동내용

구분	세부내용
내부감사 담당자, 책임자 지정	• 관리업체는 온실가스 배출량 산정 관련 내부감사활동을 담당할 책임자를 지정하고 이를 문서화한다. 내부감사 담당자는 온실가스 배출량 산정업무를 담당할 수 없도록 하는 등 상충되는 업무를 고려하여 업무분장이 이루어져야 한다.
품질감리	• 측정기기의 계측 정확성을 검·교정 절차를 통하여 주기적으로 확인하고, 국제적 측정기준과 비교하며 관련 검·교정 내역을 문서화한다. • 배출량 산정을 위한 정보화시스템을 구축·활용할 경우, 시스템에서 산출되는 자료가 위험평가 절차에 의거하여 신뢰성 있고 정확한 데이터를 적시에 산출가능하도록 정보화시스템이 설계·운영·통제·테스트 및 문서화 되도록 한다. (정보화시스템의 통제로는 백업, 자료보완 등을 포함한다.)
배출량 정보 자체 검증 (내부감사)	• 평가된 위험을 완화하기 위하여 관리업체는 온실가스 산정 근거자료에 대하여 자체검증을 수행하고 이를 문서화 한다. • 산정관련 서류검토, 현장점검 등을 포함한 자체검증계획을 수립하고 이에 따라 검증하며, 검증결과 발견된 오류 및 수정결과를 보고서형태로 작성할 수 있다.
배출량산정업무 위탁시 감독절차 마련	• 관리업체가 온실가스 배출량 산정업무를 외부기관에 위탁할 경우, 관리업체는 온실가스 산정·보고 위험과 관련한 위험평가 결과에 따라 외부기관에 위탁한 산정업무에 대한 품질보증 활동을 수행하여야 한다.
수정 및 보완 절차	• 관리업체가 수행하는 품질보증 절차의 설계 및 운영상 미비점이 자체 평가 또는 제3자 검증 절차에 의하여 발견될 경우, 관리업체는 즉시 이에 대한 수정 및 보완절차를 수행하고 관련 결과를 문서화하여야 한다. 또한 발견된 미비점의 근본원인에 대하여 파악하고 관리업체의 품질보증 시스템에 따른 산출물의 유효성을 평가하여 미비점에 대해서는 보완하는 보정절차를 수행한다.

3 품질관리 / 품질보증 절차 및 활동체계

3.1 QC/QA 활동의 목표

활동의 목표는 배출량 산정 · 보고 원칙이 구현되어 신뢰도 있는 명세서 작성을 보증하는 것이다. 다음 그림은 QC/QA 운영구조를 나타낸다.

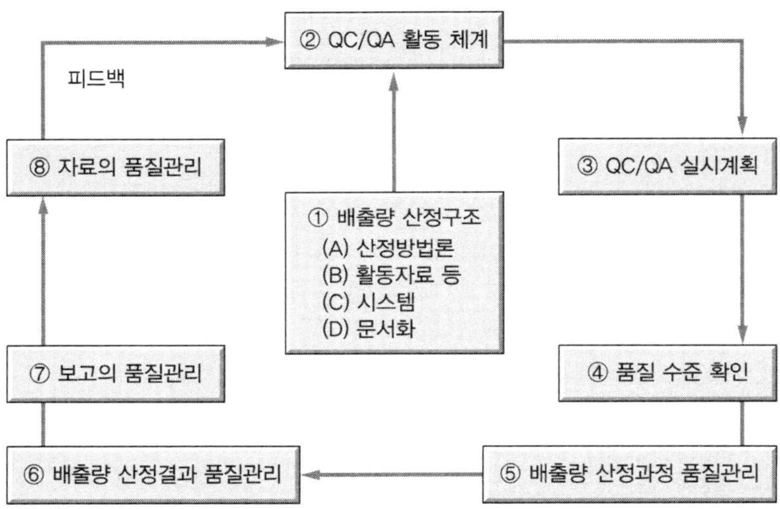

그림 3-1 QA/AC 활동체계

3.2 QC/QA 활동시 고려사항

배출량 산정 · 보고에 관한 QC/QA 활동 시 고려사항은 다음과 같다.

- QC/QA 활동에 투입가능한 자원의 종류와 규모
- 배출 및 저감 산정치의 검사 및 검토를 수행하기 위해 할당되는 시간
- 배출 활동의 여러 부분에 대한 QC/QA 검사 및 검토의 빈도
- 각각의 배출 활동에 적합한 QC/QA 수준

- 불확실성 및 문서를 포함한 활동자료, 배출계수 및 기타 산정관련 매개변수에 대한 정보의 활용과 접근
- 특정하게 요구되는 추가 자료의 획득
- 필요한 경우, 인벤토리 및 배출원 정보의 기밀성을 보장하기 위한 절차
- 정보의 문서화 및 보관
- QC/QA 활동과 불확도 감소

3.3 배출량 산정 구조의 파악

3.3.1 산정 방법론

산정 방법론은 산정보고서 작성의 기술적 측면이다. 관리업체는 배출원 유형의 특징을 정확하게 나타내는 배출량 산정 방법론을 선택 또는 개발하여야 한다.

목표관리 지침에서는 배출량 산정의 비용효율성을 높이고, 산정작업을 지원하기 위하여 배출시설의 배출량 규모를 감안한 산정등급(Tier) 분류 기준을 제시하여 산정 방법론을 결정하도록 규정하고 있다.

3.3.2 활동자료

활동자료, 배출계수, 배출량 산정 프로세스에 관한 기본적인 정보를 파악하는 것이다. 산정 방법론 선정 시에도 엄격하고 세밀한 주의가 필요하지만, 활동자료 등 데이터의 품질은 보다 중요하다. 관리업체가 배출량 산정·보고계획을 수립할 경우 품질 높은 활동자료의 수집 절차의 유지와 개선이 용이하도록 설계되어야 한다.

3.3.3 배출량 산정 프로세스 및 시스템

이는 온실가스 배출량 산정을 위한 관리업체 내부의 제도 및 기술적 측면의 절차를 말한다. 온실가스 배출량의 품질관리를 효율성 있게 운영하기 위해서 조직 내에서 실시되고 있는 품질관련 다른 프로세스와 통합할 수 있다.

3.3.4 문서화

문서화는 온실가스 배출량 산정에 사용되는 방법론, 활동자료, 프로세스 및 시스템, 가정 및 추정에 대한 기록이다. 문서화의 범위에는 담당자가 조직의 배출량을 산정하고 품질을 개선하기 위한 모든 활동을 포함한다.

3.4 QA/QC 활동체계 구축

3.4.1 관리업체는 배출량을 정확하게 산정하기 위하여 적절한 모니터링 및 산정·보고 체제를 정비해야 한다. 자료의 누락이나 오류 등을 없애기 위해서는 활동자료 수집 방법론을 확립하고 이를 위한 자료 수집 체계를 정비하는 것이 중요하다.

3.4.2 QC/QA 활동체계를 구축하기 위한 책임과 권한을 규정 필요 항목

- 자료 수집
- 산정 방법, 배출계수, 활동자료 및 기타 매개변수
- 온실가스 배출량 산정 결과에 대한 평가
- 활동자료에 관한 불확도 평가
- QC/QA 및 검증 활동
- 문서화 및 보관

3.4.3 온실가스 배출량 산정 책임자는 명세서의 작성이나 활동자료의 관리·보관 등의 실시에 책임을 진다. 산정 책임자는 모니터링 포인트별 관리 책임자 및 담당자를 임명하고 모니터링 포인트에서 데이터 파악, 계량기의 유지 관리(검정/정기 검사를 포함) 등을 실시하도록 하여야 한다. 이를 실시하지 않을 경우 관계자에게 지시 등을 내려야 한다.

3.4.4 분야별 배출량 산정 담당자는 배출량의 산정에서 고려되는 배출 활동의 파악, 배출량 데이터의 산정, 해당 분야의 명세서 작성을 수행한다.

3.4.5 이상의 내용을 포함하는 체제를 문서화하여 누가, 어떤 작업을, 언제 실시하는지 규정하여야 한다. 「ISO 14064-1:2006 온실가스 제1부 : 조직 차원의 온실가스의 배출 및 제거의 정량화 및 보고」에 근거한 시스템 구축이나 EMS(환경경영 시스템)를 드입하고 있는 관리업체는 이 시스템을 활용·연계하는 것이 효과적이다.

3.4.6 설비나 시설의 수가 적은 경우는 소수 인원수로 산정 체제를 구축하는 등 여러 가지 경우를 고려하여야 한다. 관리업체는 데이터의 수집 방법 · 산정 순서 · 각 담당자의 책임을 명확하게 하고 모니터링에서 얻은 데이터를 정기적으로 체크하는 체제를 구축해야 한다.

3.5 QC/QA 실시계획의 수립

3.5.1 QC/QA 계획의 핵심 요소는 데이터 품질 목표(Data Quality Objectives, DQOs) 목록을 작성하는 것이다(IPCC 2006). 개별 DQO는 다음과 같은 절차를 통해 작성될 수 있다.

① 자료 수집
② 산정 방법, 배출계수, 활동자료 및 기타 매개변수
③ 온실가스 배출 및 제거량 산정 결과에 대한 평가
④ 활동자료에 관한 불확도 평가
⑤ QC/QA 및 검증 활동
⑥ 문서화 및 보관

3.5.2 QC/QA 실시계획은 사업자가 QC/QA 활동을 수행하기 위한 절차로 지속적으로 개선되어야 하는 사항이지만, 초기부터 조직의 배출량 산정 계획 설계 시 포함시키는 것이 중요하다.

3.5.3 QC/QA 실시계획에는 원 활동자료 수집에서부터 배출량의 최종 보고에 이르기까지 모든 조직 차원에서의 절차와 개발 프로세스를 포함해야 한다. 관리업체는 온실가스의 관리와 보고를 위해서 기존 시스템에 통합 혹은 확대할 수 있다. 정확성을 보증하기 위해서 QC/QA 계획은 품질 수준 확인 및 산정과정 품질관리를 실시

하기 위한 실무적인 방침에 초점이 맞춰져야 한다.

3.6 품질수준 확인

품질수준의 확인이란, 배출량 산정과 관련하여 데이터 처리, 문서화 등의 절차에서 발생 가능한 오류를 점검하는 활동이다. 품질수준 확인의 범위는 배출량 산정과 관련한 모든 레벨, 전 과정에서 적용되어야 한다.

그리고 배출량 산정 과정, 산정 결과, 배출량 보고 등의 품질관리는 '품질관리/품질보증 활동내용'을 참고하도록 한다.

3.7 자료의 품질관리

관리업체는 배출량 산정과 관련하여 어떤 정보를 문서화할지, 외부의 이해관계자에게 어떤 정보를 보고할지 명확하게 하여 문서의 보유 및 보존 절차를 수립하고 유지하여야 한다. 문서는 서류, 전자문서 또는 그 밖의 형태와 관계없이, 문서 보유 및 기록 보존 절차에 따라 취급되어야 한다.

3.8 품질보증 활동

품질보증은 배출량 산정의 정확성과 객관성을 향상시키기 위해 내부검증팀 구성, 내부검증 계획 및 보고서 작성, 교육·훈련 등 일련의 표준화된 내부 활동으로 수행된다.

- 측정가능한 목적(자료품질의 목적)이 만족 되었는지 검증
- 주어진 과학적 지식 및 현재 상태에서 활용가능한 자료를 바탕으로 가장 좋은 배출량 산정결과를 산출하였는지 확인
- 품질관리(QC) 활동의 유효성 지원

4 불확도의 산정 및 관리

4.1 불확도 개요

4.1.1 불확도의 개념

불확도(Uncertainty)란, 측정값들의 범위와 상대적 분포가능성을 기술할 수 있는 진실한 값에 대한 상대적인 측정오차를 의미하며, 측정량을 합리적으로 추정한 분산특성을 나타내는 파라미터이다. 불확도의 산정은 완전한 온실가스 인벤토리 산정의 본질적인 요소이며, 불확도 분석을 통하여 인벤토리의 정확도를 향상시키기 위한 실질적인 품질관리 활동을 실시하는데 기여한다.

- 측정 불확도는 측정의 품질이 어떤가를 가리켜 준다.
- 측정 불확도는 어떤 측정결과에서도 존재하는 의심이다.
- 정교한 자나 시계 등이 있다면 이들을 신뢰할 수는 있어도 정확한 답을 내준다고는 생각할 수 없다.
- 따라서 어떠한 측정에 있어서도 그것이 매우 정밀하게 이루어지더라도 항상 어느 범위로 의심스러움이 남게 된다.

4.1.2 측정불확도의 표현방법

- 어떠한 측정에서도 통상 어느 범위로 의심이 있기 때문에, 우리들은「그 범위가 어느 정도 큰가?」,「그 의심은 어느 정도 나쁜 것인가?」라고 자문해 보아야 한다.
- 여기서 측정 불확도를 수량화하기 위해서는 두 가지 수가 필요하게 된다.
- 그 중 하나는「구간」이라는 의심의 범위이고, 다른 하나는「신뢰수준」인데,「참값」이 그 범위에 들어갈 수 있는가에 대해 어느 정도 신뢰할 수 있는 가를 나타내는 것이다.
- 예를 들면「어떤 막대의 길이가 신뢰 수준 95%이고 20 센티미터 플러스 또는 마이

너스 1 센티미터이다.」라고 말하는 경우, 이 측정 결과는 다음과 같이 쓸 수 있다.

- 20 cm ± 1 cm (신뢰 수준 95%)
- 이 표현은 막대의 길이가 19 cm에서 20 cm 사이에 있는 것에 대하여 95% 신뢰할 수 있다는 것을 말한다.

4.1.3 측정불확도와 오차

1) 측정결과의 불확도(Uncertainty)는 측정량의 값을 정확하게 알 수 없다는 사실을 반영하고 있다. 측정결과는 이미 알고 있는 계통효과를 적절하게 보정하여도 역시 추정값에 불과하다. 왜냐하면, 계통효과에 대한 완전한 보정이 불가능하고 또 우연효과가 있기 때문에 측정결과에는 항상 불확도가 존재하기 때문이다. 또한 적절한 보정을 한 후의 측정결과는 우연히 측정량의 값에 매우 가까울 수도 있으며 따라서 오차는 매우 작을 수 있다. 그러나 측정결과의 불확도는 매우 클 수도 있기 때문에 불확도와 오차는 구별하여야 한다.
교정 성적서로부터 보정을 하도록, 알고 있는 계통효과가 있다면 우리들은 가능한 한 보정을 한다. 그러나 수치로서 나타낼 수 없는 미지의 오차가 있다면 이것이 불확도의 원인이 되는 것이다.

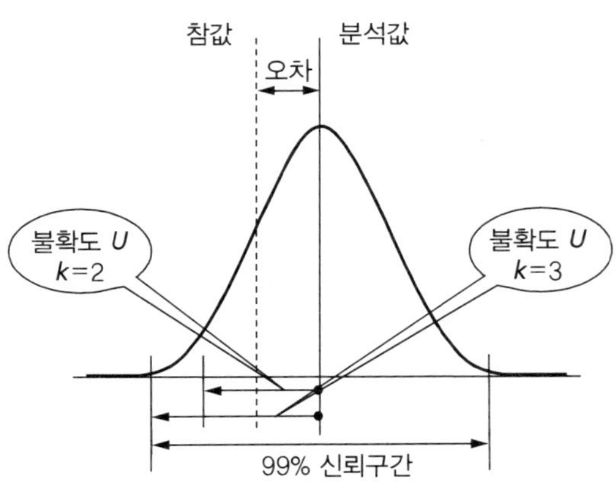

그림 3-2 불확도의 신뢰구간

어느 특정의 포함인자는, 확장 불확도에 대하여 특정의 신뢰수준을 준다.
가장 일반적으로는 포함인자 $k=2$를 사용하여 계산한다. 이것은 약 95%의 신뢰수

준이 된다. ($k=2$는 합성표준불확도가 정규분포인 경우에 성립된다)
이 밖에의 몇 개의 포함인자(정규분포에 관한)는 다음과 같다.

- $k=1$ (신뢰 수준이 약 68%의 경우)
- $k=2.58$ (신뢰 수준이 약 99%의 경우)
- $k=3$ (신뢰 수준이 약 99.7%의 경우)

기타 흔하지 않은 분포형에서는 포함인자도 다르다.

2) 발생요인

측정의 질을 나쁘게 하는 요인은 많다. 측정 중에 숨어 있으므로 눈에 보이거나 보이지 않는 것도 있다. 현실에서 측정을 완벽한 조건으로 하는 것 불가능하므로, 이들이 오차나 불확도의 원인이 된다.

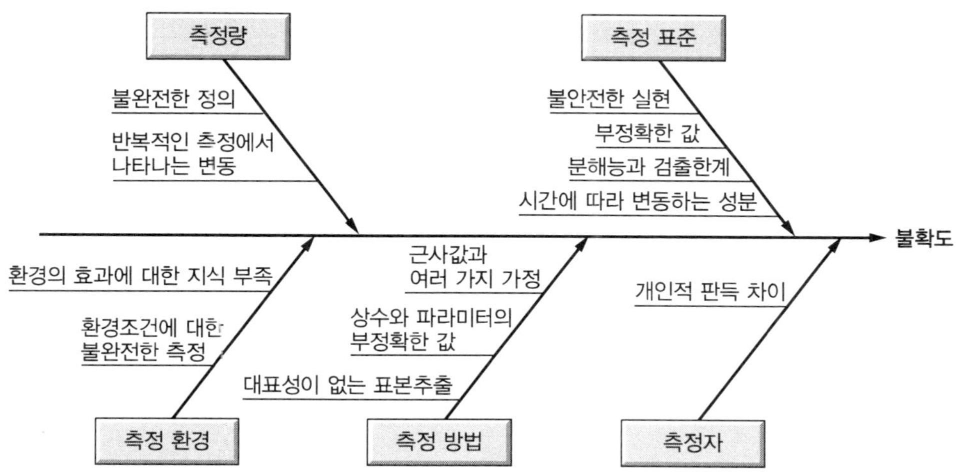

그림 3-3 온실가스 측정불확도 산정절차

4.1.4 불확도 관리 중요성

관리업체 목표관리 측면에서는, 인벤토리 결과에 따라 인센티브와 페널티가 부과되므로 그 정확성을 확보하여야 하며, 관리업체간 인벤토리를 비교가능하도록 규정하고 형평성을 확보하기 위하여 불확도의 관리기준과 절차를 규정하는 것이 필수적이다.

4.1.5 불확도의 유형

온실가스 배출량 등의 산정과 관련된 불확도의 유형으로는 크게 모형 불확도(Model Uncertainty)와 매개변수 불확도(Parameter Uncertainty)로 구분할 수 있다.

1) 모형 불확도

배출량을 산정하기 위한 산정 방법론(모형)이 복잡성이 큰 현실 시스템을 정확하게 반영하지 못하여 발생하는 오류이다(모형은 현실시스템의 단순화이므로 일반적으로 불확도를 내포). 이 경우 부적절한 배출량 산정식이 활용되었거나 산정식의 입력변수가 부적절하게 정의된 경우에 발생한다. 일반적으로 모형불확도를 감소시키기 위한 활동은 사업자의 관리범위를 넘어선다.

2) 매개변수 불확도

배출량을 산정하기 위한 활동자료, 배출계수 등 매개변수의 측정 및 정량화와 관련한 불확도이다. 자료가 대표성이 없거나 통계적인 표본추출 오차가 발생한 경우, 측정기기의 오차, 이용가능한 자료가 없는 경우에 발생한다. 매개변수 불확도는 사업자의 인벤토리 품질관리 활동에 주요 대상이 되는 부분이다.

이 지침에서는 매개변수 중 활동자료에 대한 불확도를 Tier별로 관리하며, 관리업체는 아래 온실가스 측정불확도 산정절차 중 2단계까지의 불확도를 산정하여 보고한다.

4.2 불확도 산정절차

일반적인 온실가스 배출량의 측정불확도 산정절차는 다음과 같다.

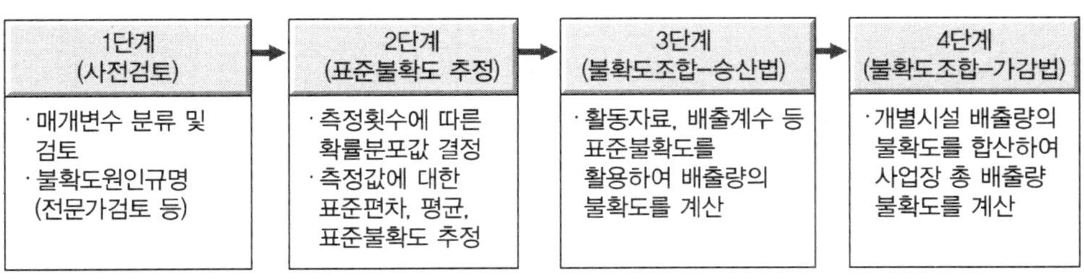

그림 3-4 온실가스 측정불확도 산정절차

4.2.1 사전검토(1단계)

관리업체 내 배출시설 및 배출 활동에 대하여 배출량 산정과 관련한 매개변수의 종류, 측정이 필요한 자료, 불확도를 발생시키는 요인 등을 파악하고 규명하는 단계이다. 예를 들면 실측법을 활용하여 산정할 경우 농도, 배출가스 유량 등이 불확도와 연관되는 자료이며, 계산법을 적용할 경우 활동자료와 발열량, 배출계수, 산화계수 등 각각의 변수들이 온실가스의 측정 불확도와 연관된 변수들이다. 불확도 추정을 위한 사전검토 단계에서 관련분야의 전문가 판단 및 검토 등을 통해 불확도와 관련된 다양한 변수들과 발생원인 등을 규명할 수 있다.

4.2.2 각 매개변수의 표준불확도 추정

매개변수의 불확도는 보통 통계학적 방법으로 샘플링 구간(interval), 샘플값 차이, 기기 교정값 등을 통하여 신뢰구간과 오차범위 형태로 제시된다. 일반적으로 온실가스 배출량 산정과 관련한 불확도의 추정에서는 표본채취에 대한 확률분포가 정규분포를 따른다는 가정 하에 95%의 신뢰구간에서 불확도를 추정하는 것을 요구한다(WRI/WBCSD).

4.2.3 특정 매개변수와 관련된 불확도의 추정절차

1) 활동자료 측정횟수에 따른 확률분포값을 계산

아래 제시된 [참고자료] – '표본횟수(n)에 따른 표준정규분포표'를 활용하여 활동자료 등의 측정횟수(표본횟수)에 따른 확률분포값(t)를 결정한다. 확률밀도함수가 정규분포를 따른다는 가정에 따라 표본의 측정값이 특정 신뢰구간에 존재할 때의 확률분포값(t)를 표본횟수(n)에 따라 구한다.

2) 측정값에 대한 평균 및 표준편차 계산

식 (3.1), (3.2)에 따라 표본측정값에 대한 평균($\bar{x}$)과 표준편차(s)를 구한다.

$$\bar{x} = \frac{1}{n}\sum_{k=1}^{n} x_k \qquad (3.1)$$

$$s = \sqrt{\frac{1}{n-1}\sum_{k=1}^{n}(x_k - \bar{x})^2} \quad (3.2)$$

$\bar{x}$: 표본측정값의 평균

n : 표본채취(샘플링) 횟수

x_k : 측정된 표본값

s : 표본측정값의 표준편차

3) 각 매개변수에 대한 표준불확도(Ui) 계산

표본이 95% 신뢰구간으로 존재할 확률분포값(t)와 표본횟수(n), 표준편차(s)를 이용하여 식 (3.3)에 따라 매개변수의 표준불확도(Ui)를 구한다.

$$U_i = \frac{s_i \times t_i}{\sqrt{n}} \times \frac{1}{\bar{x}} \times 100(\%) \quad (3.3)$$

U_i : 매개변수 i의 표준불확도(%)

s_i : 매개변수 i의 표준편차

t_i : 매개변수 i의 95% 신뢰구간에 존재할 확률분포값

n : 표본 측정횟수

$\bar{x}$: 표본측정값의 평균

참고로, 매개변수의 불확도를 산정하는 방법으로는 제47조 제1항과 같이 측정기기의 정밀도에 대하여 공인된 시험 및 교정기관의 검사·교정·시험을 받는 방법이 있으며, 이 경우 시험성적서에 측정기기의 불확도가 제시되므로 이를 활용할 수 있다. 또한, ISO 9000 등의 공인된 인증을 획득한 사업장의 관리절차에 따라 관리하는 측정기기는 관련 근거 서류 등을 활용할 수 있다.

4.2.4 불확도의 조합
(승산법(RSSM[7])에 따라 측정값이 덧셈이나 뺄셈으로 될 경우의 합성불확도)

계산법에서 배출량은 활동자료와 배출계수를 곱하여 산정하므로 식 (3.4)의 불확도의 승산법에 따라 각 매개변수의 표준불확도를 조합하여 배출량의 불확도를 결정한다. 이 경

7) RSSM(root sum square method) : 제곱합의 제곱근법

우 매개변수가 서로 독립적이어서 불확도가 정규분포를 따르고, 개별 매개변수의 불확도가 60%를 초과하지 않는 범위에서 유효하다.

$$e = \sqrt{a^2 + b^2 + c^2 + d^2 + \ldots} \quad (3.4)$$

e : 배출 활동(E)의 불확도(합성표준불확도[8])

a : 활동자료(A)의 불확도

b : 배출계수(B)의 불확도

c : 발열량(C)의 불확도

d : 산화계수(D)의 불확도

4.2.5 불확도의 조합 - 가감법

식 (3.4)에 따라 개별 배출원 혹은 배출시설별 온실가스 배출량에 대한 불확도를 산정한 이후, 사업장 혹은 관리업체의 총 배출량에 대한 불확도를 계산할 때에는 식 (3.5)에 제시되는 불확도 가감법에 따라 총 배출량의 불확도를 계산한다.

$$f = \frac{\sqrt{\sum (C \times c)^2}}{F} \quad (3.5)$$

f : 사업장/배출시설 총 배출량(F)의 (상대)불확도(%)

F : 사업장/배출시설의 배출량(ton)

C : F에 영향을 미치는 배출시설/배출 활동의 배출량(ton)

c : F에 영향을 미치는 배출시설/배출 활동(C)의 (상대)불확도(%)

8) 합성표준불확도 (combined standard uncertainty)

: 측정결과가 여러 개의 다른 입력량으로부터 구해질 때 이 측정결과의 표준불확도를 합성표준불확도라 한다. 합성표준불확도는 각 입력량의 변화가 측정결과에 미치는 영향에 따라 가중된 분산과 공분산의 합의 양의 제곱근과 같다.

참고 : 확장불확도[9]의 계산

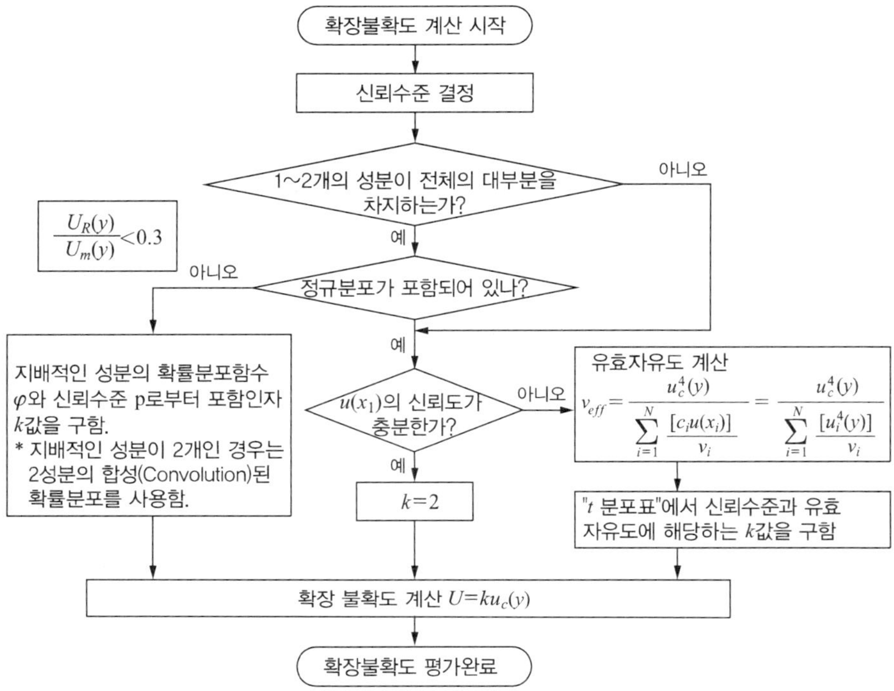

합성표준불확도를 구하기 위해 불확도 성분을 통일적으로 계산했다면, 다음에 그 결과를 다시 계산하고 싶을지도 모른다. 합성표준불확도는 「1 표준편차」와 동등으로 간주하는 것이 가능하나, 우리들은 다른 신뢰수준(예 : 95%)으로 규정한 합성불확도를 구하고 싶다고 생각할 수도 있을 것이다.

이 재계산은 포함인자(Coverage factor) k를 사용하면 가능하다.

합성표준불확도 u_c에 포함인자를 곱하면 확장불확도라는 결과가 얻어진다.

이것은 보통 U(대문자) 기호로 나타낸다.

$$U=k \cdot u_c$$

반대로, 주어진 포함인자로 확장불확도를 인용할 때에는, 역으로 포함인자로 나눔으로써 표준불확도를 구하는 것이 가능하다(이것은 합성표준불확도를 구하는 기초가 된다.).
이것은 결국 교정증명서에 기재되어 있는 확장불확도가 적정하게 표기되어 있으면 표준불확도로 전환이 가능함을 의미한다.

9) 확장불확도(expanded uncertainty) : 측정량의 합리적인 추정값이 이루는 분포의 대부분을 포함할 것으로 기대되는 측정결과 주위의 어떤 구간을 정의하는 양

참고문헌

- 환경부(2012). 온실가스·에너지 목표관리 운영 등에 관한 지침.
- 환경관리공단(2008). 국가 온실가스 배출계수 총괄관리방안 수립 연구. Ⅲ 검증방법(1)－에너지부문.
- 에너지관리공단(2008). 국가 온실가스 배출계수 개발(1차년도)
- 에너지관리공단(2010). 발열량 고시개정을 위한 에너지원별 분석 및 연구
- 온실가스종합정보센터(2011). 2009년도 국가 온실가스 인벤토리 보고서

Chapter 4
온실가스 보고 및 검증

국립환경과학원 임철수

1 온실가스 보고 및 검증하기

1.1 온실가스 에너지 명세서 작성 및 내부검증

온실가스·에너지 목표관리제하의 관리업체(법인 또는 사업장)들은 매년 3월말까지 전년도 온실가스 배출량과 에너지 사용량 명세서를 제 3자 검증기관의 검증과정을 거쳐 시정조치완료 후 정부에 제출하여야 한다. 이와 관련한 세부적인 온실가스 배출량 산정 방법들이 나와 있는 온실가스·에너지 목표관리 운영 등에 관한 지침(환경부고시 제 2012-211호)은 IPCC 2006 가이드라인을 토대로 하고 있으며, 일부 업종에서는 국제적으로 통용이 되는 방법들과 사업장 현장의 실정을 고려하여 만들어졌다.

명세서의 작성을 위해 우선 배출량 산정과정이 필요하며, 정부로부터 승인받은 이행계획서내의 모니터링 계획에 따라 수집된 활동자료 확보 및 매개변수들의 적절성을 바탕으로 정확한 명세서가 작성된다. 사업장에서 작성할 명세서는 온실가스종합정보센터가 운영하는 국가온실가스종합관리시스템(NGMS, National Greenhouse gas Management System)을 통해 온라인상으로 작성되고 제출된다. 명세서는 표 4-1에서 보듯이 해당 관리업체의 총괄정보, 사업장별 일반정보 및 배출시설 현황, 사업장별 배출량 현황, 세부 산정내역, 에너지 판매실적, 사업장 고유 배출계수 개발실적 등 배출량 산정에 사용된 다양한 내용들이 포함된다.

배출량 명세서는 관리업체가 정부에 보고해야 할 감축목표 이행계획서 및 이행실적서와 유사한 항목이 많다. 즉, 그림 4-1에서 보듯이 업체(사업장) 일반정보와 배출시설들의 현황, 온실가스 배출량 및 에너지 사용량 현황 등은 보고내용이 거의 동일하며, 감축 계획 및 실적 등은 이행계획서 및 이행실적서에만 보고된다.

표 4-1 온실가스 · 에너지 명세서 작성내용

작성 순서	작성 내용
1. 관리업체 총괄 정보	1. 업체(법인)에 대한 일반정보 1.1 사업장 목록 일반정보 2. 업체(법인)의 온실가스 배출량 및 에너지사용량 총괄
2. 사업장 일반정보	3. 사업장에 대한 일반정보 4. 사업장 조직경계 입력
3. 사업장별 배출시설 현황	5. 배출시설정보 5.1 소규모배출시설 정보
4. 사업장 배출량 현황(총괄)	6. 사업장 온실가스 배출량 총괄 현황 7. 바이오매스 사용에 따른 배출량 8. 배출시설 및 배출량 산정 방법 변동현황
5. 배출 활동별 배출량 현황(세부)	9. 배출 활동별 배출량 현황(고정연소분야) 10. 배출 활동별 배출량 현황(이동연소분야) ~ 20. 배출 활동별 배출량 현황 (간접배출－외부)
6. 생산품 및 공정별 원단위	21. 생산품 및 공정별 원단위
7. 에너지판매 실적	22. 에너지판매 실적
8. 온실가스 감축, 흡수, 제거 실적	23. 온실가스 감축, 흡수, 제거 실적
9. 온실가스 사용 실적 (오존파괴물질의 대체물질 포함)	24. 온실가스 사용실적 25. 전기 설비 사용에 따른 SF_6 및 PFC_S 배출량
10. 사업장 고유계수(Tier3) 개발 실적	26. 사업장 고유 계수(Tier3) 개발 실적

명 세 서

업체(사업장) 정보관리
- 법인 일반정보 관리
- 사업장 일반정보 관리

배출시설 관리
- 배출시설 마스터 관리
- 배출시설 연도별 관리
- 배출시설 세부정보 관리

온실가스 배출량 및 에너지 사용량 관리
- 배출활동별 배출량 세부현황
- 온실가스 배출량 및 에너지 사용량 산정
- 바이오매스 사용 등 실적
- 배출시설 및 배출량 산정 변동 현황
- 배출시설 변동 현황
- 측정시설(Tier4) 배출량 관리
- 사업장 고유 배출계수(Tier3) 개발실적

기타실적 관리
- 생산품 및 공정별 원단위
- 에너지 판매실적
- 온실가스 감축, 흡수, 제거 실적
- 온실가스 사용실적(ODS 포함)

명세서 제출
- 명세서작성 기타 참고 사항
- 명세서 확인 및 제출
- 보고서 제출 이력

이 행 계 획 서

업체(사업장) 정보관리
- 법인 일반정보 관리
- 사업장일반정보관리
- 품질관리/품질보증(QA/AC) 활동

배출시설 관리
- 배출시설관리 배출시설 마스터 관리
- 배출시설 연도별 관리
- 배출시설 세부정보 관리
- 활동자료 모니터링 방법

온실가스 배출량 산정계획
- 사업장 고유 배출계수(Tier3) 개발계획
- 산정등급 적용 계획 및 미충족 사유

배출허용량 및 감축 계획
- 배출허용량 확인
- 사업장별 5개년 배출계획
- 일부시설의 기타목표
- 기존 배출시설 운영계획
- 배출시설 신증설 및 폐쇄계획
- 배출시설별 감축 이행 계획

이행계획서 제출
- 이행실적서 개선명령에 따른 이행계획
- 이행계획 기타 참고 사항
- 이행계획서 확인 및 제출
- 보고서 제출 이력

이 행 실 적 서

업체(사업장) 정보관리
- 법인 일반정보 관리
- 사업장일반정보관리
- 품질관리/품질보증(QA/AC) 활동

배출시설 관리
- 배출시설관리 배출시설 마스터 관리
- 배출시설 연도별 관리
- 배출시설 세부정보 관리

온실가스 배출량 및 에너지 사용량 관리
- 온실가스 배출량 및 에너지 사용량 조회
- 배출활동별 배출량 조회
- 바이오매스 사용 등 실적
- 측정시설(Tier4) 배출량 관리

목표 이행 관리
- 배출허용량 확인
- 조기감축 실적 관리
- 배출시설별 감축 이행실적

이행실적서 제출
- 개선명령에 따른 이행실적
- 이행실적서 확인 및 제출
- 보고서 제출 이력

그림 4-1 목표관리제 명세서 및 이행계획서, 이행실적서 내용 비교

(출처 : 온실가스종합정보센터)

매년마다 전년도의 온실가스 배출량과 에너지 사용량을 보고하는 양식에는 사업장 현황과 배출시설현황이 기본적으로 명시되어야 하며, 배출시설 각각에 대한 세부적인 산정내용을 작성하여야 한다. 그림 4-2는 사업장별 배출량 총괄과 배출시설별 세부산정 작성 양

식을 나타내었다. 최근에는 NGMS 시스템의 보완으로 관리업체가 명세서 작성시 배출원과 연료종류, 배출량 산정등급 등을 선택하면 자동으로 계산되어 양식에 표시되도록 개선되었으며, 배출시설의 연도별 변동이력이나 추이를 확인할 수 있는 기능들도 추가되었다.

4 사업장 배출량 현황[총괄]

4-1. 사업장 온실가스 배출량 총괄 현황

(1)	일련번호	사업장명	사업자 등록번호
			- -

(2)		(3)			(4)						(5)		(6)	(8)			(9)
배출활동 [참고1]		배출시설 [참고2]			온실가스 배출량						소계 (tCO_2eq)		합계 (tCO_2eq)	에너지 사용량 (MJ)			합계 (TJ)
배출활동 코드	배출활동명	일련번호	배출시설 코드	배출시설명	CO_2 (ton)	CH_4 (kg)	N_2O (kg)	HFCs (kg)	PFCs (kg)	SF_6 (kg)	Scope1	Scope2		에너지	전력	스팀	
					(7) 사업장 총 온실가스 배출량 (tCO2eq)									(10) 사업장 총에너지 사용량 (TJ)			

5 배출활동별 배출량 현황[세부]

5-1. 배출활동별 배출량 현황 (고정 연소 분야)

(1)	배출활동[참고1]	코드		배출활동명			
(2)	배출시설[참고2]	일련번호		배출시설명		(3) 배출구 (굴뚝) 번호	(4) 배출구(굴뚝) 자체관리번호

(5)	(6)		계산법 (Tier 1 □ Tier 2 □ Tier 3 □)												
			(7)	(8)	(9)	(10)	(11)	(12) 배출량						(13)	
연료코드 [참고4]	혼합연료 정보		입력항목	단위	값	적용 Tier	불확도 (%)	CO_2 [ton]	CH_4 [kg]	N_2O [kg]	HFCs [kg]	PFCs [kg]	SF_6 [kg]	소계 CO_2-eq [ton]	
	□ 자체분석 □ 시험기관		연료사용량	[t, kℓ, Nm³]											
			순발열량	[TJ/t, TJ/kℓ, TJ/Nm³]											
연료명 1	구분	성분(%)	배출계수 CO_2	[tCO_2/TJ]											
			배출계수 CH_4	[tCH_4/TJ]											
			배출계수 N_2O	[tN_2O/TJ]											
			배출계수 기타												
			산화율	-											
	□ 자체분석 □ 시험기관		연료사용량	[t, kℓ, Nm³]											
			순발열량	[TJ/t, TJ/kℓ, TJ/Nm³]											
연료명 2	구분	성분(%)	배출계수 CO_2	[tCO_2/TJ]											
			배출계수 CH_4	[tCH_4/TJ]											
			배출계수 N_2O	[tN_2O/TJ]											
			배출계수 기타												
			산화율	-											
			(14) 합계 (CO_2-eq ton)												

그림 4-2 명세서 배출량 총괄 및 세부 배출 활동별 배출량 보고 양식 예

1.2 제 3자 검증절차 및 방법

1.2.1 온실가스 제3자 검증의 도입 배경 및 개요

20세기 초, 산업이 발전 과정에서 사업장 안전 및 보건, 소비자 보호, 폭발물 취급, 해상 안전과 전기 안전 등 국민의 안전에 대한 안전규정에 대한 수요가 증가하게 되었고, 이러한 제품 안전 규격 제정은 미국 국방부에서 최초로 시작되었고, 호주와 뉴질랜드에서는 1940년대에 이미 이러한 활동을 시험소 인정제도를 통해 실시하고 있었다. 이후 유럽과 미국에서 적합성평가기관 인정제도를 수립하였다. 초창기 대부분의 산업계 인증제도는 제품이 시장에 출하되기 전에 제품 특성을 평가하는데 초점을 두고 있었고, 이러한 과정을 거쳐 적합성평가제도가 도입되게 되었다. 적합성평가는 우루과이 라운드 이후 출범한 WTO(국제무역기구)체제 속에서 각국의 무역상기술장벽을 제거하기 위해 WTO TBT (기술장벽에 관한 협정)가 발효됨에 따라 그 중요성이 높아져 왔다. 이 협정에 따라 각국간 적합성평가결과의 통용성을 보장하기 위하여 국제표준에 의거한 적합성평가시스템이 도입되었고, 상호인정협정이 체결되고 있다. 국제무역시장에 신뢰를 제공하고 산업계에는 경쟁력을 제고하기 위해 적합성평가의 적용 영역은 점차 확대되어 왔다.

급격한 산업화에 따른 기후 변화는 인류는 물론 자연계에 영향을 미치고 자원의 사용, 생산 및 경제 활동에 중대한 변화를 유발할 수 있다. 이에 따라 지구 대기권 내의 온실가스 농도를 제한하기 위하여 국제적, 지역적, 국가적 및 지역적 차원의 실행안이 개발되고 이행되었다. 결국, 국제탄소시장에서 온실가스 배출권의 거래를 위한 분야에도 적합성평가제도가 도입되게 되었고, 온실가스 배출량 또는 제거량의 정량화, 모니터링, 보고, 검증 분야에 대한 적합성평가체계 및 국제표준화가 완료되었으며, 온실가스 배출량 등에 대한 제3자 검증은 적합성평가제도의 한 분야로서 도입 및 확대 되고 있다.

온실가스 검증 등 적합성평가제도는 국제적, 지역적, 국가적 또는 국내적 수준으로 운영이 되며, 적합성평가 대상을 제공하는 조직에 의하여 수행되는 적합성평가활동을 제1자 적합성평가 활동이라 하며, 적합성평가 대상에 대하여 사용자로서의 이해관계를 가지고 있는 조직에 의하여 수행되는 적합성평가 활동을 제2자 적합성평가 활동이라 한다. 이에 반해 제3자 적합성평가 활동은 적합성평가 대상을 제공하는 조직과 독립적인 기관에 의하여 수행되는 적합성평가 활동을 말한다. 즉, 온실가스 제3자 검증제도는 온실가스를 배출하는 관리업체와 독립적인 제3자 온실가스 검증기관에 의해 온실가스 배출량 또는 감축량에 대한 검증이 이루어지는 제도라고 정의 할 수 있고, 온실가스 분야 제3자 적합성평가 체계는 적합성 평가 대상인 관리업체, 적합성평가기관인 검증기관 그리고 인정기구로 구성된다.

온실가스 검증기관에 대한 인정체계와 온실가스 정보의 타당성 평가 및 검증 등에 대한 국제적인 적합성평가제도는 온실가스 배출권 구매자와 규제 당국에 신뢰를 줄뿐만 아니라 검증결과에 대한 상호 비교가 가능한 동등한 조건하에서의 배출권의 거래가 가능하도록 보장하는 등 온실가스 제3자 검증제도를 통해 국제탄소배출권시장 간의 연계와 확대를 촉진시킬 수 있다.

표 4-2 일반적인 검증의 원칙

검증 원칙	내용
독립성 (Independence)	• 타당성 평가 또는 검증 활동은 편견 및 이익에 대한 마찰이 없도록 독립성 유지 • 객관적인 증거를 기초하여 작성되어 객관성 유지
윤리강령 (Ethical conduct)	• 타당성 평가 또는 검증 프로세스 전 과정 동안 신뢰성(trust), 완전성(integrity), 비밀준수(confidentiality)와 분별력(discretion)을 통해 윤리준수를 실천
공정성 (Fair presentation)	• 타당성 평가 또는 검증활동의 결과, 결론과 보고를 정확하고 신뢰할 수 있게 반영 • 심사과정에서 발견되고 해결되지 않는 주요 장애, 의견 차이를 보고
전문가적 책임 (Due professional care)	• 수행하는 업무의 중요성 및 고객과 사용예정자들이 신뢰할 수 있도록 전문가적 책임을 다함 • 타당성 평가 및 검증을 수행하기 위한 충분한 숙련도(skills)와 적격성(competences)을 갖출 것

(출처 : ISO 14064-3)

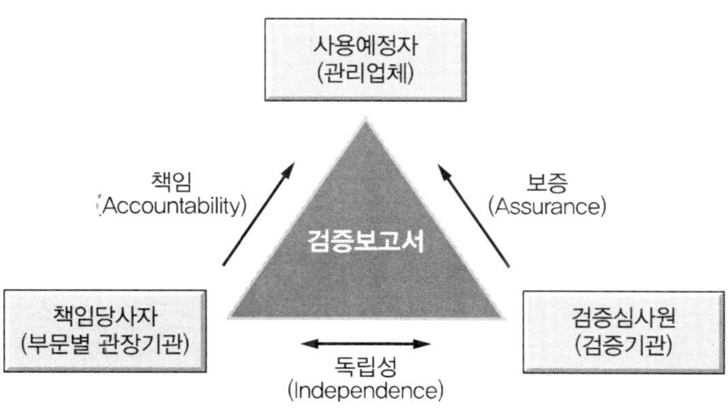

그림 4-3 검증의 역할과 책임

(출처 : ISO 14064-3)

◎ **표 4-3** 온실가스 배출량 검증의 원칙

공평성	피검증자와 이해관계나 다른 당사자의 영향을 받지 않고 제3자 입장에서 객관적 증거에 근거하여 검증의견 결정
적격성	검증인원은 검증활동을 효과적으로 완수하기 위하여 필요한 기술, 경험, 지원기반 및 능력을 소유해야 함
의사결정을 위한 사실적 접근	검증의견서는 관리업체의 배출량에 대한 객관적인 검증을 통해 얻은 증거에 근거
개방성	검증상태에 대한 적절한 정보는 사용예정자, 고객, 또는 책임당사자가 적기에 입수하기 쉽거나 적절하게 공개되어야 함
비밀준수	검증활동 중 얻거나 생성된 기밀정보는 보호되어야 하고 부적절하게 공개되지 않아야 함

온실가스·에너지 목표관리제에서의 검증이란 온실가스 배출량과 에너지 소비량의 산정과 조기감축실적 및 외부감축실적의 산정이 이 지침에서 정하는 절차와 기준 등(이하 검증기준)에 적합하게 이루어졌는지를 검토·확인하는 체계적이고, 문서화된 일련의 활동을 말한다. 검증기관은 이러한 검증을 전문적으로 할 수 있는 인적·물적 능력을 갖춘 기관으로서 환경부장관(국립환경과학원)이 지정·고시하는 기관을 말한다. 검증의 전문성을 높이기 위해 검증분야는 공통(고정연소, 이동연소 및 간접배출원 등)분야와 전문 공정배출업종을 검증하는 화학, 광물, 철강금속, 전기전자, 폐기물, 농축산임업 등 6개 분야로 구분된다. 이러한 각 분야별로 검증심사원이 양성되어 매년 관리업체가 산정, 보고한 온실가스 배출량 및 에너지 사용량을 제 3자의 객관적인 입장에서 검증하고 있다.

검증업무는 온실가스 목표관리제 및 배출권거래제에서 해당 사업장의 배출량을 결정하는데 매우 중요한 역할이므로 피검증자인 관리업체와 검증기관/검증심사원간의 공평성 및 이해상충 요소가 발생되는 것을 절대적으로 금하고 있다. 즉, 검증업무는 검증기관이 객관적인 증거와 사실에 근거한 검증활동을 함에 있어 피검증자 등의 이해관계자로부터 어떠한 영향도 받지 않고, 객관적인 자료를 토대로 그 적절성, 정확성, 완전성 등을 확인하여야 한다. 이러한 과정을 거쳐 검증기관은 검증기관(검증심사원 포함)이 검증 결론을 적극적인 형태로 표명함에 있어 검증과정에서 이와 관련된 리스크가 수용 가능한 수준 이하임을 보증하는 합리적 보증을 담은 검증보고서를 발행한다.

검증기관이 합리적 보증을 선언하도록 하는데 영향을 미치는 여러 가지 리스크들이 있는데, 이는 검증기관이 온실가스 배출량 등의 산정과 연관된 오류를 간과하여 잘못된 검증 의견을 제시할 위험의 정도 등을 말한다. 검증자는 이러한 리스크를 최소화 할 수 있도록 보다 검증대상을 확대하여 계획을 세우고, 현장검증 등 활동자료의 모니터링 계획 및 방법 등의 정확성을 잘 확인하여 오류를 최소화시켜야 한다.

현재 온실가스·에너지 목표관리제에서 준용하고 있는 명세서 검증절차는 그림 4-4와 같이 단계적으로 구분하여 제 3자 검증이 실행되고 있다. 이는 온실가스 배출권거래제에서도 거의 유사하게 적용될 것이며, 국제적인 검증절차들을 반영한 것이다.

단계	절 차	개 요	수행주체
1단계	검증개요 파악	- 피검증자 현황 파악 - 검증범위 확인 - 현장검증 일정 협의 - 배출량 산정기준 - 데이터관리시스템 확인	검증팀 + 피검증자
2단계	문서검토	- 이행계획 및 명세서/이행실적 검토 - 배출량 산정기준에 따른 온실가스 배출량 등의 적합성 평가 - 중요성이 있는 데이터와 정보평가 - 데이터 관리 - 보고시스템 평가 - 전년 대비 변경사항 확인 - 문서검토 결과 시정 조치 요구	검증팀 + 피검증자
2단계	리스크 분석	- 중요한 오류 가능성 및 이행계획 준수와 관련된 오류의 리스크를 평가	검증팀
2단계	데이터 샘플링 계획 수립	- 리스크를 반영한 중요한 샘플링 대상 데이터 및 방법론 등	검증팀
2단계	검증계획 수립	- 검증 수행대상 및 방법 - 인터뷰대상 및 검증 일정 등	검증팀
3단계	현장검증	- 데이터 및 정보 검증 - 측정기기 검교정 관리 - 데이터 및 정보시스템 관리상태 확인 - 이전 검증결과 및 변경사항 확인 등	검증팀 + 피검증자
3단계	검증결과 정리 및 평가	- 문서검토 및 현장검증 결과 정리 - 오류의 평가 - 조치 요구 사항 결정 및 시정조치 요구 - 시정조치 결과 타당성 확인 심사	검증팀

그림 4-4 온실가스 배출량의 제 3자 검증절차

1.2.2 검증 제 1단계

온실가스 배출량 및 에너지 사용량에 대한 검증은 크게 3단계로 구분된다. 1단계는 피검증기관에 검증대상이 되는 배출원 및 사업장, 배출량 규모 등 현황을 파악하고, 공평성 및 이해상충 위배 요소를 확인한 후 해당 전문분야 자격을 갖춘 검증심사팀을 배정, 검증계약을 추진하는 단계로서 검증업무 수행 준비단계이다.

1단계에서는 검증 개요파악단계로서 피검증자의 사업장 운영현황, 어떤 공정배출이 있는지 전반적인 온실가스 배출원 현황을 파악하고, 피검증자에게 검증 목적・기준・범위를 고지하며, 검증 세부일정 협의한다. 검증은 비용을 수반하므로 제안/견적을 거쳐 피검증기관과 검증기관이 검증일수, 비용계약을 체결한다. 또한, 검증할 심사팀을 배정하는데, 여기에는 검증대상 사업장의 공정배출 유무를 사전에 파악하여 이에 대한 전문분야 자격을 갖춘 심사원을 배정하고, 검증기관/심사원과 피검증기관과의 공평성 및 이해상충에 위배되는 요소가 있는지를 검토하여야 한다.

1단계에서 활동범위를 자세히 살펴보면, 피검증자의 사업장 현황 파악 및 주요 배출원 확인이 필요한데, 여기에는 조직의 소유・지배구조 현황, 생산 제품・서비스 및 고객현황, 사용 원자재 및 사용 에너지, 사업장 공정, 설비현황, 주요 온실가스 배출원 및 측정장치 현황 및 위치 등의 확인이 필요하다. 또한, 검증범위의 확인을 위해 온실가스 배출량 등의 산정・보고 방법에 따른 부지경계 식별 여부, 온실가스 배출량 등의 산정・보고 방법에 따른 배출 활동(직접・간접) 분류 및 파악 여부, 산정 기간 중 관리업체 부지 및 설비의 변경이 발생한 경우 온실가스 배출량 등의 산정・보고 방법에 따라 변경사항이 파악되었는지 여부 등을 검토해야 한다. 또한, 온실가스 산정기준 및 데이터관리 시스템 확인을 위해 피검증자가 작성한 온실가스 산정기준에 대한 개요 및 데이터 관리시스템에 대한 개략적인 정보를 입수하고, 원자재 투입, 배출량 측정・기록 및 데이터 종합 등의 데이터 관리시스템 파악 및 기존 관리시스템(ERP 등)과의 연계현황을 파악하며, 데이터 시스템을 운영・유지하는 조직구조 파악 등이 필요하다.

1.2.3 검증 제 2단계

2단계는 본격적으로 검증활동이 시작되는 단계로서 검증대상이 되는 사업장의 주요 문서들을 확보하여 사전 검토해야 한다. 2단계에서의 검증에 필요한 관련 문서자료 수집은 매우 중요하며, 배출량 보고대상이 되는 사업장의 조직/운영경계를 파악하고, 누락 및 산정 방법에 문제가 있는지를 검토하며, 사업장 및 배출시설 단위의 연도별 배출 추이 등을 검토하여 이상치의 유무를 사전에 파악하는게 필요하다. 이러한 과정들은 전체 검증업무 수행에 있어 매우 중요하며, 이를 바탕으로 리스크분석, 샘플링계획수립, 검증계획수립의 기초가 된다. 이처럼 1단계에서의 업무수행에 필요한 요구자료들은 온실가스 배출량 명세서 및 활동자료의 모니터링계획 및 방법이 포함된 목표관리감축 이행계획서, 전년도 명세서 뿐만 아니라 사업자등록증, 각종 배출시설등록 서류 등 다양한 자료들의 확인이 필요하다.

1) 문서검토

개요파악 과정에서 확인된 검증대상 사업장의 명세서/이행실적과 이행계획에 대한 정밀한 분석을 통하여 배출 활동 관련 정보, 온실가스 산정기준 및 온실가스 데이터 및 정보 관리에 있어 오류가 발생할 수 있는 상황을 개괄적으로 사전검토해야 한다. 온실가스 산정기준에 대한 평가를 위해 배출 활동별 조직/운영경계, 배출량 산정 방법, 적절한 매개변수 사용, 데이터 관리시스템 보유, 이행계획에 따른 관련 데이터 모니터링 실시, 데이터 품질관리 방안 등에 대한 적절성, 정확성, 타당성 등을 검토하여야 한다.

검증팀은 주요배출시설(온실가스 배출량의 총량 대비 누적합계가 100분의 95를 차지하는 배출시설)의 데이터를 식별하여 구분 관리하며, 배출량 기여도가 큰 주요배출시설의 경우 검증계획 수립 시 검증시간 배분 등에 우선적으로 반영하여 현장확인 등을 수행하여야 한다. 검증팀은 피검증자의 온실가스 배출시설 관련 데이터 산출・수집・가공, 보고 과정에서 사용되는 방법 및 책임권한을 파악하고, 데이터 관리과정에서 발생할 수 있는 중요한 리스크를 산출한다.

또한, 검증팀은 피검증자의 전년도 명세서 등과 비교하여 조직의 운영상황 및 배출시설・배출량 데이터의 변경 사항 등을 파악하여 주요 리스크가 예상되는 부분을 식별하여 검증계획에 반영한다. 이와 같은 사전 문서검토 단계에서 발견된 문제점 및 보완이 필요한 사항을 피검증자에게 통보하고 관련 자료 및 추가적인 설명을 요구하여야 한다. 위의 과정을 통해 확인 되지 않은 사항은 검증계획 수립 시 반영하여 현장검증을 통해 확인할 수 있도록 하여야 한다.

2) 리스크 분석

리스크분석은 문서검토 결과를 바탕으로 온실가스 배출시설 관련 데이터 관리 상의 취약점 및 중요한 불일치를 야기하는 불확도 또는 오류 발생 가능성을 평가함으로써 적절한 대응 절차를 결정하기 위해 필요하다. 검증팀은 피검증자에 의해 발생하는 리스크를 평가하고, 그 정도에 따라 검증계획을 수립함으로써 전체적인 리스크를 낮은 수준으로 억제할 필요가 있다.

리스크 평가항목에는 피검증자에 의해 발생하는 리스크로서 고유리스크와 통제리스크가 있으며, 검증팀의 검증 과정에서 발생하는 검출리스크가 있다. 고유리스크는 검증대상의 업종 자체가 가지고 있는 리스크(업종의 특성 및 산정 방법의 특수성 등)로서 복잡한 공정배출을 포함하는 사업장의 경우 오류를 발생시킬 수 있는 리스크가 높다. 통제리스크는 검증대상 내부의 데이터 관리구조상 오류를 적발하지 못할 리스크이다. 검출리스크는 검증팀이 검증을 통해 오류를 적발하지 못할 리스크로서 검증심사원의 경험과 노하우에 영향을 미친다.

3) 데이터 샘플링 계획의 수립

데이터 샘플링이란 검증기간의 제한 및 자료의 방대함으로 인해 전체 자료를 확인하기 어려운 경우 각 자료들의 모집단을 충분히 대표할 수 있도록 표본을 추출하는 것을 말한다. 현장검증을 실시하기 전에 검증 의견을 도출하기 위하여 현장에서 확인해야 할 데이터(활동자료, 매개변수 산정에 사용된 자료 및 방문해야 할 사업장 등)의 종류, 데이터 샘플링 방법 및 검증방법에 대한 계획('데이터 샘플링 계획')을 수립하여야 한다. 데이터 샘플링 계획 수립시 검증기관은 '합리적 보증수준'이 가능하도록 데이터 샘플링 계획을 수립하여야 한다.

검증의견을 도출하기 위해 필요한 증거의 양 및 유형 고려시 전체 데이터를 확인하기 어려운 경우 데이터의 종류와 분포상황을 분석하여 모집단을 대표할 수 있도록 샘플을 추출하여야 한다. 만약, 추출한 데이터 검토 결과 오류가 발견되지 않을 시에는 확인을 마무리할 수 있으나, 오류가 발견될 경우 계산의 정확도를 확인하기 위하여 샘플 수를 확대하여 추가적인 확인을 실시하여야 한다. 데이터 관리시스템이 효율적일수록 리스크가 줄어들어 추출해야 할 샘플 수가 줄어들며, 데이터의 수작업 전환 등 리스크 발생 가능성이 높은 부분일수록 검증되어야 할 데이터의 샘플

수는 증가한다.

4) 검증계획의 수립

검증팀장은 문서검토 및 리스크 분석결과를 바탕으로 현장에서 확인할 데이터와 검증대상, 적용할 검증기법, 실시 기간 및 데이터 샘플링 계획을 결정하여야 한다. 검증팀장은 수립된 검증계획을 최소 1주일 전에 피검증자에 통보함으로써 효율적인 검토 및 현장검증이 실시될 수 있도록 해야 한다.

검증팀장은 검증대상・검증 초점, 검증 수행방법 및 검증절차, 데이터 샘플링 계획, 정보의 중요성, 현장검증 단계에서의 인터뷰 대상 부서 또는 담당자, 현장검증을 포함한 검증 일정 등을 검증계획 수립에 반영하여야 한다.

1.2.3 검증 제 3단계

1) 현장검증

검증팀은 피검증자가 명세서 등에 작성한 내용과 관련 근거 데이터 등의 정확성을 확인하기 위하여 사전에 수립된 검증계획에 따라 현장검증을 실시한다. 리스크 분석결과 중대한 오류가 예상되는 부분을 집중적으로 확인함으로써 정해진 기간 내에 검증의 신뢰성을 확보할 수 있도록 하여야 한다. 현장검증 과정에서 발견된 사항은 객관적 증거를 확보한 후, 검증 체크리스트에 기록한다.

현장검증은 사업장의 온실가스 배출량 산정과 검증 대상의 핵심인 활동자료의 정확성을 확인하기 위한 매우 중요한 과정으로서 검증심사원의 경험과 공정의 이해 정도 등에 따라 검증오류 차이가 많다.

현장검증시 확인해야 할 활동자료의 데이터 검증 관점에서 추적검증은 해당연도 피검증자의 회계자료 등의 검토를 통해 전력・스팀・유류・가스의 구매량, 재고 관리기록, 전력량 및 해당되는 경우, 생산 데이터 또는 물질수지를 맞추기 위한 원료 소비 데이터 등을 확인해야 한다. 사전 문서검토시 확인된 배출량 매개변수들인 발열량, 배출계수, 산화계수 등에 대한 확인도 현장검증시 정확성을 확인해야 한다. 또한, 배출시설별 활동자료 모니터링 유형의 적절성에 대한 확인과 현장에서 사용되고 있는 모니터링 및 측정장비의 검교정 주기 및 불확도 등 관리상태를 확인하여야 한다. 검증팀은 이전년도 명세서/이행실적 및 검증보고서 자료를 참고하여 중요한 배출시설 변화요인, 온실가스 배출량 등의 변화상태 및 기타 확인이 필요한 변경사항을 확인하고 이에 따른 배출량 등의 변화가 타당하게 반영되어 있는지 확인하여야 한다.

2) 검증결과의 정리 및 평가

검증팀은 문서검토 및 현장검증 완료 후, 수집된 증거가 검증의견을 표명함에 있어 충분하고 적절한지를 평가하고, 미흡한 경우에는 추가적인 증거수집 절차를 실시하여야 한다. 샘플링된 데이터에서 오류를 발견한 경우에는 실제 데이터에도 동일한 오류(잠재적 오류)가 있을 수 있으므로, 잠재오류가 허용 가능한 수준으로 낮아질 때까지 점검을 통해 수정을 요구한다. 최종 검증의견 제시를 위해 시정조치를 통해서도 수정되지 않은 검증오류가 전체 배출량에 차지하는 정도를 확인하기 위해 중요성평가를 거친다. 중요성의 양적 기준치는 관리업체 CO_2eq 총 배출량의 5%로 하며, 총 배출량이 50만 tCO_2eq 이상인 관리업체에서는 2.5%로 한다.

검증팀은 문서검토 및 현장검증 결과 수집된 자료에 대한 평가를 완료한 후 조치요구 사항 및 개선권고사항으로 분류하고 발견사항을 정리한다. 조치요구 사항은 온실가스 배출량 내지 에너지 소비량, 그리고 이들의 산정에 영향을 미치는 오류로서 총배출량 산정에 직접적인 영향을 끼칠 수 있는 발견사항을 말하며, 검증 대상에 즉시 통보하여 수정조치를 요구하여야 한다.

개선권고사항은 온실가스 관련 데이터 관리 및 보고시스템의 개선 및 효율적인 운영을 위한 개선 요구사항(즉각적인 조치를 요구하지 않으며, 시스템의 정착 및 효율적 운영을 위해 조직 차원에서 개선활동을 추진할 수 있음)으로 온실가스・에너지 산출 및 관리방안 개선을 위한 제언사항이므로 시정조치를 할 의무는 없다.

2 내부 검증하기

2.1 리스크 분석 및 샘플링계획에 대한 이해

온실가스 검증업무 수행에 따른 리스크분석은 앞 장에서 설명하였듯이 검증계획을 세우는 이전 단계에서 문서검토를 통해 검토된 고유, 통제, 검출리스크를 평가하여 합리적 보증 이상으로 검증업무의 신뢰성을 확보하는데 있다. 이러한 리스크분석을 통해 이를 최소화하기 위하여 검증대상 사업장 및 배출시설들에 대해 샘플링계획을 포함한 검증계획에 반영한다.

2.2 내부 검증 수행 계획

온실가스・에너지 목표관리 운영 등에 관한 지침에서는 내부 검증을 위해 검증기관은 소속 검증심사원 1명 이상으로 내부 심의를 위한 심의팀을 구성하도록 요구하고 있다. 여기에 해당되는 검증심사원은 당해 검증에 참여하였거나 피검증대상과의 공평성 및 이해상충에 위배되지 않은 자여야 한다.

내부검증 또는 내부심의 또는 내부심사 등 다양한 표현이 있지만 그 내용은 동일하다. 즉, 피검증대상을 검증함에 있어 해당 검증심사팀에 모든 검증활동을 마친 후 여기에 참여하지 않은 다른 검증심사원으로부터 검증의 모든 과정을 검토받으라는 것으로 검증기관내의 QA/QC에 해당한다. 여기에는 제안/계약단계에서부터 최종 검증의견 제시안까지 전 과정이 검토대상이 된다. 이러한 내부검증은 검증의 신뢰성을 높이고, 검증오류 및 리스크를 최소화 시켜줌으로써 온실가스 감축정책의 안정화에 기여할 것이다.

내부검증자는 검증팀의 배정시 참여하지 않은 검증심사원으로 선정하여야 하며, 온실가스 산정, 보고, 검증의 절차를 잘 이해하고 있어야 한다. 그러므로 검증기관은 내부검증자의 자원관리에 적격성 기준을 설정하고, 그에 해당하는 자를 내부검증자로 선정하여야 한다. 내부검증은 검증팀에서 제출한 검증보고서(안) 및 검증체크리스트와 명세서 등 관련 자료들을 대상으로 적절성, 정확성, 투명성, 일관성 등의 관점에서 혹시 검증팀이 누락, 오류가 있지 않은지, 피검증기관과의 공평성 및 이해상충 위배요소는 없는지 등을 검토한다.

2.3 내부 검증 수행 방법

내부심의를 담당하는 심사원은 검증보고서에 있는 양식을 사용하여 내부심의를 수행할 수 있다. 심의 항목으로는 1) 검증계획, 2) 산정 방법 검토, 3) 활동자료 등의 정보 확인, 4) 검증의견, 5) 기타 등에 대해 심의 의견을 기술한다. 내부심의 과정에서 검증심사원이 진행한 내용에 대해 오류가 발견될 경우 그 오류에 대해 내부심의 심사원은 검증심사원에 수정 보완할 것을 요구하며, 검증심사원은 검증보고서 및 관련 문서를 수정하여 다시 결정된 내부심의 심사원에게 자료를 제출하여야 한다. 내부심의에 통과 되면 검증기관은 검증의견이 포함된 최종 검증보고서 및 명세서와 관련 근거 자료를 확정하여 검증심사원에 통보한다.

2.4 시정조치 및 재발 방지대책

검증기관은 온실가스 배출량 명세서와 같은 피검증대상을 검증함에 있어 합리적 보증 수준을 달성해야 하며, 검증오류나 누락 등이 없도록 최대한의 노력을 기울여야 한다. 내부검증과 같은 자체내 QA/QC 등을 거쳤음에도 불구하고, 발견되지 못한 검증오류나 검증판단이 미흡한 부분들은 정부의 메타평가 등을 통해 시정조치될 수 있을 것이다. 이처럼 검증의 신뢰성을 보장하기 위한 많은 노력은 검증업무 처리절차의 개선이나 검증기법 개발 등을 통해 계속 보완되어야 한다. 주무관청도 현재의 제도상, 절차상 보완할 부분은 개선해 나가겠지만, 검증기관은 검증심사원 뿐만 아니라 검증업무와 관련된 행정담당자, 의사결정에 있는 책임자들에 대해서도 연간 일정시간의 교육을 통해 수준을 향상시켜야 하고, 충분히 관련 규정을 이해하고 업무에 임하도록 전달해야 한다.

특히, 온실가스 배출량을 결정짓는 검증방법에 대해서는 검증기관 자체적으로 세부검증가이드라인(OPG, one point guideline)을 마련하고, 검증심사원간에 내용을 공유하여 일관성있는 검증의견이 제시될 수 있도록 할 필요가 있다. 또한, 내부관찰 평가 등을 통해 검증수행을 자체평가하는 과정도 필요하다. 그리고 검증업무 수행과 관련된 모든 내용들은 검증매뉴얼과 검증절차서에 명시하여 내부 규정화 함으로써 보다 일관되고 신뢰성 있는 업무수행에 기여할 것이다.

참고문헌

- 환경부(2012). 온실가스·에너지 목표관리 운영 등에 관한 지침.
- 환경관리공단(2008). 국가 온실가스 배출계수 총괄관리방안 수립 연구. Ⅲ 검증방법(1) – 에너지부문.
- 에너지관리공단(2008). 국가 온실가스 배출계수 개발(1차년도)
- 에너지관리공단(2010). 발열량 고시개정을 위한 에너지원별 분석 및 연구
- 온실가스종합정보센터(2011). 2009년도 국가 온실가스 인벤토리 보고서

온실가스 배출과 통계 정가 20,000원

인 쇄 2014년 11월 1일 초판 1쇄
발 행 2014년 11월 5일 초판 1쇄
저 자 (사)한국기후변화학회
발행인 정우용
발행처 도서출판 **동화기술**
경기도 파주시 광인사길 201(문발동, 파주출판도시)
Tel (031)955-4211~6 donghwae@kornet.net
Fax (031)955-4217 www.donghwapub.co.kr
(등록) 1977년 12월 19일/9-16호

ISBN 978-89-425-1910-1